Física das Radiações

Física das Radiações

Emico Okuno
Elisabeth Mateus Yoshimura

© 2010 Oficina de Textos

1ª reimpressão 2014 | 2ª reimpressão 2017

Grafia atualizada conforme o Acordo Ortográfico da Língua Portuguesa de 1990, em vigor no Brasil desde 2009.

CAPA Malu Vallim

DIAGRAMAÇÃO Casa Editorial Maluhy & Co.

FOTOS DA CAPA BUTTER. Agentur für Werbung GmbH, Düsseldorf/Alemanha e Avnet Technology Solutions GmbH/EIZO, Nettetal/Alemanha. É vedado o uso das imagens em outras publicações.
Retiradas do catálogo promocional criado pela agência BUTTER para a EIZO, fabricante de monitores de alta precisão para diagnóstico médico. Cada mês apresenta a radiografia de uma modelo em poses sensuais, com imagens criadas por computador.

PROJETO GRÁFICO Douglas da Rocha Yoshida

PREPARAÇÃO DE TEXTO Gerson Silva

REVISÃO DE TEXTO Marcel Iha

IMPRESSÃO E ACABAMENTO Prol gráfica e editora

Dados Internacionais de Catalogação na Publicação (CIP)

(Câmara Brasileira do Livro, SP, Brasil)

Okuno, Emico

    Física das radiações / Emico Okuno, Elisabeth Mateus Yoshimura. – São Paulo : Oficina de Textos, 2010.

    Bibliografia.

    ISBN 978-85-7975-005-2

    1. Física nuclear 2. Radiação 3. Radiação ionizante 4. Radiação - Efeito fisiológico I. Yoshimura, Elisabeth Mateus. II. Título.

10-07037   CDD-539.7707

Índices para catálogo sistemático:

1. Radiações : Física atômica e nuclear : Estudo e ensino   539.7707

Todos os direitos reservados à **Editora Oficina de Textos**

Rua Cubatão, 798

CEP 04013-003 São Paulo SP

tel. (11) 3085 7933

www.ofitexto.com.br

atend@ofitexto.com.br

Prefácio

Somos, com muito orgulho, duas professoras. Gostamos de ensinar, de dar aulas, de interagir com alunos, e fazemos dessa arte uma missão prazerosa, inclusive porque também aprendemos em todo esse processo. Nesses tempos em que a educação não tem recebido a atenção que merece, estamos nos esforçando para dar nossa contribuição. É o mínimo que podemos fazer para retribuir a instrução que recebemos gratuitamente ao longo de nossa vida estudantil, além de acreditarmos ser a educação o pilar mais importante para o futuro de qualquer nação. E temos certeza de que fizemos – e fazemos – diferença para muitos alunos que passaram pelas nossas mãos. Somos também pesquisadoras, o tempo todo, inclusive quando lecionamos e quando escrevemos um livro.

Iniciamos ministrando disciplinas relacionadas à Física das Radiações, a partir de 1987, no Instituto de Física da Universidade de São Paulo, e fomos questionadas pelos alunos sobre a existência de bibliografia em português. Procuramos suprir essa necessidade com apostilas e textos de apoio. A decisão de transformar esse material em livro-texto veio, finalmente, por não existir nada similar em língua portuguesa, pelo aumento do número de cursos de Física Médica criados recentemente no Brasil e por termos acordado com a Editora Oficina de Textos pela publicação. Essa determinação nos trouxe imensa satisfação e entusiasmo, mas também muito trabalho e grande responsabilidade. Pelo fato de o projeto deste livro vir sendo pensado e trabalhado há vários anos, acreditamos ser uma obra madura, porque muito do conteúdo do texto e os exercícios já foram testados com nossos alunos, que serviram de cobaia, no bom sentido.

O livro consta de 13 capítulos. O Cap. 1 é uma introdução à teoria atômica e à Física Nuclear. O Cap. 2 discute os raios X e sua atenuação. O Cap. 3 discorre sobre elementos químicos e radioisótopos. O decaimento nuclear de uma forma geral é abordado no Cap. 4 e os tipos de decaimento, no Cap. 5. O Cap. 6 apresenta uma introdução acerca da interação da radiação com a matéria. Mais detalhadamente, os Caps. 7

e 8 abordam, respectivamente, a interação de partículas carregadas e de fótons. No Cap. 9 são apresentadas as grandezas e as unidades de Física das Radiações e, no Cap. 10, os efeitos biológicos. Os detectores de radiação estão no Cap. 11; as aplicações das radiações, no Cap. 12 e a introdução à proteção radiológica, no Cap. 13. Entremeando o texto, há exercícios resolvidos, para melhor aprendizado e entendimento do aluno, e uma lista de exercícios em quase todos os capítulos, além de histórias relativas a cada tópico. No final de cada capítulo, coletamos dados bibliográficos de cientistas mais expressivos que colaboraram para a pesquisa e o ensino na área, e escrevemos uma pequena biografia. É possível notar que nem todos os capítulos têm o mesmo aprofundamento em cada tema, sendo possível explorar o livro fora da ordem que escolhemos, dependendo das necessidades do leitor. O texto não trata de Física das radiações não ionizantes.

A presente obra pode ser utilizada em cursos de Física, Física Médica, Engenharia Clínica, Tecnologia em Radiologia, nos cursos de aprimoramento para físicos na área da saúde e nas pós-graduações que possuem temas relacionados com a Física Médica. Pode-se utilizá-la como livro-texto ou para consulta ou aprofundamento em alguns de seus tópicos. Também professores de Física do ensino médio podem usufruir desta obra para sanar dúvidas e aumentar os conhecimentos na área, já que, apesar da sua importância no mundo moderno, a Física de Radiações quase nunca é incluída nos currículos das licenciaturas em Física.

Nosso desejo mais profundo é que este livro seja, de fato, útil para o aprendizado de Física das Radiações Ionizantes pela comunidade envolvida profissionalmente com o tema.

Nos vários anos dedicados à produção deste livro, foram muitos os colegas e amigos que nos auxiliaram das mais diversas maneiras – com cessão de material, sugestões de bibliografias, discussões, incentivos e palavras amigas – , que não vamos conseguir nomear e agradecer a todos. Para simbolizá-los, escolhemos um amigo, o nosso primeiro leitor, Almy A. R. da Silva, a quem agradecemos os comentários, a dedicação e a rapidez com que nos deu retorno. Agradecemos também aos nossos ex-alunos do Instituto de Física da USP, por terem ajudado na produção do texto e por manterem em nós o entusiasmo pela docência. À toda equipe da Editora Oficina de Textos, representada pela Shoshana Signer, pelo esmero e eficiência na produção da presente obra, o nosso muito obrigado. Somos gratas, ainda, a nossos familiares, que nos deram retaguarda para essa tarefa intensa, principalmente durante a reta final.

São Paulo, 19 de fevereiro de 2010

Emico Okuno
Elisabeth Mateus Yoshimura

Sumário

Aplicações da radiação ionizante, 249

Proteção radiológica, 263

Bibliografia, 283

Índice remissivo, 291

Radiação 1

1.1 Introdução

Podemos afirmar que **radiação** é *energia em trânsito*, da mesma forma que calor é energia térmica em trânsito e vento é ar em trânsito. Portanto, radiação é uma forma de energia, emitida por uma fonte e transmitida através do vácuo, do ar ou de meios materiais.

Consideram-se radiações partículas atômicas ou subatômicas energéticas, tais como **partículas α, elétrons, pósitrons, prótons, nêutrons** etc., denominadas *radiações corpusculares*, e as ondas eletromagnéticas, também chamadas *radiações ondulatórias*.

As partículas α (núcleo do átomo de hélio), β^- (elétrons) e β^+ (pósitrons) são emitidas espontaneamente de núcleos instáveis de átomos. Além disso, feixes dessas e de outras partículas podem ser produzidos em aceleradores de partículas ou em reatores nucleares.

Uma **onda eletromagnética** é constituída de campo elétrico e campo magnético oscilantes, perpendiculares entre si, que se propagam no vácuo com velocidade da luz $c = 3 \times 10^8$ m·s^{-1}. Dependendo da frequência da onda, ela recebe denominações diferentes, como micro-ondas, radiação infravermelha, luz visível, radiação ultravioleta, radiação gama, em ordem crescente de frequência. A **radiação eletromagnética** é também denominada energia eletromagnética ou energia radiante.

Durante vários séculos, houve discussões acaloradas sobre a natureza da luz entre os adeptos da **teoria ondulatória** e da **teoria corpuscular**. A teoria mais moderna foi desenvolvida a partir do trabalho de Max Karl Ernst Ludwig Planck, em 1901, e de **Albert Einstein**, em 1905, com a formulação da teoria dos quanta. Segundo essa teoria, a radiação eletromagnética – e portanto a luz – é emitida e propaga-se em forma de pequenos pulsos de energia – ou *quantum* de energia – chamados **fótons**, que são partículas sem carga e com massa de repouso nula, que se propagam com a velocidade da luz.

A solução unificada, a qual a luz pode ser uma onda e, ao mesmo tempo, um corpúsculo, dependendo da forma como o observador interage com o fenômeno luminoso, surgiu com a teoria da **dualidade onda-partícula**, desenvolvida a partir de 1924 por Louis-Victor de Broglie. Essa dualidade foi estendida a todas as partículas, com a afirmação, por **Louis de Broglie**, de que: a toda partícula está associada uma onda, e a toda onda está associada uma partícula.

A radiação interage com corpos, inclusive o humano, depositando neles sua energia.

1.2 RADIAÇÃO ELETROMAGNÉTICA E O CORPO HUMANO

No caso da *radiação eletromagnética* incidente em corpos no ar, parte de sua **intensidade** pode ser refletida na interface ar-pele e parte, transmitida através do corpo. Intensidade de uma onda é a quantidade de energia propagada por unidade de área e tempo, expressa em W/m^2. Os coeficientes de reflexão e de transmissão que indicam os percentuais de intensidade refletida e transmitida, respectivamente, dependem muito da frequência ν da onda eletromagnética e do meio que absorve a onda.

A Fig. 1.1 mostra o **espectro eletromagnético** com frequência ν, comprimento de onda λ da onda eletromagnética e energia E do fóton correspondente obtida pela Eq. (1.1). Ela foi proposta por Albert Einstein, que se baseou no conceito de quantização introduzido por **Max Planck**.

$$E = h\nu = h\frac{c}{\lambda} \tag{1.1}$$

onde h é a constante de Planck e vale $6{,}63 \times 10^{-34}$ J·s $\cong 4{,}14 \times 10^{-15}$ eV·s, e c é a velocidade da luz no vácuo, igual a 3×10^8 m·s^{-1}. Aqui usamos a correspondência:

$1\,eV = 1{,}602 \times 10^{-19}$ J. A unidade elétron-volt não pertence ao SI, mas seu uso traz facilidades, porque a energia de um fóton de 500 nm é 2,48 eV, e em joule, um número muito pequeno: $3{,}98 \times 10^{-19}$ J.

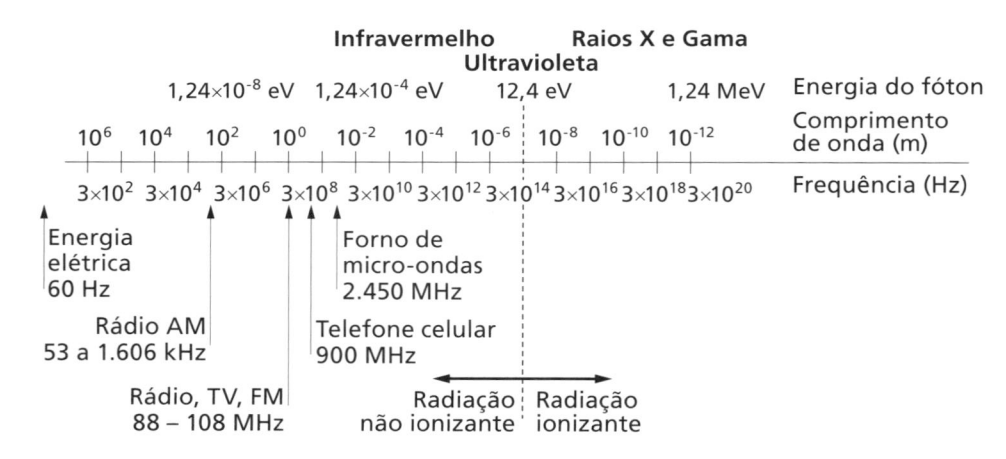

Fig. 1.1 Espectro da radiação eletromagnética

Podemos agora definir intensidade de radiação eletromagnética monoenergética, também conhecida como monocromática, como o número de fótons N, multiplicado pela energia de cada fóton, por unidade de área e tempo:

$$I = \frac{E}{At} = \frac{Nh\nu}{At}$$

A Tab. 1.1 lista as principais faixas do espectro eletromagnético com suas respectivas frequências, comprimento de onda da onda eletromagnética e energia do fóton. A separação em faixas não é muito rigorosa, podendo haver sobreposição entre elas.

De forma muito geral, podemos dizer que as denominações diferentes por faixas de frequência refletem tipos diferentes de interação.

Tab. 1.1 SEPARAÇÃO DO ESPECTRO ELETROMAGNÉTICO EM FAIXAS

Radiação eletromagnética	Frequência	Comprimento de onda	Energia do fóton (eV)
raios X e gama	> 3 PHz	< 100 nm	> 12
Ultravioleta UVC	3 PHz – 1,07 PHz	100 nm – 280 nm	12,42 – 4,42
UVB	1,07 PHz – 0,952 PHz	280 nm – 315 nm	4,42 – 3,94
UVA	0,952 PHz – 0,75 PHz	315 nm – 400 nm	3,94 – 3,10
luz visível	0,75 PHz – 0,428 PHz	400 nm – 700 nm	3,10 – 1,77
Infravermelha IVA	385 THz – 214 THz	780 nm – 1,4 μm	1,59 – 0,88
IVB	214 THz – 100 THz	1,4 μm – 3,0 μm	0,88 – 0,414
IVC	100 THz – 300 GHz	3,0 μm – 1,0 mm	$0,414 - 1,24 \times 10^{-3}$
radiofrequência	300 GHz – 10 kHz	1 mm – 30 km	muito pequena
micro-onda	300 GHz – 300 MHz	1 mm – 1 m	
frequência extremamente baixa	300 Hz – 0 Hz	10^6 m $- \rightarrow \infty$	extremamente pequena

k (kilo) = 10^3; M (mega) = 10^6; G (giga) = 10^9; T (tera) = 10^{12}; P (peta) = 10^{15}

A identificação das radiações por faixa de frequência como sendo onda eletromagnética foi feita por diferentes cientistas a partir de 1861, conforme relacionado no Quadro 1.1.

Max von Laue realizou experimentos de difração de raios X com cristais de sulfato de cobre que serviram de rede de difração. As figuras obtidas mostraram pontos de interferência, que o levaram a estabelecer a natureza eletromagnética dos raios X. O título do discurso de Prêmio Nobel proferido por von Laue durante a premiação em 1914 foi: *Concerning the detection of X ray interferences*. Em 1913, E. Rutherford e E. Andrade estabeleceram a

Quadro 1.1 RADIAÇÃO, AUTOR E ANO DE IDENTIFICAÇÃO

Radiação	Autor	Ano
Luz visível	James Clerk Maxwell	1861
Radiação infravermelha	Friedrich Wilhelm Herschel	1880
Radiação ultravioleta	Johann Wilhelm Ritter	1881
Raios X	Max Theodor Felix von Laue	1912
Raios gama	Ernest Rutherford e Edward Andrade	1913

natureza eletromagnética dos raios gama, com experimentos de difração. No período 1886-1892, Heinrich Rudolf Hertz e Guglielmo Marconi realizaram experimentos com ondas eletromagnéticas na faixa de micro-ondas. Entretanto, a palavra micro-onda só foi usada pela primeira vez em 1932, por Nello Carrara, em um artigo científico.

1.2.1 Absorção da radiação eletromagnética

O conceito intuitivo e muito comum de que, em um dado meio, quanto maior a energia da radiação eletromagnética, maior a penetração, é errado. Em primeiro lugar, temos que considerar o meio. Costumamos dizer que um dado material é transparente quando ele transmite luz visível, isto é, não a absorve, como é o caso do vidro, por exemplo. O vidro é também bastante transparente às ondas de rádio, mas razoavelmente opaco às radiações UV e IV. Um centímetro de vidro comum bloqueia cerca de 50% da radiação UV de 316 nm. As micro-ondas penetram facilmente os vidros, mas são fortemente absorvidas pela água. A radiação IV é fortemente absorvida tanto pelo vidro quanto pela água. Como se pode observar, a penetração ou transmissão de um dado material não é função monotonicamente crescente ou decrescente com a frequência da onda eletromagnética. Quando a absorção é grande, é porque a probabilidade de interação é grande e, em razão disso, a transmissão é pequena. A transmissão de uma onda eletromagnética em um meio obedece, em termos gerais, a uma lei exponencial. Por esse motivo, define-se a **profundidade de penetração** de uma onda eletromagnética em um dado meio como a distância percorrida por ela até que sua intensidade seja reduzida a $1/e$ (cerca de 36,8%) do valor de entrada, ou a distância até a qual 63,2% da energia radiante é absorvida pelo meio.

Nosso corpo absorve radiação eletromagnética de todo espectro diferentemente em forma e grau. As células do corpo respondem de forma diferente à radiação eletromagnética de uma determinada faixa do espectro.

Os campos elétricos das ondas eletromagnéticas com *frequência de 60 Hz*, emitidos pelos condutores de energia elétrica, por quase não penetrarem o corpo humano, agem na superfí-cie, diferentemente dos campos magnéticos de mesma frequência, que penetram facilmente sem, no entanto, sofrer atenuação significativa, visto que a permeabilidade magnética do meio biológico, inclusive do corpo humano, é quase idêntica à do ar. Ambos os campos induzem movimento de cargas elétricas, podendo criar distribuições não homogêneas de carga no meio.

A profundidade de penetração em tecido com alto conteúdo de água, como o muscular, das ondas curtas com frequência de 27,12 MHz, utilizadas em fisioterapia, é de 14,3 cm; das ondas ao redor de 900 MHz, de telefonia celular, é de 3,0 cm; e das micro-ondas de 2.450 MHz usadas em fornos é de 1,7 cm, como mostra a Fig. 1.2. Em tecidos com baixo conteúdo de água, como o osso, esses valores são, respectivamente, 159 cm, 17,7 cm e 11,2 cm. Como se pode perceber, a transparência de tecido na faixa de radiofrequência diminui com o aumento da frequência da onda eletromagnética. Na faixa entre 100 kHz e 1 GHz, a interação da radiação com o tecido produz aquecimento por meio de processos microscópicos de movimento de moléculas, como rotação e torção em meio viscoso.

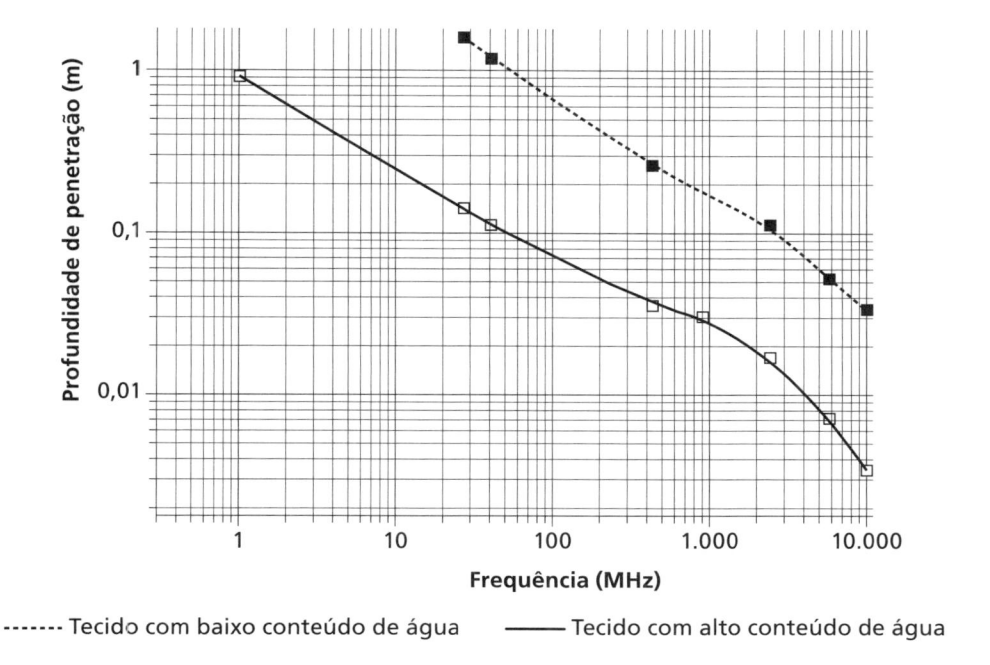

Fig. 1.2 Profundidade de penetração da radiação eletromagnética em tecido com alto e baixo conteúdo de água em função da frequência da onda de 1 a 10^4 MHz

Continuando a aumentar a frequência da onda eletromagnética, passamos para a faixa da radiação infravermelha (IV) e luz visível. A radiação IV, que também causa aquecimento por meio do aumento de atividade rotacional de moléculas, é mais fortemente absorvida do que as micro-ondas pelo corpo. A máxima penetração na pele pode chegar a 5 mm para IVA e diminui na região do IVB e IVC. Para luz visível na região do vermelho de 700 nm, também a profundidade de penetração pode atingir ao redor de 3 mm. A Fig. 1.3 mostra o gráfico de profundidade de penetração em função do comprimento de onda da luz visível e infravermelha. Pela figura, vemos que a penetração da radiação depende, de forma complicada, do comprimento de onda.

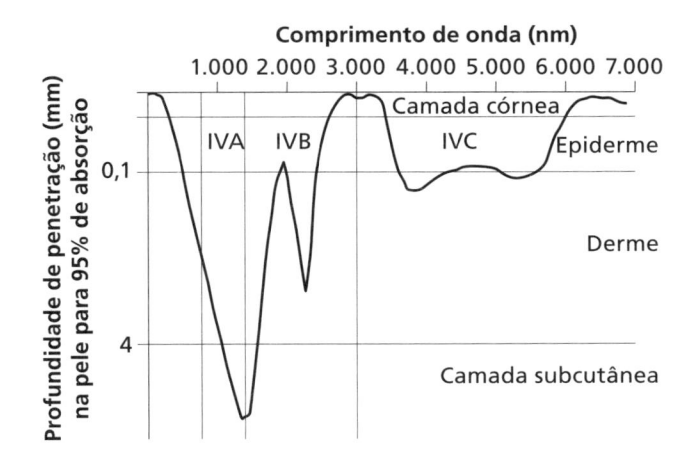

Fig. 1.3 Profundidade de penetração da radiação infravermelha no tecido em função do comprimento de onda

Fonte: *Lamps for infrared cabins*; adaptado do folheto da Philips Lighting.

A seguir, em frequências mais altas, vem a radiação UV. Sua penetração na pele é muito menor do que a da RIV ou a da luz visível, e é tanto menor quanto maior for a energia do fóton, como se pode ver na Fig. 1.4.

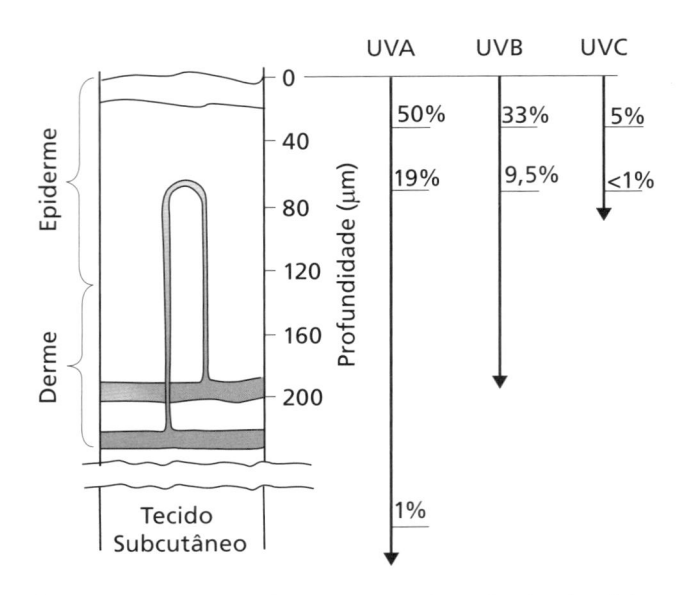

No caso do olho, a radiação UVC deposita toda a energia na córnea; já para a UVB de 300 nm, 92% da energia é depositada na córnea, 6% no humor aquoso e 2% no cristalino. A radiação UVA de 340 nm deposita 37% da energia na córnea, 14% no humor aquoso, 48% no cristalino e 1% no humor vítreo. A radiação UV não atinge a retina, motivo pelo qual não a vemos. Lembramos que os insetos de uma forma geral enxergam a radiação UV.

Passando para raios X e gama, cujos fótons possuem energia maior do que 12 eV, de novo a penetração volta a aumentar. Fótons de raios X e gama podem atravessar o corpo e, em exames radiológicos, são detectados por filmes de raios X.

Fig. 1.4 Porcentagem de penetração da radiação ultravioleta na pele

Neste livro não trataremos de radiações eletromagnéticas não ionizantes.

1.3 ÁTOMOS, MOLÉCULAS E ÍONS

Tudo que existe na natureza é feito de átomos que, com grande frequência, se unem para formar moléculas. A neutralidade elétrica que existe nos átomos é mantida na molécula, uma vez que o número de cargas positivas (prótons) é o mesmo que o de cargas negativas (elétrons) de uma molécula, mesmo que algumas partes sejam localmente mais negativas ou positivas. Se uma ligação química que mantém uma molécula coesa for rompida, os fragmentos resultantes podem não mais manter neutralidade elétrica, tendo um dos fragmentos mais ou menos elétrons que outro fragmento.

Quando um átomo perde ou ganha um elétron, diz-se que ele se transformou em um **íon**, que é positivo no primeiro caso e negativo, no segundo. Se uma molécula perde um elétron, uma ligação química entre os átomos de uma molécula pode ser rompida e, como consequência, haver a formação de íons moleculares, denominados **radicais**. Tanto os íons atômicos como os moleculares são entidades muito mais reativas do que átomos ou moléculas neutros.

1.3.1 Radiações ionizantes

Uma radiação é considerada **ionizante** se for capaz de arrancar um elétron de um átomo ou de uma molécula, ao qual ele está ligado por força elétrica; caso contrário, é considerada **não ionizante**. Quando um elétron é ejetado de um átomo, forma-se o par íon positivo - íon negativo (elétron). O termo **radiação ionizante** refere-se a partículas capazes de produzir ionização em um meio, sendo **diretamente ionizantes** as partículas carregadas, como elétrons, pósitrons, prótons, partículas α, e **indiretamente ionizantes** as partículas sem carga, como fótons e nêutrons. Com esses últimos, a ionização em série é produzida pela partícula carregada que se origina de sua interação com a matéria.

Neste livro utilizaremos simplesmente o termo *radiação* para todas as radiações direta ou indiretamente ionizantes.

Lembramos que a energia total de um elétron em um átomo é negativa, significando que o elétron está ligado ao átomo. A energia total do elétron no estado de menor energia, chamado estado fundamental, do átomo de hidrogênio, por exemplo, é de $-13,6$ eV. Para arrancar esse elétron, precisamos fornecer-lhe energia de modo que, no limiar de libertação da atração coulombiana do próton, sua energia fique igual a zero. Isso significa que, para arrancar esse elétron do átomo de hidrogênio, precisamos fornecer-lhe no mínimo $+13,6$ eV, que é chamada **energia de ionização**. Se a energia fornecida for maior do que $+13,6$ eV, o elétron sai com energia cinética. Para elétrons das camadas mais internas, nos casos de átomos com mais de três elétrons, costumamos usar o termo **energia de ligação**, em vez de energia de ionização. Novamente seu valor é o mesmo que o valor da energia total do elétron naquele átomo com sinal positivo.

A energia necessária para arrancar um elétron da última camada eletrônica de um átomo, ou seja, da camada em geral mais afastada do núcleo e, portanto, mais fracamente ligado, varia de átomo para átomo, sendo no máximo de 24,6 eV para o caso do He, e no mínimo de 3,9 eV para o Cs. Em geral, os elementos alcalinos, ou seja, Li, Na, K, Rb e Cs, são os mais facilmente ionizáveis, pois eles têm um único elétron na última camada, fracamente ligado ao núcleo: os outros elétrons fazem blindagem do campo elétrico atrativo do núcleo, e a força que liga o último elétron ao átomo é equivalente à atração coulombiana entre ele e um próton no núcleo. Os elementos com camada completa (como os gases nobres) são aqueles que necessitam de maior energia de ionização, como mostra a Fig. 1.5.

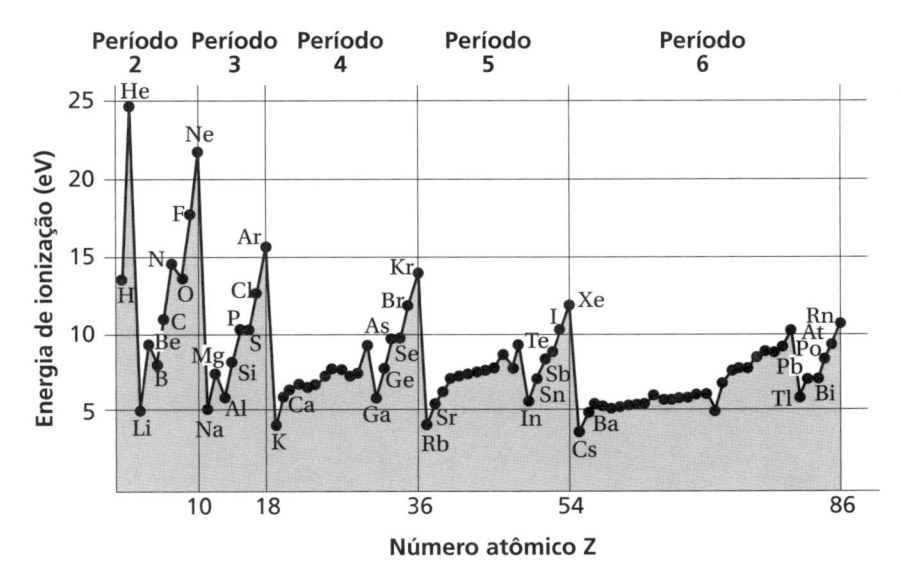

Fig. 1.5 Energia de ionização do elétron de valência *versus* número atômico.

Por outro lado, para arrancar um elétron das camadas mais internas, que também ocorre em interações com a radiação ionizante, a energia necessária é da ordem de keV, e o valor aumenta à medida que aumenta o número atômico. Como na camada eletrônica K só há dois elétrons, eles sentem a força de atração elétrica devida a praticamente todos os prótons do núcleo. A Tab. 1.2 mostra alguns elementos químicos com seu número atômico Z, energia de ligação B_K, de um elétron da camada K, B_L, de um elétron da camada L e energia de ionização W_V para arrancar um elétron de valência (da última camada). Pela Tab. 1.2, pode-se observar que B_K e B_L aumentam à medida que o Z aumenta, o que não é verdade para W_V.

Tab. 1.2 ENERGIA DE LIGAÇÃO DE UM ELÉTRON (1s) DA CAMADA K, DE UM ELÉTRON (2s) DA CAMADA L E DE IONIZAÇÃO DE UM ELÉTRON DA CAMADA DE VALÊNCIA DE ALGUNS ELEMENTOS QUÍMICOS

Elemento químico	Número atômico Z	Energia de ligação B_K (keV)	Energia de ligação B_L (keV)	Energia de ionização W_V (eV)
C	6	0,29	0,016	11,3
Al	13	1,56	0,12	6,0
Cu	29	8,99	1,10	7,7
Mo	42	20,0	2,87	7,1
Rh	45	23,2	3,42	7,4
Ag	47	25,5	3,81	7,6
W	74	69,5	12,1	7,9
Pb	82	88,0	15,9	7,4

A energia necessária para formar íons de moléculas pequenas é da mesma ordem de grandeza que a energia de ionização dos átomos constituintes. Por exemplo, as energias de ionização das moléculas N_2, O_2 e CO_2 são 15,6 eV, 12,1 eV e 13,8 eV, e as de átomos de N, O e C são 14,5 eV, 13,6 eV e 11,3 eV, respectivamente.

1.3.2 A radiação ultravioleta no contexto da radiobiologia

Há muita polêmica quanto à radiação UV ser ionizante ou não. Pela seção anterior, percebe-se que isso está intimamente relacionado aos átomos do meio. A radiação UV, cuja faixa de comprimento de onda vai de 100 nm a 400 nm e está no limite entre a radiação ionizante e a não ionizante, é considerada não ionizante usualmente no contexto da **radiobiologia** (Attix, 1986), por ter uma capacidade de penetração na pele menor que a da luz visível. Além disso, os fótons da radiação ultravioleta provenientes do Sol e que atingem a Terra (UVA e UVB), aos quais os seres vivos estão mais expostos, têm energia no intervalo de 4,42 a 3,10 eV.

A Tab. 1.3 lista os quatro principais elementos em percentual de peso do corpo humano e suas respectivas energias de ionização. Nenhum desses elementos pode então ser ionizado por um fóton da radiação UVA ou UVB, e praticamente nem mesmo por um fóton UVC, cuja energia máxima é de 12,42 eV.

A International Commission on Radiation Units and Measurements (ICRU), em sua publicação 60 (1998), sugere que a escolha do limiar de energia abaixo do qual a radiação não é mais ionizante depende da aplicação, e que, em radiobiologia, o valor de 10 eV pode ser apropriado. Para a radiação eletromagnética, o limite entre radiação ionizante e não ionizante é considerado 12,42 eV, energia máxima dos fótons de radiação UVC.

Tab. 1.3 OS QUATRO PRINCIPAIS ELEMENTOS QUÍMICOS CONSTITUINTES DO CORPO HUMANO

Elemento químico	% de peso do corpo humano	Energia de ionização (eV)
H	10,5	13,6
O	67,7	13,6
C	18,7	11,3
N	3,1	14,5

1.3.3 Energia média para formar um par de íons

A *energia média W* necessária para formar um **par de íons** num gás por uma *partícula carregada* com *energia cinética inicial K* é dada por:

$$W = \frac{K}{N} \tag{1.2}$$

onde N é o número médio de pares de íons formados no gás, quando a energia cinética K da partícula for totalmente dissipada no gás. O processo de formação de pares de íons é estatístico, o que leva à necessidade de obter *valores médios* para N e W, levando em conta um grande número de partículas carregadas idênticas interagindo no mesmo meio.

O valor de W depende da composição do gás, do tipo de partícula e de sua energia, e tem sido determinada experimental e teoricamente ao longo desses anos. Uma *partícula carregada* em um meio interage causando *ionização, excitação e subexcitação que aquece o gás instantaneamente*, gastando para isso, respectivamente, cerca de 3/5, 1/5 e 1/5 de toda a sua energia, no caso de gases nobres (He, Ne, Ar). Esses valores são ligeiramente diferentes para gases moleculares (H_2, N_2, O_2, CO_2), para os quais a energia gasta com ionização é pouco mais de 2/5 de K. Dessa forma, como na energia média W gasta para formar um par de íons está incluída a parte usada na excitação e aquecimento, W é sempre bem maior do que W_v.

Em um dos primeiros trabalhos importantes de Louis Harold Gray, publicado em 1929, ele descreve o princípio da equivalência entre raios beta e raios gama quanto à deposição de energia, e introduz o símbolo W para a energia média requerida para produzir um par de íons. O valor de W para fótons e nêutrons corresponde ao de partícula secundária carregada produzida pela interação deles com o meio em questão.

Ainda hoje há pesquisadores trabalhando na determinação de W em gases equivalentes a tecidos, isto é, com composição atômica similar ao tecido humano em termos de número atômico, principalmente para prótons e nêutrons.

O valor de W hoje aceito para qualquer feixe de fótons e elétrons no ar seco, para a região em que independe da energia, isto é, para energia do elétron acima de 10 keV, é de $(33,97 \pm 0,05)$ eV, tendo sido reavaliado em 1987 por M. Boutillon e A. M. Perroche-Roux. Para prótons no ar seco com energia maior do que 100 keV, é recomendado pela TRS-398 (2000) o valor de $(34,23 \pm 0,4\%)$ eV, e para partículas pesadas, $(34,50 \pm 1,5\%)$ eV.

1.4 A estrutura atômica

O primeiro conceito de átomo surgiu com os antigos gregos Leucipo de Mileto e seu discípulo Demócrito de Abdera, ao redor do ano 450 a.C. Ele foi concebido a partir do fato de que, se uma dada substância fosse dividida indefinidamente, chegar-se-ia à matéria elementar, à qual deram o nome de *atomon*, constituinte de toda matéria, que significa indivisível. Eles sugeriram que diferentes substâncias eram compostas por diferentes átomos ou combinações de átomos e que uma substância poderia ser convertida em outra por meio de rearranjo de átomos. Hoje, sabe-se que o átomo é constituído de um núcleo contendo prótons e nêutrons, e de elétrons fora dele. Os prótons e os nêutrons, por sua vez, são formados por três **quarks**.

A primeira partícula subatômica foi introduzida teoricamente em 1874, derrubando a teoria da indivisibilidade do átomo. Em 1891, George Johnstone Stoney batizou-a com o nome *elétron*. A palavra elétron significa certa quantidade de carga elétrica. Em 1897, Joseph John Thomson mediu experimentalmente a razão carga do elétron pela massa (e/m). A carga do elétron foi determinada em 1909 por Robert Andrew Millikan, por meio da experiência da gota de óleo. Em 1920, Ernest Rutherford propôs o nome *próton*, que vem do grego *protos* (primeiro), para outra partícula subatômica, constituinte do núcleo, com carga positiva e massa 1.840 vezes maior que a do elétron. Doze anos mais tarde, em 1932, o *nêutron* é descoberto por James Chadwick, discípulo de Rutherford. O nêutron tem aproximadamente a mesma massa do próton e também faz parte do núcleo. Em 1963, Murray Gell-Mann e George Zweig propuseram, independentemente, a existência de *quarks*. Até o presente momento, estes são considerados indivisíveis e, portanto, designados partículas elementares, tal como os elétrons, e como vieram sendo considerados os prótons e os nêutrons até a proposta da existência de *quarks*.

1.5 Modelos atômicos

Entre 1893 e 1896, o físico japonês **Hantaro Nagaoka** (1865-1950) havia estado em algumas universidades européias, incluindo o Laboratório Cavendish. Ele foi professor de Física da Universidade de Tóquio, de 1901 a 1925, e anunciou para a Sociedade de Matemática e Física em Tóquio, em 1903, o modelo planetário ou o **modelo saturnino** de átomo. No ano seguinte, publicou seu modelo na revista britânica *Philosophical Magazine*. Ele se baseava na estabilidade dos anéis do planeta Saturno, que orbitam ao redor de um planeta com massa muito grande. O modelo de Nagaoka previa que:

- a massa do núcleo atômico era muito grande em analogia com a massa de Saturno;
- os elétrons giravam ao redor do núcleo, ligados por forças eletrostáticas em analogia aos anéis que giravam ao redor do planeta, ligados por forças gravitacionais.

Um outro modelo de átomo proposto em 1904 foi o do "pudim de ameixas", de J. J. Thomson, então diretor do Laboratório Cavendish. Ele consistia do pudim propriamente dito, carregado positivamente, e de ameixas embebidas no pudim, que faziam o papel de elétrons.

Em 1909, Rutherford sugeriu a Johannes (Hans) Wilhelm Geiger e Ernest Marsden, seus discípulos, a realização de um experimento para descobrir qual dos dois modelos representava melhor um átomo. O experimento consistiu em bombardear uma fina folha de ouro com partículas α, emitidas pelos núcleos do polônio. Os resultados obtidos mostraram que a maior parte das partículas passava pelo átomo sem sofrer desvio de trajetória, como esperado se o modelo de pudim de ameixas fosse correto; mas algumas poucas sofriam grandes desvios. Na realidade, o experimento confirmou as duas previsões do modelo proposto por Nagaoka: o átomo é constituído de um núcleo minúsculo, onde se concentra quase toda a massa do átomo, carregado positivamente e rodeado pelos elétrons, que giram ao seu redor.

Os resultados de experimentos de Geiger e Marsden levaram Rutherford a concluir que um campo elétrico intenso era responsável pela tal deflexão, conforme o artigo de sua autoria, *The structure of atom*, publicado em 1913 na *Nature* (v. 92, p. 423). Esse campo era devido à carga positiva do átomo, que estaria concentrada no seu núcleo e que contrabalançaria a carga negativa dos elétrons ao redor do núcleo. Entretanto, esse modelo continha problemas porque o elétron está acelerado, uma vez que a direção do vetor velocidade muda constantemente, e, pela teoria eletromagnética clássica, uma partícula acelerada emite radiação eletromagnética continuamente. Com isso, o elétron iria perdendo energia e sua trajetória, espiralando-se, acabando por cair no núcleo, o que, de fato, não acontece. Além disso, ainda segundo a teoria clássica, a frequência da radiação emitida não coincidia com a daquela efetivamente medida, que era constituída de valores fixos e característicos para cada átomo.

1.6 Modelo de Bohr do átomo de hidrogênio

Em 1911, **Niels Henrick David Bohr**, físico dinamarquês recém-doutor, foi passar seis meses em Cambridge, para trabalhar com J. J. Thomson e depois com E. Rutherford. A partir de então, Bohr iniciou a formulação de um modelo de átomo, uma vez que o de Rutherford não explicava alguns resultados. Bohr começou pelo mais simples deles: o **átomo de hidrogênio** constituído de um próton e de um elétron, fato este não aceito unanimemente naquela época. Quando Bohr tomou conhecimento de um artigo escrito por Johann Jakob Balmer em 1885, tudo para ele se tornou claro.

No artigo, Balmer revelava a dedução de uma fórmula (Eq. 1.3) para calcular os comprimentos de onda λ das raias ou **linhas espectrais** emitidas pelo átomo de hidrogênio, separadas por um prisma. Essas raias estavam na faixa da luz visível e eram de cores vermelha, azul-verde, azul-violeta e violeta. A equação apresentada era empírica, sem nenhum significado físico.

$$\frac{1}{\lambda} = R \left(\frac{1}{n_i^2} - \frac{1}{n_f^2} \right) \tag{1.3}$$

onde R é uma constante chamada constante de Rydberg = $1{,}097 \times 10^{-2}\,\mathrm{nm}^{-1}$; n_i é um número inteiro, que vale 3, 4, 5 e 6 para as referidas raias; e n_f é igual a 2. Por exemplo, para

$n_i = 3$ e $n_f = 2$, obtém-se $\lambda = 657\,\text{nm}$ para a raia vermelha, que confirmava o valor medido experimentalmente. Esse conjunto de raias foi depois denominado **série de Balmer**.

Bohr iniciou postulando que o elétron só pode girar em órbitas permitidas e que, normalmente, permanece na órbita de menor raio possível, que ele chamou de estado fundamental. Quando o átomo de hidrogênio é adequadamente estimulado por algum agente, seu elétron vai para um estado excitado, passando a girar em órbitas mais distantes do núcleo. O elétron fica cerca de $10^{-8}\,\text{s}$ nessas órbitas antes de passar para outra mais próxima do núcleo, como se pode ver na Fig. 1.6. Aqui Bohr introduz uma novidade, dizendo que, nessa passagem, o elétron libera o excesso de energia emitindo um fóton. Por essa ocasião, a teoria do *quantum* de energia, de Planck-Einstein, já havia sido apresentada. Dessa forma, o **espectro de linhas** do átomo de hidrogênio pôde ser explicado como sendo devido a fótons emitidos na transição do elétron de órbitas circulares permitidas com raios maiores para outras com raios menores.

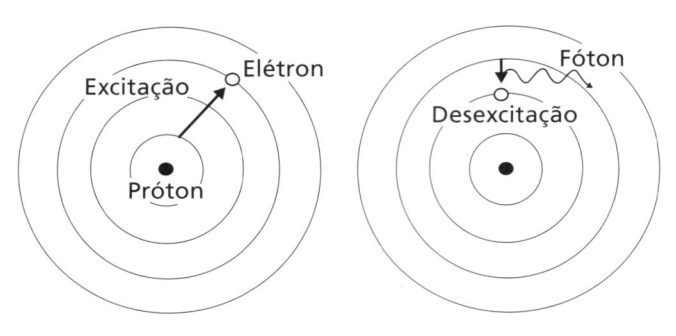

Fig. 1.6 Ilustração da passagem do elétron para órbita mais distante do núcleo com absorção de energia e a desexcitação com emissão de um fóton

Com base na mecânica clássica de Isaac Newton e na lei de Charles Augustin de Coulomb, Bohr igualou a força elétrica à força centrípeta. Fez uso também da teoria do fóton, de Planck-Einstein. Com isso, deduziu fórmulas para calcular a velocidade do elétron em diferentes órbitas, o raio das órbitas permitidas [Eq. (1.4)] e a energia total do elétron em cada órbita permitida, que ele chamou de níveis de energia E_n [Eq. (1.5)]. Ao postular as órbitas permitidas, Bohr introduziu um número inteiro associado a cada órbita, que é o número quântico principal, n.

$$r_n = n^2 \frac{h^2 \varepsilon_0}{\pi m e^2} = n^2 r_1 \tag{1.4}$$

onde r_n é o raio da órbita permitida com número quântico principal n; h é a constante de Planck $= 6,63 \times 10^{-34}\,\text{J·s}$; m e e são, respectivamente, a massa e a carga do elétron; e ε_0, a permissividade do vácuo $= 8,85 \times 10^{-12}\,\text{C}^2\text{·N}^{-1}\text{·m}^{-2}$. Substituindo-se esses valores, obtém-se que, para $n = 1$, $r_1 = 0,053\,\text{nm}$, que é o raio da menor órbita permitida.

Exemplo 1.1

Calcule os raios das órbitas permitidas, considerando o modelo de Bohr, para estados com número quântico principal igual a 2, 5 e 10.

Resolução

Como $r_n = 0,053 \times n^2$, obtemos facilmente (Tab. 1.4):

Tab. 1.4

n	r_n (nm)
2	0,212
5	1,325
10	5,30

Para a energia total do elétron, somando sua energia cinética e potencial, Bohr obteve:

$$E_n = -\frac{me^4}{8\varepsilon_0^2 h^2 n^2} \qquad \textbf{(1.5)}$$

E_n é a energia total do elétron na órbita permitida com número quântico principal n, também chamado **nível de energia** dessa órbita. Substituindo-se as constantes na Eq. (1.5), obtém-se:

$$E_n(\text{eV}) = -\frac{13{,}6}{n^2} \qquad \textbf{(1.6)}$$

O sinal "menos" indica que o elétron está ligado pela atração coulombiana ao próton. Para $n = 1$, $E_1 = -13{,}6\,\text{eV}$, que é a energia do elétron no **estado fundamental**. O elétron fica em vias de desligar-se da atração coulombiana do próton quando sua energia tende a zero. Assim, quando o elétron está no estado fundamental, é necessário estimulá-lo, fornecendo no mínimo $+13{,}6\,\text{eV}$ para liberá-lo da atração do próton (que é a energia de ionização do átomo de hidrogênio). As energias dos **estados excitados** podem ser obtidas substituindo n na Eq. (1.6) por 2, 3, 4 etc., como mostra a Fig. 1.7. Como já foi dito, quando o elétron passa de uma órbita com $n_i = 3$ para $n_f = 2$, haverá liberação de um fóton com energia $h\nu$ igual à diferença de energia entre esses níveis:

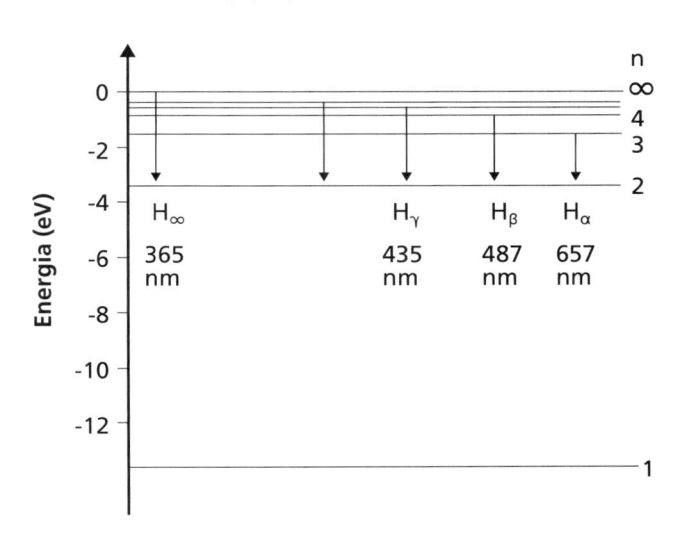

Fig. 1.7 Transições do elétron de níveis de energia com número quântico principal maior ou igual a 3 para o nível final com $n = 2$, com emissão de fótons na faixa da luz visível, que constituem a série de Balmer

$$h\nu = \frac{hc}{\lambda} = E_3 - E_2 = -\frac{me^4}{8\varepsilon_0^2 h^2}\left(\frac{1}{n_3^2} - \frac{1}{n_2^2}\right) \qquad \textbf{(1.7)}$$

que vem do fato de ν (frequência da onda eletromagnética) ser igual a c/λ, onde c é a velocidade de propagação da luz no vácuo $= 3 \times 10^8\,\text{m·s}^{-1}$. Ao efetuar-se o cálculo, obtém-se $\lambda = 657\,\text{nm}$, que coincide com o valor obtido por Balmer. Note que a Eq. (1.7) é equivalente à (1.3) de Balmer, agora com significado físico. A Fig. 1.7 mostra as transições do elétron que produzem a série de Balmer, ou seja, a **desexcitação** do elétron quando passa de níveis de energia com n maiores que 3 para o nível final, com $n = 2$, emitindo fótons de luz visível.

Exemplo 1.2

Para valores crescentes do número quântico principal n, os níveis de energia vão se aproximando um do outro cada vez mais e as frequências dos fótons emitidos obtidas para a série de Balmer ficam todas muito próximas, formando quase um *continuum* de linhas.

a) Obtenha o valor máximo de frequência do fóton da série de Balmer, que corresponde ao limite desse *continuum*.

b) Calcule o comprimento de onda do fóton emitido quando esse elétron efetua a transição desse estado para $n_f = 2$

Resolução

a) Consideremos o elétron do átomo de hidrogênio no estado com número quântico principal $n = \infty$. Empregando a Eq. (1.7), obtemos que $E_{fóton} = h\nu = E_\infty - E_2 = 0 - (-3,4) = 3,4\,\text{eV}$. Esse fóton irá compor a raia espectral H_∞ da série de Balmer. A frequência correspondente vale $\nu = 3,4/h = 0,821\,\text{PHz}$.

b) Como $h\nu = hc/\lambda$, obtemos que $\lambda = hc/E_{fóton} = (4,14 \times 10^{-15} \times 3 \times 10^8)/3,4 = 3,65 \times 10^{-7}\,\text{m} = 365\,\text{nm}$.

Posteriormente, outras séries de linhas espectrais do átomo de hidrogênio foram descobertas, mas todas fora da região visível do espectro eletromagnético. A Tab. 1.5 mostra essas séries com seus nomes, os números quânticos iniciais e finais para a emissão das **raias espectrais** dessas séries.

Tab. 1.5 Séries com as raias espectrais do átomo de hidrogênio

Série	Região de espectro	n_i	n_f
Lyman	ultravioleta	$\geqslant 2$	1
Balmer	visível	$\geqslant 3$	2
Paschen	infravermelho	$\geqslant 4$	3
Brackett	infravermelho	$\geqslant 5$	4
Pfund	infravermelho	$\geqslant 6$	5

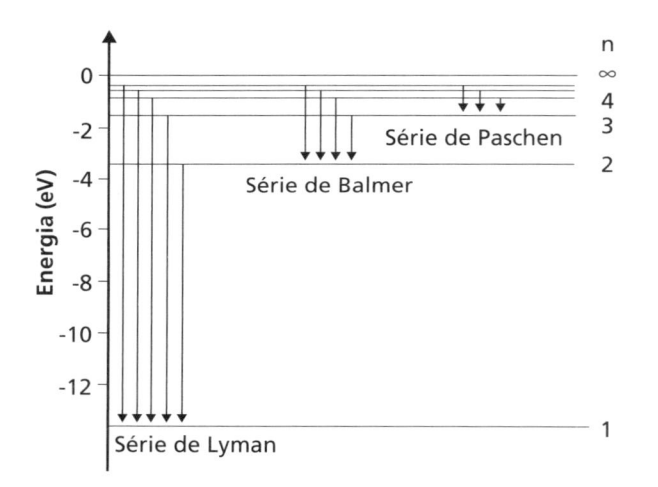

Fig. 1.8 Níveis de energia do átomo de hidrogênio, com transições permitidas do elétron que formam as séries de Lyman, Balmer e Paschen

A Fig. 1.8 mostra o diagrama dos níveis de energia, em escala, do átomo de hidrogênio segundo Bohr, as transições permitidas dos elétrons durante as quais haverá emissão de fótons que comporão as séries de Lyman, Balmer e Paschen.

Pelo fato de existirem órbitas permitidas e níveis de energia bem determinados, foi dito que os raios das órbitas e as energias dos elétrons do átomo de hidrogênio eram quantizados, ou seja, têm valores discretos, e não qualquer valor.

Apesar de o modelo desenvolvido ter sido para o átomo de hidrogênio, conhecendo-se os valores dos níveis de energia de outros átomos é possível calcular o comprimento de onda do fóton emitido, a partir da diferença de energia entre os vários níveis envolvidos na transição do elétron.

Bohr conjeturou que, à medida que o número de prótons no núcleo aumentava, o de elétrons orbitais também aumentava na mesma proporção para manter a neutralidade atômica, e sugeriu que átomos mais pesados, por terem mais prótons no núcleo, teriam maior força para atrair os elétrons e, por isso, os raios dos átomos eram parecidos, sendo da ordem de 10^{-10} m. De fato, o raio do átomo de hidrogênio com um único próton (elétron) é somente cerca de três vezes menor que o do urânio-238, com 92 prótons.

Da mesma forma que o espectro de emissão, o de absorção também é característico de cada átomo. A energia absorvida para o elétron passar de níveis de menor energia para os de maior energia é também quantizada e coincide com o valor da energia do fóton emitido, o que é explicado pelo modelo de Bohr.

As primeiras indicações de que o modelo de Bohr do átomo de hidrogênio apresentava falhas surgiram quando técnicas experimentais de espectroscopia melhoraram com o aumento da resolução dos equipamentos. Percebeu-se que algumas raias espectrais observadas anteriormente como sendo uma eram, na verdade, constituídas de duas ou mais raias muito próximas uma da outra. A raia vermelha de 657 nm, por exemplo, era composta de sete raias.

A teoria do átomo de hidrogênio válida hoje foi desenvolvida aplicando-se com grande sucesso a equação da onda de Erwin Rudolf Josef Alexander Schrödinger, um dos pais da Mecânica Quântica. Nessa teoria, calcula-se a probabilidade de encontrar o elétron em um determinado lugar e, entre outros, o número quântico principal n aparece naturalmente na resolução do problema. O grande sucesso do modelo de Bohr provém do fato de que as órbitas permitidas, obtidas com esse modelo, estão de acordo com a teoria quântica, sendo exatamente aquelas de maior probabilidade de o elétron ser encontrado. Além disso, todo o resultado é obtido com equações fáceis e álgebra elementar, enquanto que as da Mecânica Quântica são muito complexas.

Na resolução das equações de onda da Mecânica Quântica aplicadas ao átomo de hidrogênio, outros números quânticos emergem naturalmente. A Tab. 1.6 mostra esses números quânticos com suas características. Como consequência, os níveis de energia permitidos desdobram-se, formando subcamadas ou orbitais.

Os estados com o mesmo número quântico principal formam uma camada. As órbitas com $n = 1, 2, 3, 4, 5$ etc. foram chamadas de camadas K, L, M, N, O etc., por razões históricas. Para cada valor de n, os estados com cada valor de l (número quântico orbital) formam uma subcamada. Assim, cada subcamada é identificada pelo seu número quântico principal n acompanhado da letra que corresponde ao seu número quântico orbital l. As letras s, p, d, f, g, h etc. são usadas para designar as subcamadas com $l = 0, 1, 2, 3, 4, 5$ etc., respectivamente. Essa nomenclatura era usada pelos primeiros pesquisadores de espectroscopia óptica. O estado designado por 1s tem o $n = 1$ e $l = 0$, e o estado 3p, $n = 3$ e $l = 1$. Os elétrons que ocupam cada subcamada têm números quânticos de momento magnético orbital (m_l) e/ou de momento magnético de spin (m_s) distintos.

Esses números quânticos podem ser usados para descrever todos os estados eletrônicos de um átomo, independentemente da quantidade de elétrons, considerando que dois elétrons de um dado átomo não podem estar no mesmo estado quântico, ou seja, não podem ter o mesmo conjunto de números quânticos. Algumas vezes, os números quânticos m_l e

Tab. 1.6 Números quânticos do átomo de hidrogênio

Número quântico	Nome: número quântico	Valores permitidos	Número de estados permitidos
n	principal	1, 2, 3, 4, 5, 6 etc.	qualquer número
l	orbital	$0, 1, 2, 3 \ldots \ldots n-1$	n
s	de spin	$+1/2$	1
m_l	magnético orbital	$-l, -l+1 \ldots 0 \ldots l-1, l$	$2l+1$
m_s	magnético de spin	$-1/2, +1/2$	2

m_s são substituídos por outros dois números quânticos: o j e o m_j, que são, respectivamente, o número quântico de momento angular total e o número quântico magnético de momento angular total. O j pode assumir os valores $l - 1/2$ ou $l + 1/2$, com a exceção de que $j = 1/2$ quando $l = 0$, e m_j, os valores $-j, -j + 1 \ldots . j - 1, j$.

As transições de elétrons entre subcamadas devem obedecer a certas regras chamadas regras de seleção. Feito isso, agora é possível explicar as várias raias muito próximas entre si emitidas por átomos e observadas com equipamentos de grande resolução, antes vistas como sendo uma única raia.

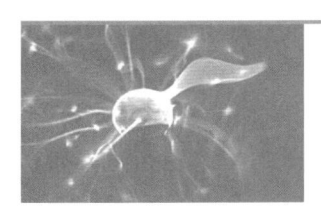

Um pouco de **História**

Segundo o artigo *The conservation of photons*, publicado na *Nature* (v. 118, p. 874-875, de 18/12/1926), o próprio autor, Gilbert Newton Lewis, escreve que toma a liberdade para propor o nome *fóton* para o novo átomo hipotético, que não é luz, mas tem um papel essencial em cada processo de radiação. Fóton seria um novo tipo de átomo que não pode ser criado nem destruído, e que age como portador de energia radiante. Lewis foi professor de Química da Universidade de Califórnia e depois reitor dessa mesma universidade. Sua teoria nunca foi aceita porque não conseguiu comprovação experimental, mas a palavra fóton – do grego $\phi\omega\varsigma$ (fôs), cuja tradução para o português é *luz* – foi aceita e adotada imediatamente por muitos físicos.

No discurso de Prêmio Nobel, com o título *The Genesis and Present State of Development of the Quantum Theory*, proferido por Max Planck em 2 de junho de 1920, a palavra fóton aparece cinco vezes, sendo a primeira aparição usada como sinônimo de *quantum* de luz.

Em 1905, Einstein introduz o conceito de *quantum de luz* e recebe o Prêmio Nobel de Física em 1921, pela teoria de efeito fotoelétrico. Nessa época, Einstein só usou a expressão *quantum de energia*.

Arthur Holly Compton, em seu artigo *A quantum theory of the scattering of X rays by light elements* (*Physical Review*, v. 21, p. 483-502, 1923), só usa o termo X ray quantum, mas no discurso de Prêmio Nobel proferido em 12/12/1927, com o título *X ray as a branch of Optics*, a palavra fóton é usada várias vezes, e na primeira vez o autor assinala: "here we do not think of the X-rays as waves but as light corpuscles, quanta, or, as we may call them, photons".

Bio**grafia**

NIELS HENRIK DAVID BOHR (7/10/1885 – 18/11/1962, DE TROMBOSE)

Seu pai foi professor de Fisiologia da Universidade de Copenhague. Niels Bohr obteve os títulos de mestre e doutor pela Universidade de Copenhague em 1909 e 1911, respectivamente. Seus principais trabalhos foram em Física teórica. Em 1911, foi para Cambridge, Inglaterra, para participar dos trabalhos experimentais no Laboratório Cavendish, sob a liderança de J. J. Thomson. Em 1912, transferiu-se para Manchester, a fim de trabalhar com Ernest Rutherford. A pesquisa mais importante que se iniciou lá, baseada no modelo atômico de Rutherford, culminou com o desenvolvimento do modelo do átomo de hidrogênio no qual introduziu conceitos quânticos, em 1913. Por esse trabalho, Bohr ganhou o Prêmio Nobel de Física em 1922, e o discurso proferido durante a premiação teve por título A estrutura do átomo.

Durante a perseguição aos judeus na Segunda Guerra Mundial, pelo fato de sua esposa e sua mãe serem judias, Bohr fugiu para a Suécia e passou os dois últimos anos da guerra entre os Estados Unidos e a Inglaterra. Colaborou no projeto Manhattan, que produziu três bombas atômicas, duas das quais lançadas pelos americanos nas cidades de Hiroshima e Nagasaki, no Japão.

Werner Heisenberg, alemão, autor do famoso *Princípio da Incerteza*, foi trabalhar com Bohr em 1920, período durante o qual desenvolveu esse princípio. Eles tinham uma relação fantástica, que havia sido abalada por causa da guerra e por serem de países inimigos. Heisenberg visitou Bohr em setembro/outubro de 1941 e a conversa que tiveram nunca foi contada a ninguém, nem escrita em lugar nenhum. A suposta conversa transformou-se na famosa peça teatral *Copenhagen*, de Michael Frayn, escrita em 1998.

Bohr casou-se em 1912 com Margrethe Norlund, com quem teve seis filhos, um dos quais, Aage Niels Bohr, também físico nuclear, ganhou o Prêmio Nobel de Física em 1975.

Fonte:

<nobelprize.org/nobel_prizes/physics/laureates/1922/bohr-bio.html>. Acesso em: dez. 2009.

Foto: Library of Congress, Prints & Photographs Division, LC-DIG Ggbain-35303

HANTARO NAGAOKA (18/8/1865, JAPÃO – 10/12/1950, JAPÃO)   **Biografia**

Foi filho de Jisaburo Nagaoka, samurai do período Tokugawa que foi enviado à América e à Europa, pelo governo Meiji, durante 1871-1873, como membro de um grupo de inspeção. Nagaoka graduou-se em Física pela Universidade de Tóquio, em 1887, e doutorou-se em 1893, trabalhando em magnetostrição, que é a deformação de estruturas cristalinas devido à aplicação de campos magnéticos. Nesse mesmo ano, foi estudar em Viena, Berlim e Munique, onde fez estágio com Ludwig Boltzmann, estudando a teoria cinética dos gases, e tomou conhecimento dos trabalhos de Maxwell sobre a estabilidade dos anéis do planeta Saturno. Ele voltou ao Japão em 1896.

Em 1900, aconteceu em Paris o Primeiro Congresso Internacional de Física, ao qual foi convidado para apresentar um trabalho sobre magnetostrição. Lá encontrou o casal Curie e Henri Poincaré, cujos trabalhos o despertaram para o estudo da estrutura da matéria. Em 1903, apresentou o modelo do átomo que chamou modelo saturnino, em analogia à explicação da estabilidade dos anéis por orbitarem um planeta de massa muito grande.

Escreveu mais de 300 artigos científicos.

Recebeu inúmeras honrarias, inclusive no exterior, entre elas a de membro honorário da Physical Society of London e a de Doutor em Filosofia pela Universidade de Cambridge.

De 1901 a 1925, Nagaoka foi Professor de Física da Universidade de Tóquio, onde teve alunos brilhantes, como Kotaro Honda, Yoshio Nishina e Hideki Yukawa.

Fonte:

CAULLIRAUX, H. B. *Hiroshima 45. O grande golpe.* Da concepção do átomo à tragédia de Hiroshima. Rio de Janeiro: Lucerna, 2005.

YUKAWA, H. Obituário. *Nature*, v. 168, p. 409, 8 set. 1951.

Lista de Exercícios

1. Qual foi a principal falha do modelo atômico de Rutherford? O modelo do átomo de hidrogênio de Bohr solucionou essa falha? Quais foram os principais pontos fortes do modelo de Bohr? Onde esse modelo falhou?

2. O que é radiação? Qual a diferença entre radiação ionizante e não ionizante? Dê exemplos. Qual a diferença entre radiação diretamente ionizante e indiretamente ionizante?

3. O que são ondas eletromagnéticas? Discuta a questão da dualidade onda-partícula. O que é fóton?

4. O que significa profundidade de penetração de uma onda eletromagnética em um dado meio? Como varia a profundidade de penetração com a frequência da onda eletromagnética?

5. Discuta por que a energia média para formar um par de íons em um gás é maior do que a energia de ionização de um elétron de valência de átomos desse gás.

6. Um fóton é emitido quando o elétron do átomo de hidrogênio sofre transição do estado com número quântico principal $n = 6$ para o estado com $n = 2$. Calcule a energia do fóton emitido, o comprimento de onda e a frequência da onda eletromagnética associada, usando o modelo de Bohr. A que série pertence a raia espectral que será composta por esse fóton?

7. Considere o elétron do átomo de hidrogênio no estado com número quântico principal $n = 10$. Usando o modelo de Bohr:
   a. Calcule a energia total desse elétron;
   b. A energia calculada no item (a) é maior ou menor que a do elétron no estado fundamental?
   c. Qual a energia necessária para arrancar esse elétron do átomo? Que nome recebe essa energia?

8. A série de Lyman do átomo de hidrogênio é constituída por raias espectrais na faixa do ultravioleta que correspondem à emissão de fóton quando o elétron efetua a transição de estados excitados para o estado fundamental com $n = 1$. Calcule: a) o maior comprimento de onda e a respectiva energia do fóton emitido; b) o menor comprimento de onda e a respectiva energia do fóton emitido.

9. Os seis primeiros níveis de energia permitidos do elétron mais externo do átomo de sódio, em ordem crescente, são: $-5,1\,eV$; $-3,0\,eV$; $-1,9\,eV$; $-1,6\,eV$; $-1,4\,eV$ e $-1,1\,eV$.
   a. Discuta o significado do sinal "menos" nos valores listados acima.
   b. Qual a energia de ionização do átomo de Na, se o átomo estiver no estado fundamental?
   c. Calcule o comprimento de onda da radiação emitida quando o elétron, estando no nível de energia igual a $-1,6\,eV$, efetua a transição para o nível fundamental.
   d. Em qual transição do elétron é emitido o fóton que corresponde à raia espectral de cor amarela, que dá a cor característica à emissão da lâmpada de sódio com comprimento de onda de 589 nm?

10. Diariamente estamos expostos à luz visível, à radiação infravermelha e aos raios ultravioleta emitidos pelo Sol. Estamos também expostos à radiação artificial que permeia o meio ambiente, proveniente das ondas de rádio e de TV, além das micro-ondas emitidas pelos telefones e antenas de celulares. Também somos expostos aos raios alfa, beta e gama emitidos por radionuclídeos naturais existentes no meio ambiente. Esporadicamente tiramos radiografia de dente ou do pulmão, quando nos expomos aos raios X.
   a. Defina o que é radiação.

b. O que é radiação diretamente ionizante e indiretamente ionizante? Classifique as radiações citadas no enunciado acima.

c. O que é radiação não ionizante?

d. A energia média para formar um par de íons no ar por um elétron energético é de 33,97 eV. Como se explica isso se a energia de ionização do elétron de valência de átomos é, em geral, ao redor de 8 a 9 eV?

11. Com os valores de energia de ligação e de ionização de diversos átomos colocados na Tab. 1.2, é possível verificar que a energia de ionização quase não muda ao longo da tabela periódica, ao passo que as energias de ligação B_K e B_L crescem bastante. Explique por que isso acontece.

Respostas

6. a) 3,02 eV; b) $4,11 \times 10^{-7}$ m; c) $0,73 \times 10^{15}$ s^{-1}; d) série de Balmer

7. a) $-0,136$ eV; b) maior; c) $+0,136$ eV; energia de ionização

8. a) $1,217 \times 10^{-7}$ m e 10,2 eV; b) $0,913 \times 10^{-7}$ m e 13,6 eV

9. b) $+5,1$ eV; c) 355 nm; d) de $-3,0$ eV para $-5,1$ eV

Leitura recomendada

ATTIX, F. H. *Introduction to radiological Physics and radiation dosimetry.* USA: John Wiley & Sons, 1986.

EISBERG, E.; RESNIK, R. *Quantum Physics of atoms, molecules, solids, nuclei, and particles.* USA: John Wiley & Sons, 1974.

HOBBIE, R. K. *Intermediate Physics for Medicine and Biology.* 3. ed. USA: Springer-Verlag, 1997.

ICRU Report 60. *Fundamental quantities and units for ionizing radiation.* ICRU Publications, Bethesda, 1998.

NCRP Report 67. *Radiofrequency electromagnetic fields: properties, quantities and units, biophysical interaction and measurements.* Washington DC, 1981.

OKUNO, E.; CALDAS, I. L.; CHOW, C. *Física para Ciências Biológicas e Biomédicas.* São Paulo: Harper & Row do Brasil, 1982.

A HISTÓRIA DO ÁTOMO
(poeta português desconhecido)

1
Os gregos Leucipo e Demócrito,
Usando a sua intuição
Começaram a falar em átomo
Mas sem qualquer experimentação.

2
Se na palavra "átomo"
Se fizer a decomposição
Do grego é "a - tomos"
Que quer dizer: sem divisão.

3
Mas Aristóteles, o mestre
Mandou tudo calar
A matéria não são átomos
Mas terra, fogo, água e ar.

4
Por toda a idade média
Houve grande estagnação
Quem sabia era Aristóteles
A ciência era ilusão.

5
Quem ousasse inovar
Fazendo frente ao Poder
Ficava sem as goelas
Para se arrepender...

6
Existiam Alquimistas
Com o elixir triunfal:
Metais vis, seriam ouro
E a própria alma imortal.

7
Alguém apareceu de novo
Que as ideias discutiu
Foi o nosso amigo Dalton
Que a louça toda partiu...

8
Foi no século dezenove
E já com grande abertura;
Disse Dalton com pujança
Fora das trevas, com frescura:

9
"Aristóteles não é Deus
Já não há esses apegos
Eu vou fazer renascer
Algo dos atomistas gregos!"

10
O átomo era indivisível
Uma esfera, tal e qual.
Assim Dalton postulou
Com uma base experimental.

11
(Dalton confundia as cores
O que era um fato irônico:
Estudou o daltonismo
Sendo também um daltônico).

12
Mas Thomson fez experiências
E divulgou nos periódicos
Que descobrira novas coisas
Graças aos raios catódicos.

13
"O átomo é divisível!
Ao seguir as radiações
Eu tenho de concluir
Que o átomo tem electrões."

14
Os cientistas da época
Fizeram gozos e queixas.
E chamaram ao seu modelo
O célebre "pudim de ameixas".

15
O átomo é como um pudim
Feito de carga positiva
Com as ameixas (electrões)
Encrostados à deriva...

16
Rutherford, um seu aluno
Que era neozelandês
Concebeu outro modelo
Com as experiências que fez.

17
"Fiz experiências várias
Lâminas de ouro usei.
Quanto ao modelo de Thomson
Claro que o abandonei."

18
"P'la trajetória das partículas
Que eu bem pude seguir
É quase certo, pra mim
Que um núcleo tem de existir!"

19
Este ocupa pouco espaço
Face ao átomo, quase nada
É no núcleo, no entanto
Que a massa está concentrada.

20
No núcleo há cargas positivas
Girando à volta electrões,
Como no sistema planetário
Em constantes rotações!"

21
Rutherford pensou também
Que no núcleo havia neutrões
Partículas de carga neutra
"Morando" ao pé dos protões.

22
Foi só Chadwick, mais tarde
Que identificou o neutrão.
Sem carga e com uma massa
Semelhante à do protão.

23
O modelo de Rutherford
Parecia querer triunfar
Mas havia umas questões
Que ficariam no ar:

24
"A girar à volta do núcleo
O electrão vai-se despenhar.
E o átomo é estável
Como podemos constatar...

25
E assim seria emitida
Radiação continuamente
E o espectro do hidrogênio
Revela algo diferente."

26
(Vê-se num belo arco-íris
O espectro da luz solar.
Quanto ao hidrogênio:
Tem riscas, a contrastar)

27
Um cientista surgiu
Com um modelo melhor.
Sua origem, Dinamarca
Seu nome, Niels Bohr.

28
"O átomo parece estável
Temos de ter solução.
Vamos supor uma órbita
Para cada electrão."

29
"Cada electrão tem energia
E um nível vai definir.
Não cai no núcleo sem mais
...Porque não pode cair."

30
Isto explica o espectro
Descontínuo e de cor.
O electrão salta dum nível
Para outro inferior...

31
Nas partículas hidrogenoides
Fez Bohr um brilharete
Pr' átomos polieletrônicos
Enfiou um grande barrete!

32
Ficou pois um vazio
Isso está bem entendido
Só com a Teoria Quântica
Ficaria preenchido!

33
É a nuvem eletrônica
O modelo atual
Que em vez de uma órbita
Define um orbital.

34
Cada pontinho da nuvem,
Que não haja confusão,
Representa a probabilidade
De encontrar um electrão.

35
Este é o modelo moderno
Que assim se desenvolveu.
O modelo do futuro
Poderá até ser teu.......

Raios X 2

2.1 Introdução

Nos idos de 1890, muitos cientistas estavam pesquisando a natureza dos raios catódicos emitidos de um tubo de vidro evacuado, chamado **tubo de Crookes**, com dois eletrodos metálicos aos quais se aplicava uma diferença de potencial. O próprio William Crookes havia percebido que o que passou a ser chamado de raios catódicos eram emanações que partiam do eletrodo negativo e se propagavam em linha reta, e que o local do tubo onde esses raios incidiam luminescia. Ele conseguiu também defletir os raios, aplicando um campo magnético que o fez conjeturar se seriam cargas negativas.

Philipp Lenard modificou o tubo de Crookes, colocando uma janela de alumínio para ver se os raios catódicos saíam através dessa janela para o exterior. Para verificar isso, colocou um anteparo fluorescente e verificou que até uma distância de 8 cm, ele detectava luminescência devida aos **raios catódicos**.

Era uma sexta-feira, 8 de novembro de 1895, e a noite chegando, quando Wilhelm Conrad **Röntgen**, professor de Física da Universidade de Würzburg, na Alemanha, decidiu repetir o experimento feito por Lenard. Embrulhou o tubo com papel preto, para que a luminescência muito forte no vidro não atrapalhasse a visão de uma tela pintada com platino cianeto de bário, que fluorescia fracamente quando colocada a cerca de 8 cm do tubo. Apagou a luz do laboratório, acomodou os olhos à escuridão e foi afastando a tela até 2 m do tubo, e verificou que a luminescência persistia. Ligou e desligou o tubo e percebeu que toda vez que desligava, a luminescência desaparecia. Ficou tão intrigado com o fenômeno que passou as sete semanas seguintes trabalhando sozinho no laboratório, pois o que ele estava observando não eram os efeitos dos raios catódicos: os novos raios emanados do tubo eram mais penetrantes que os raios catódicos e não sofriam desvio com campo magnético.

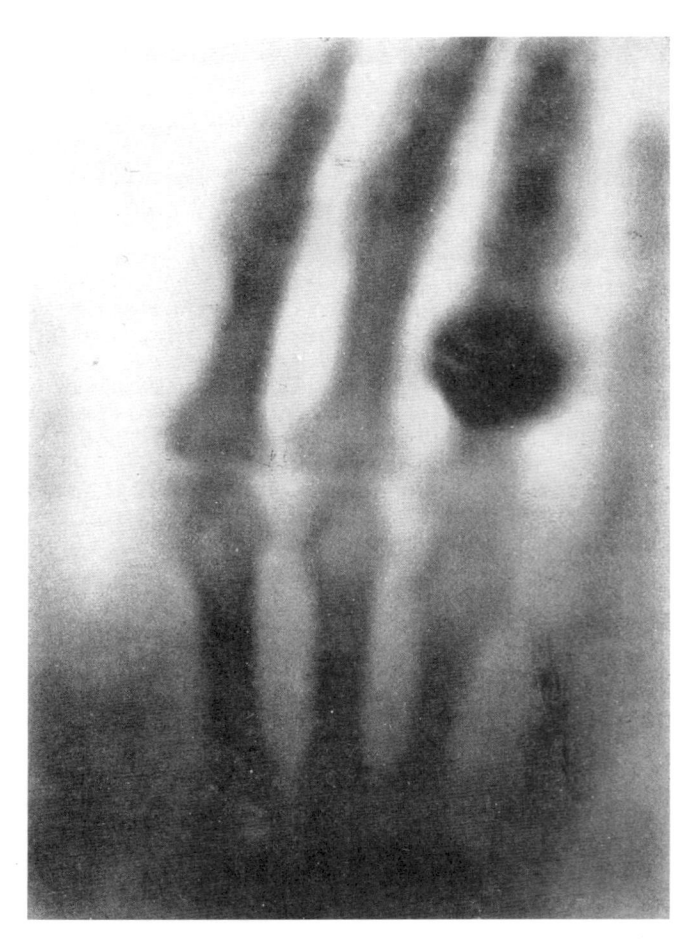

Fig. 2.1 Diapositiva da radiografia da mão da Sra. Anna Bertha Ludwig, esposa de Röntgen, tirada em 22/12/1895. Ela está no Deutsches Museum

Röntgen observou que os raios emanados do tubo tinham uma capacidade notável de atravessar diferentes materiais, desde livros, madeiras e placas metálicas com diversas espessuras até alguns líquidos. Durante a colocação de uma das peças entre o tubo e a tela, ele observou, atônito, que o contorno dos ossos de seus dedos estava sendo mostrado na tela fluorescente. Concluiu que aqueles raios eram parcialmente parados pelos ossos, da mesma forma que por uma placa de vidro contendo átomos de chumbo. No dia 22 de dezembro, Röntgen chamou sua esposa, Anna Bertha, que estava intrigadíssima, pois ele pouco comia e dormia, para confidenciar sua descoberta, e a convenceu a radiografar a mão dela (Fig. 2.1), que deveria ficar estática durante os 15 minutos de exposição. Logo após o Natal, Röntgen terminou de escrever o artigo *On a new kind of rays* e o enviou para ser publicado no *Proceedings of the Physical-Medical Society* de Würzburg. No artigo, ele escreve que batizou com o nome de **"raios X"** o agente responsável pela luminescência, por questão de brevidade, e que esses raios se originavam no vidro justamente onde os raios catódicos incidiam. O artigo com a radiografia da mão da Sra. Bertha foi publicado em 28/12/1895. No primeiro dia do ano de 1896, o próprio Röntgen foi ao correio para enviar cópias do artigo – contendo, entre várias radiografias, a de uma caixa de pesos de balança de precisão (Fig. 2.2) e a da mão de sua esposa – para cientistas renomados, como William Thomson (Lord Kelvin), Henri Poincaré e Franz Exner, ex-colega que era, então, diretor do Instituto de Física em Viena. Este havia organizado um jantar informal para seus colegas físicos, como era seu costume, entre os quais estava Ernst Lecher, cujo pai era editor do jornal *Neue Freie Presse*, de Viena. Durante o jantar, os convivas ficaram estupefatos ao tomarem conhecimento do artigo e das radiografias. Dessa forma, o furo jornalístico saiu publicado na primeira página do jornal de domingo, 5 de janeiro de 1896, com a notícia da descoberta feita pelo pesquisador alemão W. C. Röntgen sobre uma forma fantástica de ver o interior de um corpo sem cortá-lo, e que a nova técnica seria a ferramenta futura para o diagnóstico médico. O correspondente inglês do *London Chronicle*, que leu a matéria, telegrafou imediatamente para a Inglaterra e a notícia foi publicada lá no dia seguinte. Assim, a notícia espalhou-se pelo mundo, atravessou o Atlântico, e a revista *Nature* publicou o artigo, traduzido para o inglês, em 23/1/1896, no volume 53, páginas 274-276. Nesse mesmo volume foram publicados mais três artigos de outros autores sobre os raios do professor Röntgen.

Um ano após a descoberta dos raios X, mais de 1.000 artigos tinham sido escritos por cientistas do mundo todo, e Röntgen foi agraciado com o primeiro Prêmio Nobel de Física, em 1901. Ele próprio publicou, nos anos seguintes, somente mais dois artigos relacionados com raios X. Röntgen havia ficado muito amargurado com Lenard, que insistia que o crédito pela descoberta dos raios X deveria ser dele. Em 1905, Lenard também ganhou o Prêmio Nobel de Física, pelo seu trabalho com raios catódicos.

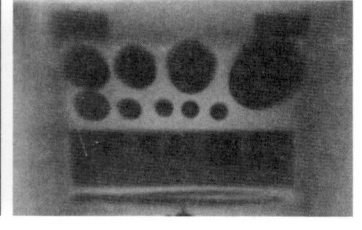

Fig. 2.2 Foto e radiografia da caixa de pesos da balança de precisão tirada por Röntgen

Fonte: Gentilmente cedido por Wilfred C. G. Peh.

Röntgen empenhou-se em descobrir a natureza dos raios X, porém não teve sucesso. Somente em 1912 é que a natureza dos raios X foi firmemente estabelecida como sendo onda eletromagnética de comprimento de onda muito menor que o da luz, por Max von Laue (1879-1960), físico alemão que concebeu a ideia de usar um cristal como rede de difração em experimentos de difração de raios X. Ele publicou artigo a respeito em 1912 e recebeu o Prêmio Nobel de Física em 1914. Entretanto, naqueles anos havia um debate quanto à natureza da luz, se era onda ou partícula. Somente em 1920, com a teoria da dualidade onda-partícula, é que ficou estabelecido que a luz e os raios X apresentam caráter dual, e foi dado o nome de fóton à partícula associada à onda eletromagnética.

Foi também nessa mesma época que se descobriu que os **raios gama** emitidos espontaneamente pelos núcleos aos átomos radioativos são de igual natureza física dos raios X, ou seja, ambos são ondas eletromagnéticas de frequência extremamente alta, maior que a da radiação ultravioleta. A diferença entre ambos está na origem, pois os raios X têm sua origem fora do núcleo dos átomos, enquanto que os raios gama provêm do núcleo e da aniquilação de partículas.

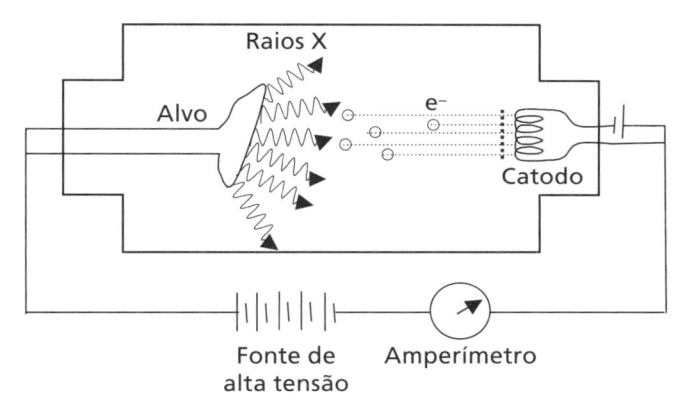

Fig. 2.3 Diagrama simplificado de um tubo de raios X

A Fig. 2.3 mostra um esquema simplificado de um tubo emissor de raios X. O filamento, ao ser aquecido, emite elétrons que são acelerados pela diferença de potencial *V* entre os eletrodos: catodo e anodo. Quando os elétrons atingem o alvo, que geralmente é feito de metal de alto ponto de fusão, como o tungstênio ou o molibdênio, produzem raios X.

Os mesmos componentes de um tubo de raios X são encontrados em tubos de TV e de monitor de vídeo. Nestes últimos, a diferença de potencial aplicada (27 kV) é tal que os raios X emitidos são de energia baixa, e as paredes do tubo blindam praticamente todo raio X produzido dentro dele.

Para a obtenção de imagens do interior do corpo para fins diagnósticos, os raios X transmitidos através do corpo são, ainda hoje, os agentes mais utilizados, quer seja em radiografias convencionais, quer em tomografias computadorizadas. O contraste que se

Tab. 2.1 Classificação dos feixes de raios X segundo a tensão de aceleração dos elétrons que os produzem

baixa energia ou raio X mole	0,1 – 20 kV
diagnóstico	20 – 120 kV
ortovoltagem	120 – 300 kV
energia intermediária	300 – 1.000 kV
megavoltagem	> 1 MV

observa em radiografias, por exemplo, entre ossos e músculos, deve-se à diferença na absorção dos raios X pelos diferentes tecidos do corpo.

Os feixes de raios X podem ser classificados, em termos de tensão de aceleração dos elétrons que os produzem, conforme indicado na Tab. 2.1.

2.2 Produção de raios X

Em um tubo de raios X, a maioria dos elétrons incidentes sobre o alvo perde energia cinética de modo gradual nas inúmeras colisões, convertendo-a em calor. Esse é o motivo pelo qual o alvo deve ser feito de material de alto ponto de fusão, como o tungstênio (W, do sueco *tung sten* = pedra pesada, com ponto de fusão de 3.695 K) ou o molibdênio (Mo, do grego *molybdaina* = chumbo, com ponto de fusão de 2.896 K). Em geral, é ainda necessário resfriar o tubo por meio de diversas técnicas de refrigeração, que incluem materiais com grandes massas térmicas, cujo calor é extraído com circuito fechado de óleo e água corrente.

Os processos fundamentais envolvidos na produção de raios X são dois. Em um deles, os raios X produzidos, chamados **raios X de freamento**, apresentam um espectro contínuo de energias, e no outro, chamados **raios X característicos** ou de fluorescência, um espectro de linhas ou de raias, com energias bem definidas. Vale lembrar que toda vez que nos referimos a espectro, estamos aludindo a um gráfico de quantidade de fótons emitidos em função, ou da energia do fóton, ou da frequência, ou do comprimento de onda da onda eletromagnética.

2.2.1 Radiação de freamento

Uma pequena fração dos elétrons incidentes no alvo aproxima-se dos núcleos dos átomos, que constituem o alvo. Eles podem perder, de uma só vez, uma fração considerável de sua energia, emitindo um **fóton de raio X**. Em outras palavras, um fóton de raio X é criado quando um elétron sofre uma desaceleração brusca devido à atração causada pelo campo coulombiano do núcleo. Os raios X assim gerados são chamados radiação de freamento, tradução da palavra alemã *Bremsstrahlung*, e podem ter qualquer energia, que depende do grau de aproximação do elétron do núcleo e da energia cinética do elétron. Assim, o espectro de raios X de freamento é contínuo, ou seja, os fótons de raios X produzidos podem ter qualquer energia, desde valores próximos de zero até um valor máximo $E_{máx}$, que é toda a energia cinética K do elétron ao atingir o alvo, dado por:

$$K(elétron) = eV = \mathrm{E}_{máx\ do\ fóton} = h\nu_{máx} = \frac{hc}{\lambda_{min}} \tag{2.1}$$

onde e é a carga do elétron e V é a diferença de potencial aplicada entre o catodo e o anodo; ν e λ são, respectivamente, a frequência e o comprimento de onda da radiação X. Essa relação é conhecida como Lei de Duane e Hunt.

Exemplo 2.1

Calcule a energia máxima do fóton e o comprimento de onda mínimo de um feixe de raios X produzidos quando a diferença de potencial aplicada entre os eletrodos do tubo de raios X for de 35 kV.

Resolução

$E_{máx}(fóton) = h\nu_{máx} = eV = e \cdot 35\,kV = 35\,keV$ ou $E_{máx}(fóton) = h\nu_{máx} = eV = (1,6 \times 10^{-19}\,C)(3,5 \times 10^4\,V) = (1,6 \times 10^{-19} \times 3,5 \times 10^4)\,J$

Como $1\,eV = 1,6 \times 10^{-19}\,J$, obtemos, para $E_{máx} = 35\,keV$,

$\lambda_{mín} = hc/eV = (4,14 \times 10^{-15}\,eV \cdot s)(3 \times 10^8\,m \cdot s^{-1})/35\,keV$

$\quad = 0,35 \times 10^{-10}\,m = 0,035\,nm$

A energia máxima $E_{máx}$, ou o comprimento de onda mínimo $\lambda_{mín}$, do fóton independe do material de que é feito o alvo, e depende somente da diferença de potencial V. A Fig. 2.4A mostra o **espectro contínuo** de raios X produzidos em um tubo com alvo de tungstênio, para três valores do potencial acelerador V. Ele é um gráfico de intensidade relativa (número relativo de fótons por comprimento de onda em unidades arbitrárias) em função do comprimento de onda da radiação de *Bremsstrahlung*. Nota-se que quanto maior a voltagem, maior a eficiência na produção de raios X, e que o valor de $\lambda_{mín}$ é inversamente proporcional a V. A Fig. 2.4B mostra o processo de geração de um fóton de radiação de freamento.

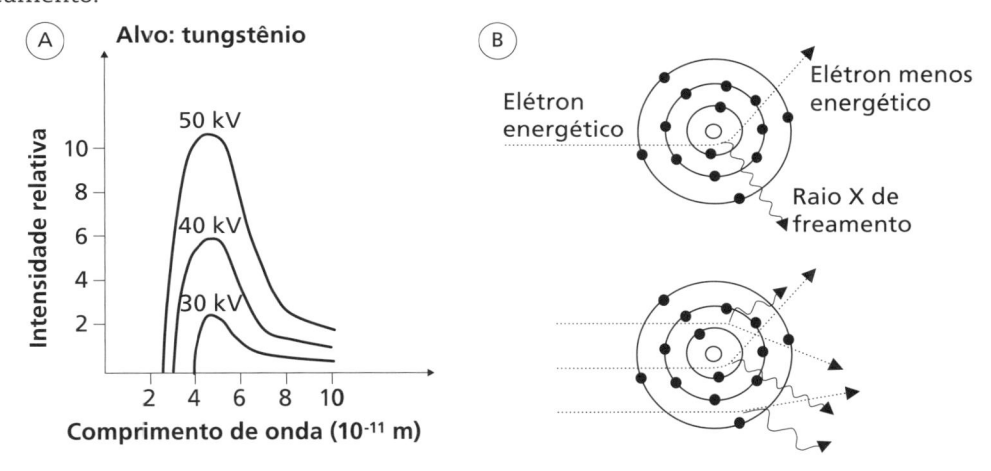

Fig. 2.4 (A) Espectro contínuo de raios X emitidos de um tubo com alvo de W, para três valores de potencial acelerador. A intensidade relativa é proporcional ao número de fótons de uma dada energia; (B) Processo de geração de um fóton de raio X de freamento. Observe que quanto mais perto do núcleo passa o elétron, maior é o freamento e maior é a energia do fóton emitido

2.2.2 Raios X característicos

Além dos raios X de freamento, outros fótons chamados *raios X característicos* podem ser simultaneamente produzidos em um tubo de raios X. Diferentemente dos fótons de freamento, que independem do material de que é feito o alvo e podem ter qualquer energia com limite no valor máximo, os raios X característicos mostram uma assinatura do material e têm espectro de energia discreto. Estes foram descobertos por Charles Grover Barkla, que recebeu o Prêmio Nobel de Física em 1917.

Da mesma forma que um fóton de luz é emitido quando um elétron da camada mais externa de um átomo (elétron de valência) decai de um nível de energia mais alto (nível excitado) para outro de energia mais baixo, um fóton de energia na faixa de raio X é emitido quando as transições do elétron envolvem camadas mais internas do átomo. No primeiro caso, da emissão de um **fóton de luz**, a energia envolvida é da ordem de poucos eV, e no segundo, da emissão de um fóton de raio X, de muitos keV.

Quando um elétron incidente no alvo remove um elétron da camada K, cria-se um buraco em seu lugar, que é imediatamente preenchido pela transição de um elétron da camada mais externa, por exemplo, da camada L, o qual, por sua vez, será preenchido por um elétron da camada M, e assim por diante. Para arrancar um elétron da camada K de um átomo, o elétron incidente deve ter, no mínimo, a energia de ligação do elétron nessa camada. Na transição de um elétron da camada L para a K, por exemplo, o excesso de energia é liberado sob a forma de um fóton, cuja energia $E_{fóton(raio\ X)}$ corresponde à diferença entre E_L e E_K, que representam as energias totais dos elétrons nas camadas L e K, respectivamente:

$$E_{fóton(raio\ X)} = E_L - E_K \tag{2.2}$$

No caso dos átomos de tungstênio W e molibdênio Mo, as energias totais dos elétrons da camada K são, respectivamente, $-69,5\,keV$ e $-20,0\,keV$, e da camada L, de $-12,1\,keV$ e $-2,52\,keV$.

Exemplo 2.2

Calcule a energia do fóton emitido de um tubo de raios X com alvo de molibdênio, quando um elétron da camada K é arrancado e um elétron da camada L efetua a transição para a camada K.

Em seguida, calcule o comprimento de onda associado a esse fóton.

Resolução

No caso do Mo, havendo uma vaga na camada K, a energia do fóton emitido quando um elétron da camada L passa à camada K é de:

$$h\nu = E_L - E_K = -2,52 - (-20,0) = 17,50\,keV$$

e o comprimento de onda do fóton emitido é de:

$$\lambda = hc/h\nu = 0,710 \times 10^{-10}\,m = 0,0710\,nm$$

O valor de $\lambda = 0,0710\,nm$ do Exemplo 2.2 corresponde ao comprimento de onda associado ao fóton de raio X emitido pelo átomo de molibdênio. Como os níveis de energia são específicos de cada átomo, os raios X assim produzidos são característicos de cada elemento, o que explica esse nome. Em um tubo de raios X, esses fótons constituem o *espectro de linhas ou de raias*, da mesma forma que as séries espectrais dos fótons emitidos por elétrons de valência dos átomos quando decaem de níveis de energia maior para menor, como o do hidrogênio, visto no Cap. 1. Os fótons de raios X que constituem o espectro de linha são produzidos simultaneamente com os fótons de raios X de freamento.

Não é somente nos tubos de raios X que a radiação característica pode ser produzida: os átomos podem ser excitados por feixes de partículas carregadas pesadas, ou mesmo de fótons, e se desexcitam com a emissão de fótons que compõem essas raias características. Nessas situações, no entanto, não há produção de raios X de *Bremsstrahlung*, e observa-se apenas o espectro característico dos átomos. Esse fato é usado na técnica de caracterização de materiais, conhecido como método PIXE (*Particle Induced X ray Emission*).

A Fig. 2.5 mostra o espectro de comprimentos de onda de raios X produzidos em um tubo com alvo de W ou de Mo, quando se aplica um potencial acelerador de 35 kV. Nota-se que o espectro com alvo de Mo é a soma do espectro contínuo de *Bremsstrahlung* mais o de linha dos raios X característicos, K_α e K_β, emitidos quando os elétrons sofrem transição da camada L para K, e de M para K, mostrados como dois picos muito estreitos. O espectro com alvo do W só contém radiação de freamento, pois a energia do elétron de 35 keV incidente no alvo não é suficiente para arrancar um elétron da camada K, visto que sua energia total é de $-69,5$ keV. Note que o comprimento de onda mínimo do fóton da radiação de freamento emitido, que não depende do material de que é feito o alvo, é o mesmo para os dois alvos.

Observe também que na Fig. 2.4A, mesmo com o potencial acelerador de elétrons de 50 kV, ainda não aparece o espectro de linha no caso de alvo de W, como é de se esperar. A emissão de fótons que irão compor o espectro de linha num tubo com alvo de W só ocorre com a diferença de potencial maior que 69,5 kV. É interessante notar que a maior parte dos raios X emitidos é de freamento. Isso ocorre porque a quantidade de raios X característicos no feixe não aumenta muito com a tensão de aceleração, enquanto que a de raios X de freamento aumenta fortemente. A partir da tensão mínima necessária para que os elétrons

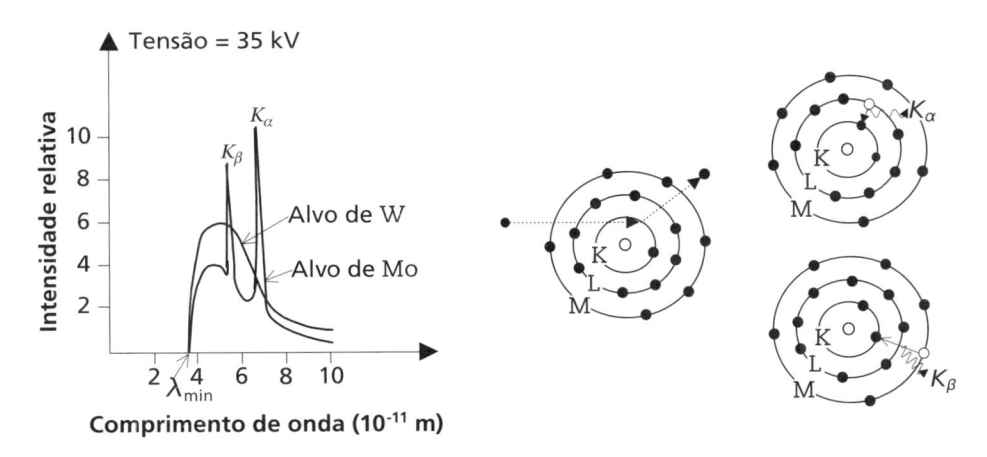

Fig. 2.5 Espectro de raios X emitidos por um tubo com alvo de Mo e por outro de W, quando elétrons são acelerados por uma diferença de potencial de 35 kV. A figura à direita mostra a ejeção de um elétron por um elétron incidente no alvo e a posterior emissão de um fóton de raio X característico K_α ou K_β

adquiram energia cinética acima da energia de ligação B_K da camada K, toda a série de linhas é emitida, em uma proporção fixa entre K_α e K_β. A quantidade total de fótons de raio X característico cresce com a energia do elétron logo acima de B_K, mas se estabiliza para energias cinéticas mais elevadas (Attix, 1986).

Para tirar uma radiografia, em geral são utilizados fótons de *Bremsstrahlung*, exceto no caso de mamografia, em que se usam principalmente raios X característicos emitidos por tubo com alvo, por exemplo, de Mo, utilizando-se tensão de aceleração adequada.

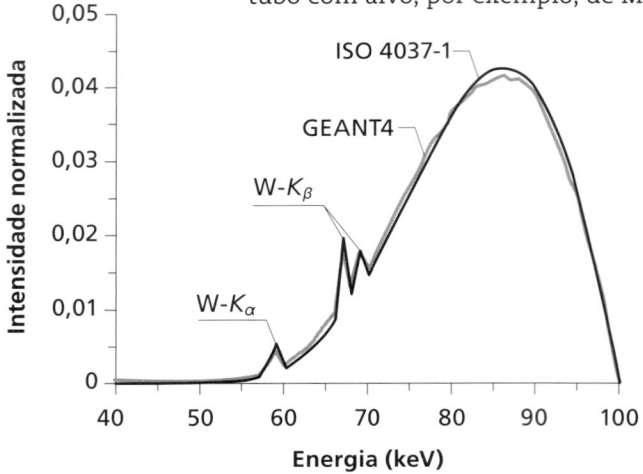

Fig. 2.6 Espectro de raios X emitidos de um tubo com alvo de W, operando com um potencial acelerador de 100 kV
Fonte: Moralles et al. (2008).

A Fig. 2.6 mostra o espectro de energia de raios X emitidos por um tubo com alvo de W, operando com uma diferença de potencial de 100 kV, e um filtro de 4 mm de Al e outro de 5 mm de Cu. Observe que nessa figura o eixo das abscissas é a energia do fóton e a energia máxima do raio X de freamento é exatamente 100 keV. A linha mais escura representa o espectro fornecido pela ISO 4037-1, e o espectro com linha mais clara foi obtido por simulação pelo método de Monte Carlo, com o código GEANT4. A simulação pelo método de Monte Carlo, codinome usado na época do Projeto Manhattan da construção de bombas atômicas, deve-se ao emprego de números aleatórios. Esse nome foi inspirado, na época, no famoso cassino de Monte Carlo, em Mônaco.

2.3 ATENUAÇÃO DOS RAIOS X

O uso dos raios X para radiografar a parte interna dos corpos baseia-se na absorção diferenciada de seus fótons por diferentes tecidos do corpo: o feixe que atravessa tecidos mais absorvedores tem menor intensidade ao atingir o filme radiográfico do que o que atravessou tecidos menos absorvedores, gerando contraste na imagem produzida no filme. Elementos de alto número atômico, como cálcio (Z = 20), bário (Z = 56) e iodo (Z = 53), são melhores absorvedores de raios X do que elementos de baixo número atômico, como hidrogênio (Z = 1), carbono (Z = 6) e oxigênio (Z = 8). Dessa forma, os ossos, que contêm cálcio, aparecem com contraste em relação ao tecido muscular, que contém muita água. Gordura, músculo, sangue e tumores absorvem raios X de forma parecida. Uma forma para observar melhor um tumor é usar uma substância para obter contraste na imagem, quando possível. Compostos de bário, que absorvem mais raios X do que as paredes do estômago ou do intestino, são administrados antes de tirar uma radiografia. Para observar o fluxo sanguíneo nas artérias, injetam-se compostos de iodo. Os gases, por outro lado, que absorvem menos fótons de raios X do que os músculos, em razão da sua menor densidade, também podem ser utilizados para obter contraste, por exemplo, em radiografias simples de tórax, em que os pulmões são preenchidos com ar pela inspiração e a tomada da imagem é realizada em apneia. Os compostos usados com a finalidade de obter um bom contraste não são radioativos nem se tornam radioativos, como parece indicar a crença popular.

As características dos raios X são expressas em função do que chamamos *quantidade* e *qualidade* do feixe. A quantidade refere-se ao número de fótons de um feixe e a qualidade, à energia dos fótons. A qualidade pode ser entendida como dureza do feixe, isto é, sua capacidade de penetração, e já foram usados termos como raio X mole e raio X duro. Quanto maior a dureza de um feixe de raios X, maior a sua capacidade de penetração.

A *intensidade* de um feixe de raios X depende tanto da qualidade quanto da quantidade de seus fótons, como vimos no Cap. 1. A atenuação refere-se à redução na intensidade de um feixe de raios X quando estes atravessam um dado meio, e deve-se ao espalhamento e à absorção que resulta da interação dos fótons (principalmente as interações fotoelétrica, Compton e produção de pares) com os átomos do meio, que serão vistos com mais detalhe no Cap. 8.

2.3.1 Atenuação de um feixe de radiação monoenergética

Os raios X e os raios gama, por serem uma onda eletromagnética com caráter dual onda-partícula, obedecem à mesma regra quanto à atenuação quando atravessam um dado meio. Vamos considerar inicialmente um *feixe monoenergético*. Nesse caso, a atenuação refere-se somente à diminuição do número de fótons e, portanto, estamos tratando o feixe só em termos de quantidade. A atenuação obedece à lei exponencial:

$$I = I_0 e^{-\mu x} \quad \text{ou} \quad N = N_0 e^{-\mu x} \tag{2.3}$$

onde I_o e I são, respectivamente, a intensidade do feixe antes e depois de atravessar um material com espessura x, e é a base dos logaritmos neperianos e μ é o coeficiente de atenuação linear do meio, que depende do material que constitui o meio e da energia da radiação. N_o e N são o número de fótons no feixe antes e depois de atravessar o material. Na Fig. 2.7A podemos observar o que ocorre com a intensidade da radiação ao incidir num determinado meio com coeficiente de atenuação linear μ.

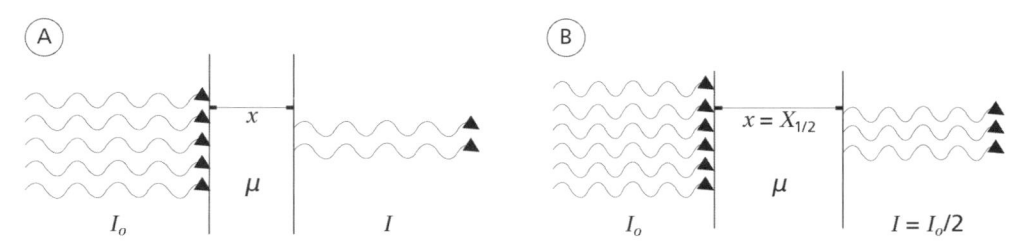

Fig. 2.7 (A) Atenuação de um feixe de radiação monoenergético ao atravessar um meio de espessura x com coeficiente de atenuação linear μ; (B) Atenuação da intensidade da radiação à metade do valor incidente ao atravessar um material com coeficiente de atenuação linear μ, com espessura equivalente a uma camada semirredutora

Note que I ou N na Eq. (2.3) tenderá a zero somente para x tendendo a infinito. Como, apesar de inúmeras aplicações da radiação, ela pode causar danos biológicos (ver Cap. 10), e uma vez que não é possível efetuar uma blindagem completa de fótons na prática, há a necessidade de estabelecer limites de exposição, que é uma das principais funções da proteção radiológica.

Da Eq. (2.3) podemos calcular a espessura $x = X_{1/2}$ de um material que reduz a intensidade da radiação à metade. A Fig. 2.8 mostra a diminuição do número de fótons de raios gama de 1,25 MeV, emitidos por uma fonte radioativa de cobalto-60 em função da espessura de uma placa de chumbo. Na realidade, o cobalto-60 se desintegra em níquel-60, e o núcleo desse átomo emite por desintegração um raio gama de 1,173 MeV e outro de 1,322 MeV. Como são valores próximos, a energia média, de 1,25 MeV, é usada na prática em cálculos de coeficientes de atenuação. Por estarmos tratando de feixes monoenergéticos, a intensidade é proporcional ao número de fótons e podemos então dizer que o número N de fótons que atravessa esse material com espessura $X_{1/2}$ sem interagir se reduz à metade daquele incidente:

$$I = \frac{I_o}{2} = I_o e^{-\mu X_{1/2}} \quad \text{ou} \quad N = \frac{N_o}{2} = N_o e^{-\mu X_{1/2}}$$

$$\frac{1}{2} = e^{-\mu X_{1/2}} \quad \text{de onde} \quad \ln 2 = 0{,}693 = \mu X_{1/2}$$

$$X_{1/2} = 0{,}693/\mu$$

(2.4)

$X_{1/2}$ chama-se *camada semirredutora* (CSR). Materiais que blindam bem fótons têm alto valor de coeficiente de atenuação linear μ, e como ele é inversamente proporcional à CSR, esta é pequena. Note que μ e $X_{1/2}$ devem ter unidades coerentes, isto é, se μ for medido em cm^{-1} ou em m^{-1}, $X_{1/2}$ deve estar em cm ou m, respectivamente.

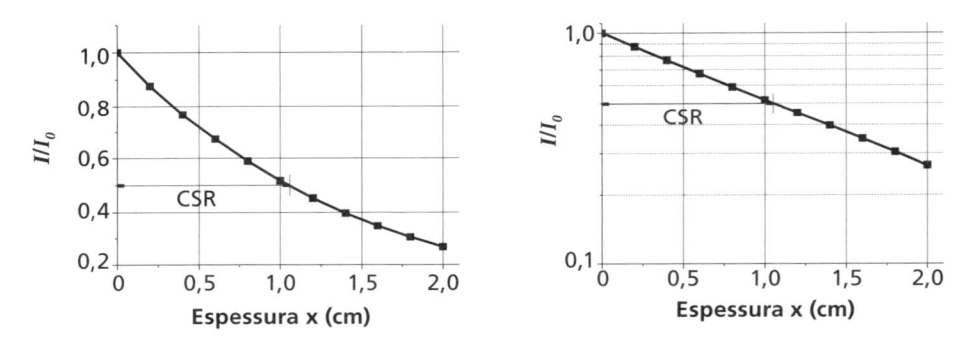

Fig. 2.8 Decaimento relativo da intensidade de um feixe de raios gama de 1,25 MeV em função da espessura da placa de chumbo. O gráfico da esquerda está com escalas lineares e o da direita é semilogarítmico. A camada semirredutora está indicada

A cada CSR que os fótons monoenergéticos atravessam, sua intensidade se reduz à metade. Assim, após a primeira CSR, $I = I_o/2$; após a segunda, $I = I_o/4$; após a terceira, $I = I_o/8$, e assim por diante. Isso pode ser facilmente verificado se escrevermos a Eq. (2.3) como:

$$I = \frac{I_o}{e^{\mu x}} = \frac{I_o}{e^{\frac{(\ln 2)x}{X_{1/2}}}} = \frac{I_o}{2^{\frac{x}{X_{1/2}}}}$$

(2.5)

A Fig. 2.9 mostra o gráfico semilogarítmico do decaimento relativo da intensidade de um feixe monoenergético de fótons em função do número de camadas semirredutoras. Observe que a cada camada semirredutora a intensidade é reduzida à metade do valor anterior.

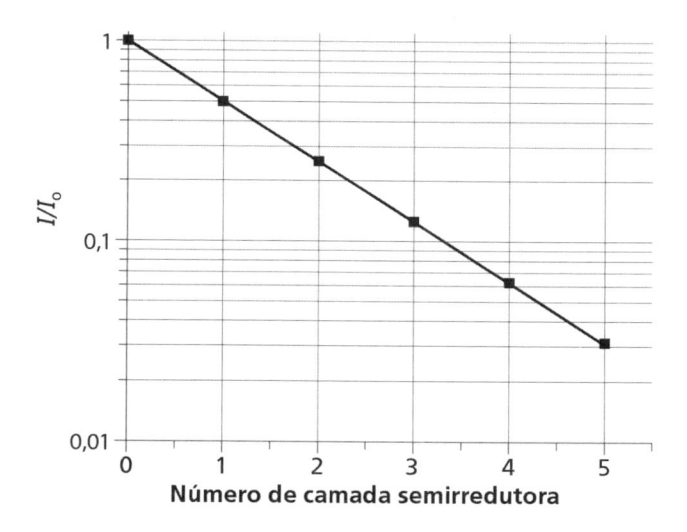

Fig. 2.9 Decaimento relativo da intensidade de um feixe de fótons monoenergéticos que atravessam um número crescente de camadas semirredutoras de qualquer material

Exemplo 2.3

A Fig. 2.10 mostra a curva do percentual do número de fótons de radiação monoenergética de 100 keV transmitidos em função da espessura de tecido humano. Supondo, de modo simplista, que não haja espalhamento e que a radiação seja usada para inicialmente radiografar um abdômen lateralmente, com espessura de 40 cm, determine:

a) a porcentagem de fótons que irá sensibilizar o filme de raios X;

b) a redução que deve ser feita no número de fótons iniciais para ter o mesmo número de fótons chegando ao filme, no caso de radiografar o abdômen frontalmente, com espessura de 20 cm.

Resolução

a) $N/N_o = \exp(-\mu x) = \exp[-(0{,}693/X_{1/2})x]$

Pelo gráfico, determinamos que a CSR $X_{1/2} = 4$ cm. Então, obtemos que:

$$N/N_o = \exp(-0{,}693 \times 40/4)$$
$$= \exp(-6{,}93)$$
$$N/N_o = 9{,}78 \times 10^{-4}.$$

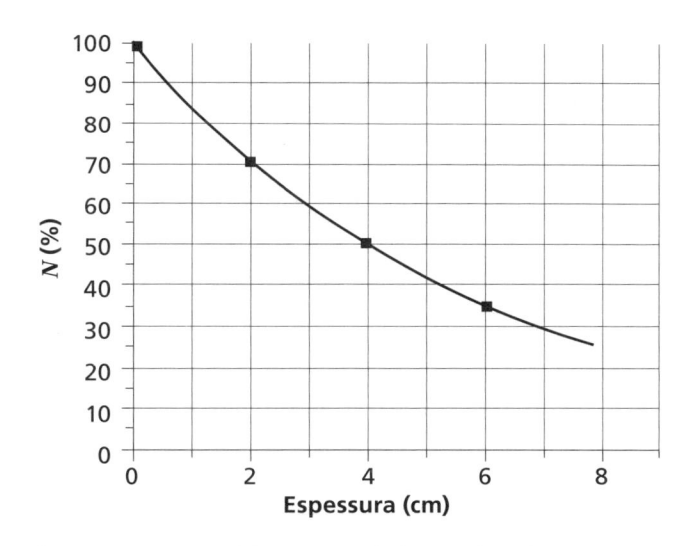

Fig. 2.10 Percentual do número de fótons de radiação monoenergética de 100 keV transmitidos em função da espessura de tecido humano

Assim, a porcentagem de fótons que irá sensibilizar o filme de raios X é de 0,0978%.

b) Na nova exposição $N/N_{01} = \exp[-(0{,}693/X_{1/2})x] = \exp(-0{,}693 \times 20/4) = 0{,}031$.

Para que o mesmo número de fótons atinja o filme, a redução no número de fótons $0{,}031/0{,}000978 \cong 32$ vezes.

A Tab. 2.2 mostra os valores dos coeficientes de atenuação linear μ do chumbo e do alumínio, e os correspondentes valores das CSRs para fótons emitidos pelo ^{60}Co e pelo ^{137}Cs. Observe a forte dependência do valor de μ em relação ao material e à energia do fóton incidente. Essa dependência é resultante dos tipos de interação dos fótons com a matéria e das probabilidades de ocorrência de cada um, como será visto no Cap. 8.

Tab. 2.2 COEFICIENTE DE ATENUAÇÃO LINEAR E CSR DE CHUMBO E ALUMÍNIO PARA FÓTONS EMITIDOS PELO ^{60}Co E ^{137}Cs

Radioisótopo	Energia do fóton (MeV)	Material	μ (cm^{-1})	$X_{1/2}$ (cm)
^{60}Co	1,25	Pb	0,66	1,05
^{60}Co	1,25	Al	0,15	4,62
^{137}Cs	0,66	Pb	1,23	0,59
^{137}Cs	0,66	Al	0,20	3,46

Os valores do coeficiente de atenuação em cm^{-1} para diferentes energias do fóton em alguns meios são apresentados na Tab. 2.3.

Tab. 2.3 COEFICIENTE DE ATENUAÇÃO LINEAR μ EM CM^{-1} EM FUNÇÃO DA ENERGIA DO FÓTON, PARA ALGUNS MATERIAIS

| Energia | Meio | | | | |
	Água	Ar	Concreto	Alumínio	Chumbo
100 keV	0,170	$1,86 \times 10^{-4}$	0,412	0,459	62,98
500 keV	0,097	$1,05 \times 10^{-4}$	0,211	0,228	1,83
1.000 keV	0,071	$7,65 \times 10^{-5}$	0,154	0,166	0,81
1.500 keV	0,057	$6,23 \times 10^{-5}$	0,125	0,135	0,59

Fonte: National Institute of Standards and Technology

<http://www.physics.nist.gov/PhysRefData/XrayMassCoef/cover.html>. Acesso em: jan. 2010.

Em vez de usar a grandeza coeficiente de atenuação linear μ em cm^{-1}, que depende da densidade ρ (g/cm^3) do material, podemos usar o coeficiente de atenuação mássico (de massa), que é μ/ρ, medido em cm^2/g, e independe do seu estado físico. A água, por exemplo, pode apresentar-se sob forma líquida, sólida e gasosa, e em todos esses estados o μ tem valor diferente, mas μ/ρ tem valor igual, como mostra a Tab. 2.4.

Tab. 2.4 DENSIDADE (EM G/CM^3), COEFICIENTE DE ATENUAÇÃO LINEAR (EM CM^{-1}) E COEFICIENTE DE ATENUAÇÃO MÁSSICO (EM CM^2/G) DA ÁGUA (ESTADO LÍQUIDO), DO GELO (ESTADO SÓLIDO) E DO VAPOR D'ÁGUA (ESTADO GASOSO) PARA FÓTONS COM ENERGIA DE 50 KEV

| Estado físico | Características | | |
	ρ (g/cm^3)	μ (cm^{-1})	μ/ρ (cm^2/g)
Água	1,000	0,214	0,226
Gelo	0,917	0,196	0,226
Vapor d'água	$5,98 \times 10^{-4}$	$1,28 \times 10^{-4}$	0,226

2.3.2 Atenuação de um feixe de radiação polienergética

Como vimos na seção 2.2, os raios X emitidos por um tubo de raios X são polienergéticos ou policromáticos, ou seja, o espectro de emissão é contínuo em energia, com energia máxima fixada pela diferença de potencial aplicada entre os eletrodos do tubo. Num feixe policromático, a segunda CSR não coincide com a primeira, porque a atenuação num dado meio depende da energia dos fótons. Em geral, fótons de energia baixa são atenuados mais do que os de energia maior. O espectro do feixe policromático que atravessa a primeira CSR tem energia média maior do que o espectro do feixe original. Assim, nem a intensidade do feixe nem o número de fótons presentes são grandezas adequadas para avaliar a atenuação. O conhecimento do espectro completo e dos coeficientes de atenuação para cada energia do material no qual o feixe incide seria a forma mais completa de avaliar a atenuação do feixe.

A obtenção experimental de um espectro contínuo de raios X não é nada simples, pela pouca disponibilidade de equipamentos adequados para tais medidas. Quando se consegue obter os espectros, é possível conhecer a qualidade do feixe de raios X e determinar a energia média do feixe. Outra técnica utilizada hoje em dia para a obtenção de espectros é a simulação computacional, usando-se o método de Monte Carlo. O espectro obtido por simulação de Monte Carlo com o código computacional GEANT 4 pode ser visto na Fig. 2.6.

Uma completa especificação da qualidade de um feixe de raios X requer a medida de vários parâmetros, sendo um deles a determinação da CSR de materiais padrão, como o alumínio ou o cobre, para um dado feixe. Dependendo dos propósitos, a especificação da qualidade em função da CSR já é suficiente. Uma vez determinada a CSR, é possível conhecer a energia efetiva do feixe por meio da correlação entre essas duas grandezas, que é conhecida. A energia efetiva de um feixe com espectro contínuo equivale à energia de um feixe monoenergético que tem igual valor de CSR.

Dessa forma, mede-se a CSR e obtém-se a energia efetiva do feixe, usando-se o conceito de feixe monoenergético com energia equivalente para a análise de atenuação da intensidade da radiação, em primeira aproximação. Como a necessidade de obter essa caracterização do feixe surgiu na proteção radiológica, convencionou-se utilizar, para a medida de CSR e a determinação da energia efetiva, as grandezas *exposição* e *kerma*, que serão definidas no Cap. 9. Assim, para um feixe policromático, define-se a CSR como a quantidade de material que reduz a exposição (ou o kerma) à metade do valor inicial.

Para fins diagnósticos, usam-se filtros adequados, após o feixe de fótons de raios X produzidos pelo tubo, para diminuir o número de fótons de energia baixa, que não contribuirão na imagem, pois perdem energia dentro do corpo e não atingem o chassi radiográfico. Além de não auxiliarem na formação da imagem, podem causar dano no interior do corpo.

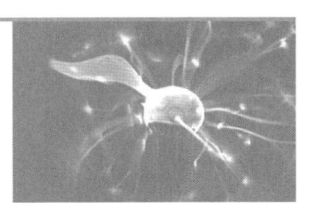

As primeiras placas secas gelatinosas com brometo de prata foram produzidas em 1871 pelo inglês Richard L. Maddox. Em princípios de 1880, entraram em uso geral. Em 1887, Palmer apresentou as películas flexíveis de gelatina, sobre as quais colocou emulsão fotográfica. Nesse mesmo ano, H. Goodwin produziu películas flexíveis e transparentes, à base de nitrocelulose. Quando Röntgen descobriu os raios X, já existiam películas fotográficas bastante aperfeiçoadas,

Um pouco de História

mas ainda não suficientemente rápidas para o uso a que se destinavam, motivo pelo qual a mão da sua esposa foi exposta aos raios X durante 15 minutos.

Em 1888, George Eastman colocou à venda, para amadores, a primeira câmera fotográfica com filme em rolo substituível, com o *slogan* "Você aperta o botão e nós fazemos o resto". Registrou a palavra Kodak como marca registrada.

Fonte:

ROSENTHAL, E. *Cem anos da descoberta dos raios X (1895-1995)*. São Paulo: IMOSP, 1995.

José Carlos Ferreira Pires

Nascido em 1854, em Paracatu (MG), de família humilde, formou-se médico pela Faculdade de Medicina do Rio de Janeiro, em 1878, e regressou a Formiga (MG), cidade para a qual sua família se mudara quando ele tinha 4 anos de idade e de onde ele havia partido em 1873. Lá ele montou um laboratório, onde realizou pesquisas em química, microbiologia, fisiologia e anatomia patológica. Em 1880, casou-se com Matilde G. de Faria Pires, com quem teve vários filhos, entre eles, Floriano Ferreira Pires, que o auxiliaria na obtenção das chapas de raios X, e Washington Ferreira Pires, que foi médico e ministro de Getúlio Vargas.

Em 1889, inscreveu-se no concurso de professor substituto da cadeira de Fisiologia da Faculdade de Medicina do Rio de Janeiro, mas na última prova oral retirou-se, argumentando que a vaga já estava marcada para o Dr. João Paulo de Carvalho e que ele não era homem para ser colocado em segundo lugar.

Adquiriu o primeiro aparelho de raios X do Brasil (Siemens) em 1898, três anos após a descoberta dos raios X. O aparelho foi levado do porto do Rio de Janeiro até a cidade de Formiga (MG), em lombo de burro. Foi improvisado um gerador alimentado com motor a gasolina, porque não havia eletricidade em Formiga. O referido aparelho está hoje no International Museum of Surgical Science, em Chicago. Entre 1899 e 1912, o Dr. Pires adquiriu todos os tipos de tubos fabricados pela Siemens. O tempo necessário para obter uma radiografia, por exemplo, de tórax, era cerca de 30 minutos, e uma de crânio, em torno de 45 minutos. A primeira chapa radiográfica feita por ele, em 1898, foi da mão com um objeto estranho do então ministro Lauro Muller.

O Dr. Pires faleceu, em 1912, aos 57 anos de ateroma encefálico. Nos últimos anos de sua vida, teve dermatite nasal persistente, provavelmente causada por raios X.

Em 1998, em comemoração aos 100 anos da Radiologia Mineira, foi realizado em sua homenagem, em Belo Horizonte, o XXVII Congresso Brasileiro de Radiologia.

Fonte:

<http://www.akisrx.com/htmtre/ferreria_brasil.htm>. Acesso em: 2 dez. 2009.

Biografia

WILHELM CONRAD RÖNTGEN (27/3/1845 – 10/2/1923)

Físico alemão, Röntgen descobriu acidentalmente os raios X, em 8/11/1895, e foi agraciado com o primeiro Prêmio Nobel de Física em 1901. Em 1862, entrou na Escola Técnica em Utrecht e, em 1865, na Universidade de Utrecht, para estudar Física. Transferiu-se para a Politécnica de Zurique para estudar Engenharia Mecânica. Em 1869, obteve seu doutorado pela Universidade de Zurique e foi contratado assistente de Kundt na Universidade de Würzburg. A seguir, foi para Estrasburgo.

De 1874 a 1888, Röntgen passou por várias universidades da Holanda e da Alemanha, e aceitou, em 1888, a cátedra de Física na Universidade de Würzburg. Casou-se com Anna Bertha Ludwig em 1872, em Apeldoorn, na Holanda. O casal não teve filhos e adotou uma sobrinha de Bertha, de 6 anos, que havia se tornado órfã. Röntgen morreu de carcinoma no intestino.

Fonte:

<http://nobelprize.org/nobel_prizes/physics/laureates/19_01/rontgen-bio.html>. Acesso em: 2 dez. 2009.

Foto: Library of Congress, Print & Photographs Division, LC-DIG Ggbain-05679

LISTA DE EXERCÍCIOS

1. O que são raios X? O que você entende por espectros, em Física?
   - Explique como são produzidos os raios X com espectro contínuo.
   - Explique como são produzidos os raios X com espectro característico.
   - Como podemos diminuir a proporção de fótons de energia baixa do espectro contínuo de raios X usados para radiografar partes do corpo? Por que é importante fazer isso?
   - Discuta a diferença e a semelhança entre raios X e raios gama.

– Discuta a diferença entre fótons de luz e fótons de raios X característicos emitidos por átomos, durante a desexcitação. Quais elétrons de átomos estão envolvidos na produção deles?

2. Os tubos de televisão em cores operam com diferença de potencial de 22.000 V.
   a. Qual é a energia máxima de um fóton produzido em um desses tubos?
   b. Qual é o comprimento de onda da onda eletromagnética correspondente?
   c. Sabendo que os raios X têm comprimento de onda menor do que o dos raios ultravioleta, que variam de 100 a 400 nm, discuta se há produção de raios X em um tubo de TV.

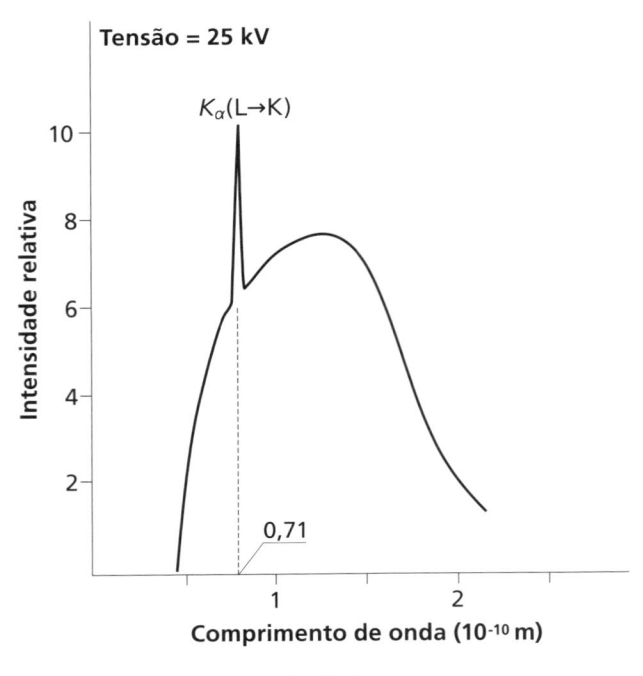

Fig. 2.11

3. A Fig. 2.11 mostra o espectro de raios X emitidos por um tubo com alvo de molibdênio, quando elétrons são acelerados por uma diferença de potencial de 25 kV. Note que o raio X característico K_β não foi colocado no gráfico, de propósito, para não poluir o gráfico, mas ele existe. Em um átomo de Mo, a energia total de um elétron da camada K vale -20 keV.
   a. Calcule a energia de um fóton da linha espectral K_α do espectro da figura.
   b. Determine o comprimento de onda mínimo do espectro da figura.
   c. Esboce, justificando, outro espectro de raios X, sabendo que o comprimento de onda mínimo desse espectro vale 0,083 nm, e determine a diferença de potencial aplicada entre os eletrodos do tubo nessa nova situação.

4. Num tubo de raios X, elétrons são acelerados por uma diferença de potencial, e sua velocidade, antes de atingir o alvo de Mo, é de $1,03 \times 10^8$ m/s. A energia total de um elétron da camada K e de um outro da camada L do átomo de Mo valem, respectivamente, -20 keV e $-2,5$ keV. Calcule:
   a. a diferença de potencial aceleradora dos elétrons;
   b. o $\lambda_{mín}$ do fóton de raio X emitido, justificando em que situação isso ocorre;
   c. o λ do raio X característico – linha K_α.
   Considere que, para essa velocidade, o tratamento relativístico do elétron não é necessário.

5. Considere um tubo de raios X com alvo de molibdênio. A energia total de um elétron da camada K do Mo é de -20 keV. Uma dada diferença de potencial aplicada entre os eletrodos do tubo produz um espectro contínuo de raios X e uma linha espectral característica K_α com comprimento de onda de 0,071 nm.

a. Explique fisicamente o processo de produção de fótons de raios X do espectro contínuo e do espectro de linha (raia espectral).

b. Determine, justificando, a diferença de potencial mínima que deve ser aplicada entre os eletrodos do tubo para produzir esse espectro.

c. Determine o comprimento de onda mínimo do raio X produzido.

d. Determine a energia do fóton da raia espectral K_α.

e. Faça um esboço do espectro dos raios X emitidos por esse tubo.

f. Esboce agora outro espectro de raios X emitidos de um tubo com alvo de tungstênio em que a energia total de um elétron da camada K é de $-69,5\,keV$, com a mesma tensão aplicada entre os eletrodos no tubo com alvo de Mo.

6. Os alvos de um tubo de raios X são feitos de material com alto ponto de fusão, como o molibdênio e o tungstênio. A energia total de um elétron da camada K desses átomos é, respectivamente, de $-20,0\,keV$ e $-69,5\,keV$.

a. O que há de semelhante e de diferente nos espectros de raios X produzidos nos tubos com esses alvos, se a diferença de potencial aplicada entre os eletrodos for de $45\,kV$? Justifique sua resposta.

b. Apresente esboço dos dois espectros.

c. Explique fisicamente como os raios X que compõem o espectro são produzidos.

7. A fotografia da figura de difração de DNA obtida por Rosalind Franklin levou Watson e Crick a propor o famoso modelo de DNA. Nesse tipo de experimento, usa-se um difratômetro com um tubo de raios X com alvo de cobre. Sabe-se que os raios X característicos emitidos nesse tubo têm energias $E_{K\alpha} = 8,038\,keV$ e $E_{K\beta} = 8,905\,keV$. A energia total de um elétron da camada K do cobre é de $-8,979\,keV$.

a. Determine a diferença de potencial mínima que deve ser aplicada entre os eletrodos do tubo para produzir esses raios X característicos.

b. Esboce o espectro de raios X produzidos nesse tubo.

c. Determine a energia total de um elétron da camada L e de um da camada M.

8. Numa experiência com detector de radiação Geiger, para a escolha de material a ser usado em blindagem de radiação gama de $1,25\,MeV$, obtiveram-se as contagens relacionadas na Tab. 2.5 (já subtraídas da radiação de fundo), intercalando-se placas de um dado material entre a fonte de radiação e o detector:

Tab. 2.5

Espessura da placa (cm)	(contagem – contagem de fundo)/5min
0,3	800
0,8	574

Considere a intensidade da radiação proporcional ao número de contagens.

Tab. 2.6

Material	μ (cm^{-1})
Pb	0,66
Al	0,15

a. A partir desses dados, faça uma primeira estimativa do coeficiente de atenuação linear do material.

b. Identifique esse material entre os listados na Tab. 2.6.

c. Determine a camada semirredutora do material usado.

9. Um feixe policromático de raios X com energia efetiva de 100 keV é usado para radiografar um pulmão com projeção ântero-posterior de uma pessoa gorda e de uma pessoa magra, com espessura de tórax de 30 cm e 15 cm, respectivamente. Sabendo-se que a camada semirredutora para o tecido mole, para a energia dos raios X monoenergéticos de 100 keV, é de 4,15 cm, calcule a porcentagem da radiação transmitida pelo tórax de cada uma das pessoas separadamente, supondo que toda a espessura do tórax é formada por tecido mole.

10. Determine a espessura de água e de alumínio necessária para blindar uma fonte de radiação gama de forma equivalente a uma blindagem de chumbo com espessura de 1,0 cm. Admita que as intensidades inicial e final sejam as mesmas para os três materiais. São dados, respectivamente, os coeficientes de atenuação linear do Al, do Pb e da água: 0,459 cm^{-1}, 62,98 cm^{-1} e 0,170 cm^{-1}.

11. A intensidade de um feixe de fótons pode ser diminuída por meio de absorvedores. Sejam 10 placas de absorvedores de igual espessura e mesmo material, e N_o, o número de fótons que atingem o primeiro absorvedor. Suponha que cada placa de absorvedor diminua em 10% o número de fótons nele incidente. Faça um gráfico do número de fótons em função do número de placas absorvedoras.

a. Determine o número de fótons transmitidos após 10 placas absorvedoras.

b. Determine o coeficiente de atenuação linear do material absorvedor em função da espessura das placas. Considere o feixe de fótons monoenergético.

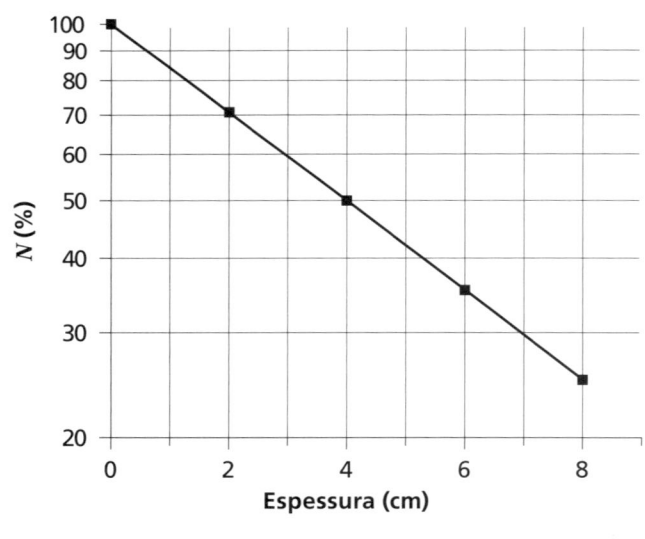

Fig. 2.12

12. A Fig. 2.12 mostra a curva de percentual do número de fótons de raios X de 80 keV transmitidos em função da espessura de tecido humano. Se esses raios X forem usados para radiografar um abdômen com projeção ântero-posterior de uma pessoa normal e de uma pessoa gorda com espessura, respectivamente, de 20 cm e 45 cm, determine:

a. a porcentagem de fótons que irá sensibilizar o filme de raios X em cada caso;

b. a porcentagem de radiação retirada do feixe pelas interações no abdômen em cada caso.

Considere o feixe monoenergético.

13. Considere um conjunto de placas de Pb que são irradiadas simultaneamente por fótons emitidos por Co-60 e Cs-137. O número de fótons de 0,66 MeV que incide na primeira placa do conjunto é o dobro do número de fótons de 1,25 MeV.

    a. Que espessura de chumbo é necessária para que o número de fótons de 0,66 MeV que atravessa o conjunto seja igual ao de fótons de 1,25 MeV?

    b. Repita o problema para um conjunto de placas de alumínio na mesma situação.

14. A Fig. 2.13 representa o número de fótons de dois feixes monoenergéticos (paralelos e colimados) que atravessam perpendicularmente placas de alumínio com diversas espessuras.

    Com base no gráfico (Fig. 2.13):

    a. Qual dos feixes possui fótons de maior energia? Por quê?

    b. Avalie o coeficiente de atenuação de um dos feixes, esclarecendo como o fez.

    c. Se os dois feixes incidem simultaneamente no alumínio, comente sobre a eficiência desse método para "filtrar" o feixe, ou seja, eliminar ou diminuir muito o número de fótons de uma das energias incidentes. A escolha do material é adequada? Ou seria mais conveniente um material de número atômico mais alto (como Pb) ou mais baixo (C, por exemplo)?

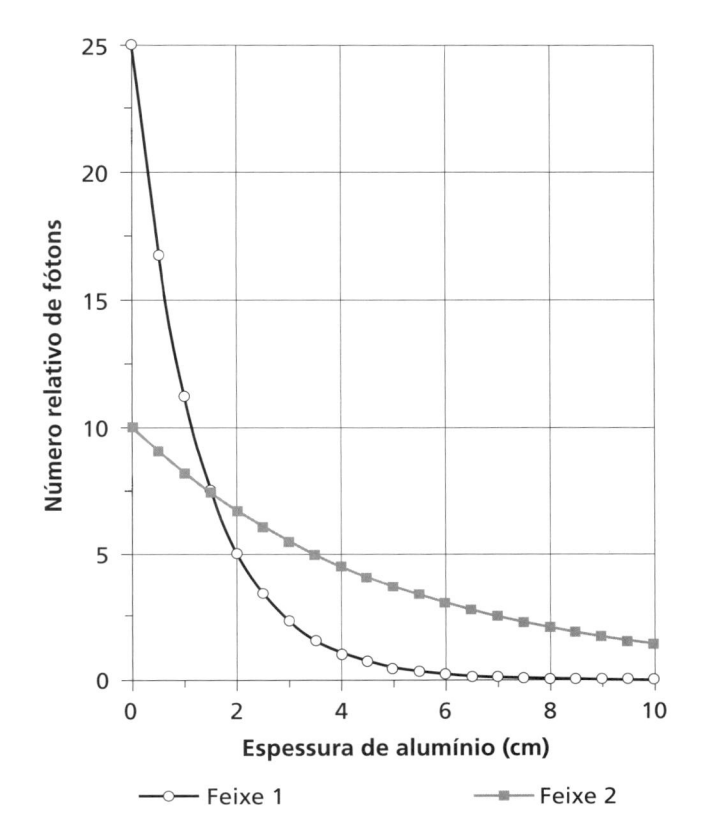

Fig. 2.13

Respostas

2. a) 22 keV; b) $0,56 \times 10^{-10}$ m

3. a) 17,5 keV; b) $0,497 \times 10^{-10}$ m

4. a) 30,2 kV; b) 0,041 nm; c) 0,071 nm

5. b) 20 keV; c) 0,0621 nm; d) 17,5 keV

7. a) 8,979 kV; $E_L = -0,941$ keV e $E_M = -0,074$ keV

8. b) Pb; c) CSR = 1,05 cm

10. $x_{água} = 370,5$ cm e $x_{Al} = 137,2$ cm

11. a) $N_{10}/N_o = 0,35$; b) $\mu = 1,05/$(espessura de 10 placas)

13. a) 1,2 cm; b) 13,9 cm

Leitura recomendada

ATTIX, F. H. *Introduction to radiological Physics and radiation dosimetry*. USA: John Wiley & Sons, 1986.

CAMERON, J. R.; SKOFRONICK, J. G. *Medical Physics*. USA: John Wiley & Sons, 1978.

JOHNS, H. E.; CUNNINGHAM, J. R. *The Physics of Radiology*. 4. ed. USA: Charles C. Thomas Publisher, 1983.

OKUNO, E.; CALDAS, I. L.; CHOW, C. *Física para Ciências Biológicas e Biomédicas*. São Paulo: Harper & Row do Brasil, 1982.

TURNER, J. E. *Atoms, radiation, and radiation protection*. 3. ed. Federal Republic of Germany: Wiley-VCH, 2007.

Radioisótopos 3

3.1 Introdução

Um elemento químico ou simplesmente um elemento é uma substância que não pode ser decomposta em algo simples por uma reação química. É um tipo de átomo caracterizado pelo *número de prótons* no núcleo, chamado **número atômico Z**. É uma substância quimicamente pura composta por átomos de um único tipo, isto é, uma substância na qual todos os átomos têm o mesmo número de prótons em seu núcleo. O oxigênio (O), por exemplo, é o elemento químico constituído por todos os átomos que possuem número atômico 8 e é o terceiro elemento mais abundante encontrado no Sol e na Terra. Cada elemento recebe um nome e um símbolo, e os diversos elementos se combinam em uma proporção fixa para formarem compostos.

Nuclídeo é um átomo caracterizado por um número atômico e um número de massa A, que é o número de prótons mais o número de nêutrons no núcleo.

Os nuclídeos são representados da seguinte forma: $_Z^A X$, sendo A o *número de massa*; Z, o *número atômico*, que é o número de prótons do núcleo, o qual, por sua vez, é igual ao número de elétrons de um átomo neutro; e X, o símbolo do elemento químico. A diferença A - Z dá o número de nêutrons de um núcleo. O número atômico Z é muitas vezes omitido, pois é característico do elemento químico. Exemplos: $_6^{14}C$ ou ^{14}C, $_{27}^{60}Co$ ou ^{60}Co, $_{55}^{137}Cs$ ou ^{137}Cs. Muitas vezes também se adota escrever o símbolo do elemento químico seguido de hífen e seu número de massa, como C-14, Co-60, Cs-137 etc.

O hidrogênio (assim chamado por Antoine Laurent Lavoisier, do grego *hydro* = água e *gen* = formador) foi reconhecido como elemento químico em 1766, pelo Laboratório Cavendish, e é o elemento mais abundante no Universo. Tem um único próton no núcleo; portanto, seu

Z é igual a 1. O número atômico do C, O, Pb e U, por exemplo, é 6, 8, 82 e 92, respectivamente. Portanto, cada elemento químico tem um número específico de prótons no núcleo, mas o número de nêutrons pode variar.

3.2 Isótopos e radioisótopos

Os **isótopos** são nuclídeos com igual número de prótons, mas número diferente de nêutrons. A origem da palavra é grega (*isos* = igual e *topo* = lugar, ou seja, que ocupa o mesmo lugar na tabela periódica). O hidrogênio tem três isótopos: ^{1}H, com um próton no núcleo, é o mais abundante, perfazendo um total de 99,985% da totalidade de hidrogênio que existe na natureza. O ^{2}H, chamado deutério, descoberto por Harold Clayton Urey em 1931, tem um próton e um nêutron no núcleo, e o ^{3}H, denominado trítio ou trício, um próton e dois nêutrons. Este foi inicialmente preparado por Ernest Rutherford em 1934, a partir do deutério. O trítio é radioativo, ou seja, seu núcleo é instável e atinge a estabilidade emitindo uma partícula β^- no processo de desintegração nuclear. Portanto, o trítio é um **radioisótopo**, isto é, um nuclídeo instável que emite radiação. Sua **meia-vida** é de 12,26 anos. A meia-vida é o tempo que metade dos átomos de uma fonte radioativa leva para desintegrar-se. Também é conhecida como **meia-vida física**, por ser característica física específica de cada radioisótopo.

A **água pesada** ^{2}H$_2$O, formada com dois átomos de deutério e um de oxigênio, tem pontos de fusão e de solidificação diferentes dos da água comum. Os cubos de gelo feitos com ela afundam em um copo de água da torneira, embora tanto a aparência quanto o sabor sejam os mesmos que os da água comum. A água pesada é empregada em um tipo de reator que usa **urânio** natural, que é constituído de uma mistura de isótopos: 99,28% de ^{238}U e 0,72% de ^{235}U, que é **físsil**. Diz-se que um nuclídeo é físsil quando seu núcleo sofre **fissão**, isto é, quando se rompe em outros dois, liberando nêutrons (em geral dois ou três) e energia quando captura um nêutron lento. A água pesada funciona como moderador de nêutrons, ou seja, desacelera os nêutrons resultantes das fissões do ^{235}U para serem mais facilmente capturados pelo ^{238}U. Nesse tipo de reator, o ^{238}U, ao absorver um nêutron, produz um radioisótopo que, ao decair em seguida duas vezes, transmuta-se em **plutônio**, elemento químico com Z = 94, que também é físsil. O ^{239}Pu é empregado na fabricação de bombas atômicas. A primeira bomba atômica lançada em Hiroshima, em 1945, foi à base de ^{235}U, e a segunda, lançada em Nagasaki, de ^{239}Pu.

Os isótopos não podem ser separados quimicamente, uma vez que têm a mesma estrutura eletrônica e, por isso, sofrem as mesmas reações químicas. Por esse motivo, o urânio natural, para ser usado em um reator de água pressurizada ou na fabricação de uma bomba atômica, tem de ser enriquecido, ou seja, ter aumentada a concentração de ^{235}U, que é físsil, em relação à do ^{238}U, por um método que não seja químico. Um dos métodos usados é o da ultracentrífuga, que considera a diferença na massa de somente três nêutrons.

São 117 os elementos químicos observados até 2008. Desses, 92 são naturais e os restantes, artificiais. Não possuem isótopos estáveis os elementos de número atômico igual a 43, 61 e

≥ 83. Dos 92 elementos que existem na natureza, 66 possuem mais de um isótopo estável; o estanho, por exemplo, tem 10 isótopos estáveis. Hoje em dia, uma quantidade imensa de radioisótopos de quase todos os elementos pode ser e é produzida artificialmente. Eles possuem importantes aplicações, principalmente na Medicina.

3.3 Um pouco de história

Os elementos químicos conhecidos na Antiguidade (idade antiga, que vai, segundo historiadores, de 4.000 a.C. a 476 d.C.) eram nove: cobre (Cu), prata (Ag), ouro (Au), ferro (Fe), mercúrio (Hg), chumbo (Pb), estanho (Sn), enxofre (S) e carbono (C). Novos elementos químicos foram sendo descobertos a partir do século XIII, conforme o Quadro 3.1. Acredita-se que o cientista Albertus Magnus isolou o arsênio (As) pela primeira vez em 1250, embora esse elemento fosse conhecido desde tempos remotos. Galeno, por exemplo, sabia de seus efeitos irritantes, tóxicos, corrosivos e de sua ação parasiticida.

Compostos de antimônio (Sb) eram conhecidos dos chineses e babilônios desde 3.000 a.C., embora sua descoberta, em 1450, seja atribuída a Johann Thölde. O sulfeto de antimônio foi empregado como cosmético e para fins medicinais. O fósforo (P) foi descoberto por Hennig Brand em 1669, quando procurava a pedra filosofal, o elixir da longa vida, que curaria todas as doenças e proporcionaria juventude eterna.

À medida que foram descobrindo novos elementos químicos, os cientistas começaram a considerar que eles deveriam ser agrupados e organizados segundo algumas características. Entre os químicos mais famosos que trabalharam nessa organização, podemos citar Antoine Lavoisier, o qual, em 1789, tentou organizar 33 elementos, e John Dalton, que trabalhou com 36 elementos e desenvolveu, em 1808, a representação simbólica dos elementos, ou das substâncias que ele julgava serem elementares. A Fig. 3.1 mostra os elementos químicos com seus símbolos e seu peso atômico, segundo Dalton. Entre 1813 e 1814, Jöns Jacob Berzelius trabalhou com 47 elementos; em 1817, Johann Döbereiner apresentou o modelo das tríades verticais e horizontais, ao observar que certos

Quadro 3.1 Elementos químicos descobertos do século XIII ao XX

Século XIII (1250)	arsênio (As)
Século XV (1450)	antimônio (Sb)
Século XVI (1526)	zinco (Zn)
Século XVII (1669)	fósforo (P)
Século XVIII (de 1737 a 1798)	mais de 20 elementos
Século XIX (de 1801 a 1900)	outros 52 elementos
Século XX (de 1901 a 2000)	outros 30 elementos

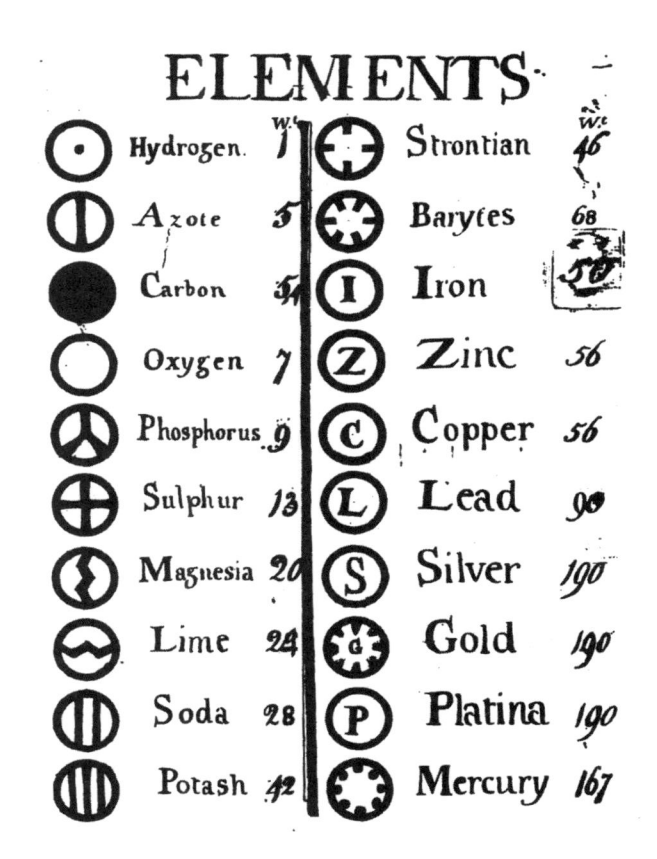

Fig. 3.1 Representação simbólica dos elementos segundo Dalton (1808)

Fonte: Hecht (1980)

elementos químicos com propriedades químicas similares poderiam ser agrupados em grupos de três: Li, Na e K; Ca, Sr e Ba; S, Se e Te; Mn, Fe e Co.

Em setembro de 1860, houve o primeiro Congresso Internacional de Química, em Karlsruhe, com a participação de 120 cientistas de vários países, no qual os principais temas de discussão foram: nomenclatura química, notação, massas atômicas, definição de átomos, moléculas, valência, peso atômico, equivalente atômico etc. O objetivo principal foi encontrar uma posição consensual em relação à linguagem e às representações utilizadas pelos químicos. Nesse congresso, foi apresentada uma organização dos elementos químicos até então conhecidos, baseada em *massas atômicas*.

Em 1862, Alexandre Chancourtois dispôs os elementos químicos em ordem crescente de suas massas atômicas, numa linha espiral em volta de um cilindro – que ficou conhecida como "parafuso telúrico de Chancourtois" –, de modo que elementos com propriedades semelhantes apareciam uns sobre os outros.

Em 1864, Newlands apresentou o modelo das oitavas.

O russo Dmitri Ivanovich **Mendeléev** (1834-1907) era o caçula dos vários (17 ou 14, dependendo da biografia) filhos de Ivan Pavlovich e Maria Dmitrievna Mendeléev. Ele decidiu, em 1868, ao escrever o livro-texto *Principles of Chemistry*, organizar os elementos químicos até então conhecidos em função das propriedades químicas. A versão preliminar da **Tabela Periódica** pode ser vista na Fig. 3.2. Em março de 1869, Mendeléev anunciou a lei da periodicidade dos elementos químicos no primeiro encontro da Sociedade Química Russa. Seu artigo *The relation between the properties and atomic weights of the elements*, contendo a Tabela Periódica (Tab. 3.1), foi publicado no *Journal of the Russian Chemical Society* (v. 1, p. 60-77,

Tab. 3.1 TABELA PERIÓDICA ORIGINAL DE MENDELÉEV PUBLICADA EM 1869

				Ti = 50	Zr = 90	? = 180
				V = 51	Nb = 94	Ta = 182
				Cr = 52	Mo = 96	W = 186
				Mn = 55	Rh = 104.4	Pt = 197.4
				Fe = 56	Ru = 104.4	Ir = 198
			Ni =	Co = 59	Pd = 106.6	Os = 199
H = 1				Cu = 63.4	Ag = 108	Hg = 200
	Be = 9.4	Mg = 24	Zn = 65.2	Cd = 112		
	B = 11	Al = 27.4	? = 68	Ur = 116	Au = 197?	
	C = 12	Si = 28	? = 70	Sn = 118		
	N = 14	P = 31	As = 75	Sb = 122	Bi = 210?	
	O = 16	S = 32	Se = 79.4	Te = 128?		
	F = 19	Cl = 35.5	Br = 80	J = 127		
Li = 7	Na = 23	K = 39	Rb = 85.4	Cs = 133	Tl = 204	
		Ca = 40	Sr = 87.6	Ba = 137	b = 207	
		? = 45	Ce = 92			
		?Er = 56	La = 94			
		?Yt = 60	Di = 95			
		?In = 75.6	Th = 118?			

1869). Logo após, a famosa revista *Zeitschrift fur Chemie* (v. 12, p. 405, 1869) publicou sua Tabela Periódica com 63 elementos químicos. Mendeléev mudou o lugar de 17 elementos químicos de tabelas publicadas por outros cientistas e, corajosamente, previu a existência de elementos novos, deixando espaços vazios. Alguns pesquisadores acharam absurdo deixar espaços vazios, mas três desses espaços foram preenchidos com a descoberta do gálio (Ga)

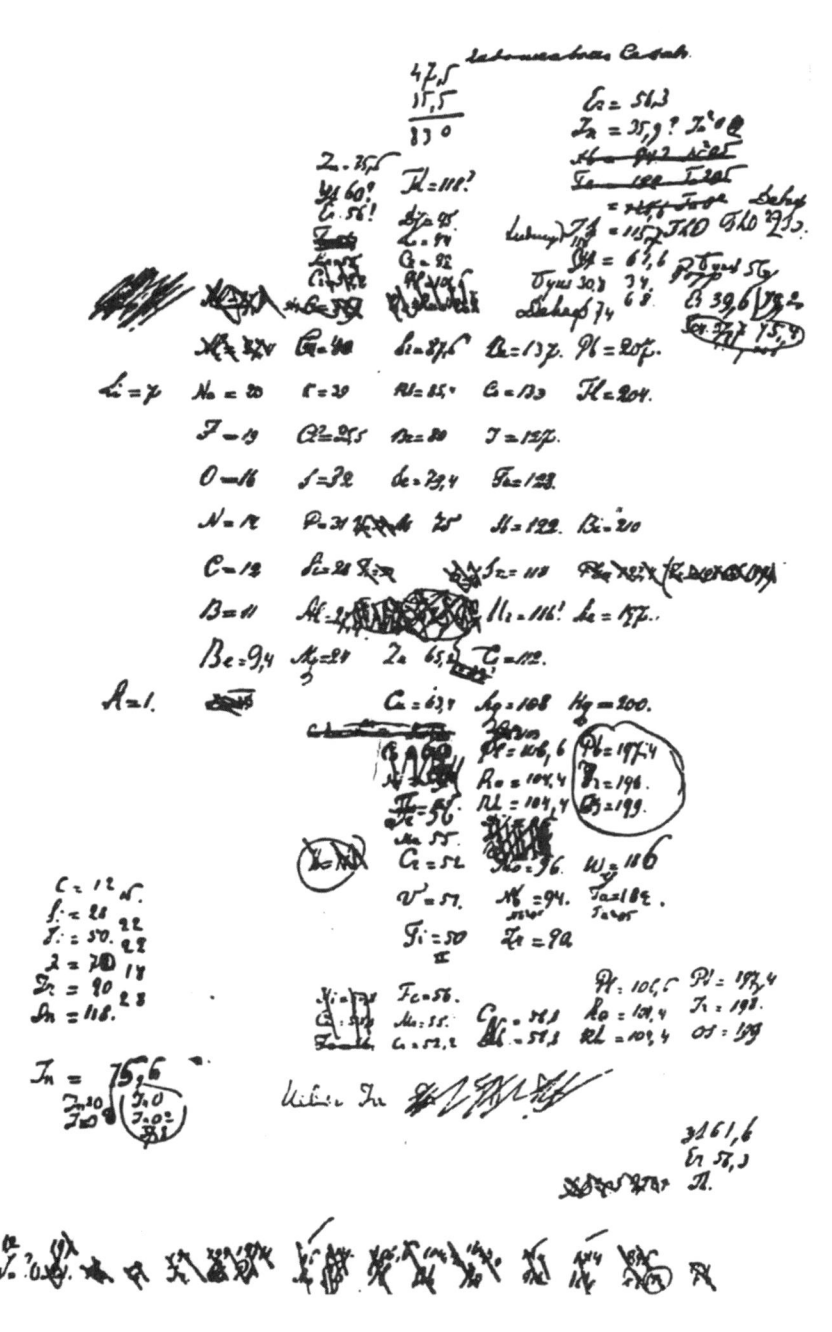

Fig. 3.2 Rascunho da versão preliminar da Tabela Periódica apresentada por Mendeléev em 17/2/1869

Fonte: Hecht (1980)

em 1875, do escândio (Sc) em 1879 e do germânio (Ge) em 1886, antes de Mendeléev morrer, comprovando que ele estava certo. Suas previsões basearam-se em propriedades químicas e físicas e em massas atômicas estimadas com uma boa precisão.

Até então, todas as propostas de ordenação dos elementos químicos eram feitas com base em massa atômica. A mudança da ordenação dos elementos químicos, usando-se número atômico Z, ocorreu somente a partir de sugestão feita por um físico teórico amador, Anton van den Broek, em 1913, e de fotografias de **espectros característicos** de raios X de 12 elementos, dez dos quais ocupavam posições consecutivas na Tabela Periódica, obtidas por Henry Moseley (1887-1915), discípulo de E. Rutherford, que morreu prematuramente, assassinado em combate em Gallipoli. Moseley constatou que o espectro característico de raios X devia ter uma relação com o número de cargas positivas do núcleo, que ele chamou de *grandeza fundamental*, o qual, por sua vez, foi referido por Rutherford, em 1920, como *número atômico* e, posteriormente, identificado com o *número de prótons* do núcleo.

Foi então, finalmente, possível entender a inversão da posição do iodo (I) e do telúrio (Te), com massas atômicas, respectivamente, de 120,90 e 127,60, feita por Mendeléev, levando em conta suas propriedades físicas. Seus números atômicos são, respectivamente, 53 e 52.

Fig. 3.3 Amostra de pechblenda

Em julho de 1898, **Marie Curie** e seu marido, Pierre Curie, oficialmente anunciaram a descoberta de um elemento radioativo retirado da uraninita (ou pechblenda) (Fig. 3.3), que é um minério de óxido de urânio, ao qual deram o nome de **polônio** (Po), em homenagem à pátria de Marie, que estava sob o domínio russo e não era reconhecida como nação. Em dezembro de 1898, eles anunciaram a existência de mais um elemento químico na pechblenda, ao qual propuseram o nome de **rádio** (Ra). A comunidade científica na época não acreditou nessas descobertas, uma vez que as massas atômicas desses elementos não haviam sido apresentadas e, além disso, ninguém havia visto essas substâncias. Para comprovar a descoberta, Marie Curie trabalhou arduamente, em condições extremamente precárias, durante quatro anos, e conseguiu preparar 100 mg de cloreto de rádio, com o qual determinou sua massa atômica como sendo 225. Ambos os elementos puderam ser colocados na Tabela Periódica de Mendeléev.

Em 1925 eram conhecidos 88 elementos, indo de número atômico 1 (H) a 92 (U). Ainda restavam quatro posições vazias na Tabela Periódica. Quando esses elementos foram criados em laboratório, entendeu-se por que nunca tinham sido encontrados na natureza, pois eram radioativos, com meia-vida física muito curta, e haviam desaparecido da Terra, ou existiam em quantidades diminutas, o que causou a dificuldade em encontrá-los. Quase todos os elementos com Z maior do que 82, naturais ou artificiais, são radioativos e desintegram-se, passando de um núcleo a outro sucessivamente até se transformar em um isótopo estável de chumbo (Pb) com Z = 82.

3.4 Produção artificial de radioisótopos

O passo seguinte para o preenchimento dos vazios na Tabela Periódica teve início com os trabalhos de **transmutação artificial** de Irène Curie (filha do casal Curie) e seu marido, Frédéric Joliot (Prêmio Nobel de Química em 1935). Em 1934, eles produziram artificialmente, pela primeira vez, os elementos radioativos fósforo P-30 e nitrogênio N-13, bombardeando, respectivamente, o $_{13}^{27}$Al e o $_{5}^{10}$B com partículas alfa emitidas por uma fonte de polônio-210.

As reações nucleares que ocorreram foram:

$$_{13}^{27}\text{Al} + {}_{2}^{4}\text{He} \rightarrow (_{15}^{31}\text{P}) \rightarrow {}_{15}^{30}\text{P} + {}_{0}^{1}\text{n}$$

O $_{15}^{30}$P é radioativo e decai em $_{14}^{30}$Si, com meia-vida de 2,5 min.

$$_{5}^{10}\text{B} + {}_{2}^{4}\text{He} \rightarrow (_{7}^{14}\text{N}) \rightarrow {}_{7}^{13}\text{N} + {}_{0}^{1}\text{n}$$

O $_{7}^{13}$N é radioativo e decai em $_{6}^{13}$C, com meia-vida de 10,1 min.

A produção artificial de radioisótopos em grande quantidade só se tornou possível com o início do desenvolvimento de cíclotrons, por Ernest Orlando Lawrence e Milton Stanley Livingston, no começo da década de 1930, e de reatores nucleares de fissão, na Segunda Guerra Mundial, por Enrico Fermi. Essas máquinas forneceriam partículas que, ao atingirem um alvo, induziriam reações nucleares.

Os quatro elementos que faltavam na Tabela Periódica puderam então ser produzidos artificialmente e/ou descobertos na natureza. O primeiro deles, descoberto em 1937 por Emilio Segré e Carlo Perrier, na Itália, com Z = 43, recebeu o nome de **tecnécio** (Tc), que em grego significa *artificial*. A descoberta deu-se numa amostra de molibdênio, enviada por E. Lawrence, que havia sido bombardeada com núcleos de deutério em um cíclotron, em Berkeley. O ^{99m}Tc possui meia-vida de 6,02 horas e é, hoje, um dos radioisótopos mais usados na Medicina Nuclear para fins diagnósticos. Em 1871, Mendeleév previu a existência desse elemento.

O *frâncio-223*, ^{223}Fr, com meia-vida de 22 min, foi identificado em 1939 por Marguerite Perey, do Instituto Curie, que, sendo francesa, homenageou com o nome de sua pátria. O frâncio, com Z = 87, é o elemento mais pesado da série dos metais alcalinos. Ele foi produzido artificialmente bombardeando-se ouro com um feixe de oxigênio: ^{197}Au + ^{18}O → ^{210}Fr + 5n.

O *astato* (At), palavra de origem grega que significa instável, com Z = 85, foi produzido em cíclotron em 1940, pelo grupo de Segré, bombardeando-se o bismuto com partículas alfa. Foi posteriormente encontrado na natureza. É o elemento mais raro do mundo.

O *promécio* (Pm), com Z = 61, foi produzido em reator nuclear. A palavra promécio vem do personagem da mitologia grega Prometeus, que roubou o fogo do céu para a humanidade.

Finalmente, a tabela estava completa com 92 elementos. Os cientistas continuaram e continuam tentando produzir elementos transurânicos com Z cada vez maior, todos radioativos com meia-vida curta. O primeiro deles foi o neptúnio (Np), em 1940, na Califórnia, com Z = 93, e depois, em ordem crescente de número atômico: plutônio (Pu), amerício (Am), cúrio (Cm), berquélio (Bq), califórnio (Cf), einstênio (Es), férmio (Fm) e mendelévio (Md), com Z = 101.

Por causa das disputas em dar nome aos novos elementos, foi criada a Commission on the Nomenclature of Inorganic Chemistry em 1994 pela IUPAC (International Union of Pure and Applied Chemistry). Assim os elementos com $Z \geqslant 102$ receberam oficialmente os nomes de nobélio (No), laurêncio (Lr), rutherfórdio (Rf), dúbnio (Db), seabórgio (Sg), bóhrio (Bh), hássio (Hs), meitnério (Mt), darmstádio (Ds), roentgênio (Rg). Em geral os elementos transurânicos têm meia-vida muito curta, mas o plutônio tem isótopos de meia-vida longa, como o ^{239}Pu, de 24.300 anos.

Os elementos com Z igual a 110, 111, 112 e 113 já foram produzidos nos últimos anos. O elemento com Z = 113 foi criado em 1998, em experimentos conduzidos durante 24 dias, que produziram somente dois átomos, os quais duraram somente microssegundos.

A técnica inicialmente usada para produzir radionuclídeos consistia em bombardear átomos com partículas leves, tais como partículas alfa, dêuterons, prótons etc., provenientes de aceleradores de partículas. A seguir, passaram a usar como projéteis os nêutrons de reatores nucleares de fissão. A quase totalidade dos radioisótopos usados hoje em dia na Medicina é produzida por meio dessas duas técnicas. Por outro lado, para a produção de elementos transurânicos, foi necessário mudar de tecnologia. A opção foi fundir o núcleo de um elemento leve, como o carbono, o nitrogênio ou o oxigênio, com o núcleo do Pu ou do Es. Essa técnica permitiu a produção de elementos com Z de 101 a 106, mas, para ir além, o método recebeu modificações, passando-se a bombardear com elementos como Argônio (Z = 18) ou mesmo níquel (Z = 28), ou zinco (Z = 30), alvos de elementos pesados, como o chumbo (Z = 82), para fundir seus núcleos.

Uma tabela periódica simples, somente com a ordenação dos elementos químicos, de hidrogênio a roentgênio, baseada naquela que aparece no *site* da IUPAC, é mostrada na Fig. 3.4.

1	2	3	4	5	6	7	8	9	10	11	12	13	14	15	16	17	18
H																	He
Li	Be											B	C	N	O	F	Ne
Na	Mg											Al	Si	P	S	Cl	Ar
K	Ca	Sc	Ti	V	Cr	Mn	Fe	Co	Ni	Cu	Zn	Ga	Ge	As	Se	Br	Kr
Rb	Sr	Y	Zr	Nb	Mo	Tc	Ru	Rh	Pd	Ag	Cd	In	Sn	Sb	Te	I	Xe
Cs	Ba	57-71	Hf	Ta	W	Re	Os	Ir	Pt	Au	Hg	Tl	Pb	Bi	Po	At	Rn
Fr	Ra	89-103	Rf	Db	Sg	Bh	Hs	Mt	Ds	Rg							
57-71	La	Ce	Pr	Nd	Pm	Sm	Eu	Gd	Tb	Dy	Ho	Er	Tm	Yb	Lu		
89-103	Ac	Th	Pa	U	Np	Pu	Am	Cm	Bk	Cr	Es	Fm	Md	No	Lr		

Fig. 3.4 Tabela periódica adaptada de <www.iupac.org/reports/periodic_table>. Acesso em: 19 set. 2008.

A primeira distribuição de radionuclídeos produzidos no reator para uso em seres humanos foi anunciada em junho de 1946. Desde então, drogas radioativas, hoje conhecidas como **radiofármacos**, que contêm algum radioisótopo que serve de traçador, têm sido amplamente aplicadas em diagnose e tratamento de doenças.

Quase todos os radioisótopos usados na Medicina hoje são produzidos em reatores de fissão ou aceleradores cíclotrons. O radioisótopo ^{99m}Tc é muito usado para fins diagnósticos e uma das suas grandes vantagens é a meia-vida física bastante curta. Para cada órgão a ser mapeado com ^{99m}Tc, usa-se um composto diferente, que tende a acumular-se preferencialmente nesse órgão, com uma meia-vida efetiva (ver seção 3.5) específica daquele composto.

3.5 MEIA-VIDA FÍSICA, MEIA-VIDA BIOLÓGICA E MEIA-VIDA EFETIVA

No caso de contaminação interna, para se estimar os efeitos biológicos, é preciso conhecer a **meia-vida efetiva** do elemento, $T_{1/2efetiva}$, que é função da meia-vida física, $T_{1/2fis}$, e da **meia-vida biológica**, $T_{1/2bio}$. A meia-vida biológica de um nuclídeo num órgão é o tempo necessário para que a metade da quantidade inicial do nuclídeo no órgão seja removida dele. Ela mede a eliminação biológica daquele nuclídeo, que pode ser retirado do órgão pelo sangue ou através da urina ou das fezes, ou pela produção de alguma molécula específica com esse elemento. É avaliada por estudos em animais e em seres humanos contaminados internamente em acidentes radiológicos ou em acidentes de reatores. Essa avaliação também pode ser feita com seres humanos, mas com isótopo estável do mesmo elemento, pois o metabolismo é o mesmo que o do isótopo radioativo. A meia-vida efetiva pode ser calculada pela fórmula:

$$\frac{1}{T_{1/2efetiva}} = \frac{1}{T_{1/2bio}} + \frac{1}{T_{1/2fis}}$$

que resulta:

$$T_{1/2efetiva} = \frac{(T_{1/2bio})(T_{1/2fis})}{T_{1/2bio} + T_{1/2fis}} \tag{3.1}$$

Note que a $T_{1/2efetiva}$ é sempre menor que a menor das meias-vidas física ou biológica.

A Tab. 3.2 lista as meias-vidas física, biológica e efetiva de vários radioisótopos de interesse na Medicina. Os isótopos de um dado elemento químico, radioativo ou não, têm a mesma meia-vida biológica, que depende da configuração dos elétrons na eletrosfera. A meia-vida física dos radioisótopos, por sua vez, é característica de cada radioisótopo, pois ela é função do número de massa. Observe isso para o caso do iodo. Uma vez que a meia-vida biológica depende de vários fatores, como metabolismo, idade das pessoas, sexo, além de variar de órgão para órgão, os valores listados na Tab. 3.2 são valores médios.

O polônio tem, no corpo, uma meia-vida biológica de 30 a 60 dias; o césio, de 1 a 4 meses; o chumbo, no osso, de uns 10 anos; o cádmio, de uns 30 anos e o plutônio, de uns 100 anos (no fígado, de uns 40 anos).

Tab. 3.2 Meias-vidas física, biológica e efetiva de vários radioisótopos de interesse na Medicina ou em proteção radiológica

Radioisótopo	Meia-vida em dias		
	$T_{1/2fis}$	$T_{1/2bio}$	$T_{1/2efetiva}$
^{3}H	$4,5 \times 10^3$	12	12
^{14}C	$2,1 \times 10^6$	40	40
^{22}Na	850	11	11
^{32}P	14,3	1155	14,1
^{35}S	87,4	90	44,3
^{36}Cl	$1,1 \times 10^8$	29	29
^{45}Ca	165	$1,8 \times 10^4$	164
^{59}Fe	45	600	42
^{60}Co	$1,93 \times 10^3$	10	10
^{65}Zn	244	933	193
^{86}Rb	18,8	45	13
^{90}Sr	$1,1 \times 10^4$	$1,8 \times 10^4$	$6,8 \times 10^3$
^{99m}Tc	0,25	1,0	0,20
^{123}I	0,54	138	0,54
^{131}I	8	138	7,6
^{137}Cs	$1,1 \times 10^4$	70	70
^{140}Ba	12,8	65	10,7
^{198}Au	2,7	280	2,7
^{210}Po	138	60	42
^{226}Ra	$5,8 \times 10^5$	$1,6 \times 10^4$	$1,5 \times 10^4$
^{235}U	$2,6 \times 10^{11}$	15	15
^{239}Pu	$8,8 \times 10^6$	$7,3 \times 10^4$	$7,2 \times 10^4$

Fonte: <http://hyperphysics.phy-ast.gsu/hbase/nuclear/bchalf.html>.
Acesso em: abr. 2009

O césio-137, radioisótopo que contaminou interna e externamente cerca de 250 pessoas em Goiânia, após o roubo de um aparelho de **radioterapia** em 1987, tem meia-vida física de 30 anos e meia-vida biológica, em um adulto, de 50 a 150 dias. Para diminuir a meia-vida biológica, aumenta-se a taxa de eliminação pelo corpo, administrando coadjuvantes específicos – no caso do césio, é o azul da Prússia (ferrocianeto de ferro: $Fe_4[Fe(CN)_6]_3$). O azul da Prússia age como quelante, isto é, um composto com capacidade para formar complexos com o césio que podem ser posteriormente excretados por via oral ou intestinal. O elemento químico césio, Cs, é um metal alcalino e tem propriedades químicas parecidas com as do potássio, K, pois está na mesma coluna da Tabela Periódica. Como o K se concentra nos músculos do corpo, quando ocorre a contaminação interna com o Cs, este tende a ir parar nos músculos do corpo. A meia-vida física do ^{137}Cs é longa, mas sua meia-vida biológica é razoavelmente pequena, assim como sua meia-vida efetiva, mas grande o suficiente para causar danos biológicos.

O potássio também é encontrado nos solos, na forma do sal KCl, e é usado como fertilizante. Em Goiânia, a fonte de Cs-137, que estava na forma do sal cloreto de césio, foi aberta no quintal de uma casa, próximo a uma mangueira, contaminando o solo superficialmente. Com as primeiras chuvas, o Cs penetrou no solo e imediatamente a raiz da mangueira aproveitou aquele Cs, pois o solo ali era pobre em K. A mangueira ficou, assim, contaminada internamente, passando o Cs para os frutos e as folhas.

Marie Curie recebeu o primeiro Prêmio Nobel de Física em 1903, juntamente com seu marido, Pierre Curie, e Henri Becquerel, pelos trabalhos em radioatividade, e seu segundo Prêmio Nobel, em Química, em 1911, pela descoberta do Po e do Ra. O Ra é um elemento da segunda coluna da Tabela Periódica, na qual está também o Ca, que é um dos componentes importantes do osso mineral. Portanto, quando ocorre a contaminação interna com Ra, ele tende a distribuir-se nos ossos.

3.6 Contaminação ambiental com radioisótopos

Após testes nucleares ou um acidente em um reator nuclear, como o de Chernobyl em 1986, ou um acidente radiológico como o de Goiânia em 1987, radioisótopos espalham-se no meio ambiente e o contaminam. Se as pessoas estiverem nesses ambientes e ficarem com átomos radioativos aderidos à pele ou dentro do corpo, por ingestão ou inalação, diz-se que também elas estão contaminadas, sendo, no primeiro caso, contaminação externa e no segundo, interna.

3.6.1 Contaminação com césio-137

Se a contaminação radioativa for com um número muito grande de nuclídeos de ^{137}Cs, como nos casos expostos a seguir, mesmo após 30 anos, que é sua meia-vida física, o número de radionuclídeos continuará sendo grande – igual à metade do que existia originalmente. Mais 30 anos, e o número ainda presente será de 1/4 do que existia originalmente.

Quando uma fonte selada contendo pastilha de ^{137}CsCl, dentro de um aparelho de radioterapia abandonado no centro da cidade de Goiânia, foi violada em 1987, uma série de eventos se sucedeu e foi noticiado internacionalmente como o maior acidente radiológico do mundo. Como consequência do acidente (Okuno, 1988) morreram quatro pessoas no intervalo de um mês após o início da exposição. Além disso, mil pessoas foram irradiadas, 250 contaminadas interna e/ou externamente, 28 sofreram síndrome aguda da radiação (ver Cap. 10) e uma teve o antebraço amputado devido à necrose. Esse acidente gerou $3.500\,m^3$ de rejeito radioativo, hoje armazenado em Abadia de Goiás, em um depósito definitivo.

Esse é também um dos radionuclídeos que foi colocado em grande quantidade na atmosfera no acidente do reator número 4 de *Chernobyl*, em 1986. Ele foi carregado pelo vento, contaminando todo o solo europeu, principalmente em locais onde choveu. Contaminou, por consequência, todo vegetal e frutas produzidos nesses solos, o leite das vacas, os rios e os peixes, e assim por diante. O reator propriamente dito, com o que restou de material radioativo, foi concretado e transformado em um mausoléu, que hoje apresenta problemas de vazamento.

Trata-se também do radionuclídeo que ainda mantém contaminado o solo do Atol de Bikini, do arquipélago das ilhas Marshall. Ali foi o local escolhido pelos Estados Unidos para a realização de 66 testes nucleares entre 1946 e 1958. No início de 1946, o comandante americano B. J. Wyatt convenceu os bikinianos a deixarem a ilha por um certo tempo, para que os Estados Unidos pudessem realizar "testes nucleares para o bem da humanidade e para terminar todas as guerras do mundo". Juda, o então líder dos bikinianos, reticente, acabou por aceitar essa proposta, dizendo "Se é para o bem da humanidade, nós deixaremos a ilha, acreditando que tudo está nas mãos de Deus". Assim começou o sistema nômade dos bikinianos, indo de atol em atol, de ilha em ilha, por ser a água ruim e o terreno pobre para o cultivo de alimentos. Algumas famílias começaram a voltar a Bikini em 1972; porém, após medidas e verificação de contaminação em caranguejo, fruta-pão e coco, a ilha voltou a ser evacuada em 1978.

Entre os testes mais importantes, podem ser mencionados: operação Crossroads, em 1946; operação Ivory, em 1952; operações Castle e Bravo (esta última, em 1954, foi com uma bomba de hidrogênio mil vezes mais potente que as bombas lançadas em Hiroshima e Nagasaki em 1945); operação Redwing, em 1956, e operação Hardtack, em 1958. Alguns testes foram na atmosfera e outros, no fundo do mar. Alguns navios foram levados ao atol para verificar o que acontecia com as explosões das bombas. Entre outros, o navio USS Saratoga, da marinha americana, maior que o Titanic, está afundado no atol de Bikini desde 25/7/1946. Da mesma forma, o HIJMS Nagato, o segundo maior navio japonês até hoje construído, do almirante Yamamoto, da marinha imperial japonesa, e que foi usado no ataque a Pearl Harbor, está afundado ali de ponta-cabeça desde 29/7/1946. Isso foi feito para analisar o poder destrutivo das bombas nucleares.

De 1945 a 1996, foram realizados mais de 2 mil testes nucleares pelos países detentores de bombas atômicas, como se pode ver na Tab. 3.3. A maior parte das explosões foi na atmosfera ou no fundo do mar.

Tab. 3.3 TESTES NUCLEARES REALIZADOS DESDE 1945

País	Local de explosão	Quantidade	Primeiro teste	Último teste
E.U.A.	Deserto de Nevada, arquipélago das ilhas Marshall (66 testes, 1946-1958)	1.054	1945	1992
Ex-União Soviética	Sibéria	715	1949	1990
França	Atol de Mururoa, de Fangataufa	210	1960	1996
Reino Unido	Christmas Island	45	1952	1991
China	China	45	1964	1996

Quando os países listados na Tab. 3.3 pararam de realizar explosões nucleares, parece que tudo recomeçou, pois a Índia realizou três testes nucleares no deserto de Rajastão: um em 11/5/1998 e outros dois em 13/5/1998. A Índia já havia realizado um teste nuclear em 1974. Por sua vez, o Paquistão respondeu com outras cinco explosões nucleares em 28/5/1998, e mais uma em 30/5/1998. No dia 8/10/2006, a Coreia do Norte realizou um teste nuclear subterrâneo e, em 25/5/2009, o segundo.

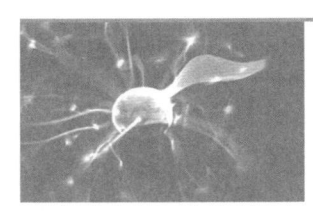

Um pouco de **História**

Em 9 de agosto de 1999, foi publicado na *Physical Review Letters* (v. 83, p. 1104) o artigo *Observation of Superheavy Nuclei Produced in the Reaction of* ^{86}Kr with ^{208}Pb, com lista de 15 autores, encabeçada pelo físico búlgaro Victor Ninov, responsável pela análise computacional de dados do experimento. O artigo relatava a síntese dos elementos transurânicos de $Z = 118$ e $Z = 116$, que estavam entre os produtos do decaimento, conseguido no cíclotron do Lawrence Berkeley National Laboratory. Desde então, muitos laboratórios tentaram repetir o experimento, mas não obtiveram sucesso. Então, o próprio laboratório iniciou uma investigação e, um ano depois, chegou à conclusão de que os dados haviam sido fabricados por Victor Ninov. Assim, em maio de 2002, ele foi sumariamente despedido do Lawrence Berkeley National Laboratory, fato este anunciado na *Nature News* (v. 418, p. 261, 18 jul. 2002) e na *Science* (v. 297, n. 5580, p. 213, 19 jul.

2002). Os outros 14 autores do referido artigo apresentaram retratação formal na *Physical Review Letters* (v. 89, n. 3, 15 jul. 2002).

Entrementes, outro laboratório da Alemanha, a GSI, informou que provavelmente houve o mesmo tipo de fraude no anúncio da produção dos elementos com $Z = 111$ e 112, uma vez que não conseguiam reproduzir o experimento. O mesmo físico trabalhava nesse laboratório quando foi publicado o artigo sobre essas descobertas em *Zeitschrift fur Physik* (A 354, p. 229-230, 1996).

Biografia

MARIA SKLODOWSKA (7/11/1867 – 4/7/1934, DE ANEMIA APLÁSTICA)

Nascida em Varsóvia, a grande cientista era a mais nova dos cinco filhos de Bronislawa e Wladyslaw Sklodowski. Em 1891, seguiu para Paris, a fim de continuar seus estudos na Sorbonne. Casou-se com o já famoso físico Pierre Curie em 26/7/1895 e passou a ser conhecida como Mme. Curie. Em 1903, ganhou, com Pierre Curie e Henri Becquerel, o Prêmio Nobel de Física pelas pesquisas sobre fenômenos da radiação descobertos por Becquerel e, em 1911, o segundo Prêmio Nobel (em Química), pela descoberta dos elementos polônio e rádio. Ela enviuvou na tarde de um dia chuvoso de 1906, dia em que Pierre foi atropelado por uma carroça e veio a falecer. Quatro anos depois teve um *affair* com Paul Langevin, físico, grande amigo de Pierre, casado com Emma Jeanne Desfosses. Em julho

de 1910, alugaram um apartamento para encontros. Quando essa situação se tornou pública, havia gente que passava em frente do apartamento para gritar: "Ladra de maridos, volte para a Polônia!". O escândalo explodiu no começo de novembro de 1911 de tal forma que, logo após o anúncio de que ela havia ganhado seu segundo Prêmio Nobel, Svante Arrehnius, membro da Academia de Ciências da Suécia, escreveu-lhe que seria melhor ela não comparecer à festa de entrega do prêmio. No dia 11/12/1911, ela compareceu a essa festa e fez um discurso dizendo que todo o trabalho havia sido feito em colaboração com Pierre Curie e que esse prêmio era também um tributo a ele. Logo depois, porém, caiu em profunda depressão e, no dia 29/12/1911, foi internada em um hospital. Quando estava ligeiramente melhor, foi acolhida pela física Hertha Ayrton, da Inglaterra, onde passou um ano.

Biografia

PIERRE CURIE (15/5/1859 – 19/4/1906)

Ele já era um famoso físico francês quando se casou com Maria Sklodowska. Passou a trabalhar com a esposa, tendo percebido que o campo de pesquisa de Marie era mais promissor. Nessa empreitada, teve muito sucesso, pois conquistaram o Prêmio Nobel de Física em 1903. Numa tarde chuvosa de 19/4/1906, Pierre Curie foi atropelado por uma carruagem e seu crânio foi esmagado, morrendo instantaneamente. Do seu casamento com Marie nasceram duas filhas: Irène, que se tornou física nuclear famosa, e Eve, jornalista também famosa. Foi orientador de doutorado de Paul Langevin.

PAUL LANGEVIN (23/1/1872 – 19/12/1946)

Importante físico francês que desenvolveu as equações de Langevin. Teve passagem no Laboratório Cavendish. Foi, por sua vez, mentor de Frédéric Joliot, que se casou com Irène Curie. Langevin casou-se com Emma Jeanne Desfosses. Seu casamento não ia bem, e o convívio diário com Mme. Curie o fez apaixonar-se por ela. Quando o escândalo eclodiu, os jornais locais escreveram muitas notícias a respeito. Langevin duelou com um editor de jornal, Gustave Téry, que o havia insultado por diversas vezes. Esse duelo não deu em nada porque Téry não levantou a arma de fogo e Langevin, que havia levantado a sua, acabou abaixando-a. Langevin e esposa tiveram quatro filhos, um dos quais, André, teve um filho (Michel Langevin) que se casou com Hélène Joliot, neta da Mme. Curie.

IRÈNE CURIE (12/9/1897 – 17/3/1956, DE LEUCEMIA)

Primeira filha do casal Curie. Casou-se com Frédéric Joliot-Curie, formando um par de cientistas famosos. Ambos receberam o Prêmio Nobel de Química em 1935, pela descoberta da transmutação artificial de elementos químicos. Frédéric teve Paul Langevin como orientador de doutorado. O casal Joliot-Curie teve dois filhos: Hélène Joliot, física nuclear, que nasceu em 17/9/1927, e Pierre Joliot, biofísico, nascido em 12/3/1932.

EVE DENISE CURIE (6/12/1904 – 22/10/2007)

Jornalista, foi a segunda filha do casal Pierre Curie. Escreveu a biografia da mãe, *Madame Curie*, pela Editora Gallimard, em 1935. Casou-se quando tinha 50 anos com o então embaixador dos Estados Unidos na Grécia, Henry Richardson Labouisse, que recebeu o Prêmio Nobel da Paz em 1965.

HÉLÈNE JOLIOT (17/9/1927)

Física nuclear nascida em Paris, educada no Institut de Physique Nucléaire, em Orsay, um laboratório montado por seus pais. Casou-se com Michel Langevin, também físico nuclear e neto de Paul Langevin, e passou a se chamar Hélène Langevin Joliot. Teve uma filha, Françoise, em 1950, e um filho, Ives Langevin, em 1951, que é astrofísico.

A história mostra que o destino acabou por unir os Curies com os Langevins.

Essa é uma história verdadeira, fantástica, de uma família com quatro prêmios Nobel, dois deles recebidos por uma única mulher, Marie Curie. Durante muitos anos, seu sobrenome, abreviado Ci, foi unidade de atividade de uma fonte radioativa, mas foi substituída por Becquerel (Bq) no Sistema Internacional de Unidades. A correlação entre essas unidades é:

$$1\,Ci = 3{,}7 \times 10^{10}\,Bq \quad e \quad 1\,Bq = 1/s$$

Fonte:

<nobelprize.org/nobel_prizes/physics/laureates/1903/marie-curie-bio.html>. Acesso em: dez. 2009.

Leitura recomendada

ARMBRUSTER, P.; HESSBERGER, F. P. Making new elements. *Scientific American*, p. 50-55, set. 1998.

SCERRI, E. R. *The evolution of the periodic system*. *Scientific American*, p. 56-61, set. 1998.

Desintegração nuclear

4

4.1 Introdução

Como tantas descobertas importantes feitas acidentalmente, a da **radioatividade** também não fugiu à regra. Embora se trate de um processo descrito como "*serendipity*", "acidentalmente" não seria bem a expressão correta, pois muitos outros pesquisadores talvez já tivessem se deparado com o fenômeno, mas na verdade não foram capazes de interpretá-lo corretamente. Pode-se dizer que essa também é a história do ovo de Colombo. (A palavra *serendipity* foi introduzida por Horace Walpole no século XVIII para referir-se ao dom dos heróis da lenda persa *The three princes of Serendip*. O autor aludia às descobertas feitas pelos três príncipes, acidentalmente ou por esperteza. Serendip é também o nome antigo da ilha de Sri Lanka.)

Se o tempo não tivesse ficado nublado, talvez Antoine-Henri Becquerel não teria descoberto a radioatividade no início de 1896. Essa descoberta marcou o início da *Física Nuclear*. Becquerel havia tomado conhecimento da descoberta dos raios X por Röntgen, numa sessão da Academia de Ciências de Paris, em 20/1/1896, por meio de Henry Poincaré, que havia recebido uma cópia do artigo de Röntgen. Este dizia que esses raios eram emitidos pela parede fosforescente do tubo de Crookes e que, ao incidir num anteparo pintado com platino cianeto de bário, produzia **luminescência**. Becquerel interessou-se imediatamente pelo assunto, pois tanto ele quanto seu pai e avô haviam trabalhado com o fenômeno da luminescência.

O processo da luminescência refere-se à emissão de radiação óptica por certos materiais quando expostos à radiação eletromagnética. De uma maneira clássica, podemos distinguir dois processos de luminescência, a **fosforescência** e a **fluorescência**, pelo intervalo de tempo entre a irradiação (excitação) e a emissão de luz. No caso da fosforescência, esse tempo é maior do que 10^{-8} s, e no caso da fluorescência, menor do que 10^{-8} s (quase instantânea). A fluorescência para quando termina a excitação, mas a fosforescência continua mesmo após cessar a excitação. O comprimento de onda da luz emitida é, na maior parte das vezes, maior do que a da radiação incidente e é característico da substância que luminesce.

Becquerel decidiu então verificar se todos os materiais fosforescentes apresentavam a mesma propriedade. O experimento baseava-se em colocar material fosforescente sobre uma chapa fotográfica embrulhada com papelão preto e expor o conjunto ao sol. Ele supunha que a energia solar faria o material fosforescer, isto é, emitir luz, a qual, por sua vez, sensibilizaria o filme. As primeiras experiências realizadas com substância fosforescente não deram certo. As esperanças de Becquerel recaíram então sobre os sais de urânio, que pareciam ter propriedades interessantes do ponto de vista da fosforescência e da absorção de luz.

Para continuar os experimentos, Becquerel teve que esperar que os cristais de sulfato duplo de urânio e potássio – $K_2(UO_2)(SO_4)_2$ –, que ele havia fabricado há 15 anos e emprestado a Gabriel Lippmann, lhe fossem devolvidos. Na nova experiência, após poucas horas de exposição do conjunto à luz solar, ele observou uma imagem fraca do contorno do cristal ao revelar a chapa fotográfica, resultado este apresentado no dia 24 de fevereiro de 1896 na Academia de Ciências de Paris.

Becquerel tentou repetir o experimento nos dias 26 e 27 de fevereiro de 1896, com dois cristais de sulfato duplo de urânio e potássio, que eram fosforescentes, e com uma fina cruz de cobre interposta entre um dos cristais e o filme. Como o céu ficou nublado, ele guardou o conjunto dentro de uma gaveta e ficou esperando por dias ensolarados para continuar a iluminação. Como o tempo não melhorou, ele decidiu revelar o filme mesmo assim, no dia 1° de março, esperando ver manchas muito claras, em razão da iluminação difusa. Qual não foi sua surpresa quando viu manchas muito mais escuras do que aquelas obtidas anteriormente, ao iluminar o conjunto com os raios solares fortes, mas por pouco tempo. A Fig. 4.1 mostra o que ele viu. Becquerel percebeu que estava diante de raios emitidos, mesmo na ausência do sol. No dia 2 de março, ele relatou seu achado à revista *Comptes Rendus*, da Academia de Ciências de Paris. No dia 9 do mesmo mês, descobriu que os raios emitidos pelo sal de urânio produziam a descarga de corpos eletrificados da mesma forma que os raios X. Concluiu dizendo que essas emissões (radiações) apresentavam uma grande analogia com aquelas observadas por Röntgen. Foi no dia 22 de março que ele finalmente relatou à Academia de Ciências que os sais de urânio (uranosos), que não são fosforescentes, também emitem radiação invisível com a mesma intensidade que os sais de urânio (urânicos) fosforescentes. Portanto, essa emissão nada tinha a ver com fosforescência, mas sim com urânio.

Em dezembro de 1891, a polonesa Maria Salomea Sklodowska havia chegado a Paris para estudar na Sorbonne. Após sua licenciatura em Matemática, casou-se com Pierre Curie, passando a chamar-se Mme. Curie. No início de 1897, ela procurou Becquerel para orientá-la em uma tese de doutorado, o qual sugeriu-lhe o tema "Sobre a Natureza dos Raios de Becquerel". Posteriormente, porém, ela mudou de tema e passou a buscar outros elementos com propriedade similar, isto é, a de emitir radiação. Foi ela quem cunhou a

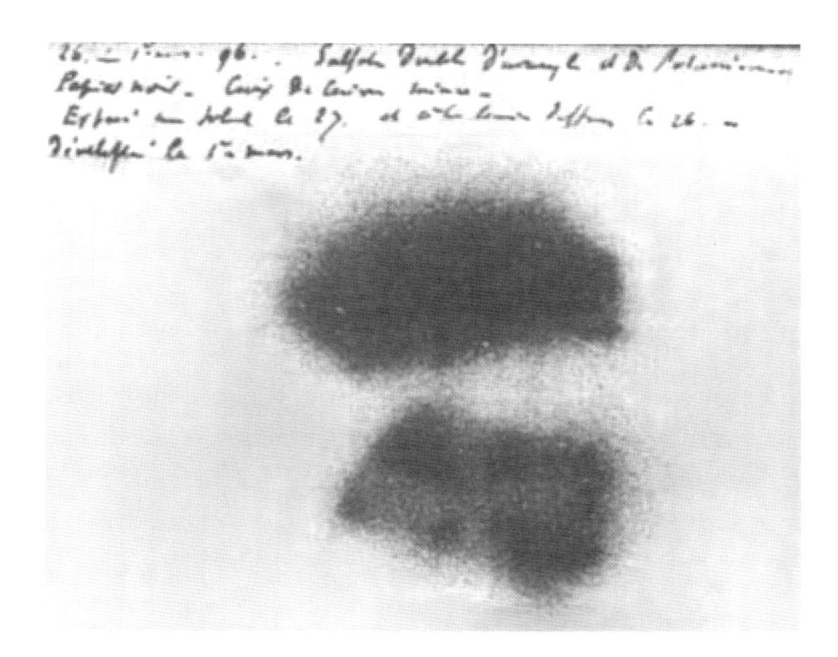

Fig. 4.1 Radiografia com o contorno dos dois cristais de sulfato duplo de urânio e potássio, e de uma cruz de cobre interposta entre um dos cristais e o filme. As anotações são do próprio Becquerel

Fonte: Allisy (1996).

palavra *radioatividade* e publicou um artigo, juntamente com P. Curie, em julho de 1898, reportando-se à descoberta de um novo elemento químico, que ambos batizaram com o nome de *polônio* e símbolo Po. Em dezembro desse mesmo ano, anunciaram a descoberta de outro elemento radioativo: o *rádio*. Assim, foram mais dois elementos que vieram a fazer parte da Tabela Periódica de Mendeléev.

Em 1903, o casal Curie e Becquerel receberam o prêmio Nobel de Física. Em seu discurso na Academia Sueca, P. Curie disse:

> *Finally, in the biological sciences the rays of radium and its emanation produce interesting effects which are being studied at present. Radium rays have been used in the treatment of certain diseases (lupus, cancer, nervous diseases). In certain cases their action may become dangerous. If one leaves a wooden or cardboard box containing a small glass ampulla with several centigrams of a radium salt in one's pocket for a few hours, one will feel absolutely nothing. But 15 days afterwards a redness will appear on the epidermis, and then a sore which will be very difficult to heal. A more prolonged action could lead to paralysis and death. Radium must be transported in a thick box of lead.*
>
> *It can even be thought that radium could become very dangerous in criminal hands, and here the question can be raised whether mankind benefits from knowing the secrets of Nature, whether it is ready to profit from it or whether this knowledge will not be harmful for it.*

Finalmente, em Ciências Biológicas os raios do rádio e sua emanação produzem efeitos interessantes que estão sendo estudados no momento. Os raios do rádio foram usados no tratamento de algumas doenças (lúpus, câncer, doenças nervosas). Em certos casos, sua ação pode tornar-se perigosa. Se alguém levar em seu bolso, por algumas horas, uma caixa de madeira ou de papelão contendo uma pequena ampola de vidro com vários centigramas de um sal de rádio, não sentirá absolutamente nada. Mas, depois de 15 dias, aparecerá na epiderme uma vermelhidão e, em seguida, uma ferida de difícil cicatrização. Uma ação mais prolongada poderia levar à paralisia e à morte. O rádio deve ser transportado numa caixa espessa de chumbo.

Pode-se até pensar que o rádio em mãos criminosas poderia tornar-se muito perigoso, e aqui pode ser levantada a questão se a humanidade se beneficia em conhecer os segredos da Natureza, se ela está pronta para lucrar com isso ou se esse conhecimento não lhe trará prejuízos.

(http://nobelprize.org/nobel_prizes/physics/laureates/1903/pierre-curie-lecture.html)

Pierre Curie fez um paralelo com a invenção de dinamite por Nobel, dizendo ainda que a humanidade deveria fazer uso das novas descobertas mais para o bem do que para o mal.

Quem veio a pesquisar a natureza dos raios de Becquerel foi Ernest Rutherford (Prêmio Nobel de Química em 1908), na McGill University, no Canadá, onde havia sido contratado em 1898. Rutherford mediu a razão carga/massa das partículas alfa e identificou-as provisoriamente como íons positivos de hidrogênio ou de hélio. Só mais tarde, em 1911, foram estabelecidas como núcleo de átomo de hélio.

Em 1899, Ernest Rutherford escreveu:

These experiments show that the uranium radiation is complex, and that there are present at least two distinct types os radiation – one that is very readily absorbed, which will be termed for convenience the α radiation, and the other of a more penetrative character, which will be termed the β radiation.

Esses experimentos mostram que a radiação do urânio é complexa e que estão presentes ali pelo menos dois tipos de radiação - uma facilmente absorvida, que será chamada, por conveniência, de radiação alfa, e a outra com caráter mais penetrante, que será chamada de radiação beta.

(Rutherford, 1899, p. 116)

Em 1900, Paul Villard identificou a existência de um terceiro tipo de radiação. Somente três anos depois, Rutherford batizou-a de **radiação gama** (γ), que, ao contrário dos dois primeiros tipos, não sofria deflexão em campo magnético. Foi Rutherford quem estabeleceu que a radiação gama é uma onda eletromagnética da mesma natureza que os raios X.

Mme. Curie ganhou o segundo prêmio Nobel, desta vez em Química, após quatro anos de pesquisa para determinar a massa atômica do novo elemento, o rádio. Em seu discurso de Prêmio Nobel, *Radium and the New Concepts in Chemistry*, em 11/12/1911, ela disse:

Some 15 years ago the radiation of uranium was discovered by Henri Becquerel, and two years later the study of this phenomenon was extended to other substances, first by me, and then by Pierre Curie and myself. This study rapidly led us to the discovery of new elements, the radiation of which, while being analogous with that of uranium, was far more intense. All the elements emitting such radiation I have termed radioactive, and the new property of matter revealed in this emission has thus received the name radioactivity.

Cerca de 15 anos atrás, a radiação do urânio foi descoberta por Henri Becquerel, e dois anos mais tarde, o estudo desse fenômeno foi estendido a outras substâncias, primeiro por mim, e depois por Pierre Curie e por mim. Esse estudo rapidamente nos conduziu à descoberta de novos elementos, a radiação dos quais, embora sendo análoga àquela do urânio, era muito mais intensa. Todos os elementos que emitem tal radiação eu designei radioativos, e a nova propriedade da matéria revelada nessa emissão recebeu então o nome de radioatividade.

(http://nobelprize.org/nobel_prizes/chemistry/laureates/1911/marie-curie-lecture.html)

4.2 Massas atômicas

Os núcleos atômicos são constituídos de Z prótons e N = A - Z nêutrons, sendo A o número de massa, que é igual ao número de prótons mais o de nêutrons. Os prótons e os nêutrons são denominados núcleons. Como já foi mencionado, os isótopos de um elemento têm o mesmo Z, mas diferentes valores de N. O próton tem carga positiva $+e$, cujo valor é $1,6 \times 10^{-19}$ C, mas o nêutron não tem carga elétrica.

No início do século XIX, os cientistas conseguiram prever as massas relativas dos átomos a partir de reações químicas. Por sugestão de John Dalton, ao redor de 1805, foi atribuída ao hidrogênio, o mais leve dos elementos químicos, a massa relativa de 1 u.m.a. (**unidade de massa atômica**). Tudo indicava que as massas relativas dos outros elementos seriam *múltiplos inteiros* desse valor. Assim, o oxigênio, por exemplo, teria massa relativa de 16 u.m.a.

Depois, o elemento químico referência foi mudado para oxigênio, porque este formava compostos com muitos outros elementos, o que facilitava a determinação de sua massa atômica, além de manter em 1 u.m.a. a massa do hidrogênio. Por sugestão do químico Jean Servais Stas, os químicos passaram a definir a u.m.a. como 1/16 da massa do elemento oxigênio, a partir de 1905.

Francis William Aston inventou a técnica de espectrometria de massa, com a qual descobriu isótopos de um grande número de elementos químicos, e por esse trabalho ganhou o Prêmio Nobel de Química em 1922. Ele descobriu, em 1929, que o oxigênio era composto de três isótopos: ^{16}O, ^{17}O e ^{18}O. Os físicos passaram a atribuir a um átomo de ^{16}O, o isótopo mais abundante do oxigênio na natureza, a massa exata de 16,000000 u.m.a., e todas as outras massas atômicas eram definidas em relação a esse padrão, ou seja, 1 u.m.a. ficou definida como sendo 1/16 da massa de um átomo de ^{16}O. Assim, entre os padrões químico e físico havia uma diferença de um fator 1,000275.

A sugestão para unificar esses padrões surgiu em 1957 e, a partir de 1960, a unidade de massa passou a ser u (**unidade de massa unificada**) ou Dalton (Da), definida como 1/12 da massa de um átomo de ^{12}C, que é o isótopo estável do átomo de carbono mais abundante na natureza. De modo equivalente, a massa do átomo de ^{12}C ficou definida como sendo exatamente 12,000000 u. A nova unidade de massa, u, não pertence ao SI e foi oficialmente adotada pela IUPAP (International Union of Pure and Applied Physics) em 1960, e pela IUPAC (International Union of Pure and Applied Chemistry) em 1961.

A massa de 1 u pode ser determinada a partir do número de Avogadro N_A:

$$1 \, u \, (g) = (1/N_A) = 1,66 \times 10^{-24} \, g$$
$$1 \, u \, (kg) = 1,66 \times 10^{-27} \, kg$$

Sabemos também que em 12 kg de ^{12}C estão contidos $N_A = 6{,}02 \times 10^{23}$ átomos/(g·mol) ou $6{,}02 \times 10^{26}$ átomos/(kg·mol). Assim, a massa de um átomo de ^{12}C $= 12\,\text{kg}/(6{,}02 \times 10^{26}$ átomos) $= 1{,}99 \times 10^{-26}$ kg $= 12$ u, por definição. Portanto,

$$1\,\text{u} = 1{,}99 \times 10^{-26}\,\text{kg}/12 = 1{,}66 \times 10^{-27}\,\text{kg, mais precisamente } 1{,}66053886(28) \times 10^{-27}\,\text{kg}$$

De acordo com a teoria da relatividade restrita de Einstein, há uma equivalência entre massa de repouso m_o de uma partícula e energia de repouso E_o, dada pela equação:

$$E_o = m_o c^2 \qquad \text{(4.1)}$$

Então, a energia equivalente a 1 u pode ser calculada assim:

$$E_o = 1\,\text{u}c^2 = (1{,}66054 \times 10^{-27}\,\text{kg})(2{,}997925 \times 10^8\,\text{m/s})^2 = 1{,}49242 \times 10^{-10}\,\text{J}$$
$$= (1{,}49242 \times 10^{-10}\,\text{J})/(1{,}602177 \times 10^{-19}\,\text{J/eV}) = 931{,}494\,\text{MeV}$$

Portanto, a massa de 1 u equivale à energia de 931,494 MeV.

Para o caso do próton:

$$E_o = (1{,}6726 \times 10^{-27}\,\text{kg})(2{,}997925 \times 10^8\,\text{m/s})^2$$
$$= 1{,}50534 \times 10^{-10}\,\text{J}$$
$$= 938{,}28\,\text{MeV}$$

As massas do próton e do nêutron, que são cerca de 1.840 vezes maiores que a massa do elétron, e a massa do elétron estão na Tab. 4.1.

Tab. 4.1 MASSA DE REPOUSO DO PRÓTON, NÊUTRON E ELÉTRON EM DIFERENTES UNIDADES

Partícula	kg	u	MeV/c^2
próton	$1{,}6726 \times 10^{-27}$	1,007276	938,28
nêutron	$1{,}6750 \times 10^{-27}$	1,008665	939,57
elétron	$9{,}109 \times 10^{-31}$	$5{,}486 \times 10^{-4}$	0,511

4.3 RAZÕES PARA A DESINTEGRAÇÃO NUCLEAR

Diz-se que ocorre a **desintegração nuclear** ou o **decaimento radioativo** quando há a *emissão espontânea* de partícula ou energia do interior de um núcleo atômico. Rutherford e Frederick Soddy, respectivamente Prêmio Nobel de Química em 1908 e em 1921, demonstraram que a emissão das partículas alfa e beta envolvia transmutação de elementos, ou seja, a transformação de um elemento em outro, que sempre foi a meta dos alquimistas. A transmutação artificial foi conseguida por Irène Curie e Frédéric Joliot em 1934, como vimos no Cap. 3.

Existem os núcleos estáveis e os instáveis. Os primeiros não decaem, ao contrário dos segundos, que são radioativos. A Fig. 4.2 mostra o gráfico do número de prótons Z em função do número de nêutrons N de núcleos estáveis encontrados na natureza. A estabilidade é ditada pelo equilíbrio entre **forças nucleares**

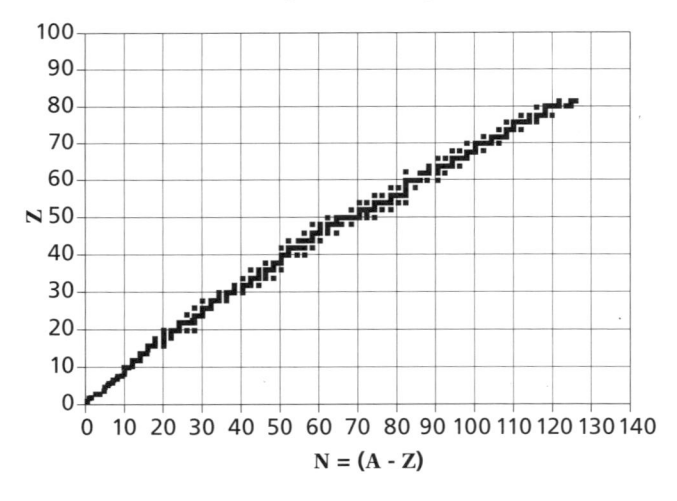

Fig. 4.2 Número de prótons Z em função do número de nêutrons N de nuclídeos estáveis

entre os pares p-p, p-n e n-n e a **força de repulsão coulombiana** entre prótons. As forças nucleares são de curto alcance e atrativas para distâncias ao redor de 2 fm (femtometro), mas tornam-se repulsivas para distâncias extremamente curtas entre os núcleons, ao passo que a força coulombiana é de alcance bem maior e repulsiva. No caso de núcleos estáveis, a força nuclear domina a de repulsão coulombiana, mantendo os núcleons unidos. Para o caso dos núcleos leves estáveis, observa-se que N = Z. À medida que Z cresce, o número de nêutrons torna-se maior do que o de prótons, porque à medida que o número de prótons aumenta, a intensidade da força de repulsão aumenta, podendo causar o rompimento do núcleo. Para manter o núcleo coeso, são necessários mais nêutrons, que experimentam somente força nuclear atrativa.

Um princípio importante envolvido na instabilidade do núcleo é o da conservação da energia. Nesse caso, leva-se em conta que a massa é equivalente à energia e que uma delas pode transformar-se em outra. Aplicando essa ideia à emissão de partícula alfa pelo núcleo do plutônio-242, podemos escrever o **decaimento alfa** como:

$$^{242}_{94}\text{Pu} \rightarrow\, ^{238}_{92}\text{U} + ^{4}_{2}\text{He}$$

O plutônio-242 transmuta-se em urânio-238, e há a emissão de uma partícula alfa. Dizemos também que o Pu-242 decai em U-238, emitindo uma partícula alfa. Costuma-se denominar núcleo pai o núcleo que decai (^{242}Pu, nesse exemplo) e núcleo filho o núcleo produto do decaimento (^{238}U). Para esse decaimento ocorrer, a massa nuclear do Pu-242 deve exceder a soma das massas do núcleo do U-238 e da partícula alfa, isto é:

$$M_{nucl}(^{242}\text{Pu}) > M_{nucl}(^{238}\text{U}) + M_{nucl}(^{4}\text{He}) \tag{4.2}$$

O excesso de energia aparece como energia cinética, principalmente da partícula alfa, e, eventualmente, como energia de excitação do núcleo filho. Em resumo, para que ocorra decaimento, a massa total antes deve ser maior do que a soma das massas depois do decaimento.

Todos os núcleos com número de massa A > 140 satisfazem a Eq. (4.2); entretanto, ao observarmos a Fig. 4.2, notamos que há muitos núcleos estáveis nessas condições. Isso ocorre porque a condição dada pela Eq. (4.2) é necessária, mas não suficiente para ocorrer o decaimento. Para o decaimento alfa ocorrer, em primeiro lugar, dois prótons e dois nêutrons devem estar juntos, formando uma partícula alfa ainda dentro do núcleo. Em segundo lugar, a partícula alfa formada deve escapar do poço de potencial ao qual está armadilhada.

Georgiy Antonovich Gamov (1904-1968), famoso físico nascido na Rússia, mais conhecido por George Gamow, desenvolveu a teoria do decaimento alfa via tunelamento, em 1928. Esse processo é impossível na Mecânica Clássica, mas possível na Mecânica Quântica, em que uma partícula é representada por uma função de onda que pode atravessar uma barreira via tunelamento, como mostra a Fig. 4.3. Na barreira, durante a travessia, a função de onda diminui exponencialmente, de modo que a probabilidade de penetrar a barreira depende criticamente da energia da partícula. Dessa forma, se a energia da partícula alfa formada no

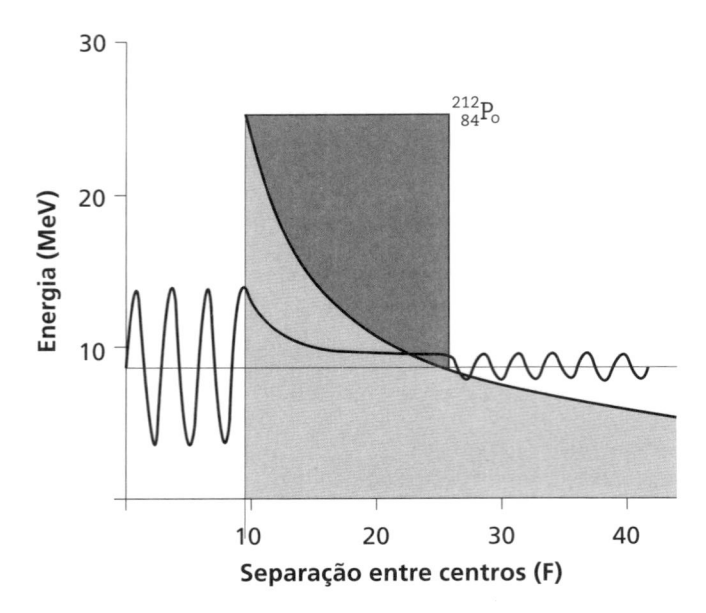

Fig. 4.3 Modelo de decaimento alfa por tunelamento do Po-212, que emite uma partícula alfa com energia de 8,78 MeV e meia-vida de 0,3 microssegundo. Fermi (F) é unidade de comprimento, e 1 F = 10^{-15} m ou 1 F = 1 fm = 1 femtometro; f é o símbolo do prefixo femto, que vale 10^{-15}

Fonte: <http://hyperphysics.phy-astr.gsu.edu/hbase/HFrame.html>. Acesso em: out. 2009.

núcleo for muito inferior à altura da barreira de potencial, a probabilidade de decaimento é extremamente baixa. É isso que ocorre com os núcleos estáveis da Fig. 4.2.

Gamow (1980) assinala que o núcleo contém 99,97% da massa atômica total num espaço minúsculo, de modo que as partículas que vivem dentro dele ficam amontoadas, praticamente esfregando os cotovelos umas nas outras, se os tivessem. Esse quadro, segundo o autor, assemelha-se ao de um líquido comum, em que as moléculas não se separam completamente devido a uma força de coesão, mas permite que elas se desloquem uma em relação à outra. Assim, o núcleo também possui um certo grau de fluidez e toma a forma de uma gota esférica, como qualquer gota de água. Pode-se dizer que o núcleo é, até certo ponto, análogo a uma fortaleza cercada de todos os lados por baluarte elevado e escarpado, que impede tanto a entrada como a saída de partículas.

Segundo Gamow (1980), embora a Mecânica Clássica não explique, a Mecânica Quântica permite que partículas com energia insuficiente atravessem barreiras potenciais, como um bom fantasma de outros tempos podia passar sem dificuldade através de paredes espessas de alvenaria de um velho castelo. Na maior parte dos casos, as probabilidades de atravessar a barreira são extremamente pequenas, e a partícula aprisionada tem de se atirar contra a parede um número quase incrível de vezes antes de alcançar finalmente êxito. O fato de a emissão de uma partícula alfa de um dado núcleo levar muito tempo, como bilhões de anos, ou pouco tempo, como microssegundos, depende da energia da partícula alfa em relação à barreira de potencial.

Os decaimentos alfa ocorrem tendo sempre em vista alcançar a estabilidade. Uma pergunta que surge naturalmente é: por que não ocorre a emissão, por exemplo, do núcleo do trítio ou do ^{3}He, mas sim do ^{4}He (partícula alfa)? De acordo com Gamow (1980, p. 155), "Parece que a combinação de dois prótons e dois nêutrons, para formar uma partícula alfa, é especialmente estável, sendo, portanto, muito mais fácil arremessar o grupo inteiro de uma vez em lugar de quebrá-lo em prótons e nêutrons separados".

Sabe-se que a emissão espontânea do núcleo do deutério, do trítio ou do ^{3}He não é favorável energeticamente, porque a energia de ligação por núcleon dessas partículas é muito pequena, respectivamente de 1,11, 2,83 e 2,57 MeV. Em contrapartida, a energia de ligação por núcleon da partícula alfa é de 7,07 MeV. Esse valor é obtido pela diferença entre as massas dos núcleons separados e a do núcleo resultante de sua união. Vale lembrar que a massa de um núcleo é sempre menor do que a soma das massas dos prótons e dos nêutrons que o constituem. A diferença é uma medida da energia de ligação nuclear (energia que mantém os núcleons juntos no núcleo). No caso da partícula alfa, a diferença entre as somas das massas individuais e a da partícula alfa vale $0,0304\,u = 28,3\,MeV$, que, dividido por 4, dá a energia de ligação por núcleon de $7,07\,MeV$.

No decaimento alfa do ^{232}U, por exemplo, a partícula alfa é ejetada do núcleo com energia cinética de $5,4\,MeV$, ao passo que, para a liberação de um próton ou de um núcleo do ^{3}He, haveria a necessidade de fornecimento de energia, respectivamente, de $6,1\,MeV$ e $9,6\,MeV$.

4.4 Decaimento nuclear

Ernest Rutherford e Frederick Soddy escreveram um importante artigo, *The cause and nature of radioactivity* (*Philosophical Magazine*, v. 4, p. 370-396, 1902), no qual apresentam a lei fundamental do decaimento radioativo, estabelecida experimentalmente:

$$N(t) = N_o \exp(-\lambda t) = N_o e^{-\lambda t} \tag{4.3}$$

onde N_o é o número de átomos inicialmente presentes (no instante $t = 0$); $N(t)$, o número de átomos que ainda não se desintegraram após um intervalo de tempo t; e, a base dos logaritmos naturais ou neperianos; e λ, a constante de decaimento, que é característica de cada radionuclídeo.

Essa mesma lei foi posteriormente deduzida por Ergon von Schweidler, em 1905, a partir de considerações estatísticas: se o número de radionuclídeos independentes no tempo t for N, ao assumirmos que cada partícula tem a mesma constante de probabilidade λ de decair por unidade de tempo, independentemente da sua idade, então o número dN decaindo no tempo dt é:

$$dN = -\lambda N(t)dt \tag{4.4}$$

O sinal negativo significa que N decresce com o aumento de t. Escrevendo a Eq. (4.4) como:

$$\frac{dN}{N} = -\lambda dt \tag{4.5}$$

podemos integrá-la:

$$\int_{N_o}^{N} \frac{dN}{N} = -\lambda \int_{0}^{t} dt \tag{4.6}$$

Obtemos, então:

$$\ln\left(\frac{N}{N_o}\right) = -\lambda t \tag{4.7}$$

ou, ainda, $N(t) = N_o \exp(-\lambda t) = N_o e^{-\lambda t}$, que é exatamente a Eq. (4.3) obtida por Rutherford e Soddy.

Uma vez que a meia-vida física $T_{1/2fis}$ (vamos usar, em geral, a notação simplificada $T_{1/2}$) é o tempo necessário para que metade dos átomos de uma amostra se desintegre, podemos encontrar uma relação entre $T_{1/2}$ e λ a partir do fato de que, para

$$t = T_{1/2} \rightarrow N = \frac{N_o}{2}$$

Substituindo esses valores na Eq. (4.3), obtemos:

$$\frac{N_o}{2} = N_o \exp(-\lambda T_{1/2})$$

que resulta em:

$$\ln 2 = \lambda T_{1/2}, \quad \text{de onde} \quad \lambda = \frac{\ln 2}{T_{1/2}} = \frac{0{,}693}{T_{1/2}} \tag{4.8}$$

Dessa forma, a Eq. (4.3) pode também ser escrita como:

$$N = \frac{N_o}{e^{\lambda t}} = \frac{N_o}{e^{\frac{0{,}693\,t}{T_{1/2}}}} = \frac{N_o}{2^{\frac{t}{T_{1/2}}}} \tag{4.9}$$

As Figs. 4.4A e B mostram as curvas de decaimento relativo exponencial em escalas linear e semilogarítmica para radionuclídeos com meia-vida de 0,5 dia, 1,0 dia e 2,0 dias.

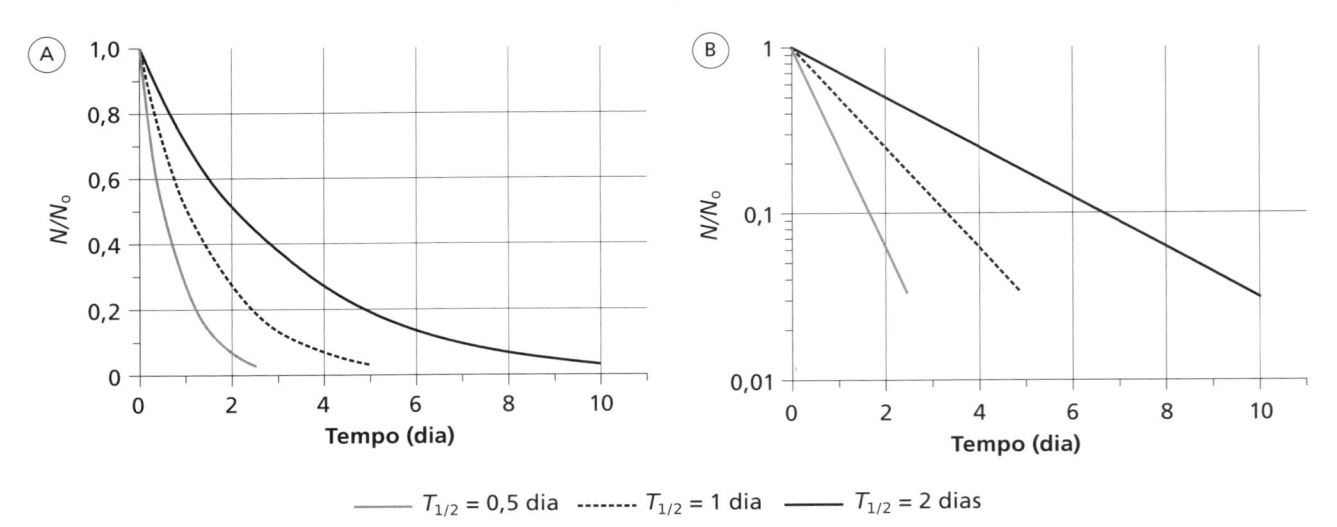

—— $T_{1/2} = 0{,}5$ dia ------- $T_{1/2} = 1$ dia —— $T_{1/2} = 2$ dias

Fig. 4.4 (A) Curva de decaimento relativo em escala linear para amostras radioativas com meia-vida física de 0,5 dia, 1,0 dia e 2,0 dias. (B) Curva de decaimento relativo em escala semilogarítmica para amostras radioativas com meia-vida física de 0,5 dia, 1,0 dia e 2,0 dias

Exemplo 4.1

O número de átomos radioativos de ^{24}Na inicialmente presente em uma amostra é de 10^{10}. Sabendo-se que sua meia-vida é de 15 horas, calcule o número de átomos de ^{24}Na que se desintegram em 1 dia.

Resolução

O número de átomos que ainda não se desintegraram após 1 dia pode ser calculado pela Eq. (4.9):

$$N = \frac{10^{10}}{e^{\frac{0{,}693 \times 24}{15}}} = 0{,}33 \times 10^{10}$$

Portanto, o número de átomos que se desintegram em 1 dia = 24 h é dado por:

$$N_o - N = 0{,}67 \times 10^{10} \text{ átomos}$$

4.5 Atividade de uma amostra radioativa

A taxa de decaimento, que é o número de decaimentos por unidade de tempo de uma amostra radioativa, que tem o nome especial de **atividade**, é escrita como:

$$A = \lambda N = \left| \frac{dN}{dt} \right| = N_o \lambda \exp(-\lambda t) = A_o \exp(-\lambda t) \tag{4.10}$$

onde $A_o = N_o \lambda$ e $A = N\lambda$ são as atividades da amostra no instante inicial e no instante t, respectivamente. Observe que tanto o número de átomos de uma amostra radioativa quanto a atividade diminuem exponencialmente com o tempo.

Valem também as equações similares às (4.9):

$$A = \frac{A_o}{e^{\lambda t}} = \frac{A_o}{e^{\frac{0{,}693\,t}{T_{1/2}}}} = \frac{A_o}{2^{\frac{t}{T_{1/2}}}} \tag{4.11}$$

Não existe equipamento que meça o número de átomos de uma amostra ou substância radioativa, mas a taxa de decaimento (número de desintegrações por unidade de tempo), que é a atividade de uma amostra, pode ser medida, por exemplo, com um detector Geiger-Müller.

A unidade de atividade é o **becquerel** (Bq), de modo que $1\,\text{Bq} = 1\,\text{s}^{-1}$, que é uma desintegração por segundo. Ela substituiu a unidade **curie** (Ci), introduzida em homenagem à Mme. Curie e que não pertence ao Sistema Internacional de Unidades. O curie (Ci) foi definido como o número de desintegrações por segundo de uma amostra contendo 1 grama de Ra-226. Portanto:

$$1\,\text{Ci} = 3{,}7 \times 10^{10}\,\text{s}^{-1} = 3{,}7 \times 10^{10}\,\text{Bq}$$

Exemplo 4.2 ───

Sabendo-se que a atividade de uma amostra de 1 g de Ra-226 é de 1 Ci, calcule:

a) o número de átomos de Ra-226 nessa amostra;

b) a meia-vida do Ra-226.

c) O Ra-226 é encontrado na água. Em alguns lugares, a contaminação chega a ser alta. Quando ingerido, onde se instala o Ra-226?

Resolução

a) A massa atômica do Ra-226 é 226. Portanto, em 226 g dessa amostra estão contidos $6{,}02 \times 10^{23}$ átomos (número de Avogadro) de Ra-226. Aplicando a regra de três, obtém-se o número N de átomos contidos em 1 g de massa:

$$N = \frac{6{,}02 \times 10^{23}}{226} = 2{,}66 \times 10^{21}\ \text{átomos de Ra-226.}$$

b) Para calcular a meia-vida, calcula-se primeiro a constante de desintegração. Como $A = \lambda N$,

$$\lambda = \frac{A}{N} = \frac{3{,}7 \times 10^{10}}{2{,}66 \times 10^{21}} = 1{,}39 \times 10^{-11}\,\text{s}^{-1}.$$

Sabendo-se que

$$T_{1/2} = \frac{0,693}{\lambda} = \frac{0,693}{1,39 \times 10^{-11}} = 4,98 \times 10^{10}\, s = 1.578\, anos.$$

c) O rádio está na mesma coluna da tabela periódica que o cálcio e ambos comportam-se de forma similar quimicamente. Assim, o rádio pode substituir o cálcio nos ossos, principalmente.

Exemplo 4.3

Quando sai do laboratório, a atividade de uma amostra de I-131, usada para fins diagnósticos, é de 5 mCi. Sabendo-se que sua meia-vida é de 8,04 dias e que o tempo gasto para chegar ao centro diagnóstico foi de 2,0 dias, calcule:

a) sua atividade ao chegar no centro;

b) o número de átomos de I-131 remanescente;

c) o percentual de átomos de I-131 que se desintegraram durante o transporte.

Resolução

a) $A = A_o e^{-\lambda t} = A_o e^{-\frac{0,693t}{T_{1/2}}} = 5e^{-\frac{0,693 \times 2}{8,04}} = 4,21\ \text{mCi} = 156\ \text{MBq}$

b) $N = \frac{A}{\lambda} = 1,56 \times 10^{14}$ átomos de I-131

c) $\frac{N_o - N}{N_o} = 0,157$, que corresponde a 15,7%.

4.5.1 Crescimento radioativo

À medida que um dado radionuclídeo decai, ele se transforma em outro elemento químico, que pode ser instável ou estável. Vamos considerar o caso em que o núcleo filho é estável e, portanto, não radioativo, e que a amostra inicial só contém átomos do pai. Então, à medida que o número de átomos pai diminui exponencialmente com o tempo, segundo a Eq. (4.3), o número de átomos filho aumenta, seguindo a equação:

$$\begin{aligned} N_{filho}(t) &= N_{opai} - N_{pai}(t) \\ &= N_{opai} - N_{opai}\exp(-\lambda t) \qquad \textbf{(4.12)} \\ &= N_{opai}[1 - \exp(-\lambda t)] \end{aligned}$$

Para $t \rightarrow \infty$, $N_{\infty filho} \rightarrow N_{opai}$, isto é, todos os átomos pai da amostra se transformarão em átomos filho.

A curva de crescimento do número relativo de átomos filho pode ser vista na Fig. 4.5, juntamente com a curva de decaimento dos átomos pai. É um caso hipotético, em que o núcleo filho é estável e o núcleo pai tem uma meia-vida de 2 horas. Em qualquer instante, a soma do número de átomos pai mais o de átomos filho deve ser igual ao número inicial de átomos pai. Note que o ponto de intersecção ocorre no tempo igual à meia-vida.

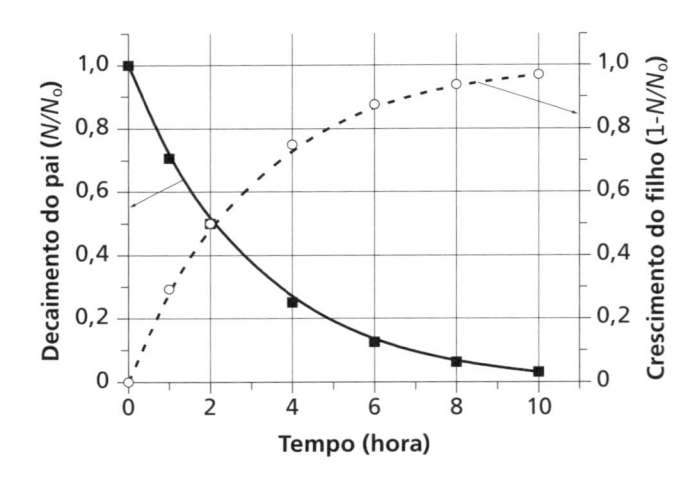

Fig. 4.5 Decaimento do número de átomos pai e crescimento do número de átomos filho

Exemplo 4.4 _____

Um acidente importante em radioterapia numa clínica nos Estados Unidos foi detectado entre 1974 e 1976. Alguns pacientes haviam recebido *overdose* de radiação. Após criteriosa análise, descobriram que o decaimento da atividade da fonte de ^{60}Co utilizada para irradiar os pacientes com raios gama havia sido calculado por meio de uma equação linear, em vez de uma equação exponencial em função do tempo.

Vamos considerar um caso hipotético de uma fonte de ^{60}Co com atividade no instante zero de 2 kCi. Sua meia-vida é de 5,26 anos. Calcule a atividade dessa fonte após 1, 2, 3, 4, 5,26, 6 e 7 anos, usando a fórmula correta (decaimento exponencial) e usando a fórmula incorreta (decaimento linear, supondo a reta passando por 2 kCi e por 1 kCi, respectivamente nos tempos 0 e 5,26 anos).

Resolução

Para decaimento exponencial, usa-se a Eq. (4.11); para decaimento linear, usa-se a equação da reta $A = A_o - 0{,}5A_o t/5{,}26$, de modo a preencher a Tab. 4.2.

Comentário

Para tempos menores que uma meia-vida, os valores de atividade obtidos com decaimento linear são maiores do que os obtidos com decaimento exponencial. Para tempos maiores que uma meia-vida, acontece o contrário; a diminuição da atividade é muito maior do que aquela obtida com decaimento exponencial. Então, é de se supor que, se houve *overdose*, é porque os decaimentos calculados foram para tempos maiores que uma meia-vida, pois as atividades obtidas

Tab. 4.2

tempo (ano)	A(Ci) decaimento exponencial	A(Ci) decaimento linear
1	1.753	1.810
2	1.537	1.620
3	1.347	1.430
4	1.181	1.240
5,26	1.000	1.000
6	907	859
7	795	669

são menores que as verdadeiras, implicando um cálculo do tempo de irradiação mais longo que o necessário para completar o número de desintegrações requerido pelo tratamento.

4.6 Decaimentos sucessivos

A lei do decaimento pode ser estendida a casos mais complexos, em que um núcleo radioativo pai A decai, transmutando-se em núcleo filho B, e este, por sua vez, em núcleo-neto C, e assim por diante até atingir a estabilidade. O processo estende-se por várias gerações e constitui o que se chama **série radioativa**. Muitos núcleos encontrados na natureza pertencem a uma das três séries que começam com um núcleo pai de meia-vida muito longa e estendem-se por um conjunto de gerações de núcleos que vão decaindo até alcançar a estabilidade com o chumbo (Z = 82). As três séries naturais começam com U-238, U-235 e Th-232, que possuem meia-vida de, respectivamente, $4{,}47 \times 10^9$ anos, $7{,}04 \times 10^8$ anos e $1{,}41 \times 10^{10}$ anos. Quando se atinge o que é chamado de equilíbrio secular, as atividades de todos os elementos da série são iguais.

A seguir são apresentados os esquemas de decaimento em série, começando com U-238 e Th-232:

$$^{238}\text{U} \to\ ^{234}\text{Th} \to\ ^{234m}\text{Pa} \to\ ^{234}\text{U} \to\ ^{230}\text{Th} \to\ ^{226}\text{Ra} \to\ ^{222}\text{Rn} \to\ ^{218}\text{Po} \to\ ^{214}\text{Pb} \to$$
$$\to\ ^{214}\text{Bi} \to\ ^{214}\text{Po} \to\ ^{210}\text{Pb} \to\ ^{210}\text{Bi} \to\ ^{210}\text{Po} \to\ ^{206}\text{Pb}$$

$$^{232}\text{Th} \to\ ^{228}\text{Ra} \to\ ^{228}\text{Ac} \to\ ^{228}\text{Th} \to\ ^{224}\text{Ra} \to\ ^{220}\text{Rn} \to\ ^{216}\text{Po} \to\ ^{212}\text{Pb} \to\ ^{212}\text{Bi} \to\ ^{208}\text{Tl} \to\ ^{208}\text{Pb}$$

Para estudar os **decaimentos sucessivos**, há que se escrever equações diferenciais de decaimento para cada elemento e efetuar a análise. Os resultados obtidos dependem muito das meias-vidas relativas do pai, filho, neto etc. É importante notar que nas séries radioativas não é possível igualar a atividade à derivada do número de núcleos, como fizemos na Eq. (4.10), pois há mais componentes que modificam o número de núcleos na amostra – eles são *criados* a partir de um decaimento. Por exemplo, para uma série curta com pai e filho radioativos e neto estável, as equações diferenciais têm a forma:

$$\frac{dN_{pai}}{dt} = -\lambda_{pai}N_{pai}$$
$$\frac{dN_{filho}}{dt} = -\lambda_{filho}N_{filho} + \lambda_{pai}N_{pai} \qquad \textbf{(4.13)}$$
$$\frac{dN_{neto}}{dt} = \lambda_{filho}N_{filho}$$

A solução desse conjunto de equações resulta, para o número de núcleos do nuclídeo filho no instante t, se não há nenhum núcleo no instante inicial, isto é, para $t = 0$, $N_{0filho} = 0$, na expressão:

$$N_{filho} = \lambda_{pai}N_{0pai}\frac{1}{\lambda_{filho} - \lambda_{pai}}\left(e^{-\lambda_{pai}t} - e^{-\lambda_{filho}t}\right) \qquad \textbf{(4.14)}$$

4.6.1 Gerador de tecnécio

O tecnécio (^{99m}Tc), com meia-vida de 6 horas, é um dos radionuclídeos mais empregados na Medicina Nuclear, para fins diagnósticos. Ele é extraído de um dispositivo (chamado **gerador de tecnécio**) contendo molibdênio-99 (^{99}Mo), que decai em ^{99m}Tc. O ^{99}Mo, por sua vez, é produzido no reator, bombardeando com nêutrons o ^{98}Mo. A meia-vida do ^{99}Mo, de 66 horas, é conveniente, pois o gerador pode ser transportado para locais distantes, onde o tecnécio será usado. À medida que o número de átomos de ^{99}Mo decai, o de ^{99m}Tc cresce, e quando houver uma quantidade suficiente para exames a serem realizados na clínica de Medicina Nuclear, eles são extraídos por um método químico que mantém os núcleos de ^{99}Mo no gerador. A Fig. 4.6 mostra as atividades do ^{99}Mo e do ^{99m}Tc em função do tempo, sem retirada do filho. Note que o máximo de atividade do filho ocorre quando as atividades do

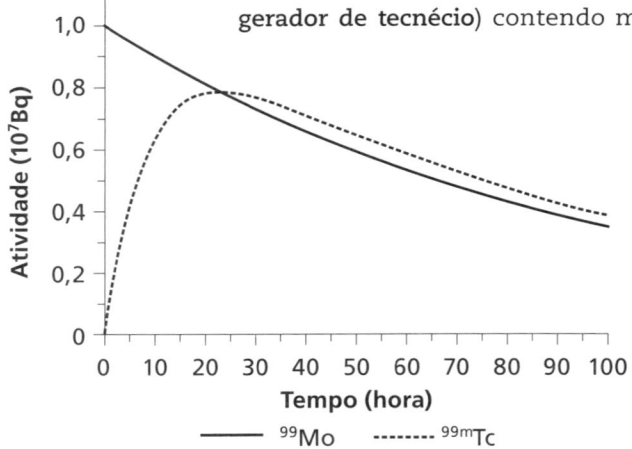

Fig. 4.6 Decaimento da atividade do ^{99}Mo e crescimento inicial da atividade do ^{99m}Tc, em função do tempo

pai e filho são iguais, o que é previsto pela Eq. (4.13). Após a primeira extração, o crescimento do ^{99m}Tc recomeça do zero, e a extração é um processo periódico até que a quantidade de átomos de ^{99m}Tc não seja suficiente para uso na clínica.

Exemplo 4.5 —————————————————————————————————————

Um gerador de tecnécio com atividade de 100 mCi de ^{99}Mo foi enviada a uma clínica de Medicina Nuclear. Vinte e três horas depois, todo o ^{99m}Tc é colhido na clínica para realização de exames. Considere a meia-vida do ^{99}Mo igual a 66 horas e a do ^{99m}Tc, 6 horas. Calcule:

a) a atividade do nuclídeo pai 23 horas depois;

b) a atividade do ^{99m}Tc colhido.

Resolução

a) O decaimento da atividade do pai é:

$$A_{pai} = A_{0pai}e^{-\lambda_{pai}t} = 100\exp(-0{,}0105 \times 23) = 78{,}5\,\text{mCi}$$

b) Multiplicando a Eq. (4.14) por λ_{filho}, podemos obter a equação em termos de atividade do filho e do pai:

$$A_{filho} = A_{0pai}\frac{\lambda_{filho}}{\lambda_{filho}-\lambda_{pai}}\left(1 - e^{-(\lambda_{filho}-\lambda_{pai})t}\right)$$

Substituindo os valores numéricos, obtemos, para $t = 23$ horas, $A_{filho} = 78{,}5$ mCi. Nota: uma vez que as atividades do pai e do filho são iguais, 23 horas é o intervalo de tempo em que a atividade do filho atinge o valor máximo.

Curiosidade

Em decaimentos sucessivos, o primeiro nuclídeo, o segundo (no qual o primeiro decai) e o terceiro (que decai do segundo) recebem nomes diferentes quanto ao gênero, conforme o idioma (Quadro 4.1). Observe que, em inglês, alemão, japonês e hindi, o primeiro nuclídeo pode ser pai ou mãe, mas o segundo nuclídeo é filha, enquanto que, em outros idiomas, os nuclídeos são do gênero masculino.

Quadro 4.1 Nomes dos 1º, 2º e 3º nuclídeos em diversos idiomas

idioma	1º radionuclídeo	2º radionuclídeo	3º radionuclídeo
inglês	*parent*	*daughter*	
alemão	*Ausgangsnuklid*	*Tochternuklid*	*Enkelnuklid*
japonês	*oya-kaku*	*musume-kaku*	
italiano	*genitori*	*figlio*	
francês	*père*	*fils*	*petit fils*
português	pai	filho	neto
espanhol	*padre*	*hijo*	
hindi	*janak* (pai) ou *janani* (mãe)	*Putri* (filha)	*Agli peedhi* (geração seguinte)

Antoine Henri Becquerel (15/12/1852 – 25/8/1908)

Descendente de uma família de cientistas franceses. Seu avô, Antoine-César Becquerel, foi físico, assim como seu pai, Edmond Becquerel. Ele próprio e seu filho, Jean Becquerel, igualmente. Todos eles trabalharam no mesmo laboratório do Muséum d'Histoire Naturelle, localizado no Jardin des Plantes, em Paris.

Naquela época, o Muséum era um grande centro de pesquisa. Todos eles estudaram na École Polytechnique. Antoine-César Becquerel ganhou a cátedra de Physique Appliquée aux Sciences Naturelles do Muséum. Quando ele morreu, seu filho Edmond sucedeu-o, e quando este faleceu, Antoine Henri recebeu essa cátedra. Seu filho, Jean, tornou-se assistente dessa cátedra e, mais tarde, professor. Os três primeiros foram eleitos presidentes da Academia de Ciências de Paris, e Jean foi eleito membro da Academia.

Antoine-César foi o inventor de um método eletrolítico para extrair metais de minério e seu filho Edmond realizou pesquisas sobre radiação solar e fosforescência.

Antoine Henri estudou o fenômeno da fosforescência e a absorção da luz pelos cristais, tema de sua tese de doutorado, defendida em 1888. Trabalhando com amostras de sais de urânio recebidas de seu pai, descobriu a radioatividade, palavra que foi posteriormente cunhada por Mme. Curie. Por essa descoberta, feita no início de 1896, recebeu metade do Prêmio Nobel de Física em 1903. A outra metade foi para o casal Pierre e Marie Curie, pelos estudos com raios de Becquerel, assim chamada a radiação emitida pelo mineral de urânio.

Antoine Henri Becquerel casou-se duas vezes. O primeiro casamento foi em 1877 e durou somente cerca de um ano, porque sua esposa morreu logo após dar à luz Jean. Seu segundo casamento foi em 1890. Ele morreu de ataque cardíaco repentino.

Em sua homenagem, foi introduzido o becquerel (Bq) para a unidade de atividade de uma amostra radioativa no SI, de modo que 1 Bq = 1/s (1 desintegração por segundo). Essa unidade substituiu a anterior curie (Ci), em homenagem a Mme. Curie. A relação entre as duas unidades é: 1 Ci = $3,7 \times 10^{10}\,s^{-1} = 3,7 \times 10^{10}$ Bq.

Fonte:

<nobelprize.org/nobel_prizes/physics/laureates/1903/becquerel-bio.html>.
Acesso em: dez. 2009.

Foto: Library of Congress, Print & Photographs Division, LC-USZ62-102506

LISTA DE EXERCÍCIOS

1. Calcule o número de átomos de ^{198}Au que se desintegram em 1 dia se, inicialmente, há 10^8 átomos na amostra. A constante de desintegração do ^{198}Au é igual a $0,257\,\text{dia}^{-1}$.

2. A meia-vida física do ^{24}Na é de 15 horas. Qual o tempo necessário para que 93,75% de uma amostra desse isótopo se desintegre?

3. Calcule o número de átomos de ^{198}Au após 12,15 dias se, inicialmente, a amostra era constituída de 10^8 átomos. A meia-vida do ^{198}Au é de 2,7 dias.

4. A taxa de desintegração de 1 g de ^{40}K é de $2,6 \times 10^5\,\text{s}^{-1}$. Calcule:
   a. a constante de decaimento do ^{40}K;
   b. a meia-vida do ^{40}K.

5. Na desintegração do ^{226}Ra é emitida uma partícula alfa. Se essa partícula se chocar com uma tela de sulfeto de zinco, produzir-se-á uma cintilação. Desse modo, é possível contar diretamente o número de partículas alfa emitidas por segundo por 1 g de ^{226}Ra. Esse número foi determinado por Hess e Lawson como sendo igual a $3,72 \times 10^{10}$. Use esses dados e o número de Avogadro para calcular a meia-vida do rádio.

6. Uma fonte radioativa A é colocada em frente a um contador Geiger, que registra 1.100 contagens em 5 minutos. Quando uma outra fonte B é colocada na mesma posição, o contador também conta 1.100 contagens em 5 minutos. Quando não é colocada nenhuma fonte perto do contador, ele registra 300 contagens em 5 minutos, que são devidas à radiação de fundo. Pergunta-se:
   a. Quantas contagens o contador registrará em 5 minutos se as fontes A e B forem colocadas juntas na frente do contador?
   b. Se a meia-vida da fonte A for de 2 anos e a da fonte B, de 3 anos, calcule o número de contagens em 5 minutos que o contador contará daqui a 6 anos se a duas fontes forem colocadas juntas na frente do contador.

7. O carvão do fogão de um antigo acampamento indígena apresenta uma atividade devida ao ^{14}C de 3,83 desintegrações por minuto por grama de C da amostra.

A atividade do ^{14}C na madeira das árvores vivas independe da espécie vegetal e é de 15,3 desintegrações por minuto por grama de C da amostra. Sabendo-se que a meia-vida do ^{14}C é de 5.760 anos, determine a idade do carvão.

8. O ^{210}Po decai em ^{206}Pb, que é estável, emitindo partícula alfa com energia de 5,3 MeV. Sua meia-vida é de 138 dias. Ele foi usado para "envenenar" o espião russo Alexander Litvinenko, que veio a falecer. Calcule a atividade de 1 g de ^{210}Po. Faça um gráfico do decaimento do ^{210}Po e do crescimento do ^{206}Pb.

9. Uma amostra inicialmente pura de ^{139}Cs tem atividade de 10^7 Bq. O decaimento desse isótopo e de seu filho são dados pelo esquema:

$$^{139}\text{Cs} \rightarrow {}^{139}\text{Ba} \rightarrow {}^{139}\text{La}$$

O ^{139}Cs tem meia-vida de 9,5 min; o ^{139}Ba, de 82,9 min e o isótopo de lantânio produzido é estável. Estude graficamente as atividades dos dois radioisótopos no tempo.

RESPOSTAS

1. $2,27 \times 10^7$ átomos
2. 60 horas
3. $4,4 \times 10^6$ átomos
4. a) $1,74 \times 10^{-17}\text{s}^{-1}$; b) $1,26 \times 10^9$ anos
5. 1.575 anos
6. a) 1.900; b) 600
7. 11.520 anos

Leitura recomendada EISBERG, R.; RESNICK, R. *Física Quântica - Átomos, moléculas, sólidos, núcleos e partículas*. Rio de Janeiro: Campus, 1979.

EVANS, R. D. *The atomic nucleus*. USA: McGraw-Hill, 1955.

Tipos de decaimento 5

5.1 Estado da arte em Física de 1900 a 1940

Antes da discussão sobre tipos de decaimento, apresentaremos os principais conhecimentos científicos no período que vai de 1900 a 1940, que levaram ao entendimento dos decaimentos específicos.

Elétron - O elétron havia sido detectado experimentalmente por Joseph John Thomson (Prêmio Nobel de Física em 1906) no Cavendish Laboratory da Universidade de Cambridge, em 1897, quando estudava raios catódicos. Thomson concluiu que a carga do elétron era negativa e mediu a razão carga/massa do elétron. A carga do elétron foi determinada por Robert Andrews Millikan (Prêmio Nobel de Física em 1923) na Universidade de Chicago, em 1909.

Raios alfa e beta - Ernest Rutherford (Prêmio Nobel de Química em 1908) estudou os raios de Becquerel (Prêmio Nobel de Física em 1903) na McGill University (Canadá), em 1899, e chamou a radiação emitida pelo urânio de raios alfa e raios beta, sem esclarecer a natureza deles. Em 1900, Becquerel comprovou que os *raios beta* são idênticos aos raios catódicos, constituídos por elétrons, descobertos por J. J. Thomson, sendo, portanto, negativamente carregados. Em 1902, Rutherford observou experimentalmente que os *raios alfa* eram defletidos por campo magnético e por campo elétrico, e em sentido contrário à deflexão dos raios beta, sendo o grau de deflexão pequeno no primeiro caso e grande no segundo. Concluiu-se então que os raios alfa eram positivamente carregados – uma vez que já se sabia que os raios beta (elétrons) eram negativamente carregados – e possuíam massa muito maior.

Partícula alfa - No seu discurso de Prêmio Nobel em 11/12/1908, Rutherford informou que as medidas da razão carga/massa da partícula alfa, realizadas em 1902, o levaram a concluir que a partícula alfa, após ser neutralizada, é um átomo de hélio com duas unidades de carga positiva e massa igual a quatro vezes a massa do hidrogênio.

Próton - A descoberta do próton é creditada a Rutherford. Em 1919, ele batizou a partícula constituinte do núcleo com o nome de próton (do grego *protos* = primeiro), com carga positiva e massa 1.840 vezes maior que a massa do elétron.

Nêutron - Esta partícula só veio a ser descoberta em 1932 por James Chadwick (Prêmio Nobel de Física em 1935), outro discípulo de Rutherford. É uma partícula sem carga e com massa ligeiramente maior que a do próton. Na verdade, já em 1920 Rutherford previu a existência de partículas sem carga no núcleo, que ele chamou de nêutrons, sugerindo que fossem formados pela união de um próton com um elétron.

Núcleo atômico - Em 1932, Werner Heisenberg (Prêmio Nobel de Física em 1932) propôs que o núcleo atômico seja constituído de prótons e nêutrons. Entretanto, esse modelo já havia sido previsto seis meses antes por Ettore Majorana, físico italiano que desapareceu misteriosamente em 1938, aos 31 anos.

5.2 DECAIMENTO ALFA

A partícula alfa é uma das partículas emitidas espontaneamente dos núcleos de átomos radioativos, principalmente pesados, com número atômico $Z \geqslant 83$. Existem cerca de 400 radionuclídeos, naturais e artificiais, emissores espontâneos de partícula alfa. Em geral, núcleos com número atômico alto decaem por emissão alfa. Uma típica reação nuclear de desintegração alfa pode ser escrita como:

$$\ce{^A_Z X} \rightarrow \ce{^{A-4}_{Z-2} Y} + \ce{^4_2 He} \tag{5.1}$$

onde X é o elemento pai e Y, o elemento filho. Deve haver conservação do número atômico, do número de massa e da energia total. Se M_X é a massa do núcleo do átomo pai; M_Y, a massa do núcleo do átomo filho; e M_α, a massa da partícula α, podemos definir a **energia de desintegração** Q, também chamada Q **da reação nuclear**, como:

$$Q = (M_X - M_Y - M_\alpha)c^2 = (M_X - M_Y - M_\alpha)931,50 \text{ MeV/u} \tag{5.2}$$

Para que ocorra a emissão alfa, o valor de Q da reação deve ser positivo. A energia Q aparece como energia cinética do núcleo filho e da partícula α e energia de excitação do núcleo filho. Como o momento também deve ser conservado, a partícula α, cuja massa é muito menor que a do núcleo filho, carrega quase toda a energia cinética.

Um exemplo típico é o decaimento alfa do ^{226}Ra (Fig. 5.1):

$$\ce{^{226}_{88} Ra} \rightarrow \ce{^{222}_{86} Rn} + \ce{^4_2 He}$$

Quando a partícula α é emitida do núcleo do ^{226}Ra, seu número atômico diminui de 2 e, para transformar--se em um átomo neutro do ^{222}Rn, libera também dois elétrons da camada mais externa, que são transferidos

Fig. 5.1 Esquema de decaimento alfa do ^{226}Ra

a algum átomo ou molécula do meio. Por outro lado, a partícula α, que é emitida com energia cinética, sai ionizando átomos que encontra em seu caminho e vai perdendo energia até parar, quando captura dois elétrons que encontra nas vizinhanças e torna-se um átomo neutro de He.

A energia de desintegração Q pode ser calculada conhecendo-se as massas atômicas dos nuclídeos envolvidos, sob a hipótese de que a massa do núcleo é a massa do átomo menos a massa dos seus Z elétrons. Por exemplo, as massas atômicas do ^{226}Ra, ^{222}Rn e ^{4}He são, respectivamente:

$$226,025406\,u, \quad 222,017574\,u \quad e \quad 4,002603\,u$$

ou seja:

$$Q = (226,025406 - 88m_e - 222,017574 + 86m_e - 4,002603 + 2m_e)931,50\,\text{MeV}$$

$$Q = 4,871\,\text{MeV}$$

Note que as massas atômicas dos elementos estão tabeladas e são medidas por espectrômetros de massa, e seus valores são mais bem determinados do que os das massas nucleares, por isso o cálculo de Q as utiliza. Além das massas dos elétrons, suas energias de ligação também deveriam ser levadas em conta no cálculo. Mas como elas não mudam muito de um átomo para outro da desintegração, não foram consideradas. Ao efetuar-se os cálculos, obtém-se para Q o valor de 4,871 MeV, do qual a partícula α carrega energia cinética de 4,784 MeV e o núcleo filho recua com energia cinética de somente 0,087 MeV, em um dos mais prováveis modos de desintegração (94,5%), como mostra a Fig. 5.1. Esses valores podem ser obtidos considerando a conservação do momento e da energia. Em outro modo possível de decaimento (5,5%), ocorre a emissão de partícula α com energia cinética de 4,601 MeV, e o núcleo do ^{226}Ra transmuta-se no núcleo do ^{222}Rn, só que seu núcleo ainda está em estado excitado, ficando então com parte da energia de desintegração Q. Como nos casos de estados atômicos excitados, os estados nucleares excitados decaem com a emissão de um fóton, chamado **raio gama**, nesse caso com energia de 0,183 MeV, para o estado fundamental. O ^{222}Rn, gás nobre, também é instável e decai emitindo partícula α (não mostrado na Fig. 5.1).

Já vimos que uma partícula α perde, em média, 34,50 eV para produzir no ar um par de íons. Portanto, a partícula α emitida pelo ^{226}Ra com energia de 4,78 MeV produzirá ao redor de $1,38 \times 10^5$ ionizações no ar antes de perder toda a sua energia e parar. A distância percorrida até parar chama-se *alcance*, o qual, para a partícula α de 4,78 MeV, é de cerca de 3,5 cm no ar e, no tecido humano, de 0,021 mm.

As partículas α são facilmente blindadas e, portanto, a probabilidade de atravessar a pele do corpo humano é quase nula se o emissor estiver fora do corpo. Mas se, de alguma forma, radionuclídeos do tipo radônio, que é um gás nobre e pesado, forem inalados, as partículas α emitidas por eles causarão ionizações dos átomos dos brônquios e alvéolos pulmonares, iniciando assim os danos. A trágica morte do espião russo Alexander Litvinenko, por "envenenamento" com polônio-210 (misturando em chá ou osushi), que é emissor de partícula alfa com energia de 5,3 MeV e meia-vida efetiva de 42 dias, foi noticiada em 23/11/2006. O ^{210}Po ingerido é prontamente absorvido pelo sangue para depositar-se, a seguir, principalmente no fígado, baço e na medula óssea, mas também nos rins e na pele (folículos da pele), de onde emite partícula alfa que sai ionizando átomos que encontra no seu caminho. Os jornais informaram que ele tinha apresentado a **síndrome aguda** (ver Cap. 10) da radiação e uma foto sua, dias antes de sua morte, mostrava um rapaz jovem sem um fio de cabelo.

O hélio é o segundo elemento químico mais leve da Tabela Periódica e um gás nobre. A maior parte do hélio produzido na Terra provém de partículas alfa de decaimentos alfa de urânio e tório contidos em minerais em depósitos subterrâneos. Por ser um gás extremamente leve, o hélio escapa para o espaço, uma vez que o campo gravitacional terrestre não consegue fixá-lo na Terra. Sua concentração na atmosfera da Terra está em equilíbrio devido à produção e ao escape para a atmosfera.

5.2.1 Decaimentos parciais

Muitos radionuclídeos possuem modos alternativos de decaimento. O decaimento do ^{226}Ra é um exemplo. Quando isso ocorre, a constante de desintegração total λ é dada pela soma das constantes de decaimento parcial λ_i:

$$\lambda = \lambda_1 + \lambda_2 + \lambda_3 + \cdots + \lambda_n = \sum_{i=1}^{n} \lambda_i \tag{5.3}$$

Conhecendo as probabilidades de decaimento parcial n_i, cada constante de decaimento parcial pode ser calculada por:

$$\lambda_i = n_i \lambda \tag{5.4}$$

E a atividade parcial é dada por:

$$A_i = \lambda_i N = \lambda_i N_o \exp(-\lambda t) \tag{5.5}$$

Note que cada atividade parcial decai com a mesma taxa, que é determinada pela constante de decaimento total, uma vez que o estoque de núcleos N disponíveis a cada instante t para cada tipo de decaimento parcial é o mesmo para todos os tipos.

A atividade total A é dada pela soma das atividades parciais:

$$A = \sum_{i=1}^{n} A_i = N \sum_{i=1}^{n} \lambda_i = N\lambda = \lambda N_o \exp(-\lambda t) \tag{5.6}$$

Exemplo 5.1 _____

No decaimento do Ra-226 da Fig. 5.1, há duas vias de esse radionuclídeo emitir radiação e transmutar-se em Rn-222. Determine as constantes parciais de decaimento.

Resolução

Chamando α_1 e α_2, respectivamente, as partículas alfa emitidas com energias de 4,784 MeV e 4,601 MeV, podemos determinar as constantes parciais de decaimento, sabendo-se que $T_{1/2} = 1.620$ anos:

$$\lambda_{\alpha 1} = 0,945 \times \lambda = 4,04 \times 10^{-4} \, \text{ano}^{-1}$$

$$\lambda_{\alpha 2} = 0,055 \times \lambda = 2,35 \times 10^{-5} \, \text{ano}^{-1}$$

5.2.2 Água radioativa

Houve época em que a radiação era remédio para todos os males. A quantidade de átomos radioativos na água era também usada como propaganda.

A unidade **mache**, do nome de Heinrich Mache (1876-1954), foi definida num artigo publicado em 1931 (Curie et al., 1931, p. 432):

Mache Unit (M.E.) is a concentration unit referred to the Rn content of 1 liter of water or gas, etc. It is that quantity of Rn per liter which without decay products and with complete utilization of the α-particles can maintain by its ionization of air a saturation current of 10^{-3} e.s.u

1 M.E. corresponds to 3.64×10^{-10} curie/liter = 3.64 Eman.

A Unidade Mache (M.E.) é uma unidade de concentração que se refere ao conteúdo de Rn em um litro de água ou gás etc. É aquela quantidade de Rn por litro que, sem os produtos de decaimento e com completa utilização das partículas alfa, pode manter, pela sua ionização do ar, uma corrente de saturação de 10^{-3} u.e.s.

1 M.E. corresponde a $3,64 \times 10^{-10}$ curie/litro = 3,64 Eman.

(Nota: u.e.s. é unidade de carga elétrica no sistema CGS, cuja correspondência com o Coulomb é: $1 C = 3 \times 10^9$ u.e.s.).

As medidas de atividade de radônio na água começaram a ser feitas a partir de 1920. No Sistema Internacional (SI):

$$1 \text{ mache corresponde a cerca de } 13,5 \times 10^{-3} \text{ Bq/cm}^3 = 13,5 \text{ Bq/litro de água.}$$

As águas minerais hoje comercializadas no Brasil informam – meio a contragosto, desde que descobriram que a radiação causa dano, e não benefício, ao corpo humano – que seu conteúdo radioativo varia de 3 a 42 maches, dependendo da fonte, que equivale à atividade/(litro de água) de 40,5 a 567,0 Bq/litro.

No Brasil, há um Código de Águas (Decreto-lei 7.841, de 8/8/1945), no qual as águas minerais naturais são classificadas segundo suas características permanentes e as características inerentes às fontes. O item X do artigo 35, capítulo VII, refere-se a águas radioativas como as que contiverem radônio em dissolução, obedecendo aos seguintes limites:

- ⊛ fracamente radioativas: as que apresentarem, no mínimo, um teor em radônio compreendido entre cinco e dez unidades mache, por litro, a 20°C e 760 mmHg de pressão;
- ⊛ radioativas: as que apresentarem um teor em radônio compreendido entre dez e 50 unidades mache por litro, a 20°C e 760 mmHg de pressão;
- ⊛ fortemente radioativas: as que possuírem um teor em radônio superior a 50 unidades mache, por litro, a 20°C e 760 mmHg de pressão;
- ⊛ toriativas: as que possuírem um teor em torônio em dissolução, equivalente em unidades eletrostáticas, a duas unidades mache por litro, no mínimo. (Nota das Autoras: o radioisótopo ^{222}Rn (Rn-222), que descende do ^{238}U, não tem nome especial, e o ^{220}Rn (Rn-220), que descende do ^{232}Th, recebe o nome especial de torônio.) (http://www.planalto.gov.br/CCIVIL/Decreto-Lei/1937-1946/Del7841.htm)

Em 2004, o Ministério da Saúde baixou a Portaria nº 518, que estabelece os procedimentos e as responsabilidades relativos ao controle e à vigilância da qualidade da água para consumo humano e seu padrão de potabilidade, e dá outras providências. O artigo 15 assinala que a água potável deve estar em conformidade com o padrão de radioatividade tal que o valor máximo permitido de radioatividades alfa global e beta global seja de 0,1 Bq/litro e 1,0 Bq/litro, respectivamente. Se os valores encontrados forem superiores a esses, deverá ser feita a identificação dos radionuclídeos presentes e a medida das respectivas concentrações. Nesses casos, deverão ser aplicados, para os radionuclídeos encontrados, os valores estabelecidos pela legislação pertinente da Comissão Nacional de Energia Nuclear, para se concluir sobre a potabilidade da água.

5.3 DECAIMENTO BETA

Em muitos decaimentos ocorre a emissão espontânea de um elétron ou de um pósitron do núcleo, partículas estas batizadas, respectivamente, de β^- e β^+.

O pósitron, também chamado elétron positivo, por ser idêntico ao elétron – com exceção de sua carga, que é positiva –, foi descoberto em 1932 por Carl David Anderson (Prêmio Nobel de Física em 1936), por meio da análise de fotografias de raios cósmicos que atravessam uma câmara de nuvens. O pósitron é a antipartícula do elétron. Dois anos depois da descoberta, Irène Curie e Frédéric Joliot anunciaram que o pósitron era emitido espontaneamente do núcleo de certos radionuclídeos.

A interpretação do processo de emissão da partícula β^-, detectada experimentalmente, apresentava as seguintes dificuldades:

    a. A energia da partícula β^- detectada apresentava um espectro contínuo (Fig. 5.2), diferentemente da energia da partícula α, que era monoenergética nos decaimentos α;

    b. Como um elétron poderia ser emitido do núcleo se este continha somente prótons e nêutrons?

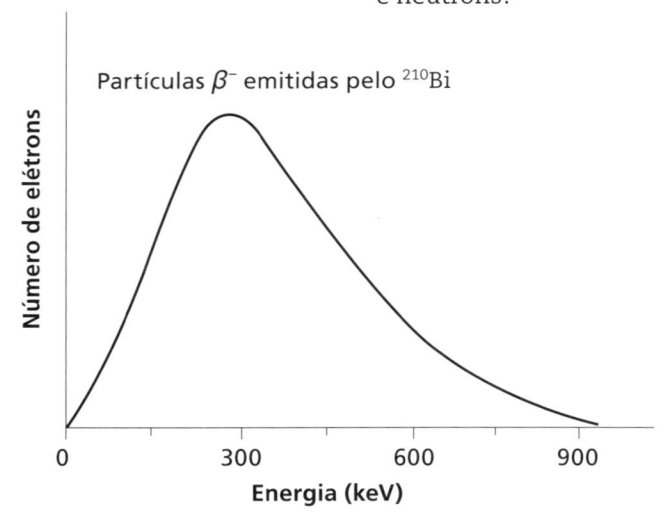

Partículas β^- emitidas pelo ^{210}Bi

Número de elétrons

Energia (keV)

Fig. 5.2 Espectro contínuo de energia das partículas β^- emitidas pelo ^{210}Bi, obtido por Ellis e Wooster em 1927

A resposta à primeira questão provém da sugestão feita por Wolfgang Pauli (Prêmio Nobel de Física em 1945) em 1930, sobre a existência de uma nova partícula, batizada por Enrico Fermi (Prêmio Nobel de Física em 1938) de **neutrino** ν_e. É uma partícula sem carga, muito penetrante; se tiver massa de repouso, esta deve ser extremamente pequena; e que se propaga com a velocidade da luz. O neutrino carrega parte da energia disponível na desintegração, o que explica o espectro de energia contínuo da partícula β^-. Os experimentos realizados posteriormente demonstraram que dois tipos de neutrinos podiam ser emitidos em decaimento β: o neutrino ν_e e o antineutrino $\bar{\nu}_e$, sendo este antipartícula do primeiro. O subíndice e do símbolo do neutrino e do antineutrino indica que eles acompanham o pósitron ou o elétron no decaimento, respectivamente, do próton e do nêutron. Sua detecção só foi conseguida em 1956, por Frederick Reines, após anos de tentativa, pelo fato de sua interação com a matéria ser extremamente fraca. Reines ganhou o Prêmio Nobel de Física em 1995 por essa façanha.

A explicação à segunda dúvida veio em 1934, quando Fermi supôs que, no processo de emissão de β^-, o elétron e o antineutrino eram criados durante o decaimento do nêutron:

$$n \rightarrow p + e^- + \bar{\nu}_e$$

Então, no núcleo, o nêutron desaparece e, em seu lugar, aparece o próton, sendo que o $e^-(\beta^-)$ e o $\bar{\nu}_e$ são ejetados.

Na emissão de uma partícula β^+, um próton decai em um nêutron mais uma partícula $e^+(\beta^+)$ e um ν_e, sendo os dois últimos ejetados do núcleo:

$$p \rightarrow n + e^+ + \nu_e$$

Em ambos os casos, o número de massa A dos núcleos pai e filho permanece o mesmo, mas o número atômico do núcleo filho em relação ao do núcleo pai no primeiro caso aumenta e no segundo caso diminui.

SUPERKAMIOKANDE

Em 1998, foi anunciado pelos pesquisadores do Superkamiokande que neutrinos têm massa. O Superkamiokande, detector de neutrinos que entrou em operação em 1996, no Japão, cujo projeto foi originalmente proposto pelo físico Masatoshi Koshiba, é constituído de um tanque de 40 m de diâmetro e 40 m de altura, preenchido com água e com 13.000 fotomultiplicadoras com diâmetro de 1 m cada uma, forrando todas as paredes do tanque. Ele está instalado a cerca de 1.000 m de profundidade. As fotomultiplicadoras detectam a luz (radiação de Cherenkov) produzida por neutrinos quando interagem com núcleos atômicos das moléculas de água. Entre outros objetivos, esse laboratório observa neutrinos provenientes do Sol, da radiação cósmica, de supernovas etc. A detecção da desintegração do próton fora do núcleo é outra meta do Laboratório Kamiokande. Em 2002, um dos cientistas que receberam o Prêmio Nobel de Física pela contribuição em astrofísica, em particular pela detecção de neutrinos cósmicos, foi Masatoshi Koshiba (com quem a autora Emico Okuno teve a oportunidade de trabalhar no Ryerson Physical Laboratory, da Universidade de Chicago, em 1962, no Projeto ICEF - International Cooperative Emulsion Flights, sob o comando do Prof. Cesare Mansueto Giulio Lattes, no Brasil),

---

5.3.1 Decaimento β^-

Há cerca de 660 núcleos emissores de β^-. Nesse caso, ocorre o decaimento de um nêutron em núcleos com excesso de nêutrons em relação ao número de prótons, ou, em outras palavras, falta de prótons em relação ao número de nêutrons, em busca de estabilidade.

Uma reação típica é descrita como:

$$_{Z}^{A}X \rightarrow _{Z+1}^{A}Y + _{-1}^{0}\beta^{-} + _{0}^{0}\bar{\nu}_{e}$$ (5.7)

Um exemplo típico de decaimento β^{-} é:

$$_{15}^{32}P \rightarrow _{16}^{32}S + _{-1}^{0}\beta^{-} + _{0}^{0}\bar{\nu}_{e}$$ (5.8)

O esquema de decaimento β^{-} do ^{32}P é mostrado na Fig. 5.3.

A energia de desintegração, igual a 1,71 MeV e liberada durante o decaimento, é compartilhada entre β^{-} e $\bar{\nu}_{e}$. Nunca se sabe quanto de energia cinética cada partícula terá, mas sabe-se que o valor máximo $E_{máx}$ será 1,71 MeV e, se este ficar com uma das partículas, a outra fica com energia cinética inicial igual a zero. Portanto, nos gráficos de decaimento é fornecida a $E_{máx}$ (Fig. 5.3). A meia-vida do ^{32}P é de 14,3 dias. O espectro de energia das partículas β^{-} emitidas é contínuo (Fig. 5.4), muito diferente do espectro de linha da partícula alfa do decaimento alfa.

Na interação da partícula β^{-} com o corpo humano, o que interessa é a energia média $<E>$, que vale de 0,3 $E_{máx}$ a 0,4 $E_{máx}$ e vai fornecer a quantidade de energia depositada no corpo. No caso do ^{32}P, a energia média é de 0,698 MeV = $0,41 E_{máx}$ (Fig. 5.4). Portanto, para propósitos de rápida avaliação da energia total armazenada em um corpo por partículas β^{-}, costuma-se usar a relação $\langle E \rangle = \frac{1}{3}E_{máx}$.

Para que o decaimento β^{-} seja possível, o Q da reação deve ser positivo.

Podemos, então, calcular a energia de desintegração Q durante o decaimento do ^{32}P, por meio do balanço energético da reação (5.8):

lado esquerdo da reação:

(massa do núcleo do ^{32}P = massa do átomo do ^{32}P — 15 m_e) = 31,973909 u — 15 m_e

lado direito da reação:

(massa do núcleo do ^{32}S = massa do átomo do ^{32}S — 16 m_e) + (massa de β^{-} = $1 m_e$) + (massa do $\bar{\nu}_e \approx 0$) = 31,972073 u — $15 m_e$

Nesse caso, o Q da reação corresponde à diferença entre as massas atômicas do pai e do filho e, se

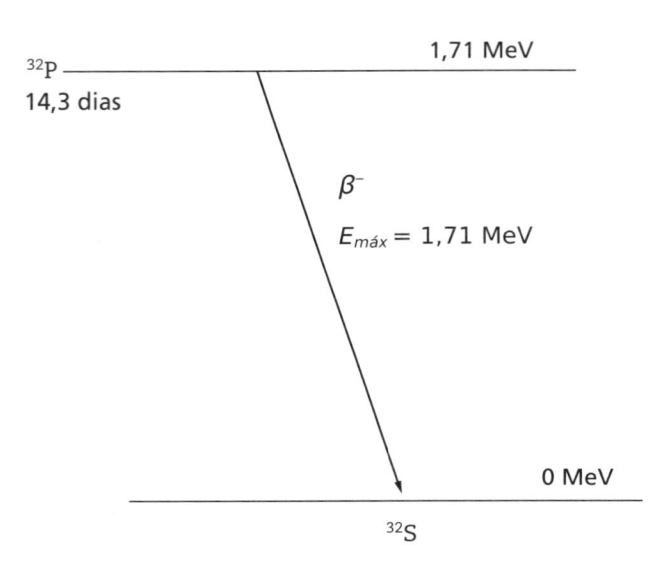

Fig. 5.3 Esquema de decaimento β^{-} do $_{15}^{32}P$ em $_{16}^{32}S$

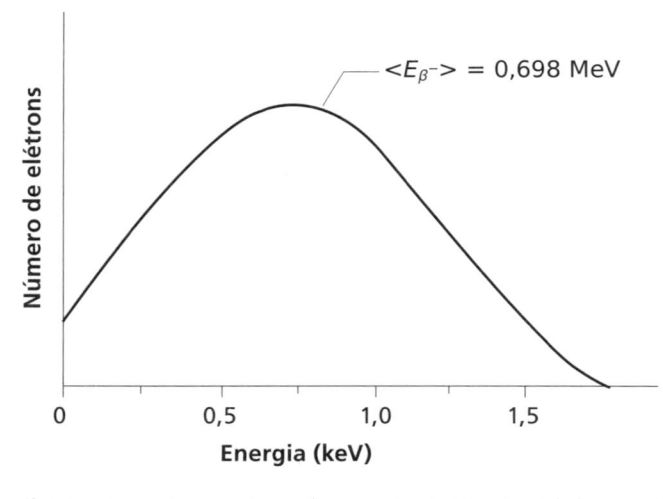

Fig. 5.4 Espectro contínuo de energia cinética inicial das partículas β^{-} emitidas pelo núcleo do ^{32}P

positivo, à desintegração pode ocorrer. Ao compararmos os dois lados da reação, obtemos que o lado esquerdo é maior que o direito em: $0{,}001836\,u \times 931{,}5\,MeV/u = 1{,}71\,MeV$, que é a energia liberada durante a desintegração, ou seja, igual à energia cinética inicial do β^- mais a energia cinética inicial do $\bar{\nu}_e$.

5.3.2 Decaimento β^+

Há cerca de 800 núcleos emissores de β^+. O decaimento β^+ corresponde à conversão no núcleo de um próton em um nêutron + um pósitron + um neutrino, sendo os dois últimos ejetados. Enquanto um nêutron pode sofrer decaimento β^- fora do núcleo, por possuir massa maior que a do próton (de fato, decai com meia-vida de $10{,}23\,min$), este não sofre decaimento β^+, exceto dentro do núcleo. Nesse caso, ocorre o decaimento de um próton no núcleo de radionuclídeos com falta de nêutrons em relação ao número de prótons ou, em outras palavras, excesso de prótons em relação ao número de nêutrons, em busca de estabilidade.

Uma reação típica é descrita como:

$$^{A}_{Z}X \to {}^{A}_{Z-1}Y + {}^{0}_{1}\beta^+ + {}^{0}_{0}\nu_e \tag{5.9}$$

No caso do decaimento β^+, o Q da reação é:

$$Q = \{[M_{atômica\ do\ pai}(A,\ Z) - Zm_e] - [M_{atômica\ do\ filho}(A,\ Z-1) - (Z-1)m_e + m_e]\}c^2$$
$$Q = [M_{atômica\ do\ pai}(A,\ Z) - M_{atômica\ do\ filho}(A,\ Z-1) - 2m_e]c^2$$

Portanto, para que ocorra o decaimento β^+, a massa do átomo pai deve ser maior do que a soma da massa do átomo filho mais a massa de repouso de dois elétrons.

Um exemplo típico de decaimento β^+ é:

$$^{13}_{7}N \to {}^{13}_{6}C + {}^{0}_{1}\beta^+ + {}^{0}_{0}\nu_e \tag{5.10}$$

O ^{13}N decai com uma meia-vida de $10\,min$, emitindo β^+ e um neutrino que compartilham a energia de $1{,}198\,MeV$. Ele perde também um elétron de valência quando se transmuta em ^{13}C. Por meio do balanço energético, podemos determinar a energia de desintegração Q da reação (5.10):

lado esquerdo da reação:

(massa do núcleo do ^{13}N = massa do átomo do $^{13}N - 7m_e$) = $13{,}0057388\,u - 7m_e$

lado direito da reação:

(massa do núcleo do ^{13}C = massa do átomo do $^{13}C - 6m_e$) + (massa de $\beta^+ = 1m_e$) + (massa do $\nu_e \approx 0$) = $13{,}0033551\,u - 6m_e + 1m_e = 13{,}0033551\,u - 5m_e$.

Comparando os dois lados da reação, obtém-se que o lado esquerdo é maior que o direito em:

$$0{,}0023837\,u - 2m_e = 2{,}220\,MeV - 1{,}022\,MeV = 1{,}198\,MeV$$

No decaimento, observa-se que a partícula β^+ e o neutrino compartilham a energia cinética no valor de $1{,}198\,MeV$, dada pela energia de desintegração.

Para que seja possível esse decaimento, a massa atômica do pai deve ser maior que a massa atômica do filho em, pelo menos, duas vezes a massa de repouso do elétron ($2m_e$). Esse valor corresponde à soma das massas do pósitron emitido com a do elétron de valência liberado, visto que, na transmutação, o número atômico do elemento filho diminui de uma unidade. Dessa forma, no esquema de decaimento, há que se levar em conta essa energia, como mostra o esquema do decaimento β^+ do ^{13}N (Fig. 5.5).

É interessante investigar o destino do pósitron emitido. Quando a partícula β^+ para e encontra um elétron nas vizinhanças, ocorre uma interação de **aniquilação**. O pósitron e o elétron desaparecem nessa interação e, em seu lugar, há a emissão de dois fótons em direções opostas, cada um com energia de 0,511 MeV. Algumas vezes, a aniquilação ocorre com o pósitron não em repouso e, nesse caso, os fótons carregam a energia cinética remanescente.

O ^{18}F é um emissor de pósitron usado para marcar molécula similar à da glicose, que é administrada para se obter imagens do interior do corpo com a técnica PET, sigla em inglês da **tomografia por emissão de pósitrons**. Com PET, a imagem é feita detectando-se esses dois fótons simultaneamente.

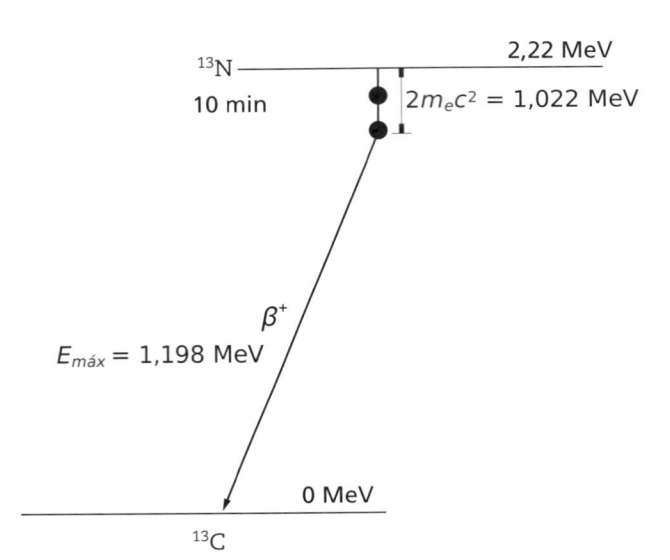

Fig. 5.5 Esquema do decaimento β^+ do ^{13}N

Outro fato interessante é a diferença entre o **espectro de energia** das partículas β^- e das β^+ emitidas por radionuclídeos. A Fig. 5.6 mostra os espectros de energia dos elétrons e dos pósitrons emitidos, respectivamente, por ^{14}C e ^{15}O. Observe que há poucos pósitrons emitidos com energia baixa, ao passo que o contrário ocorre com os elétrons. Isso acontece porque as partículas β^+ são repelidas do núcleo por terem carga positiva, e as β^- são, ao

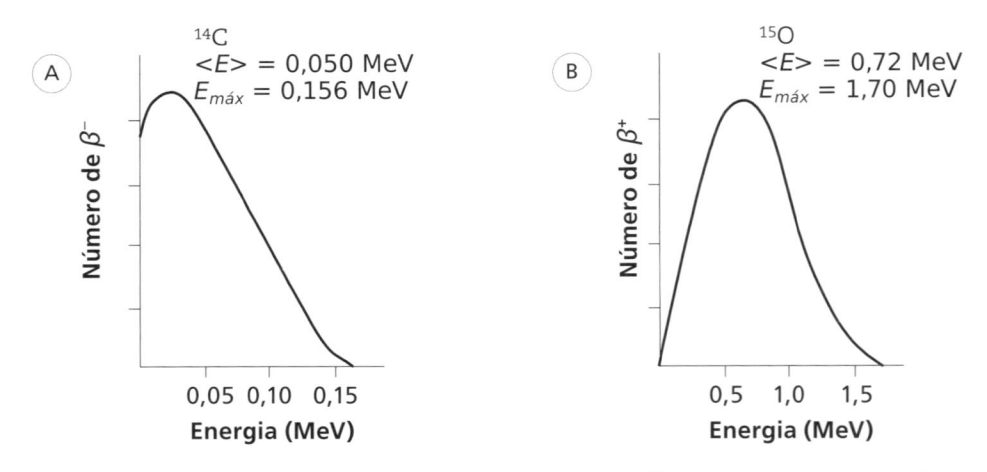

Fig. 5.6 (A) Espectro de energia das partículas β^- emitidas pelo ^{14}C; e (B) das partículas β^+ emitidas pelo ^{15}O

contrário, atraídas. Por esse motivo, a relação $<E>/E_{máx}$ da partícula emitida é mais próxima do valor 0,3 para elétrons e do valor 0,4 para pósitrons.

5.3.3 Aplicação em datação arqueológica de materiais orgânicos

Sabe-se que no corpo de um ser humano com massa de 76 kg, há cerca de 14 kg de carbono. É o elemento mais abundante do corpo humano, depois do hidrogênio e do oxigênio. O carbono que existe na natureza é constituído principalmente dos isótopos ^{12}C e ^{13}C, com abundâncias isotópicas respectivas de 98,892% e 1,108%, sendo os núcleos de ambos estáveis. Há também o ^{14}C, de núcleo instável e que resulta da interação do nêutron da radiação cósmica com o átomo de ^{14}N do ar na alta atmosfera (troposfera e estratosfera): $^{14}_{7}N + ^{1}_{0}n \rightarrow ^{14}_{6}C + ^{1}_{1}H$, com a liberação de um próton. Para fins de datação, considera-se que a razão entre as abundâncias isotópicas de ^{14}C e ^{12}C em moléculas de dióxido de carbono da nossa atmosfera tem-se mantido constante, sendo de $1,3 \times 10^{-12}$. Todos os organismos têm essa mesma proporção de átomos de ^{14}C e ^{12}C enquanto vivos, pois estão continuamente trocando dióxido de carbono com o ambiente. Entretanto, essa proporção muda continuamente a partir do momento em que o organismo morre, ou seja, a proporção diminui, uma vez que o ^{12}C é estável e sua quantidade se mantém, e o ^{14}C é radioativo e, portanto, decai emitindo uma partícula β^-, transmutando-se no elemento ^{14}N. Dessa forma, conhecendo-se a meia-vida do ^{14}C, que é de 5.730 anos, e medindo-se sua atividade na amostra que se quer datar, é possível conhecer a data da morte de peças arqueológicas orgânicas, como madeira, carvão, ossos, conchas, papel e tecidos naturais. Com esse método, é possível datar relíquias de 1.000 a 50.000 anos.

Entre as relíquias famosas datadas pelo método do ^{14}C, é digno de citação o **Santo Sudário**, que está hoje na Capela Real da Catedral de Torino. A primeira notícia de sua aparição foi em Lirey, na França, em 1350, onde foi exposto como sendo o Santo Sudário. O trabalho experimental de datação foi realizado por meio da técnica de AMS (Accelerator-Mass-Spectrometry), que usa um acelerador de partículas com fonte de íons, grandes ímãs e detectores. O material que se quer datar é extraído quimicamente, inserido numa fonte de íons e injetado no acelerador. A espectrometria de massa detecta íons com massas diferentes. Diferentemente da técnica de datação tradicional por carbono ^{14}C – que precisa de uma quantidade razoável de amostra porque detecta a atividade remanescente do ^{14}C, via radiação emitida –, a técnica de AMS utiliza uma quantidade minúscula de amostra.

A datação do Santo Sudário foi realizada em 1988 por três diferentes laboratórios especializados. Os resultados obtidos mostraram que o linho foi cortado para fazer o sudário entre os anos 1260 d.C. e 1390 d.C., sendo, portanto, da era medieval.

Entre outros exemplos importantes, estão os pergaminhos do Mar Morto, descobertos em 1947 d.C. Eles também foram datados pelo método do ^{14}C. A tradução dos pergaminhos mostrou que eles continham livros do Velho Testamento, o que lhes atribui grande importância histórica e religiosa. A aplicação dessa técnica de datação nos fragmentos do pergaminho e no material que os embrulhava estabeleceu para eles a idade de 1.950 anos.

Exemplo 5.2

Um pedaço de carvão vegetal com massa de 25 g foi encontrado em um sítio arqueológico. Para determinar a idade do carvão, fez-se a medida da atividade do ^{14}C e obteve-se 4,2 Bq. A meia-vida do ^{14}C é de 5.730 anos e ele transmuta-se em ^{14}N.

a) Escreva a reação de decaimento do ^{14}C.

b) Sabendo-se que as massas atômicas do ^{14}C e do ^{14}N são, respectivamente, 14,003242 u e 14,003074 u, calcule a energia cinética máxima da partícula beta emitida.

c) Determine o ano em que a árvore que deu origem a esse pedaço de carvão foi cortada.

Resolução

a. O número atômico Z do C e do N é, respectivamente, 6 e 7. Isso significa que, após o decaimento do ^{14}C, o número atômico do átomo filho aumentou de uma unidade. Disso se pode inferir que dentro do núcleo ocorreu o decaimento de um nêutron em um próton $+ \beta^- + \bar{\nu}_e$

$$_{6}^{14}C \rightarrow {}_{7}^{14}N + {}_{-1}^{0}\beta^- + {}_{0}^{0}\bar{\nu}_e$$

b. Como as massas dos elétrons envolvidos se anulam, basta subtrair da massa atômica do átomo pai a massa atômica do filho, o que resulta 0,000168 u, que, transformado em energia, resulta 156 keV.

c. Vamos começar fazendo a aproximação (a margem de erro é pequena) de que toda a amostra de 25 g de carbono é constituída de átomos de ^{12}C. Então, sabendo que em 12 g há 6×10^{23} átomos de ^{12}C, aplicando a regra de três, obtemos o número de átomos de carbono contidos em 25 g, que é de $1,25 \times 10^{24}$ átomos, dos quais $N = 1,625 \times 10^{12}$ são de ^{14}C. Agora podemos calcular a atividade do ^{14}C, que é obtida de $A = 0,693 \times N/5.730$. Com as unidades coerentes, obtemos $A = 6,24$ Bq, valor da atividade quando a árvore foi cortada.

Sabemos que a A medida foi de 4,2 Bq. Efetuando o cálculo do decaimento, podemos calcular há quantos anos a árvore foi cortada: $\ln (4,2/6,24) = (-0,693 \times t/5.730)$; portanto, $t = 3.273$ anos.

5.3.4 Captura eletrônica (CE)

Quando o núcleo pai tem excesso de prótons em relação ao número de nêutrons no núcleo, comparado com o número dessas partículas em um núcleo estável, pode ocorrer o decaimento β^+, caso a diferença entre as massas atômicas do pai e do filho, em unidades de energia, seja maior que $2m_ec^2 = 1,022$ MeV, como visto na seção 5.3.2. Se essa condição não puder ser satisfeita, ainda pode ocorrer um decaimento pelo processo de **captura eletrônica**, com a redução da carga do núcleo pela captura de um elétron orbital para alcançar a estabilidade. Essa forma de decaimento foi descoberta por Alvarez em 1938. Esse é um processo que compete com o decaimento β^+. Na captura eletrônica, o núcleo pai, em vez de emitir uma partícula β^+, captura um elétron orbital que, uma vez dentro do núcleo, interage com um próton e transforma-se em um nêutron. Pelo que se conhece até hoje, a interação do ν_e emitido com a matéria é desprezível e não oferece dano ao tecido.

Naturalmente, a captura do elétron da camada K tem maior probabilidade (cerca de 90%), e o processo é denominado captura K. A captura L também pode ocorrer, porém com menor probabilidade (cerca de 10%). Isso acontece porque, segundo a Mecânica Quântica, os elétrons atômicos podem até penetrar no núcleo durante seu movimento. Assim, forma-se um buraco deixado pelo elétron, o qual é preenchido imediatamente por um elétron de um nível de energia mais alto, quando um fóton de raio X característico (de fluorescência) do átomo filho é emitido, seguido por uma avalanche de fótons de raios X. Em vez da emissão de um fóton, pode haver a ejeção de um elétron, chamado elétron Auger (ver seção 5.4).

A reação típica de captura eletrônica de um elétron da camada K é:

$$\,_Z^A X + \,_{-1}^0 e_K \rightarrow \,_{Z-1}^A Y + \nu_e \qquad \textbf{(5.11)}$$

que resulta de:

$$\,_1^1 p + \,_{-1}^0 e_K \rightarrow \,_0^1 n + \nu_e$$

O decaimento por captura eletrônica do $\,_4^7 Be \rightarrow \,_3^7 Li$ é mostrado na Fig. 5.7. Nesse caso, não pode ocorrer decaimento β^+, porque a diferença entre as massas nucleares do pai e do filho é menor do que 1,022 MeV. Em 89,7% dos casos, o ν_e carrega 0,862 MeV - B_K de energia, sendo B_K a energia de ligação do elétron da camada K.

Um outro exemplo de decaimento parcial por β^+ e por captura eletrônica do $\,_{11}^{22} Na \rightarrow \,_{10}^{22} Ne$ pode ser visto na Fig. 5.8. Como são processos que competem entre si, ambos podem ocorrer, uma vez que a massa atômica do pai em relação à do filho é > $2m_e c^2 = 1,022$ MeV.

A captura eletrônica é detectada por meio da observação de raios X característicos e da emissão de elétrons Auger, que serão descritos a seguir.

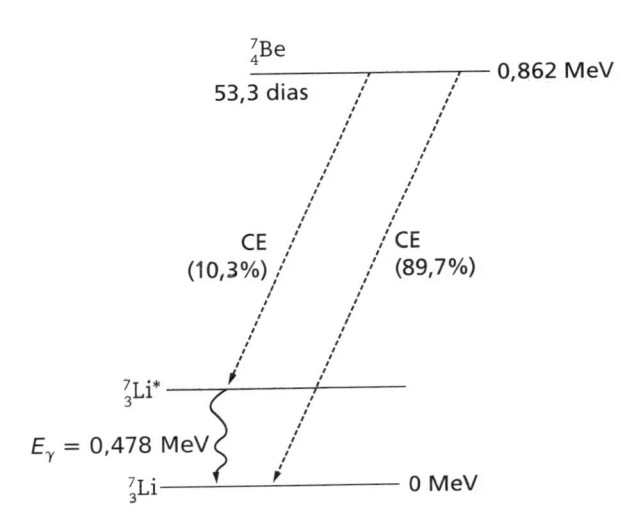

Fig. 5.7 Esquema de decaimento do ^{7}Be

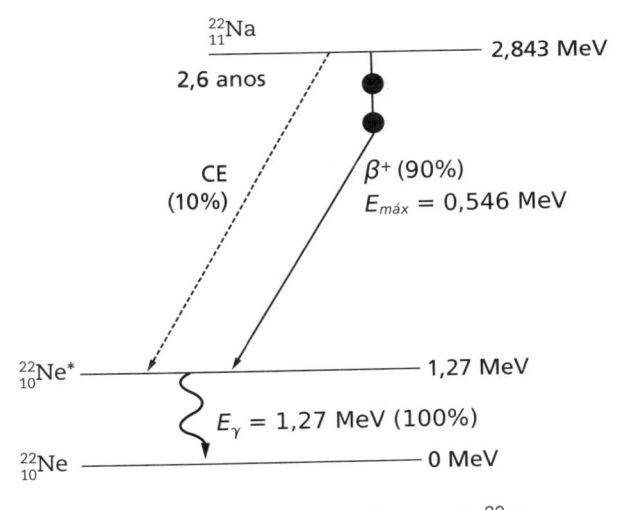

Fig. 5.8 Esquema de decaimento do ^{22}Na

5.4 Emissão de elétrons Auger

É o fenômeno em que a transição de um elétron da camada superior para uma camada inferior do átomo promove a emissão de um segundo elétron, sendo um processo de desexcitação atômica, que compete com a emissão de fóton. Vamos considerar o caso de um elétron da camada K ter sido removido por efeito fotoelétrico ou por captura eletrônica, por exemplo, o que faz surgir um buraco na camada K (Fig. 5.9A). Esse buraco pode ser preenchido por dois processos competitivos: pela transição de um elétron da subcamada L_I para a camada K, acompanhada pela emissão de um fóton característico K_α (Fig. 5.9B), processo este chamado transição radiativa, e por um processo não radiativo, isto é, em que não há emissão de fóton, mas em seu lugar um elétron da camada superior é emitido (Fig. 5.9C). Trata-se do elétron Auger, ejetado da subcamada L_{II}, monoenergético e cuja energia cinética é igual à energia do fóton que seria emitido na transição da camada L_I para a camada K, menos a energia de ligação do elétron na camada $L_{II}(= h\nu - B_{LII})$.

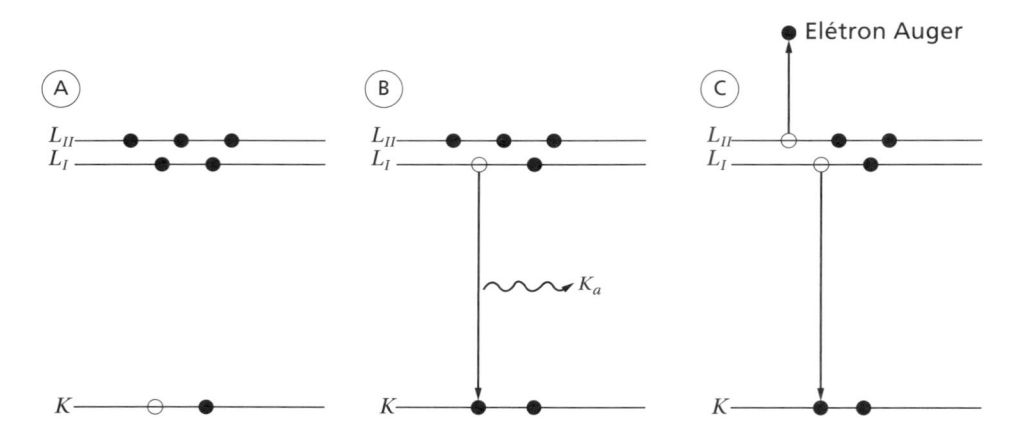

Fig. 5.9 Em (A) formou-se um buraco pela remoção de um elétron da camada K; em (B) ocorre a emissão de um fóton K_α; e em (C), a emissão de um elétron Auger, monoenergético

Da mesma forma que pode ocorrer uma avalanche de emissão de fótons característicos de raios X após a formação de um buraco na camada K, também pode ocorrer uma avalanche de elétrons Auger.

Exemplo 5.3

O $^{37}_{18}$Ar e o $^{41}_{18}$Ar são dois dos radioisótopos do argônio. O primeiro decai para o elemento estável $^{37}_{17}$Cl e o segundo, para $^{41}_{19}$K. As massas atômicas dos átomos de ^{37}Ar, ^{37}Cl, ^{41}Ar e ^{41}K são, respectivamente, 36,9667763 u, 36,9659026 u, 40,9645006 u e 40,9618254 u.

a) Descreva o tipo de decaimento que pode ocorrer com o ^{41}Ar e com o ^{37}Ar.

b) Calcule a energia da partícula emitida para cada caso.

Resolução

a) No caso do ^{41}Ar, que decai em ^{41}K, há o aumento de uma unidade no número atômico. Então, o que pode ocorrer é o decaimento β^-, com um nêutron decaindo dentro do núcleo em $n \rightarrow p + \beta^- + \bar{\nu}_e$, sendo os dois últimos emitidos.

No caso do ^{37}Ar, que decai em ^{37}Cl, observa-se que o número atômico diminui de uma unidade. É o caso de excesso de prótons no núcleo em relação ao número de nêutrons. Nesse caso, podem ocorrer dois tipos de decaimento. Num deles, que é o decaimento β^+, dentro do núcleo um $p \rightarrow n + \beta^+ + \nu_e$, sendo os dois últimos emitidos. A possibilidade de ocorrer esse decaimento deve ser verificada obtendo-se a energia de desintegração Q, que será resolvida no item (b). O outro tipo é um processo competitivo, a captura eletrônica, que também, em princípio, pode ocorrer: $p + e^- \rightarrow n + \nu_e$. Nesse caso, o próton é substituído pelo nêutron no núcleo, pela captura de um elétron orbital, e um ν_e é emitido.

b) No caso do decaimento β^-, ao calcularmos a diferença entre as massas atômicas do pai e do filho, obtemos $Q = 0,0026752\,uc^2 = 2,492\,MeV$, que é a energia máxima da partícula β^-.

No caso seguinte, ao calcularmos a diferença entre as massas atômicas do pai e do filho, obtemos $Q = 0,0008737\,uc^2 = 0,8138\,MeV$. Esse resultado mostra que é impossível ocorrer o decaimento β^+, porque, para isso, a massa atômica do pai deveria ser maior que a massa atômica do filho, de pelo menos duas vezes a massa de repouso do elétron, que é de $1,022\,MeV$. Então, só pode ocorrer a captura eletrônica, e a energia obtida é a energia com que o ν_e é emitido.

5.5 DECAIMENTO GAMA

É a emissão de um fóton pelo núcleo que ainda permanece excitado após decaimento alfa ou beta. O fóton emitido chama-se raio gama γ e sua energia $h\nu$ corresponde à diferença entre dois níveis de energia nuclear. Nesse caso, o núcleo não sofre transmutação e, em geral, seu estado final é o fundamental. O decaimento gama já foi mostrado nas Figs. 5.1, 5.7 e 5.8. A reação típica de decaimento gama é:

$$\prescript{A}{Z}{X}^* \rightarrow \prescript{A}{Z}{X} + \gamma$$

onde $\prescript{A}{Z}{X}^*$ indica o núcleo no estado excitado. O tempo de decaimento gama está, em geral, no intervalo de 10^{-15} a 10^{-9} s. As transições para níveis mais baixos de energia, de alguns núcleos que demoram segundos, horas ou mesmo dias para decair por emissão gama, são chamadas *transições isoméricas*, e o nível excitado de energia é chamado *metaestável*, como no caso de ^{99m}Tc. A letra m significa metaestável. A transição isomérica do ^{99m}Tc para o estado fundamental é:

$$\prescript{99m}{43}{Tc} \rightarrow \prescript{99}{43}{Tc} + \prescript{0}{0}{\gamma}$$

O espectro de energia dos raios gama é de linha, discreto e característico de cada radionuclídeo.

A Fig. 5.10 mostra o decaimento do $\prescript{137}{55}{Cs}$, que pode ser via β_2^- para o estado fundamental do $\prescript{137}{56}{Ba}$, mas também via β_1^- para o estado excitado $\prescript{137m}{56}{Ba}$, para depois decair com a emissão de um raio gama para o estado fundamental. A meia-vida do $\prescript{137m}{56}{Ba}$ é de 2,55

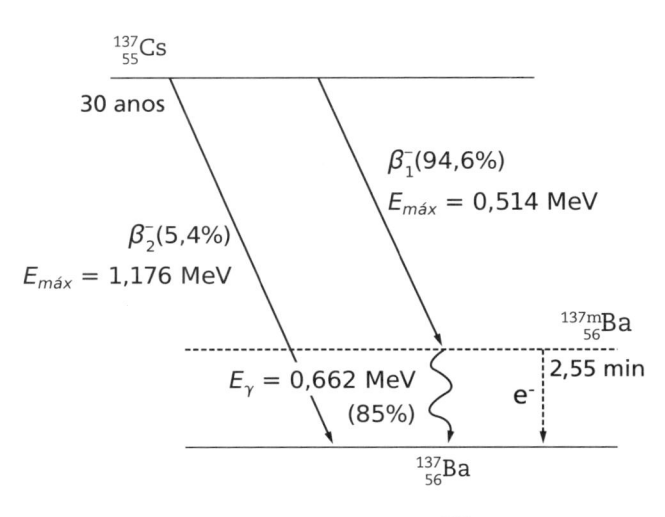

Fig. 5.10 Decaimento do ^{137}Cs

min. Costuma-se dizer que o raio gama foi emitido pelo ^{137}Cs, embora, de fato, ele seja emitido pelo ^{137m}Ba.

O e^- mostrado na Fig. 5.10 é chamado **conversão interna**. Trata-se de um processo que compete com o decaimento gama, isto é, em vez da emissão de um fóton com $E = h\nu$, um elétron da camada K escapa com $E = h\nu - B_K$, num processo equivalente à emissão de elétron Auger, mas usando um elétron da camada eletrônica para desexcitar o núcleo.

5.6 INSTABILIDADE DE RADIOISÓTOPOS

De certa forma, mas não necessariamente, quanto maior ou quanto menor for o número de nêutrons de um radionuclídeo em relação ao número de nêutrons do isótopo estável, mais instável ele é. No caso do iodo, com Z = 53, por exemplo, o isótopo estável ^{127}I contém 74 nêutrons no núcleo. A Tab. 5.1 mostra os 20 isótopos do iodo com o tipo mais provável de desintegração e sua meia-vida. Percebe-se claramente que, se o número de nêutrons for pequeno em comparação ao do iodo estável, o decaimento é via β^+ ou CE. Se o número de nêutrons for grande em comparação ao do iodo estável, o decaimento é via β^-. Esses decaimentos podem vir acompanhados de emissão gama.

Tab. 5.1 ISÓTOPOS DO IODO COM DECAIMENTO MAIS PROVÁVEL E MEIA-VIDA

Número de massa A	Número de nêutrons	Decaimento mais provável	Meia-vida
117	64	β^+	2,3 min
118	65	β^+	13,7 min
119	66	β^+	19,1 min
120	67	β^+	81 min
121	68	CE	2,12 h
122	69	β^+	3,6 min
123	70	CE	13,2 h
124	71	CE	4,2 d
125	72	CE	60 d
126	73	CE	13,2 d
127	74		estável
128	75	β^-	25 min
129	76	β^-	$1,72 \times 10^7$ ano
130	77	β^-	12,5 h
131	78	β^-	8,05 h
132	79	β^-	2,3 h
133	80	β^-	21 h
134	81	β^-	53 min
135	82	β^-	6,61 h
136	83	β^-	83 s

ERNEST RUTHERFORD (30/8/1871 – 19/10/1937)

Foi o quarto filho de uma família neozelandesa de 12 filhos. Até concluir a universidade, estudou na Nova Zelândia. Em 1894, ganhou uma bolsa de estudo para estudar no Trinity College, em Cambridge (Inglaterra), e atuar como pesquisador no famoso Laboratório Cavendish, liderado por Josef John Thomson. Em 1898, foi contratado pela McGill University, no Canadá. Lá fez estudos sobre os raios de Becquerel e colaborou na teoria da desintegração com Frederick Soddy (Prêmio Nobel de Química em 1921), que havia chegado de Oxford. A Rutherford deve-se o batismo dos raios de Becquerel como alfa e beta, e o trabalho desenvolvido na McGill University rendeu-lhe o Prêmio Nobel de Química em 1908. O título do seu discurso de Prêmio Nobel foi *The Chemical Nature of the Alpha Particles from Radioactive Substances.*

Rutherford voltou à Inglaterra em 1907 como professor de Física da Universidade de Manchester. Ali fez pesquisas que o levaram a testar os modelos atômicos existentes. Em 1912, Niels Bohr, de Copenhague, veio trabalhar com ele e desenvolveu o modelo do átomo de hidrogênio. Em 1913, junto com Moseley, descobriu que as propriedades de cada elemento químico podiam ser definidas pelo número atômico dos elementos. Em 1914, Rutherford ganhou o título de Sir. Em 1919, aceitou o convite para suceder Sir J. J. Thomson na liderança do Laboratório Cavendish. Ali, sob sua tutela, trabalharam vários futuros Prêmio Nobel, como Chadwick, Blackett, Cockcroft e Walton, G. P. Thomson, Appleton, Powell e Aston.

Casou-se com Mary Newton em 1900 e tiveram uma única filha, Eileen, que se casou com o físico Sir Ralph H. Fowler, Professor da Universidade de Cambridge. Eileen morreu aos 29 anos, após o parto do quarto filho.

As cinzas de Rutherford estão enterradas na Abadia de Westminster ao lado de J. J. Thompson, onde também estão os túmulos de Isaac Newton e Lord Kelvin.

Fonte:

<nobelprize.org/nobel_prizes/chemistry/laureates/1908/rutherford-bio.html>;
<http://nobelprize.org/mediaplayer/index.php?id=321>. Acesso em: out. 2009.

LISTA DE EXERCÍCIOS

1. O esquema de decaimento do ^{40}K é mostrado na Fig. 5.11. Em 1,0 litro de leite de vaca, há, em média, 1,4 g de potássio (K), do qual 0,0118% é ^{40}K, que é radioativo. A meia-vida física do ^{40}K é de $1,26 \times 10^9$ anos, ao passo que a meia-vida biológica é de 58 dias. As massas atômicas do ^{40}K, do ^{40}Ca e do ^{40}Ar são, respectivamente, 39,9639988 u, 39,9625907 u e 39,9623831 u.

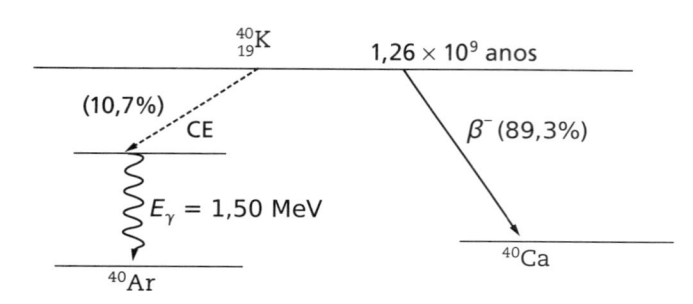

Fig. 5.11 Esquema de decaimento do ^{40}K

   a. Calcule a atividade do ^{40}K em 1,0 litro de leite.

   b. Faça um gráfico do decaimento da atividade do ^{40}K contido em 1,0 litro de leite.

   c. Calcule o tempo necessário para que a atividade do ^{40}K no corpo de uma pessoa que tomar 1,0 litro de leite diminua para 5 Bq. Justifique o raciocínio usado.

   d. Determine os números atômicos do ^{40}Ca e do ^{40}Ar, explicando o que ocorre dentro do núcleo e o que é emitido para cada caso.

   e. Determine a energia máxima da partícula β^- emitida.

   f. Discuta se é possível o ^{40}K decair emitindo uma partícula β^+. Justifique.

2. Em fins de setembro de 1987, uma fonte de ^{137}Cs, com atividade de 1.375 Ci, utilizada em radioterapia, foi violada na cidade de Goiânia. Em consequência disso, cerca de 250 pessoas se contaminaram interna e/ou externamente, e outras mil foram irradiadas. A meia-vida física do ^{137}Cs é de 30 anos.

   Calcule:

   a. a constante de desintegração do ^{137}Cs;

   b. a massa do ^{137}Cs da fonte, quando foi violada;

   c. a atividade do rejeito radioativo em setembro de 2087 (100 anos após o acidente), supondo que 80% do ^{137}Cs tenha sido recuperado e está armazenado em um depósito definitivo em Abadia de Goiás, a 20 km de Goiânia.

3. A massa atômica do cobre com A = 64 e Z = 29 é 63,9297568 u. Esse cobre transforma-se espontaneamente em zinco, com massa atômica de 63,9291400 u, A = 64 e Z = 30. Determine:

   a. qual ou quais partículas são emitidas nesse decaimento;

   b. a energia da desintegração.

4. O ^{64}Cu (Z = 29) decai em ^{64}Ni (Z = 28). Sabendo-se que a massa atômica do ^{64}Ni é 63,927956 u, encontre:

    a. a partícula emitida;

    b. a energia dessa partícula.

5. Dados os esquemas de desintegração da Fig. 5.12, encontre os isótopos não identificados (número atômico, número de massa e símbolo químico) e a energia da partícula emitida.

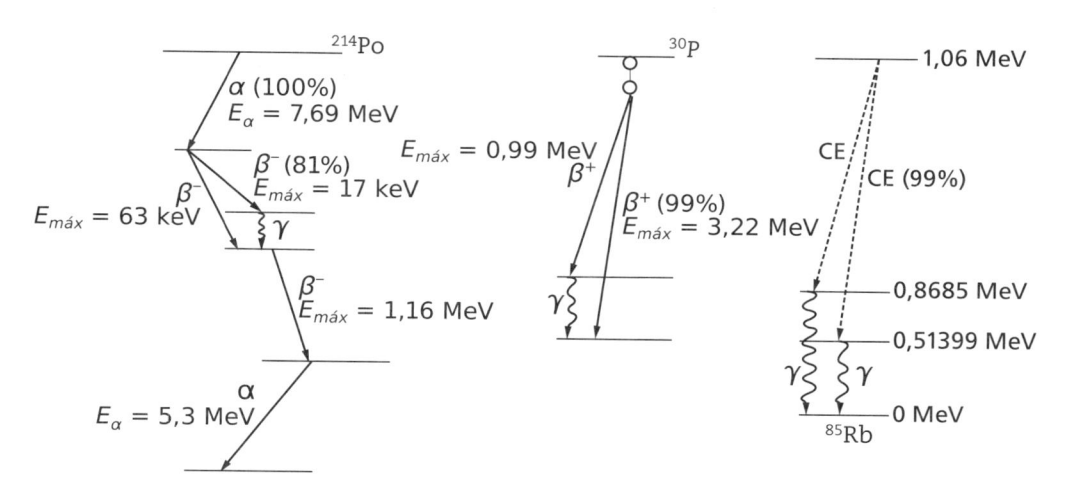

Fig. 5.12 Esquemas de desintegração

6. O esquema de decaimento do Cs-137 é mostrado na Fig. 5.13. Na época do acidente de Chernobyl, o Brasil importou leite em pó com contaminação máxima de ^{137}Cs permitida por lei, que era de 3.700 Bq em 1,0 kg de leite em pó, segundo as Diretrizes Básicas de Radioproteção da Comissão Nacional de Energia Nuclear da época. A reidratação é feita com 250 g de leite em pó, dissolvidos em 1,0 litro de água. A meia-vida física do ^{137}Cs é de 30 anos e sua meia-vida biológica no corpo de uma criança é de 40 dias.

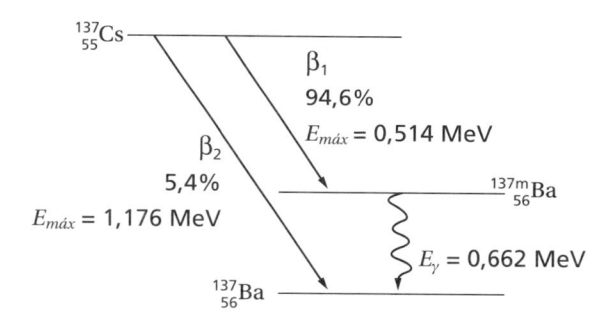

Fig. 5.13 Esquema de decaimento do Cs-137

    a. Especifique se no decaimento do Cs-137, as partículas β emitidas são elétrons ou pósitrons. Justifique sua resposta.

    b. Qual radionuclídeo é o emissor do fóton de 0,662 MeV? Justifique.

    c. Em caso de absorção de energia das partículas β emitidas por um tecido biológico, qual valor de energia deve ser considerado? Justifique sua resposta.

    d. Calcule o número de átomos de ^{137}Cs ingeridos por uma criança após ela ter tomado 1,0 litro de leite contaminado reidratado.

    e. Calcule a atividade do ^{137}Cs no corpo da criança um ano após ter tomado 1,0 litro de leite contaminado reidratado.

    f. Onde o ^{137}Cs se acumula preferencialmente no corpo da criança? Por quê?

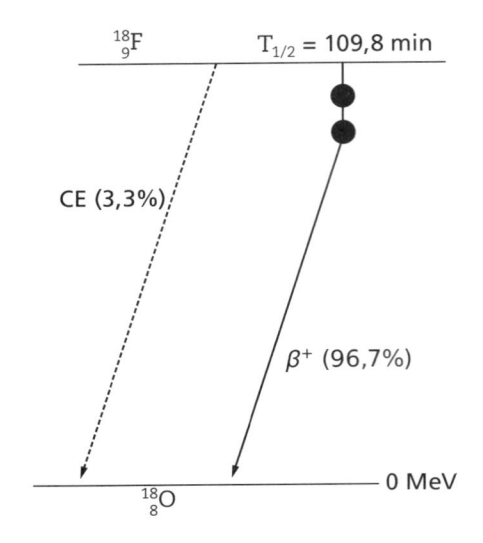

Fig. 5.14 Esquema de decaimento do flúor-18

7. O flúor-18, usado para marcar a molécula de glicose, é empregado em mapeamento cerebral por tomografia por emissão de pósitron (PET). Seu esquema de decaimento é mostrado na Fig. 5.14.

a. Discuta o processo de decaimento por CE.

b. Discuta por que ocorre o decaimento por β^+.

c. Determine o excesso de energia do núcleo pai em relação ao núcleo filho, sabendo que a massa atômica do F-18 = 18,000937 u e a do O-18 = 17,999160 u.

d. Discuta qual radiação é detectada para obter uma imagem por PET.

8. O ^{210}Po decai em ^{206}Pb, que é estável, emitindo partícula alfa com energia de 5,3 MeV. As meias-vidas física e biológica do ^{210}Po são, respectivamente, de 138 dias e 50 dias. Foi noticiado nos jornais que o espião russo Alexander Litvinenko foi "envenenado" com chá contendo 1 µg de ^{210}Po, vindo a falecer em Londres no dia 23/11/2006. Calcule:

a. o número de átomos de ^{210}Po inicialmente presentes na xícara de chá;

b. a atividade do ^{210}Po contido na xícara de chá;

c. a meia-vida efetiva do ^{210}Po;

d. a atividade do ^{210}Po no corpo de Alexander 7 dias após ele ter tomado o chá contaminado.

e. Faça um gráfico do decaimento da atividade do ^{210}Po e do crescimento do ^{206}Pb na xícara de chá, colocando valores numéricos nos eixos (suponha que o chá ficou guardado por um ano).

f. Discuta sucintamente como e por que ocorre a desintegração alfa.

9. Esboce, justificando, o espectro típico de energia de cada uma das partículas: α, β^+, β^- e fótons emitidos por radionuclídeos; e os espectros de raios X produzidos por tubos de raios X com a voltagem de 35 kV aplicada entre os eletrodos, com alvos de tungstênio e de molibdênio com energias de ligação do elétron da camada K respectivamente de 69,5 keV e 20,0 keV.

10. O câncer de tireoide, quando descoberto, é retirado cirurgicamente. Cerca de 30 dias após a cirurgia, faz-se um mapeamento de todo o corpo para verificar a existência de metástases, administrando, para tal, 1 mCi de ^{131}I na forma de NaI. O ^{131}I, quando se desintegra, emite, entre outras partículas, um fóton de 364 keV, e sua meia-vida física é de 8 dias, e meia-vida biológica de 138 dias.

a. Calcule a atividade do ^{131}I no corpo da pessoa 15,12 dias após a realização do mapeamento.

b. Discuta o que pode ocorrer (quanto à contaminação, irradiação e rejeitos) se o paciente voltar para casa no dia seguinte após a administração do ^{131}I.

c. Outro radioisótopo bastante usado em mapeamento da tireoide é o ^{123}I, que tem meia-vida física de 13 horas e meia-vida biológica de 138 dias. Discuta por que a meia-vida física é diferente e a meia-vida biológica é igual à do ^{131}I.

11. O $^{222}_{86}$Rn é um gás nobre radioativo que decai emitindo partícula alfa e transmuta-se em Po (polônio). Sua meia-vida é de 3,824 dias. As massas atômicas do radônio, do polônio e do átomo de hélio são, respectivamente, de 222,01757 u, 218,00896 u e 4,002603 u. Após o decaimento, o polônio recua com energia cinética de 0,1055 MeV. A partícula alfa gasta, em média, 34,50 eV para produzir no ar um par de íons.

   a. Desenhe o esquema de decaimento e escreva a reação de desintegração do radônio.

   b. Determine a energia cinética com que a partícula alfa é emitida.

   c. Calcule o número de ionizações produzidas no ar pela partícula alfa emitida pelo radônio até parar.

   d. Discuta acerca do valor da energia média gasta para produzir um par de íons no ar, que é muito mais alta do que a energia de ionização dos elétrons de valência de átomos em geral.

12. O estudo da função pulmonar pode ser feito com gás radioativo, sendo utilizado para essa finalidade o nuclídeo $^{15}_{8}O$, com massa atômica de 15,0030654 u. Esse nuclídeo possui uma meia-vida física de 122 s e, quando decai, emite um neutrino junto com uma partícula β^+.

   a. Qual é o elemento filho, sabendo-se que na Tabela Periódica a ordem dos elementos na vizinhança do O é: B, C, N, O, F e Ne, em ordem crescente de número atômico?

   b. Por que ocorre esse decaimento?

   c. Calcule a energia das partículas emitidas, sabendo que a massa atômica do elemento filho é de 15,0001089 u.

   d. Se a desintegração ocorre no pulmão, quanto de energia de cada partícula β^+ seria depositada? Justifique sua resposta.

RESPOSTAS

1. a) 43 Bq; c) 180 dias; d) Z_{Ca} = 20 e Z_{Ar} = 18; e) 1,311 MeV; f) É possível, em princípio

2. a) $7,32 \times 10^{-10}$ s^{-1}; b) 15,87 g; c) 109,8 Ci = $4,0 \times 10^{12}$ Bq

3. a) β^-, b) $E_{máx}$ = 0,574 MeV

4. a) β^+; b) $E_{máx}$ = 0,655 MeV

6. a) são elétrons. Dentro do núcleo $n \rightarrow p + \beta^- + \bar{\nu}_e$; d) $1,26 \times 10^{12}$ átomos; e) 1,62 Bq; f) músculos

7. c) 1,655 MeV; d) dois fótons emitidos em sentidos opostos quando ocorre a aniquilação do β^+ com elétron

8. a) $2,87 \times 10^{15}$ átomos; b) $1,67 \times 10^8$ Bq; c) 36,7 dias; d) $1,46 \times 10^8$ Bq

10. a) 0,25 mCi

11. b) 5,49 MeV;

12. a) N (nitrogênio); c) a energia total das partículas emitidas (pósitron e neutrino) é de 1,73 MeV; d) ($\sim$1,73 MeV)/3

Leitura recomendada

ATTIX, F. H. *Introduction to radiological Physics and radiation dosimetry*. USA: John Wiley & Sons, 1986.

BEISER, A. *Concepts of Modern Physics*. Revised edition. Japan: McGraw-Hill, 1967.

BRODSKY, A. B. (Ed.). *CRC handbook of radiation measurement and protection*. West Palm Beach: CRC Press, 1978.

GERWARD, L. The discovery of gamma rays. *Bulletin of International Radiation Physics Society*, v. 14, n. 1, p. 9-14, March 2000.

HEYDE, K. L. G. *Basic ideas and concepts in nuclear Physics*. USA: Techno House, 1998.

HOBBIE, R. K. *Intermediate Physics for Medicine and Biology*. 3. ed. USA: Springer, 1997.

<http://www.bikiniatoll.com/>.

JOHNS, H. E.; CUNNINGHAM, J. R. *The Physics of radiology*. 4. ed. USA: Charles Thomas Publisher, 1983.

OKUNO, E.; CALDAS, I. L.; CHOW, C. *Física para Ciências Biológicas e Biomédicas*. São Paulo: Harper & Row do Brasil, 1981.

SERWAY, R. A. *Physics for scientists & engineers with Modern Physics*. 3. ed. USA: Saunders College Publishing, 1992.

TURNER, J. E. *Atoms, radiation, and radiation protection*. 3. ed. Federal Republic of Germany: Wiley-VCH, 2007.

Interação da radiação 6

6.1 Introdução

Como já foi enfatizado, o que caracteriza a **radiação ionizante** é a sua capacidade de ionizar o meio que atravessa. Assim, a passagem das radiações ionizantes por qualquer meio produz **ionizações** nesse meio, por meio da retirada de elétron de átomos do material. Ocorrem também **excitações** dos átomos pela passagem da radiação. Ionização e excitação ocorrem durante o processo de **deposição de energia** pela radiação ionizante no meio que atravessa, em um conjunto de interações (interação é o termo que representa, na Física, a ação de uma força e o efeito causado por essa ação), cujos mecanismos serão detalhados neste e nos próximos capítulos. A aplicação da radiação ionizante em diversas áreas da atividade humana é também baseada na ionização e excitação da matéria, e na deposição de energia nela. Também os efeitos biológicos que a radiação produz nos seres vivos são consequência desses processos.

As interações entre a radiação e os materiais dependem das características da radiação e dos átomos irradiados. Para o entendimento dos mecanismos das interações da radiação com a matéria, duas grandes classificações são feitas, fundamentadas na modelagem utilizada para descrevê-las. A primeira classificação, já definida no Cap. 1, é nos grupos *radiação diretamente ionizante*, constituída de partículas com carga elétrica, e *radiação indiretamente ionizante* (radiação sem carga elétrica). A segunda classificação divide o primeiro grupo em partículas carregadas rápidas *pesadas e leves*, e o segundo, em *fótons e nêutrons*. No primeiro grupo, há ação de forças coulombianas entre a carga da radiação e as cargas do meio, caracterizadas pelo longo alcance; no segundo, as interações devem-se à ação de campos eletromagnéticos que atuam sobre partículas carregadas do meio, no caso dos fótons, e à ação da força nuclear forte sobre prótons e nêutrons de núcleos atômicos, no caso dos nêutrons. As áreas da Física que tratam dessas interações são a Eletrodinâmica Quântica, para as interações entre campos eletromagnéticos e cargas em movimento, e a Física Nuclear, para as interações entre núcleons. Deve-se acrescentar ainda que a passagem da radiação no meio *produz mais radiação*, na forma de **radiação secundária**, tornando inviável a obtenção de equações analíticas que descrevam por completo a distribuição de energia e de partículas no meio de interação.

6.2 Radiação diretamente ionizante: partículas carregadas rápidas pesadas

Qualquer íon atômico ou partícula com carga, com massa de repouso superior à do elétron ($m_e c^2 = 511\,keV$) e que possua energia cinética maior que a energia de ligação de elétrons aos átomos do meio é incluída nessa categoria de radiação (como exemplos: partículas alfa emitidas por radionuclídeos, prótons da radiação cósmica ou de um acelerador etc.). A interação dessas partículas com os átomos é, em grande parte, restrita aos elétrons da nuvem eletrônica, tanto por ser o volume do núcleo muito inferior ao volume do átomo quanto pelo fato de a carga do núcleo ser blindada pela nuvem eletrônica. Em razão do longo alcance da força de Coulomb e da existência de um número muito grande de elétrons distribuídos na matéria, há uma sucessão de interações, chamadas de **choques** ou **colisões**, e a transferência da energia cinética da partícula para átomos do meio ocorre de maneira quase contínua, até que a energia cinética da partícula seja próxima da energia térmica, que, à temperatura ambiente, é ao redor de 0,025 eV. O número de colisões pode ser muito elevado, como visto no Exemplo 6.1. Existe também a possibilidade de ocorrerem reações nucleares se a energia da partícula for bastante elevada, e a probabilidade deve ser estudada caso a caso.

Exemplo 6.1 _____

Calcule o número médio de pares de íons produzidos no ar por uma partícula alfa que tem, inicialmente, 5,49 MeV de energia cinética (essa é a energia da partícula alfa emitida pelo radônio-222, radioisótopo natural com comportamento de gás nobre).

Resolução

Para resolver o problema, vamos utilizar o valor de W – energia média para formar um par de íons. Como visto no Cap. 1, esse valor é de 34,50 eV para partículas alfa no ar. Assim, temos que:

$$N_{íons} = K/W = (5{,}49 \times 10^6\,eV)/(34{,}50\,eV) = 1{,}59 \times 10^5 \text{ pares de íons}$$

Comentário

A distância percorrida por essa partícula alfa no ar é de aproximadamente 4 cm. Podemos então considerar que esses pouco mais de 159 mil pares de íons são produzidos a distâncias médias de 0,25 μm entre cada par ($0{,}25\,\mu m = 4\,cm/1{,}59 \times 10^5$), ou que há uma densidade linear média de 3.975 ionizações por milímetro de trajetória. Note que a densidade linear não é constante ao longo da trajetória. À medida que a partícula perde energia, a densidade linear de ionizações aumenta.

Em cada colisão, valem as leis de conservação de energia e momento, e a partícula tem uma trajetória praticamente retilínea no meio, pois sua massa é, em geral, muito superior à do elétron com o qual colide. O íon atômico mais leve (H^+, ou próton) tem massa 1.840 vezes maior que a do elétron. A partícula carregada com massa mais próxima à do elétron é o múon, e tem massa de $208\,m_e$. Essa trajetória tem um comprimento limitado, já que a partícula "para", levando à existência de um **alcance** máximo da partícula em cada material. A partícula parada é incorporada no meio e acaba sendo neutralizada ao receber ou doar elétrons ao meio. Uma aplicação desse fato é o implante iônico, em que uma camada bastante regular (em posição e espessura) de átomos distintos ao material é introduzida nele pela irradiação do material com um feixe contendo muitos íons desse átomo. Essa técnica é empregada para a fabricação de dispositivos semicondutores e a modificação de propriedades superficiais de implantes médicos, por exemplo. Outra consequência do fato de as partículas carregadas rápidas pesadas terem um alcance é que, em princípio, é possível fazer uma **blindagem** que contenha totalmente esse tipo de radiação, usando materiais com espessura maior que o alcance delas no meio.

A radiação secundária produzida pela passagem de **partículas carregadas pesadas** no meio é constituída basicamente dos elétrons, que recebem parte de sua energia cinética e são liberados dos átomos aos quais estão ligados (ionização).

6.3 Radiação diretamente ionizante: partículas carregadas rápidas leves

Nessa categoria estão somente *elétrons* e *pósitrons* com energia cinética maior que a energia de ligação de elétrons aos átomos do meio, qualquer que seja sua origem (como exemplos: desintegração beta, feixes produzidos em aceleradores, ou criação de pares). Serão genericamente chamados aqui de elétrons, pois o comportamento é comum, exceto pela **aniquilação do pósitron**.

Boa parte das interações das quais participam os elétrons são semelhantes às das partículas carregadas pesadas: interações coulombianas sucessivas com elétrons do meio. Mas há duas diferenças básicas: as colisões são entre partículas de mesma massa (elétron incidente e elétron do meio), o que pode resultar em grandes perdas de energia e mudanças muito bruscas na direção da trajetória do elétron em uma única colisão; as velocidades atingidas pelos elétrons são elevadas, e deve ser dado tratamento relativístico ao seu movimento. As trajetórias são tortuosas, como se vê na Fig. 6.1, na qual diversas trajetórias de elétrons em um meio são simuladas. Em consequência, para um conjunto de elétrons com a mesma energia cinética inicial, a penetração de cada partícula no meio pode variar muito.

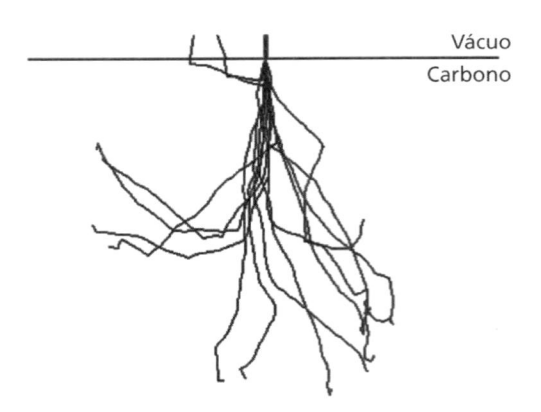

Fig. 6.1 Exemplos de trajetórias possíveis para 15 elétrons com 100 keV de energia cinética, incidentes em carbono, simuladas com código Monte Carlo (obtidas com o programa Monte - <http://www.guycox.com/emtutor/monte.htm>, acesso em: fev. 2010)

Além das interações com elétrons, há interações das partículas carregadas leves com os núcleos atômicos, que podem resultar na emissão de radiação eletromagnética (raios X), no processo de *Bremsstrahlung*, já apresentado no Cap. 2. Esse fato deve ser levado em conta no projeto de blindagem para fontes emissoras de elétrons. Deve ser favorecido o uso de materiais com baixa probabilidade de ocorrência de *Bremsstrahlung* (materiais de baixo Z, como será visto no Cap. 7).

Em comparação com partículas carregadas pesadas, os alcances de elétrons são maiores, produzindo densidades de ionização menores ao longo da trajetória, pois o valor de *W* não muda muito com o tipo de partícula. A Tab. 6.1 mostra alguns exemplos de alcance, para prótons e elétrons, em água e em alumínio.

Tab. 6.1 ALCANCES DE ELÉTRONS E PRÓTONS, DE DIVERSAS ENERGIAS, EM ÁGUA E ALUMÍNIO

Partícula Carregada Rápida	K (keV)	Alcance (CSDA*)	
		água	alumínio
Elétron	50	43 μm	21 μm
	100	143 μm	69 μm
	500	1,77 mm	0,84 mm
	1.000	4,37 mm	2,05 mm
	2.000	1,0 cm	4,54 mm
	20.000	9,32 cm	3,92 cm
Próton	50	0,99 μm	0,58 μm
	100	1,61 μm	0,98 μm
	500	8,87 μm	5,57 μm
	1.000	24,58 μm	14,62 μm
	2.000	75,55 μm	42,46 μm
	20.000	4,26 mm	2,14 mm

*Continuous Slowing-Down Approximation

Fonte: <http://www.physics.nist.gov/PhysRefData/contents.html>. Acesso em: fev. 2010.

Exemplo 6.2

Para um próton e um elétron, ambos com 2 MeV de energia cinética, interagindo com água, calcule e compare as energias médias perdidas por unidade de trajetória.

Resolução

Com base nos dados da Tab. 6.1:

para o elétron: $\frac{\Delta E}{\Delta l} = \frac{2 \times 10^6}{1,0}$ eV/cm = 200 eV/μm = 0,200 keV/μm

Para o próton, de maneira similar: $\frac{\Delta E}{\Delta l} = 26,5\,keV/\mu m$, mais de 100 vezes superior à quantidade de energia perdida pelos elétrons por unidade de trajetória. Note que esses são valores médios, considerando toda a trajetória das partículas. As densidades lineares de energia perdida, em ambos os casos, são maiores à medida que diminui a energia cinética da partícula.

A radiação secundária produzida pela passagem de elétrons no meio é constituída também de elétrons provenientes de ionização, acrescidos dos raios X de freamento. Para as interações de pósitrons, acrescentam-se os dois fótons procedentes de cada aniquilação dessa partícula com um elétron do meio, com energias de 511 keV ou mais.

6.4 RADIAÇÃO INDIRETAMENTE IONIZANTE: FÓTONS

Diferentemente das partículas diretamente ionizantes, esta radiação, representada pelos *fótons de raios X e gama*, interage esporadicamente: cada partícula produz poucas ou nenhuma interação durante a passagem pelo material. Destacam-se três processos principais de deposição de energia e de ionização: **efeito fotoelétrico, efeito Compton e criação de par elétron-pósitron**. Em todos eles, considera-se que a *radiação eletromagnética* comporta-se como *partícula* (fóton). Cada um desses processos tem uma probabilidade de ocorrência que varia com a energia do fóton e com o número atômico e a densidade do meio. A Fig. 6.2 mostra as faixas de número atômico e de energia em que cada um desses efeitos predomina, mostrando que baixas energias e altos números atômicos favorecem o efeito fotoelétrico, e que, para altas energias, a produção de pares é o único efeito importante.

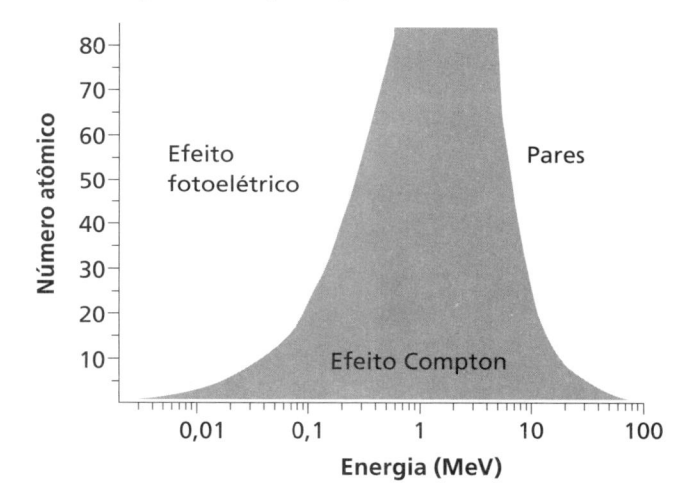

Fig. 6.2 Faixas de predominância, em energia e em número atômico, dos três tipos de interação de fótons com a matéria
Fonte: adaptado de Yoshimura (2009).

Vale relembrar que, para fótons, há ainda a probabilidade de *não interação* com os átomos do meio. É essa a principal razão para a grande penetração dos raios X e gama nos materiais e para o comportamento exponencial da quantidade de fótons em um feixe monocromático de fótons que atravessa um material homogêneo: cada pequeno acréscimo na espessura do material provoca uma diminuição proporcional do número de fótons que atravessa esse meio sem interagir. Para fótons, não há um alcance e, sim, *profundidade de penetração* no meio, como descrito no Cap. 1, não sendo possível, então, em princípio, blindá-los totalmente.

No *efeito fotoelétrico*, o fóton retira do átomo um elétron interno – maior probabilidade das camadas K e L – e desaparece. Há produção de um íon excitado e transferência de toda a energia do fóton para o meio. O íon excitado normalmente se desexcita por emissão de um ou mais fótons, que podem ter energia na faixa de raios X. Apesar de, fisicamente, o processo ser o mesmo (absorção de um fóton e aquisição de energia cinética por um elétron), há diferenças entre o efeito fotoelétrico para fótons ionizantes e o efeito fotoelétrico usual, produzido pela ação da luz e radiação UV, cuja explicação por meio dos quanta de luz (1905) deu a A. Einstein o Prêmio Nobel de Física em 1921, além de fornecer uma sólida base ao cálculo de Planck sobre a radiação de corpo negro. Naquele contexto, fótons de **luz visível** ou **ultravioleta** retiram elétrons *fracamente ligados* da *superfície* de um material, em geral de metais. Os elétrons recebem energia cinética, cujo valor só depende do metal em questão e da frequência (energia) da luz. Já no efeito fotoelétrico que tratamos aqui, induzido por raios X e gama, a faixa de energia dos fótons faz a diferença, pois sua penetração no meio é grande, fazendo que o evento ocorra no interior de *qualquer material* e com *elétrons ligados*, pertencentes a camadas atômicas internas. Esses elétrons são também radiação ionizante, pois recebem energia cinética $K = h\nu - B$, e costumam receber o nome de fotoelétrons.

O *efeito Compton* recebeu esse nome em homenagem a Arthur Holly Compton, que descreveu esse espalhamento em 1923 e por isso ganhou, juntamente com Charles Thomson Rees Wilson, o Prêmio Nobel de Física de 1927 (Compton, 1923, 1927). Trata-se de um espalhamento do fóton por um elétron do meio, considerado livre. O espalhamento é tratado pelas leis de conservação de energia e momento linear, como se vê na Fig. 6.3, em que estão reproduzidos o plano do espalhamento e a composição dos momentos das partículas, segundo Compton (1923). Como consequência da interação, a energia do fóton incidente é dividida entre o elétron e um fóton espalhado, de menor energia que o original e que se propaga em outra direção. Ambas as partículas – elétron Compton e fóton espalhado – são radiação ionizante.

O terceiro efeito incluído nas interações de fótons com a matéria, a *criação de par elétron-pósitron*, resume-se na conversão de toda a energia do fóton em massa de repouso e energia cinética de um par de partícula (elétron) e sua antipartícula (pósitron), segundo a

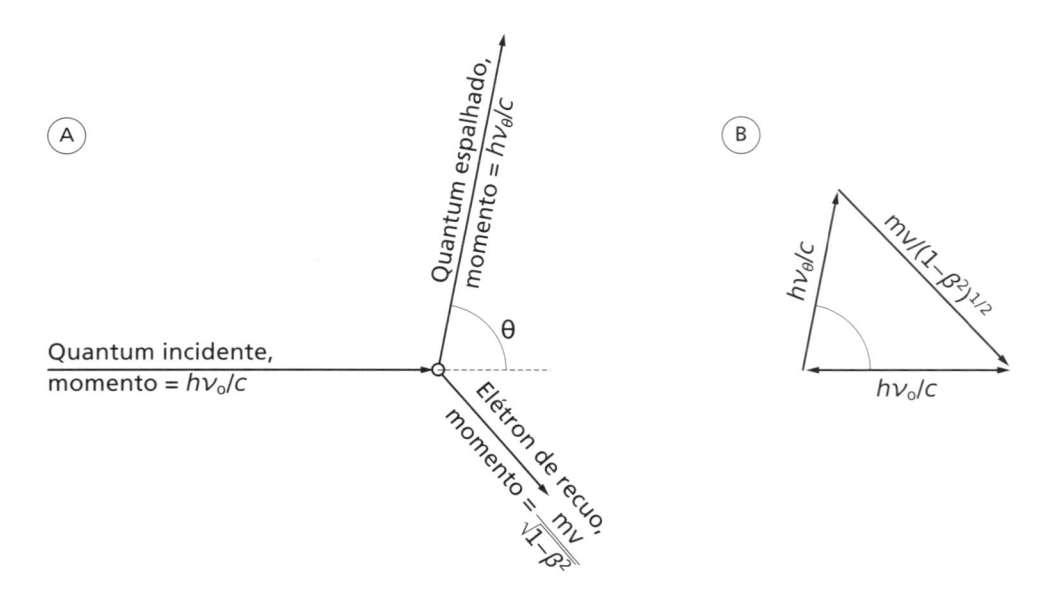

Fig. 6.3 Reprodução de figuras do artigo de Compton (1923)

expressão relativística de Einstein: $E \equiv h\nu = 2m_ec^2 + K_1 + K_2$. Dessa equação, é imediato que, para a produção do par, o fóton deve ter, no mínimo, energia equivalente a duas massas de repouso do elétron ($2m_ec^2 = 1{,}022\,MeV$). A primeira verificação experimental interpretada como a ocorrência desse fenômeno foi feita por Patrick M. S. Blackett e Giuseppe P. S. Occhialini, em 1933, com base na análise de fotos de interações de raios cósmicos em câmaras de neblina (Blackett, 1948; Blackett; Occhialini, 1933). Eles levaram em conta a teoria de Paul A. M. Dirac, que previa a existência do pósitron e as formas de sua criação e aniquilação (ver boxe com o **modelo de Dirac**).

O MODELO DE DIRAC PARA O PÓSITRON

Dirac utilizou as teorias quântica e relativística simultaneamente ao problema do elétron que se move em um campo eletromagnético, sem fazer qualquer hipótese adicional sobre energias possíveis e levando em conta todas as soluções obtidas. Assim, verificou que:

- ⊛ há estados de energia total negativa para o elétron. Dirac considerou-os estados possíveis que, pelo princípio de Pauli, estão completamente preenchidos e são, portanto, usualmente não observáveis. Esse conjunto de estados ficou conhecido como *mar de elétrons de Dirac*.

Dirac completou o modelo com as seguintes interpretações:

- ⊛ uma perturbação desses estados – por exemplo, pela passagem de um fóton de alta energia – pode trazer um elétron para um estado de energia total positiva (tornando-se observável), deixando um buraco no estado anterior. Esse buraco (ausência de um elétron em um estado de energia total negativa) comporta-se como uma partícula – é o *pósitron* –, e esse processo é a criação do par elétron-pósitron, como ilustrado na Fig. 6.4;
- ⊛ fatalmente um elétron voltará a ocupar o buraco, e essa transição, que faz desaparecer o par (aniquilação do pósitron), é feita com a emissão de dois fótons de energias de, pelo menos, $511\,keV$.

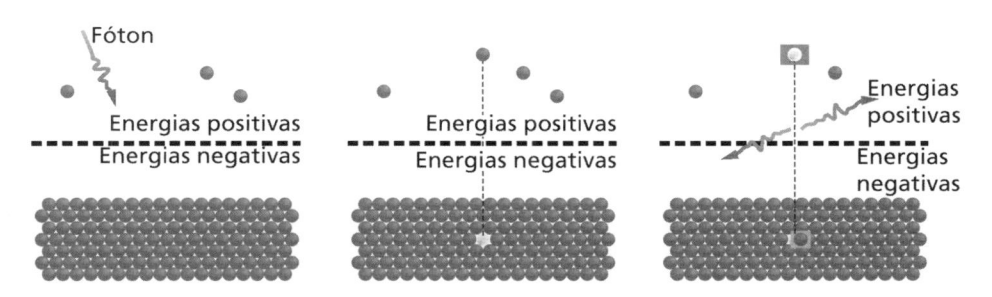

Fig. 6.4 Representação pictórica do mar de elétrons de Dirac (esq.), com a produção do par elétron-pósitron (centro) e sua aniquilação (dir.)

Como consequência da interação de fótons com a matéria, pode haver a produção de elétrons e pósitrons rápidos e de novos fótons de energia menor que os incidentes, resultantes de espalhamento Compton e de desexcitação de átomos. Essas partículas secundárias são geradas em pequeno número, mas, como são radiação ionizante, vão produzir mais radiação ionizante, em processos subsequentes.

6.5 RADIAÇÃO INDIRETAMENTE IONIZANTE: NÊUTRONS

O *nêutron* é uma partícula subatômica com massa de repouso ligeiramente superior à do próton e sem carga elétrica (é um bárion, formado pelos três *quarks udd*). Nêutrons são constituintes do núcleo, e a emissão de nêutrons pelo núcleo não ocorre espontaneamente. Nêutrons livres decaem espontaneamente por β^-, com meia-vida de 10,23 min. As principais fontes de nêutrons são interações da radiação cósmica na alta atmosfera, as fissões nucleares e diversas reações nucleares. Os nêutrons gerados nesses processos possuem diversas energias, com espectros largos e característicos de cada processo. Eles são considerados radiação ionizante independentemente do valor de sua energia cinética. Em particular, destacam-se os **nêutrons térmicos**, assim chamados por terem energia cinética próxima à energia térmica a temperatura ambiente (em torno de 0,025 eV) e que normalmente são capturados por núcleos atômicos. Estes, em consequência, podem tornar-se radioativos. Em proteção radiológica aplicada a nêutrons, usam-se, para blindá-los, materiais ricos em hidrogênio (como água ou policarbonetos), para que, em choques elásticos sucessivos com os núcleos de ^{1}H, o nêutron perca sua energia cinética, atingindo a energia térmica (processo, em razão disso, chamado de **termalização**), e possa ser capturado também por um átomo de hidrogênio, formando **deutério** (^{2}H). Como as massas do próton e do nêutron são muito próximas, o método é bastante eficiente, pois o nêutron perde, em média, metade da energia cinética em cada colisão, e poucos centímetros de material são necessários para termalizá-lo. Note-se que, no processo de captura do nêutron pelo próton para a formação de ^{2}H, há liberação de energia em forma de um raio gama de 2,22 MeV, que também deve ser levado em conta na proteção radiológica.

Exemplo 6.3 ———————————————————————————————

Uma energia típica de nêutrons produzidos por fissão é 1 MeV. Calcule quantas colisões elásticas com núcleos de hidrogênio são necessárias para que a energia cinética do nêutron seja reduzida a 1 keV, 1 eV e 0,025 eV.

Resolução

Supondo que a energia cinética do nêutron seja dividida igualmente entre ele e um próton em repouso, podemos escrever que $K_1 = K_0/2$, onde K_1 é a energia cinética do nêutron (energia inicial K_0) após uma colisão com próton. Para sucessivas colisões vale o mesmo raciocínio e, para a enésima colisão, teríamos $K_n = K_0/2^n$. O número necessário de colisões com o hidrogênio para reduzir a velocidade de K_0 para um valor final K_f vale:

$$n_f = \frac{1}{\log 2} \log \frac{K_0}{K_f}$$

Aplicando para as diversas energias finais: $K_f = 1\,\text{keV}$ seriam necessárias $n_f = 10$ colisões; $K_f = 1\,\text{eV}$, 20 colisões; e $K_f = 0,025\,\text{eV}$, 25 colisões.

Comentário

Esse cálculo é bastante simplificado, mas foi um dos problemas enfrentados por Enrico Fermi e seu grupo durante o desenvolvimento do primeiro reator nuclear e a primeira bomba atômica. Eles resolveram esse problema pelo método de Monte Carlo, obtendo também a espessura de material necessária para envolver a fonte de nêutrons e blindá-la.

Por ser eletricamente neutro e não ter campo eletromagnético associado, o nêutron não atua sobre os elétrons e não recebe influência deles. Os meios materiais são bastante transparentes ao nêutron. Da mesma maneira que o fóton, o nêutron pode atravessar distâncias consideráveis sem sofrer qualquer interação e sem perder energia cinética. Nêutrons interagem através de força nuclear forte, que possui curto alcance, e participam de diversas reações nucleares, sofrem espalhamentos elástico e inelástico e podem também ser capturados por núcleos. As probabilidades de interação para cada reação, representadas por seções de choque, são dependentes da energia do nêutron e das características dos núcleos do meio. Em geral, quanto maior a energia dos nêutrons, maior a sua penetração nos materiais, pois a seção de choque de boa parte das interações diminui com o aumento da energia cinética. No entanto, há processos específicos e ressonâncias que fogem a essa regra. Por isso, neste livro serão consideradas somente as radiações secundárias produzidas pela passagem de nêutrons na matéria, além de algumas reações específicas que serão tratadas no Cap. 11, sobre detectores de radiação.

Nos *choques elásticos* com núcleos, o nêutron cede parte de sua energia para o núcleo. O chamado **núcleo de recuo** pode ser uma radiação ionizante secundária se estiver ionizado e se sua velocidade for suficiente para tal. Nos *choques inelásticos*, há uma mudança da energia interna do núcleo (núcleo excitado), que pode se desexcitar por emissão de radiação gama, que é secundária, como o núcleo de recuo. Em *reações nucleares* em geral, há várias possibilidades de radiação secundária, constituída pelas *radiações emitidas* pelos núcleos formados nas reações e *partículas* produzidas nas reações, tais como prótons, partículas alfa, dêuterons, nêutrons etc. Resumindo, a passagem de nêutrons pela matéria pode produzir radiações secundárias direta e indiretamente ionizantes, além de tornar radioativos átomos do meio.

6.6 Deposição de energia no meio pela radiação: dose absorvida

Dose absorvida é uma grandeza física relacionada à transferência de energia da radiação para os materiais e que serve de base para outras grandezas dosimétricas e de proteção radiológica. Ela será tratada também no Cap. 9, mas fazemos aqui a sua introdução para que os aspectos da interação da radiação com a matéria sejam vistos de maneira mais completa. Em um pequeno volume de interesse atingido pela radiação ionizante, a dose absorvida (D)

é, conceitualmente, dada pela energia (dE_{ab}) que o meio recebeu da radiação, por unidade de massa desse volume (dm). Isso pode ser equacionado como:

$$D = \frac{dE_{ab}}{dm} = \frac{(E_{rad})_{entra} - (E_{rad})_{sai} + E_{m \to E} - E_{E \to m}}{dm} \qquad (6.1)$$

onde: $(E_{rad})_{entra}$ é a energia radiante *que entra* no volume, dada pela soma das energias cinéticas de partículas carregadas e de nêutrons e energias de fótons que entram no volume de interesse;

$(E_{rad})_{sai}$ é a energia radiante *que sai* do volume de interesse;

$E_{m \to E}$ é a energia radiante *criada* no volume de interesse por transformações de massa em energia – por exemplo, 1,022 MeV para uma aniquilação de pósitron;

$E_{E \to m}$ é a energia radiante convertida em massa de repouso dentro do volume de interesse – por exemplo, 1,022 MeV para a criação de um par elétron-pósitron por um fóton.

Essa definição, assim detalhada, parece complicada a princípio, mas permite com facilidade que sejam identificados claramente os processos que contribuem com a absorção de energia no meio, como se vê no Exemplo 6.4.

Exemplo 6.4 ——————————————————————————

Um fóton de energia $h\nu$ penetra em volume de interesse, produzindo nele um par elétron-pósitron, marcado com o número (1) nos desenhos. O destino desse par é descrito em três sequências distintas (Figs. 6.5A, 6.5B e 6.5C). Obtenha a dose absorvida nesse volume de massa Δm, para as três sequências de interações.

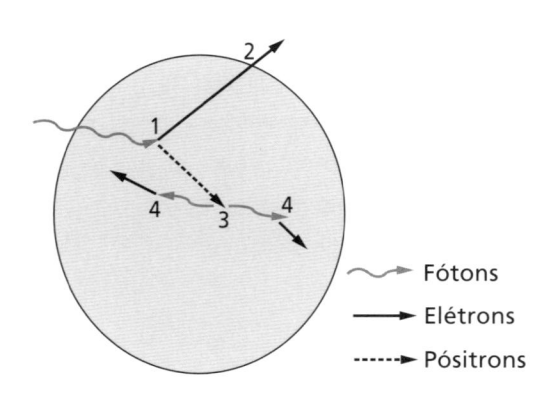

~~~> Fótons
——> Elétrons
·····> Pósitrons

Fig. 6.5A Sequência A: (2) o elétron criado sai do volume com uma energia cinética T'_e; (3) o pósitron criado tem toda a sua trajetória contida no volume e, ao chegar ao repouso, aniquila--se com um elétron do meio, gerando 2 fótons com 511 keV cada um; (4) esses fótons interagem por efeito fotoelétrico no volume, e os fotoelétrons perdem toda a sua energia no volume

Resolução

SEQUÊNCIA A:

$$(E_{rad})_{entra} = h\nu$$
$$(E_{rad})_{sai} = T'_e$$

$$E_{E \to m} = 2m_e c^2,$$
devido à criação do par

$$E_{m \to E} = 2m_e c^2,$$
devido à aniquilação do pósitron

Assim,

$$D_A = (h\nu - T'_e + 2m_e c^2 - 2m_e c^2)/\Delta m$$
$$= (h\nu - T'_e)/\Delta m$$

SEQUÊNCIA B:

$(E_{rad})_{entra} = h\nu$

$(E_{rad})_{sai} = m_e c^2$

(energia do fóton resultante da aniquilação do pósitron, que sai do volume)

$E_{E \to m} = 2m_e c^2,$

devido à criação do par

$E_{m \to E} = 2m_e c^2,$

devido à aniquilação do pósitron

Assim,

$$D_B = (h\nu - m_e c^2 + 2m_e c^2 - 2m_e c^2)/\Delta m$$
$$= (h\nu - m_e c^2)/\Delta m$$

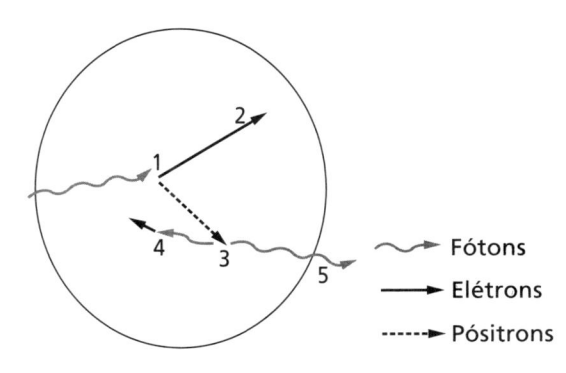

Fig. 6.5B Sequência B: (2) o elétron criado perde toda a sua energia no volume; (3) o pósitron criado tem toda a sua trajetória contida no volume e, ao chegar ao repouso, aniquila-se com um elétron do meio, gerando 2 fótons com 511 keV cada um; (4) um desses fótons interage por efeito fotoelétrico no volume, e o fotoelétron perde toda a sua energia no volume; (5) o outro fóton de 511 keV sai do volume sem interagir

SEQUÊNCIA C:

$(E_{rad})_{entra} = h\nu + m_e c^2,$

referentes ao fóton incidente e a um dos fótons da aniquilação do pósitron que entra no volume

$(E_{rad})_{sai} = T'_p$

$E_{E \to m} = 2m_e c^2,$

devido à criação do par

$E_{m \to E} = 0,$

pois a aniquilação do pósitron ocorre fora do volume de interesse

Assim,

$$D_C = [(h\nu + m_e c^2) - T'_p + 0 - 2m_e c^2]/\Delta m$$
$$= (h\nu - m_e c^2 - T'_p)/\Delta m$$

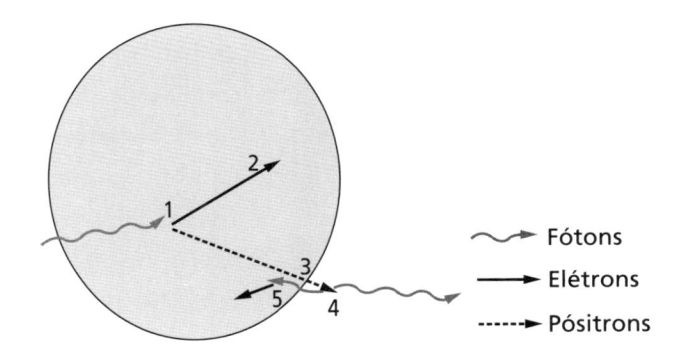

Fig. 6.5C Sequência C: (2) o elétron criado perde toda a sua energia no volume; (3) o pósitron criado sai do volume com uma energia cinética T'_p e (4) é aniquilado fora do volume, gerando 2 fótons com 511 keV cada um; (5) um desses fótons entra no volume, interage por efeito fotoelétrico no volume, e o fotoelétron perde toda a sua energia no volume

---

A grandeza "dose absorvida" é expressa, no SI, em J/kg, unidade que recebe o nome de **gray**, símbolo Gy (1 Gy = 1 J/kg). É calculada para qualquer radiação ionizante que interage em qualquer meio.

Nos Caps. 7 e 8, os mecanismos das interações da radiação ionizante serão mais detalhados, bem como a obtenção de doses absorvidas em várias situações.

PAUL ADRIEN MAURICE DIRAC (8/8/1902 – 20/10/1984)

Nascido na Inglaterra, Paul Dirac foi educado de maneira muito rígida, com seu irmão mais velho e sua irmã mais nova. Sua mãe era inglesa;

o pai, imigrante suíço e professor, era muito autoritário, proibia o contato dos filhos com outras crianças e exigia que falassem inglês e francês sem qualquer erro, à custa de muita punição. Paul declarou mais tarde que nunca teve infância e atribuiu o suicídio do irmão, em 1925, ao comportamento amedrontador do pai. Talvez a timidez e a dificuldade de convivência de Paul com as pessoas em geral também tenham sido fruto dessa fase difícil de sua vida. Niels Bohr, que recebeu em seu instituto inúmeros cientistas, impressionado pela genialidade e pelo comportamento de Dirac, teria dito que ele foi "o homem mais estranho que já visitou meu instituto". Cursou o nível médio durante a Primeira Guerra Mundial, formando-se muito jovem e com muita facilidade, em razão do seu preparo em geometria e cálculo. Estudou Engenharia Elétrica na Universidade de Bristol, formando-se com honras em 1921, tendo lá permanecido mais dois anos estudando matemática. Fez o doutorado em Cambridge, em 1926, e foi professor dessa universidade de 1932 até sua aposentadoria, em 1967. Interessou-se pela então recente Teoria da Relatividade, de A. Einstein, e posteriormente pelo trabalho de W. Heisenberg em Mecânica Quântica, tendo tido acesso ao artigo original antes da publicação (1925). A partir de então, passou a dar contribuições originais à nova teoria, com sua própria interpretação e formulação. Publicou uma série de trabalhos que impressionaram a comunidade científica, que não o conhecia, culminando com seus trabalhos sobre o elétron, que conciliaram a Teoria da Relatividade e a Mecânica Quântica e previram a existência do pósitron.

Em 1937, casou-se com Margrit Balázs, húngara e irmã de Eugene Wigner, com a qual teve duas filhas e viveu por quase 50 anos. Durante a Segunda Guerra Mundial, trabalhou para o serviço secreto britânico, com a finalidade de construir uma bomba nuclear. A partir de 1969, mudou-se para o departamento de Física da Universidade do Estado da Flórida (Tallahassee) e viajou pelo mundo dando palestras. Recebeu metade do Prêmio Nobel em Física de 1933 (Erwin Schrödinger recebeu a outra metade) "pela descoberta de novas formas produtivas de teoria atômica" (Dirac, 1933). Foi, até hoje, o cientista teórico mais jovem a receber essa honraria. Morreu de parada cardíaca aos 82 anos (Farmelo, 2005, 2009).

Fonte:

<http://nobelprize.org/nobel_prizes/physics/laureates/1933/index.html>. Acesso em: fev 2010.

LISTA DE EXERCÍCIOS

1. Com base na Fig. 6.2, discuta quais efeitos são predominantes quando fótons de 100 keV e de 10 MeV incidem em:

   a. água (H_2O), que é um bom simulador do corpo humano para as interações de fótons com a matéria;

   b. chumbo, que é um bom material para blindagem de fontes radioativas emissoras de fótons.

2. Qual a radiação secundária produzida quando fótons interagem com um meio qualquer? E quando nêutrons irradiam a matéria?

3. A radiação diretamente ionizante é classificada em dois grandes grupos: partículas carregadas rápidas pesadas e leves. Discuta as semelhanças e as diferenças das interações dessas partículas com a matéria.

4. Obtenha a dose absorvida, como foi feito no Exemplo 6.4, na seguinte situação: um fóton penetra no meio e produz um efeito Compton em que metade da energia é distribuída a cada partícula (fóton espalhado e elétron). O fóton espalhado sai do volume de interesse sem interagir, e o elétron perde metade de sua energia no volume e sai dele com o restante da energia cinética.

5. Calcule os valores de dose absorvida, em Gy, do Exemplo 6.4, supondo que as três sequências aconteceram no mesmo volume. Utilize:

$$h\nu = 2\,\text{MeV}; \quad T'_e = 200\,\text{keV}; \quad T'_p = 100\,\text{keV}; \quad \Delta m = 1,0\,\mu g$$

6. A Fig. 6.6 ilustra uma irradiação de uma placa de alumínio com prótons de 20 MeV. A placa, com 3,0 mm de espessura, é uniformemente irradiada por um conjunto de 10^6 partículas, todas incidindo perpendicularmente à placa. Os fótons de raios X saindo do bloco de alumínio foram produzidos em processos de *Bremsstrahlung* por elétrons liberados no alumínio pelos prótons.

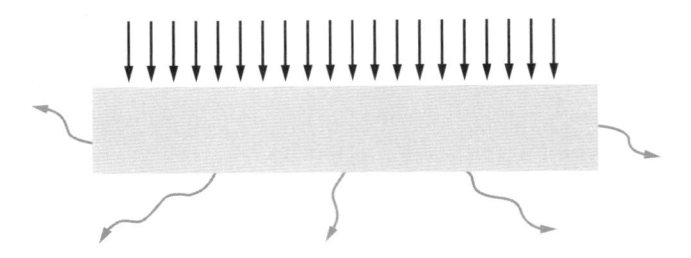

Fig. 6.6 Irradiação de uma placa de alumínio com prótons de 20 MeV

Calcule:

a. a energia incidente na placa de alumínio;

b. a energia absorvida pela placa de alumínio irradiada, se a energia dos raios X que deixam a placa vale 5% da energia incidente calculada em (a). Considere que não há conversões de massa em energia nem de energia em massa dentro da placa;

c. a dose absorvida na placa de alumínio irradiada por prótons, se a massa da placa é de 1,6 g. Dê seu resultado em Gy.

d. Em que item deste exercício você utilizou a espessura do alumínio?

7. Com os valores listados na Tab. 6.1, calcule as energias *médias* perdidas por unidade de trajetória para as seguintes situações, supondo sempre que a espessura do material é igual ao alcance das partículas:

a. em água, elétrons de 20 MeV e de 100 keV (compare os resultados);

b. em água, prótons de 20 MeV e de 100 keV (compare os resultados).

8. Considere um paciente submetido a um cateterismo cardíaco, isto é, uma cineangio coronariografia. O cateter que percorre um vaso sanguíneo, quando se aproxima do coração, injeta um contraste à base de iodo para permitir a visualização otimizada dos vasos sanguíneos e das cavidades do coração. Durante o exame de 30 a 60 minutos, o paciente fica exposto continuamente aos raios X com energia máxima de 80 keV, que permite a formação de imagem numa tela e que é acompanhada pela equipe médica, para verificar em cada instante a posição do cateter e a distribuição do meio de contraste.

a. Descreva como ocorre a deposição de energia da radiação no corpo do paciente.

b. Discuta a principal contribuição do efeito fotoelétrico e do efeito Compton na imagem em filme de raios X tirada para fins diagnósticos.

c. Qual o papel do iodo usado para contraste? Explique, em termos físicos, por que ocorre o contraste.

Respostas

5. $D_A = 0,288$ mGy; $D_B = 0,238$ mGy; $D_C = 0,222$ mGy

6. a) 20×10^6 MeV; b) 19×10^6 MeV; c) $1,90$ mGy

7. a) $0,215$ e $0,699$ keV/μm; b) $4,69$ e $62,11$ keV/μm

ATTIX, F. H. *Introduction to radiological Physics and radiation dosimetry*. USA: John Wiley & Sons, 1986.

JOHNS, H. E.; CUNNINGHAM, J. R. *The Physics of Radiology*. 4. ed. USA: Charles C. Thomas Publisher,1983.

TURNER, J. E. Interaction of ionizing radiation with matter. *Health Phys.*, v. 86, p. 228-252, 2004.

TURNER, J. E. *Atoms, radiation, and radiation protection*. 3. ed. Federal Republic of Germany: Wiley-VCH, 2007.

Materiais de divulgação científica:

Antimatéria: <http://www.dfn.if.usp.br/pagina-dfn/divulgacao/abc/antimateria/antimateria.html>.

MACHADO, A. C. B.; PLEITEZ, V.; TIJERO, M. C. Usando a antimatéria na Medicina moderna. *Revista Brasileira de Ensino de Física*, São Paulo, v. 28, n. 4, 2006.

Leitura recomendada

Interação de partículas carregadas rápidas com a matéria

7

7.1 Caracterização das interações

Como vimos no Cap. 6, **partículas carregadas** interagem um número muito grande de vezes até perderem totalmente sua energia cinética. Neste capítulo aprofundaremos o entendimento dos processos de interação, verificando sua variação com energia da partícula carregada e composição do meio.

Em geral, quando um feixe de partículas carregadas atinge um material, o número de partículas no feixe praticamente não muda, mas a energia média das partículas diminui. O estudo dessas partículas interessou diversos pesquisadores, como William H. Bragg, N. Bohr e E. Rutherford, e foi iniciado logo após a descoberta da radioatividade e da identificação da partícula alfa e do elétron. O principal objetivo desses estudos é a previsão e quantificação das perdas de energia das partículas e, consequentemente, a previsão da deposição de energia no meio. Graças a esses conhecimentos, é possível utilizar partículas carregadas para gerar feixes de raios X empregados em **radiologia diagnóstica** e em radioterapia; utilizar prótons em irradiações de tumores e realizar exames sofisticados com o uso de tomografia por emissão de pósitrons.

As interações mais frequentes das partículas carregadas são com a nuvem eletrônica, mas elas podem também acontecer com o átomo como um todo e com o núcleo. Resumidamente, podemos classificar as interações – boa parte delas envolvendo os campos elétricos da partícula e dos alvos – em:

i. *Colisão inelástica com o átomo* (**colisão suave**): trata-se da interação entre a partícula e todo o átomo ou os elétrons de camadas eletrônicas externas, resultando em excitação atômica e, raramente, ionização. A partícula sofre uma pequena perda de energia e de momento. É a interação mais frequente para partículas pesadas, embora não seja nessas interações que a partícula perca a maior parte de sua energia. Uma pequena fração da energia perdida pelas partículas em colisões suaves pode ocorrer por emissão de **radiação de Cherenkov** (trata-se da emissão de luz, com λ predominantemente na faixa azul do espectro, que ocorre quando uma partícula atravessa um meio com velocidade maior que a velocidade da luz naquele meio, que vale c/n, onde n é o índice de refração da luz no meio. A luz azul que se vê na piscina do reator nuclear nas proximidades do combustível nuclear é a radiação de Cherenkov). Mais detalhes em Cherenkov (1958).

ii. *Colisão inelástica com elétron fortemente ligado* (**colisão dura**): é uma colisão frontal na qual pode ocorrer grande perda de energia pela partícula e ionização do átomo. O elétron ejetado do átomo pode adquirir energia cinética suficiente para se afastar da trajetória da partícula inicial, criando um caminho de ionizações fora da região do feixe incidente. A esse elétron dá-se o nome de **raio delta**.

iii. *Colisão elástica com o núcleo*: a partícula primária aproxima-se do núcleo e sofre uma grande mudança na direção da trajetória, sendo a compensação de momento dada pelo recuo do núcleo.

iv. *Colisão inelástica com o núcleo*: a partícula primária aproxima-se do núcleo e perde uma parcela muito grande da sua energia (até toda ela), na forma de um fóton de raios X, no processo conhecido como **Bremsstrahlung**. Nas energias usuais de partículas carregadas, só é observado se a massa de repouso da partícula é pequena, como é o caso de elétron e pósitron. A parcela da energia cinética do elétron convertida em radiação é tanto maior quanto mais próximo ele estiver do núcleo no momento da emissão. Os cálculos quânticos mostram que só em uma pequena fração (2% a 3%) das interações elétron-núcleo a **radiação de freamento** é emitida – na grande maioria desses eventos ocorre simplesmente uma deflexão da trajetória da partícula, sem perda de energia. Classicamente se esperaria a emissão de radiação em todas essas colisões.

v. *Aniquilação do pósitron*: ocorre, em geral, entre o pósitron com velocidade muito baixa e um elétron praticamente em repouso no meio – o par desaparece, e há emissão de dois fótons, cada um com energia $h\nu = 0{,}511\,\text{MeV}$. Pode acontecer também quando a velocidade do pósitron é ainda grande – chamada de *aniquilação em voo* –, caso em que a energia cinética que possui é convertida também em energia dos fótons.

vi. *Reações nucleares*: para energias muito elevadas ($\sim$GeV), podem ocorrer, em proporções consideráveis, reações com o núcleo como um todo ou com os núcleons individualmente, com probabilidades mais elevadas. Essas interações não são atualmente consideradas na **Física Médica**, por serem pouco prováveis nas energias usuais (elétrons e pósitrons com até dezenas de MeV e íons com até centenas de MeV). Nas situações em que íons são usados para irradiar seres humanos (radioterapia com prótons, por exemplo), é importante verificar as probabilidades de ocorrerem reações nucleares, pois partículas densamente ionizantes podem ser liberadas do núcleo nesses eventos. As interações podem envolver campos eletromagnéticos ou forças nucleares.

Cada uma dessas seis interações tem uma probabilidade de ocorrer que depende da velocidade, da massa e da carga da partícula, e do **parâmetro de impacto** da colisão (distância entre a trajetória da partícula e o centro de forças). Como o núcleo ocupa uma região muito pequena do átomo e seu campo elétrico é blindado pela nuvem eletrônica, interações com o núcleo são mais raras do que com os elétrons atômicos. As colisões suaves são mais frequentes que as colisões duras.

7.2 PODER DE FREAMENTO

Para cada interação, meio e partícula, são calculadas as perdas de energia ΔK_i da partícula. Para as colisões duras e suaves, as ΔK_i são devidas às *ionizações* e *excitações* do meio; a produção de *Bremsstrahlung* e a aniquilação em voo correspondem a perdas de energia das partículas que contribuem para a produção de radiação eletromagnética (fótons de raios X e gama). A composição dos possíveis valores de ΔK_i ponderados pela probabilidade de ocorrência de cada tipo de interação resulta na grandeza conhecida como **poder de freamento** (*stopping-power*), que representa a *perda média de energia por unidade de caminho* da partícula em um determinado meio e é simbolizada por $\frac{dE}{dx}$ ou S, com unidade [MeV/cm]. Também se usam os símbolos $\frac{dE}{\rho dx}$ ou s para representar o **poder de freamento mássico** em unidades [MeV·cm^2/g], para situações em que o caminho percorrido no meio é dado em g/cm^2. As unidades utilizadas nas duas situações não pertencem ao SI, mas são largamente empregadas em Física Nuclear.

O poder de freamento tem valores sempre positivos e, apesar do símbolo, não é uma derivada da energia. É considerado como o limite da perda de energia da partícula para percursos dx muito pequenos. Como cada partícula tem sua própria história e trajetória no meio, o poder de freamento é um conceito estatístico em que a *média* é considerada *sobre um conjunto grande de partículas idênticas e com mesma energia*. Além disso, é importante frisar que o poder de freamento muda com a energia da partícula e, portanto, muda ao longo da trajetória de cada partícula. Sabin e Oddershede (2005) fazem uma boa revisão conceitual sobre o poder de freamento.

Em termos práticos, conhecida a energia cinética ou a velocidade das partículas que incidem em um meio, é possível obter a energia perdida em uma espessura pequena Δx (se $\Delta x \ll$ alcance) pela aproximação:

$$\Delta E \cong \Delta x \frac{dE}{dx} = \Delta x \rho \frac{dE}{\rho dx}. \tag{7.1}$$

Pelas razões já relatadas no Capítulo 6, há expressões distintas para o poder de freamento para *elétrons* e para *partículas carregadas pesadas*, como será explicitado nas próximas seções. Para ambos os tipos de partículas, no entanto, é feita a aproximação, segundo a qual a perda de energia é contínua em todo o percurso, pois os eventos que correspondem a perdas muito elevadas são raros. Essa aproximação recebe a sigla em inglês de **CSDA**, correspondente a *Continuous Slowing-Down Approximation*.

O conceito de *alcance*, já introduzido no Cap. 6, merece também alguns comentários. Experimentalmente, o que se pode obter é a espessura de um material suficiente para frear todo o conjunto de partículas que incidiu perpendicularmente nele. Há situações em que essa espessura é muito próxima do comprimento médio da trajetória das partículas no meio, mas, em geral, é menor do que ela. Uma vez conhecido o poder de freamento e sua variação com a energia, é possível obter uma estimativa de alcance, na condição CSDA, pela integral:

$$\Re_{CSDA} = \int\limits_{K_0}^{0} \frac{1}{dE/\rho dx} dE \quad (\text{em g/cm}^2)$$

que representa o **percurso médio** das partículas no meio e é uma estimativa superior ao alcance obtido experimentalmente.

7.3 PARTÍCULAS CARREGADAS PESADAS

7.3.1 Poder de freamento para partículas carregadas pesadas

No cálculo do poder de freamento dessas partículas, são incluídos somente os processos de colisões suave e dura, e, portanto, o poder de freamento está relacionado com a ionização e a excitação dos átomos do meio, sendo chamado de **poder de freamento eletrônico** ou **por colisão**. Somente quando a energia das partículas carregadas pesadas (PCP) é muito baixa, torna-se importante também o espalhamento elástico com o núcleo, cuja perda de energia é computada separadamente, no **poder de freamento nuclear**, com valores muito inferiores ao eletrônico.

Além das dificuldades inerentes aos cálculos de perda de energia na matéria – conhecimento da distribuição de elétrons no meio com aproximações adequadas (Hartree-Fock, por exemplo), avaliação da polarização dos átomos pelo campo da partícula em movimento, conhecimento do potencial de interação em cada ponto do espaço –, deve-se incluir ainda a possibilidade de mudanças da carga da partícula durante sua trajetória na matéria e também a excitação de seus estados eletrônicos quando é um íon "vestido" (átomo do qual nem todos os elétrons foram retirados). Na verdade, pode haver muitas capturas e perdas de elétrons ao longo do caminho de um íon na matéria. Mesmo um dos menores íons, a partícula alfa, muda de estado de ionização em torno de mil vezes em um trajeto completo, segundo Evans (1955). Define-se então uma **carga efetiva** que diminui à medida que o íon perde velocidade. A forma com que ocorre essa diminuição depende do meio (Bohr, 1941; Ziegler; Biersack; Ziegler, 2008).

Apesar de não haver uma expressão analítica para poder de freamento eletrônico válida para todas as faixas de energia, a Eq. (7.2) apresenta uma boa aproximação (para carga fixa do íon e velocidade da partícula muito maior que as velocidades dos elétrons nos orbitais atômicos), apenas para que as variações com o meio e com carga, massa e velocidade da partícula possam ser analisadas (Attix, 1986):

$$s_{PCP_C} = \left(\frac{dE}{\rho dx} \right)_{PCP_C} = 0{,}3071 \frac{Z}{A} \left(\frac{z}{\beta} \right)^2 \left[13{,}8373 + \ln\left(\frac{\beta^2}{1-\beta^2} \right) - \beta^2 - \ln I - \frac{C}{Z} \right] \quad \textbf{(7.2)}$$

onde o subíndice C significa que é o **poder de freamento por colisão**; Z, A e I são, respectivamente, o número atômico, o número de massa e o potencial de excitação médio do átomo do meio que é atingido; e ze e βc são a carga e a velocidade da partícula. O termo C/Z é chamado **correção de camada** (*shell correction*) e corrige a expressão no caso de a energia da partícula não ser muito maior que a dos elétrons nas camadas eletrônicas. Na Eq. (7.2), os valores numéricos foram obtidos de modo que o poder de freamento é dado em $[\text{MeV}\cdot\text{cm}^2\cdot\text{g}^{-1}]$.

A primeira verificação que se faz na Eq. (7.2) é que *não há dependência em relação à massa da partícula*: íons de mesma carga e velocidade possuem o mesmo poder de freamento (vale lembrar que, se as massas são diferentes, as *energias cinéticas* não são as mesmas). Também é notável, na Eq. (7.2), que a principal dependência em relação ao meio apareça na forma (Z/A),

que é uma razão decrescente à medida que Z aumenta, mas pouco variável ao longo da Tabela Periódica (Z/A vale 0,5000 para o oxigênio e 0,3865 para o urânio). A dependência com relação ao meio está também no **potencial de excitação médio**, I, que aparece na Eq. (7.2) como $-\ln I$ e representa a energia média gasta para ionizar e excitar os átomos do meio irradiado. Esse valor é, em geral, obtido semiempiricamente, pois os cálculos teóricos não levam a um bom resultado. Seus valores são tabelados, notando-se uma dependência praticamente linear com relação a Z – pode ser grosseiramente aproximado por $I = 10Z$, em eV (Evans, 1955). Segundo a Eq. (7.2), portanto, o poder de freamento mássico decresce com o número atômico do material. Essa variação pode ser avaliada na Fig. 7.1, em que a variação com a energia para feixes de prótons é vista para vários elementos (C, O, Pb) e compostos (água e osso).

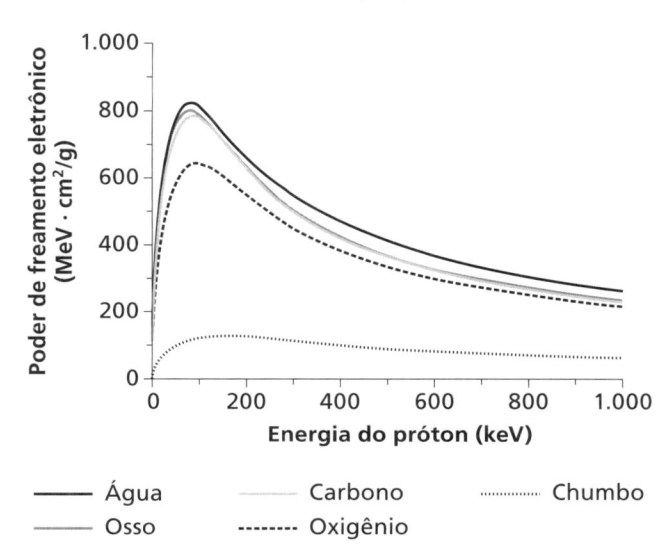

Fig. 7.1 Poder de freamento mássico eletrônico para prótons (^{1}H$^+$) incidentes em água, osso compacto, carbono (grafite), oxigênio e chumbo em função da energia cinética do próton. Valores obtidos da base de dados PStar (Berger et al., 2010a)

No caso de misturas e compostos, se não há valores específicos, obtidos teórica ou experimentalmente, calcula-se o poder de freamento a partir da combinação dos elementos químicos que formam o composto:

$$\left(\frac{\mathrm{d}E}{\rho\mathrm{d}x}\right)_{mist} = w_1\left(\frac{\mathrm{d}E}{\rho\mathrm{d}x}\right)_1 + w_2\left(\frac{\mathrm{d}E}{\rho\mathrm{d}x}\right)_2 + \cdots w_i\left(\frac{\mathrm{d}E}{\rho\mathrm{d}x}\right)_i + \cdots \qquad (7.3)$$

onde os w_i são as frações em massa de cada elemento químico i presente no composto. A Eq. (7.3) é chamada de **Regra de Bragg** e vale também para o poder de freamento por colisão de elétrons.

A variação do poder de freamento com a carga da partícula é forte: s_{PCP} cresce com o quadrado da carga, segundo a Eq. (7.2). Assim, uma partícula alfa de mesma velocidade que um próton perde quatro vezes mais energia por unidade de caminho que o próton – em consequência, tem um alcance aproximadamente quatro vezes menor que o do próton. Já a variação do poder de freamento com a velocidade da partícula não fica óbvia na Eq. (7.2) e, além disso, essa equação não é válida para energias baixas da partícula.

A Fig. 7.2 apresenta a variação do poder de freamento eletrônico de partículas carregadas com a energia e com a velocidade da partícula, para íons positivos incidentes em água, obtida com cálculos mais sofisticados que a Eq. (7.2), por método de Monte Carlo. Nota-se claramente na Fig. 7.2 que, para velocidades muito baixas, s_{PCP} tem um comportamento crescente com β, chegando a um valor máximo. Para valores de β acima de $\sim 0,2$, pode-se observar, na Fig. 7.2A, que a previsão de variação de s_{PCP} com o quadrado da carga do íon é válida, pois os valores do poder de freamento para He^{2+} e C^{6+} são aproximadamente 4 e 36 vezes maiores que o poder de freamento para H^+, como mostram os segmentos auxiliares que representam essas razões. Para velocidades menores, esse fato não se verifica, e as discrepâncias em relação ao comportamento esperado pela Eq. (7.2) são grandes, em razão das aproximações contidas na sua obtenção e, principalmente, pelo fato de a carga do íon diminuir quando sua velocidade é muito baixa.

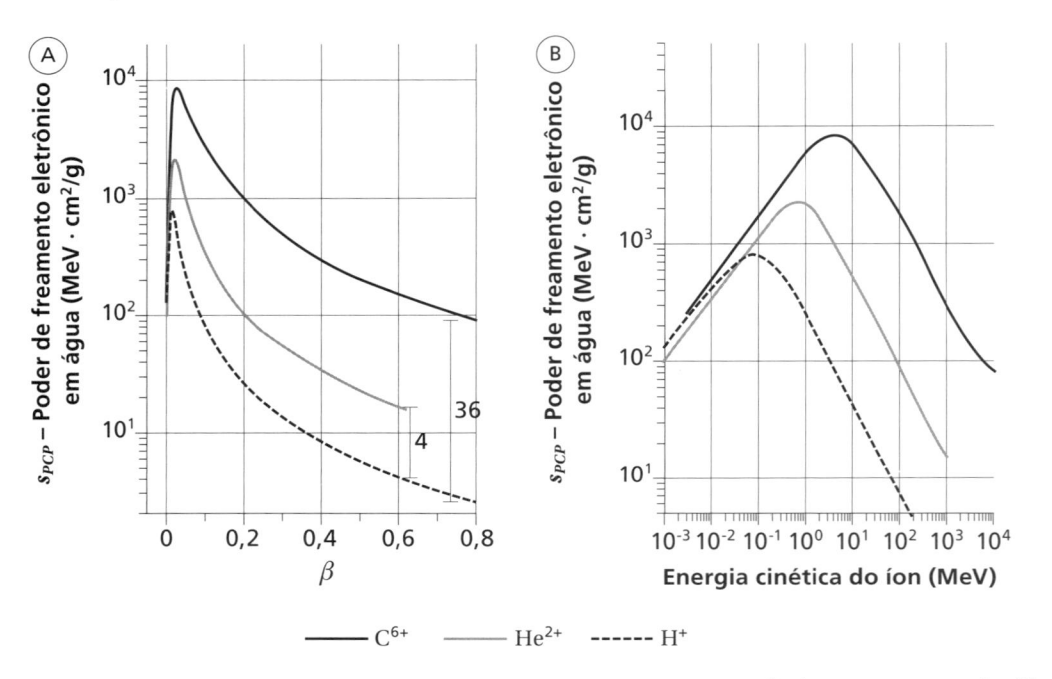

Fig. 7.2 (A) Poder de freamento mássico eletrônico para três íons – próton ($^1H^+$), partícula alfa ($^4He^{2+}$) e carbono ($^{12}C^{6+}$) – incidentes em água, em função da velocidade dos íons; (B) mesmos valores de poder de freamento, em função da energia cinética das partículas. Valores obtidos com os programas PStar e AStar (Berger et al., 2010a) e MStar (Paul, 2010)

Exemplo 7.1

Obtenha a energia perdida por um feixe de prótons de 20 MeV com 10^{10} partículas, que incide na córnea do olho. Suponha que a córnea tenha 0,60 mm de espessura e que sua composição química seja muito próxima à da água.

Resolução

Com base na Tab. 6.1, obtém-se que o alcance de prótons dessa energia em água é de 4,26 mm. Então, podemos considerar que a espessura da córnea é suficientemente pequena para que valha a Eq. (7.1).

Da Fig. 7.2 obtemos o valor de s para prótons de 20 MeV, que é de 26 MeV·cm²/g. Substituindo os valores, em unidades coerentes, na Eq. (7.1), temos:

$$\Delta E \cong \Delta x \rho \frac{dE}{\rho dx} = 0,060 \times 1 \times 26 = 1,56 \text{ MeV por próton incidente, em média.}$$

Para o feixe como um todo, a energia perdida nessa espessura da córnea será de $1,56 \times 10^{10}$ MeV $= 2,50 \times 10^{-3}$ J.

Devido à inexistência de expressão analítica que descreva bem o comportamento do poder de freamento para todas as energias, há vários conjuntos de tabelas de dados e programas disponíveis para o cálculo dessa grandeza baseados em compilações de dados experimentais e uso de códigos de simulação em situações bastante realistas (Ziegler; Biersack; Siegler, 2008; Berger et al., 2010a; Paul; Schinner, 2003; Paul, 2010).

Uma consequência imediata do comportamento de s com a energia cinética do íon é uma não uniformidade da deposição de energia por unidade de caminho ao longo de todo o percurso no meio. Na verdade, há uma grande densidade de ionizações um pouco antes do final da trajetória do íon, que produz o que normalmente é chamado de **pico de Bragg**, em homenagem a W. H. Bragg, o qual, em 1905, observou pela primeira vez o comportamento sistemático da absorção de energia de partículas alfa na matéria (Bragg, 1906 apud Evans, 1955). A Fig. 7.3 mostra o comportamento esperado para a deposição de energia por um próton na água, para três energias distintas, e por um conjunto de prótons de 200 MeV (no destaque). Nesse último caso, como nem todas as partículas do feixe seguem exatamente a mesma trajetória, há um alargamento da região de maior deposição de energia em relação a uma partícula isolada. Essa característica de deposição de energia localizada em final de trajetória de partículas carregadas pesadas tem sido empregada na radioterapia nos últimos anos, principalmente na **protonterapia** (Smith, 2006): a estratégia é utilizar uma energia de partícula tal que o tumor esteja localizado nessa região em que as partículas do feixe incidente depositam grandes quantidades de energia, ocorrendo uma grande distinção entre energia depositada no tumor e nos tecidos vizinhos.

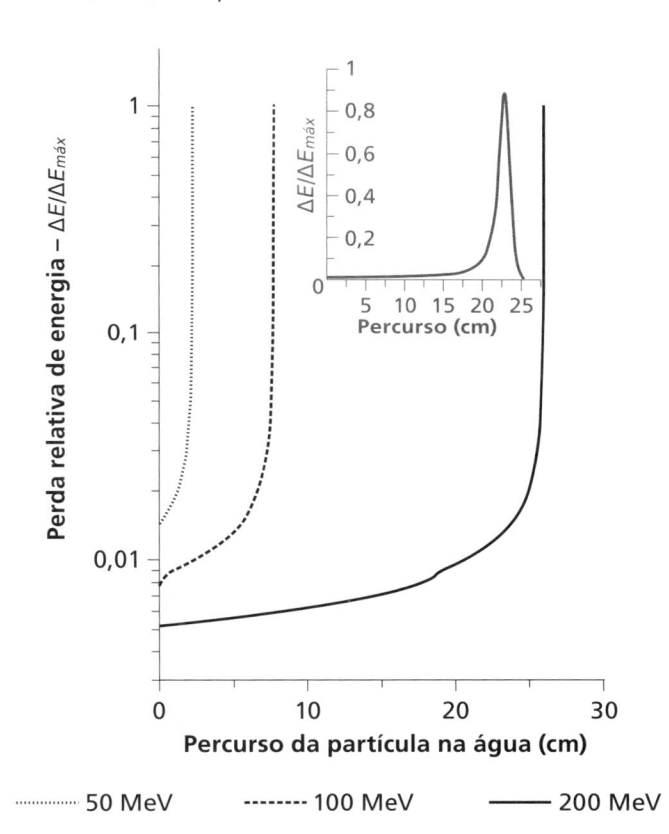

Fig. 7.3 Simulação da perda de energia por um único próton em água, em função da distância percorrida, para energias iniciais de 50, 100 e 200 MeV. No destaque, a perda relativa (em escala linear) para um feixe de muitos prótons de 200 MeV, que, por variações individuais de trajetória, mostra um alargamento da região onde ocorre a máxima deposição de energia, configurando o pico de Bragg

Fonte: adaptado de Yoshimura, 2009.

7.3.2 Alcance para partículas carregadas pesadas

Há diversas formas de definir o alcance de uma partícula carregada experimentalmente, e o gráfico da Fig. 7.4 mostra algumas delas. Todas as curvas apresentadas são obtidas quando um feixe monoenergético de partículas idênticas incide perpendicularmente em um material absorvedor homogêneo com espessuras crescentes. A curva tracejada, indicada com **1** na Fig. 7.4, mostra uma situação ideal em que o alcance é facilmente reconhecido: todas as partículas atravessam distâncias até o valor de espessura $L_{máx}$, e nenhuma a ultrapassa. As curvas reais, porém, assemelham-se mais às curvas **2** (partículas carregadas pesadas) ou **3** (elétrons e pósitrons): o decréscimo do número de partículas é lento, em razão da dispersão das trajetórias. Nas curvas reais, pode-se definir **alcance médio** (L_{50}) como a espessura que reduz o número de partículas à metade; ou **alcance extrapolado** (L_{ext}), obtido pela intersecção entre a tangente à curva de penetração e o eixo-x; ou ainda, **alcance máximo** ($L_{máx}$), obtido pela intersecção da parte final da curva com o eixo das abscissas ou com o nível de fundo.

A essas definições experimentais de alcance acrescenta-se outra, obtida por cálculos: **alcance projetado** (L_{proj}), definido como o valor médio das espessuras máximas de material que cada uma das partículas do feixe atravessa. Como partículas pesadas tendem a caminhar em linha reta, L_{proj} é bastante próximo do comprimento da trajetória. Na Fig. 7.5, temos exemplos de como o alcance projetado cresce com a energia da partícula, para feixes de H^+, He^{2+} e C^{6+} incidindo em água e ar.

Curvas como as mostradas na Fig. 7.5 são chamadas de **curvas de alcance-energia** e são fortemente dependentes com relação à energia da partícula, e essa dependência cresce à medida que a energia aumenta. É fácil verificar que, ao dobrar a energia da partícula, obtêm-se aumentos no alcance que podem ser muito maiores que o dobro do valor inicial. Essas curvas podem ser interpretadas também como as variações que ocorrem no alcance da partícula à medida que ela perde energia no meio: a partir de uma energia inicial, ao percorrer uma distância menor que o seu alcance, a partícula atinge a energia correspondente a um

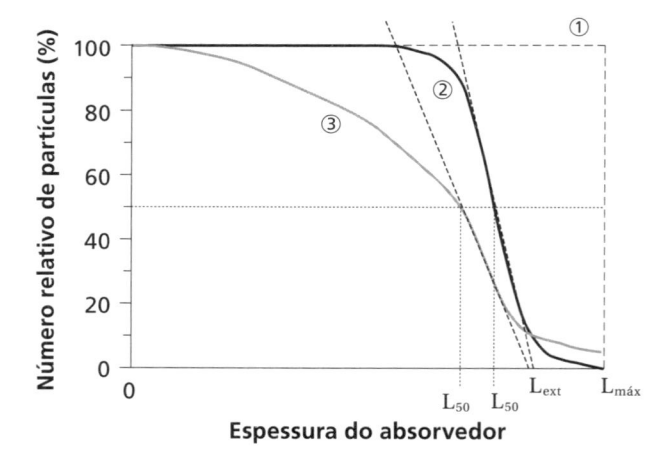

Fig. 7.4 Exemplos de curvas de penetração de partículas carregadas e algumas possíveis definições de alcance, explicadas no texto

Fonte: adaptado de Yoshimura (2009).

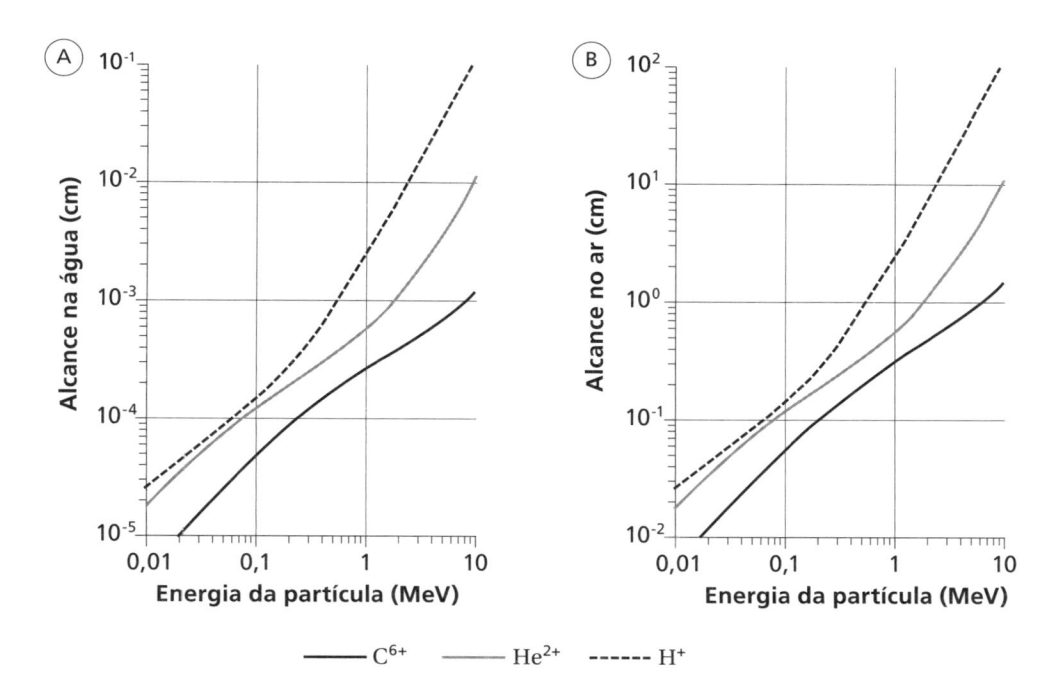

Fig. 7.5 Alcance projetado para íons de H^+, He^{2+} e C^{6+} incidindo em água (A) e ar (B) em função da energia cinética da partícula. Valores obtidos com as bases de dados PSTAR e ASTAR (Berger et al., 2010a) e com o programa SRIM (Ziegler; Biersack; Ziegler, 2008)

novo alcance, dado pela diferença entre o alcance inicial e a distância percorrida. Curvas de alcance-energia podem ser usadas tanto para prever uma espessura de material que garanta a blindagem de uma fonte emissora de partículas carregadas como para obter espessuras de material que reduzam a energia de um feixe de um valor inicial para um valor menor, como mostrado no Exemplo 7.2.

Exemplo 7.2

Utilize a Fig. 7.5B para obter o alcance de partículas alfa no ar com as energias mostradas na Tab. 7.1A. A partir desses valores, obtenha a espessura de ar necessária para diminuir a energia das partículas alfa emitidas pelo ^{210}Po do valor inicial (5,34 MeV) para 2 MeV.

Resolução

Com base na Fig.7.5B, preenchemos a Tab. 7.1A com os respectivos alcances no ar (Tab. 7.1B):

Podemos agora interpretar esses valores com o seguinte raciocínio, ilustrado na Fig. 7.5C: as partículas α emitidas pelo ^{210}Po têm uma expectativa de caminhar 3,9 cm de ar (seu alcance para a energia inicial, segundo a Tab. 7.1B). Ao atingirem a energia final

Tab. 7.1A

Energia da partícula alfa (MeV)
1,0
2,0
3,0
4,0
5,34

Tab. 7.1B

Energia da partícula alfa (MeV)	Alcance no ar (com base na Fig. 7.5B) (cm)
1,0	0,55
2,0	1,0
3,0	1,8
4,0	2,6
5,34	3,9

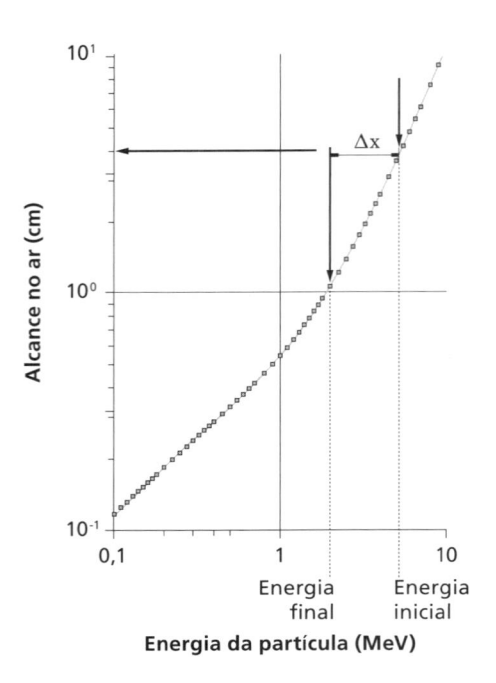

Alcance no ar (cm) / Energia da partícula (MeV)

Energia final — Energia inicial

Fig. 7.5C

de 2 MeV, sua expectativa de caminho passa para 1,0 cm, que é o alcance dessas partículas com 2 MeV. Assim, o caminho percorrido para chegar aos 2 MeV de energia é a diferença entre essas duas expectativas, entre os dois alcances:

$$\Delta x_{ar} = 3,9 - 1,0 = 2,9 \, cm$$

É o equivalente a interromper o caminho da partícula quando ainda resta uma energia que permitiria ainda percorrer 1,0 cm.

$L_{5,34}$

Δx_{ar} L_2

Comentário

Ao observarmos os valores da Tab. 7.1B, vemos que uma partícula alfa de 4 MeV anda bem mais (1,6 cm) para gastar os seus primeiros 2 MeV do que para gastar os dois últimos (1,0 cm). Isso é consequência direta do fato de o poder de freamento ser muito mais elevado para baixas energias.

7.4 Partículas carregadas leves: elétrons e pósitrons

A obtenção de expressões para o **poder de freamento de elétrons e pósitrons** é bastante complexa, dada a necessidade do uso de expressões relativísticas para descrever o movimento das partículas. Além disso, como as perdas de energia das partículas em processos radiativos são importantes, estabeleceu-se a prática de separar o poder de freamento em duas parcelas distintas, por colisão e por radiação:

$$S_{tot} = S_C + S_R \quad ou \quad s_{tot} = s_C + s_R \tag{7.4}$$

Já o alcance para elétrons, apesar de ter a mesma definição que para as partículas carregadas pesadas, é mais difícil de ser relacionado com o comprimento de trajetória, por causa das grandes deflexões sofridas durante o percurso.

Vale lembrar também que, para feixes de elétrons, em razão de espalhamentos a grandes ângulos, o número de partículas que caminha na direção do feixe diminui um pouco ao longo do caminho, fato que não será considerado aqui (detalhes em Attix, 1986).

7.4.1 Poder de freamento por colisão para elétrons e pósitrons

Há diferenças no poder de freamento de pósitrons e elétrons, principalmente pelo chamado **efeito de troca** (*exchange effect*): elétrons interagem com partículas idênticas (elétrons atômicos), às quais, numa colisão dura, só podem fornecer metade de sua energia cinética (considera-se que o elétron que sai da colisão com energia cinética maior é o elétron incidente, e aquele com energia menor é o ejetado do átomo). Já o pósitron pode fornecer até toda a sua energia cinética em uma colisão com partícula distinta dele, mas de mesma massa. Esse efeito normalmente resulta em pequenas diferenças nos valores de s_C, que não serão mostradas aqui, mas que podem ser vistas em detalhes, por exemplo, em Fernández-Varea et al. (2005). Usaremos a palavra *elétron* como significado de elétrons negativos e positivos (pósitrons). Da mesma forma que para partículas carregadas pesadas, os valores de *poder de freamento por colisão* são obtidos em bancos de dados como o de Berger et al. (2010a).

O comportamento de s_C com a energia do elétron para alguns materiais pode ser visto na Fig. 7.6. Ao compará-la com a Fig. 7.1, vemos que há algumas semelhanças: tanto para elétrons como para prótons, o poder de freamento diminui com o aumento do número atômico do meio e tem uma tendência de queda com a energia da partícula para energias intermediárias. Outra característica que é mais notável para elétrons do que para prótons é o comportamento lentamente crescente de s_C com energias elevadas da partícula.

Os valores de s_C mostrados na Fig. 7.6 são, em geral, muito mais baixos do que os observados para partículas carregadas de carga $1e$ (Fig. 7.1): para o mesmo valor de energia cinética, os valores para elétrons são ordens de grandeza mais baixas do que para prótons. No entanto, os valores de s_C para elétrons e para partículas pesadas de carga $1e$ com a *mesma velocidade* são praticamente idênticos, como mostra o gráfico da Fig. 7.7.

Embora o forte aumento do poder de freamento por colisão de elétrons com a diminuição da energia indique uma maior deposição de energia em locais profundos do meio, como ocorre para partículas carregadas pesadas (pico de Bragg), isso não ocorre para um feixe de elétrons, porque as trajetórias dos elétrons são muito variadas (veja os exemplos da Fig. 6.1). Assim, o final de trajetória de cada elétron ocorre em uma posição diferente no material, provocando uma

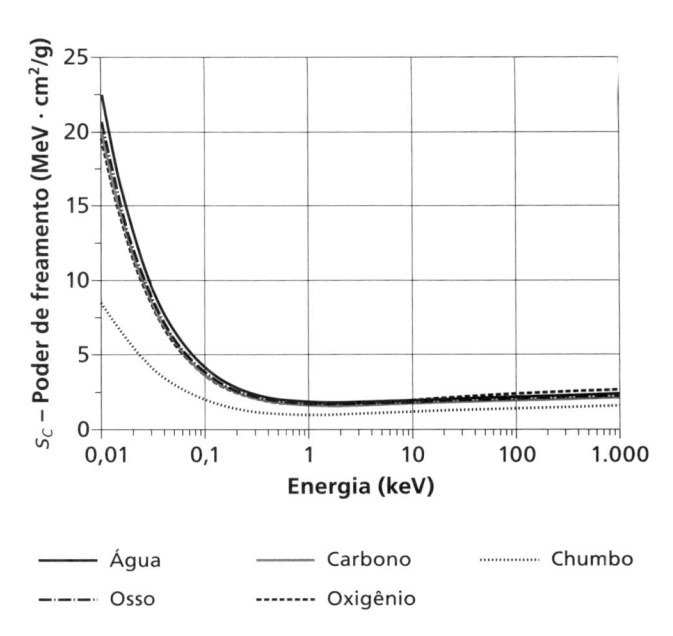

Fig. 7.6 Poder de freamento por colisão para elétrons incidindo em água, osso, carbono, oxigênio e chumbo, em função da energia cinética do elétron. Valores obtidos com a base de dados ESTAR (Berger et al., 2010a)

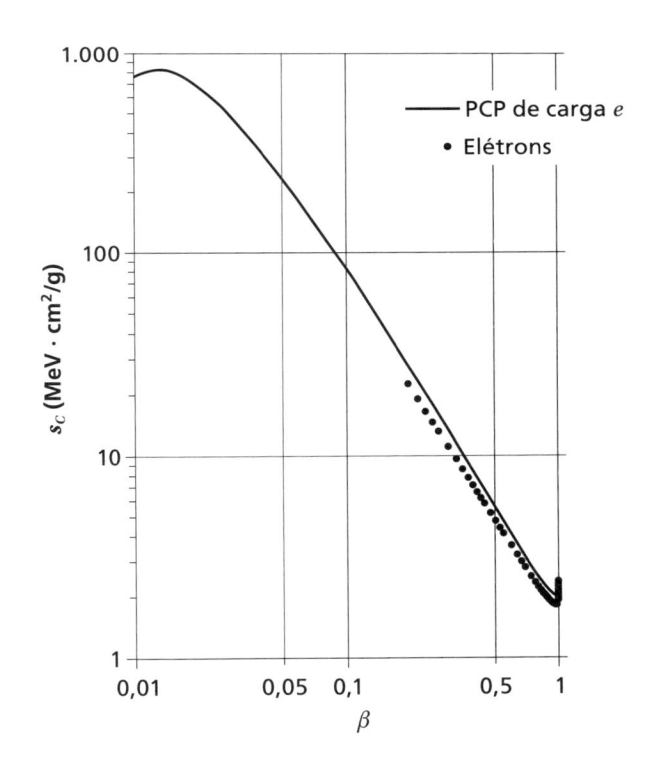

Fig. 7.7 Poder de freamento por colisão para elétrons e para partículas carregadas pesadas de carga $1e$ incidindo em água, em função da velocidade. Valores obtidos com as bases de dados ESTAR e PSTAR (Berger et al., 2010a)

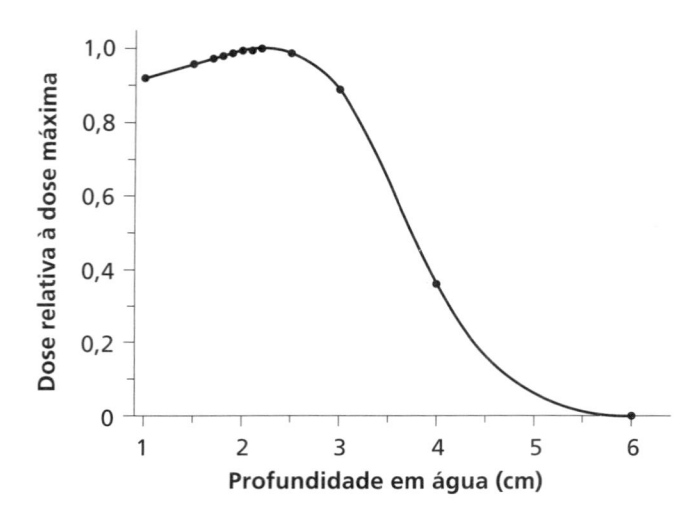

Fig. 7.8 Variação da dose com a profundidade em água de um feixe de elétrons de 9 MeV utilizado em radioterapia. A linha que une os pontos é uma *spline*. (Valores experimentais obtidos por grupo de alunos da disciplina Física das Radiações II, Instituto de Física da USP, em 2008)

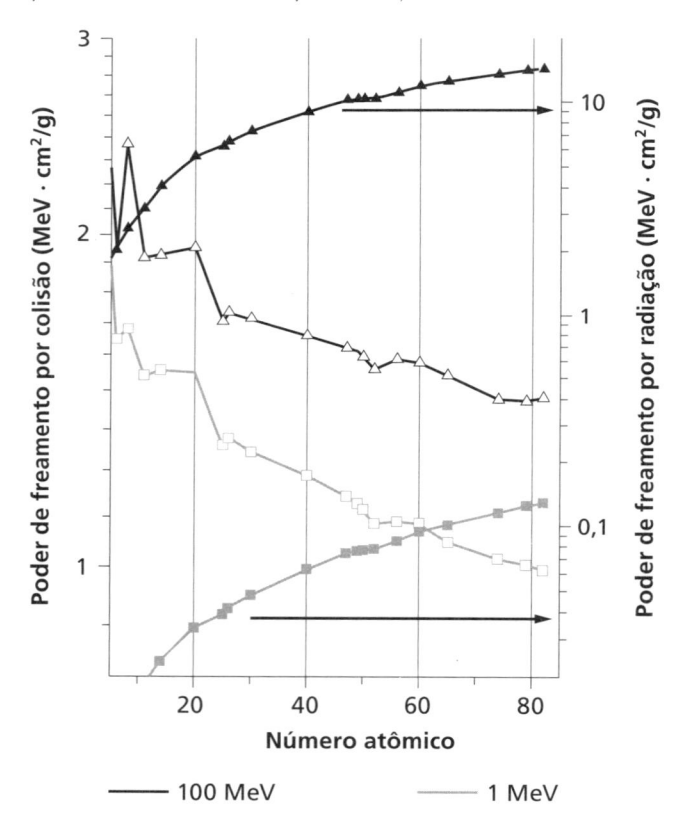

——— 100 MeV   ——— 1 MeV

Fig. 7.9 Poder de freamento por colisão (símbolos vazios, escala à esquerda) e por radiação (símbolos cheios, escala à direita) para elétrons incidentes em diversos elementos químicos, para energias de 1,0 (quadrados) e 100 MeV (triângulos). As linhas são para guiar os olhos. Valores obtidos com a base de dados ESTAR (Berger et al., 2010a)

dispersão nessa energia depositada, que é mais homogeneamente distribuída do que a energia das partículas carregadas pesadas, como se vê na Fig. 7.8, obtida com um feixe de elétrons monoenergético e largo incidindo em água.

A dependência do poder de freamento por colisão para elétrons em relação ao número atômico do material pode ser mais bem avaliada na Fig. 7.9, para duas energias incidentes. O comportamento geral é de um decréscimo lento com aumento de Z.

7.4.2 Poder de freamento por radiação para elétrons e pósitrons

Esta parte da perda de energia está relacionada com o processo de *Bremsstrahlung* (Cap. 2), que tem sua probabilidade de ocorrência calculada com as equações da Eletrodinâmica Quântica (veja, por exemplo, o Cap. 5 de Heitler, 1953). As energias dos fótons emitidos variam entre ~0 e a energia cinética do elétron, sendo mais frequentes os fótons de mais baixa energia. O **poder de freamento por radiação** para um elétron ou pósitron de energia cinética K representa a quantidade de energia emitida por processos de *Bremsstrahlung*, por unidade de caminho do elétron, e é dado pela expressão:

$$s_R = \left(\frac{dE}{\rho dx} \right)_R$$
$$= 5{,}80 \times 10^{-28} \frac{N_A Z^2}{A} \left(K + m_e c^2 \right) \bar{B}_R$$

(7.5)

onde os símbolos N_A, Z e A têm os significados já vistos, e $\bar{B}_R$ é uma função lentamente crescente de K e de Z. A unidade de s_R na Eq. (7.5) é MeV·cm²·g⁻¹.

O comportamento de s_R com a energia é crescente, muito próximo de uma variação linear para altas energias (Fig. 7.10), o que faz as perdas de energia de elétrons muito velozes ocorrerem predominantemente por esse processo, em qualquer material.

A variação de s_R com o material é dada, em primeira ordem, pelo primeiro termo da Eq. (7.5), e resulta em um crescimento praticamente linear com o número atômico, devido ao termo Z^2/A. Essa variação

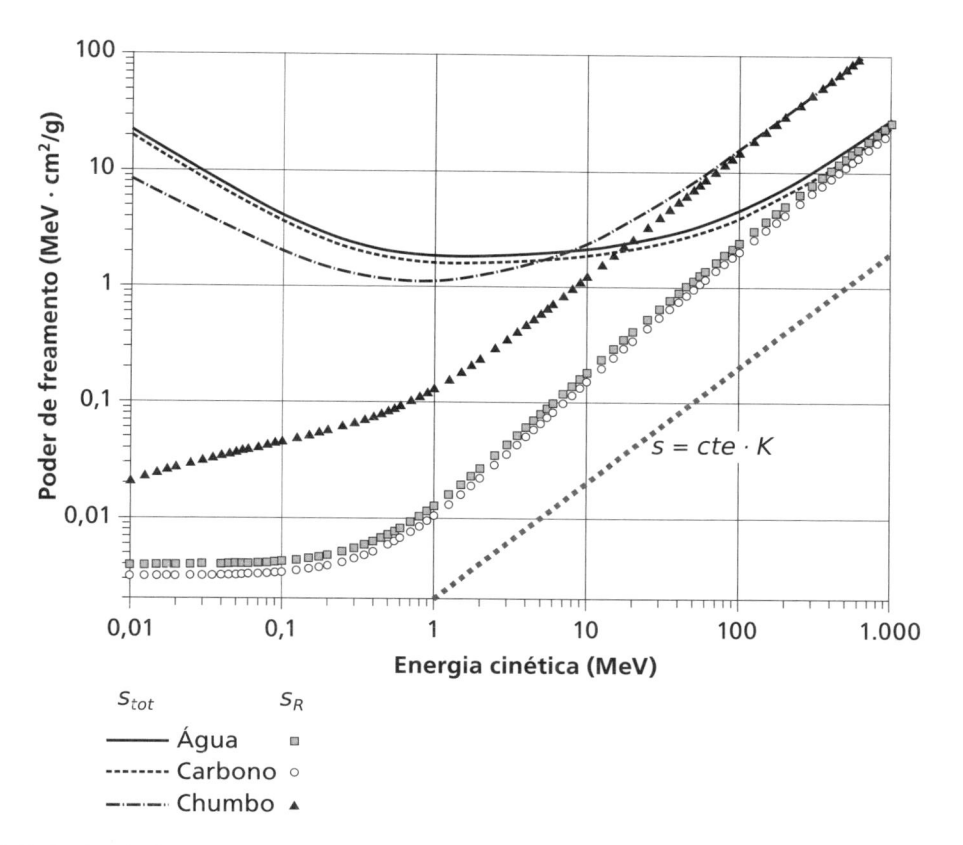

Fig. 7.10 Poder de freamento por radiação (pontos) e poder de freamento total (linhas) para elétrons incidentes em água, carbono e chumbo, em função da energia da partícula. A linha cinza pontilhada abaixo dos valores mostra uma dependência linear com relação à energia. Valores obtidos com a base de dados ESTAR (Berger et al., 2010a)

pode ser notada na Fig. 7.9 e pelo espaçamento das curvas para C e para Pb na Fig 7.10.

Pode-se avaliar a predominância das perdas de energia por radiação e por colisão de várias formas. Qualitativamente, a Fig. 7.11 traz os valores de K e de Z que tornam $s_R = s_C$: o processo de emissão de *Bremsstrahlung* só domina para elétrons com mais de 10 MeV de energia cinética, até para números atômicos elevados. Esse resultado reforça, para aplicações em **proteção radiológica** e projetos de blindagem, nas quais devem ser usados preferencialmente materiais de número atômico baixo para proteção contra irradiação por elétrons. No entanto, para proteção contra elétrons de alta energia, os fótons produzidos por *Bremsstrhalung* também devem ser considerados, pois o número produzido é elevado e sua penetração é bem maior que a dos elétrons.

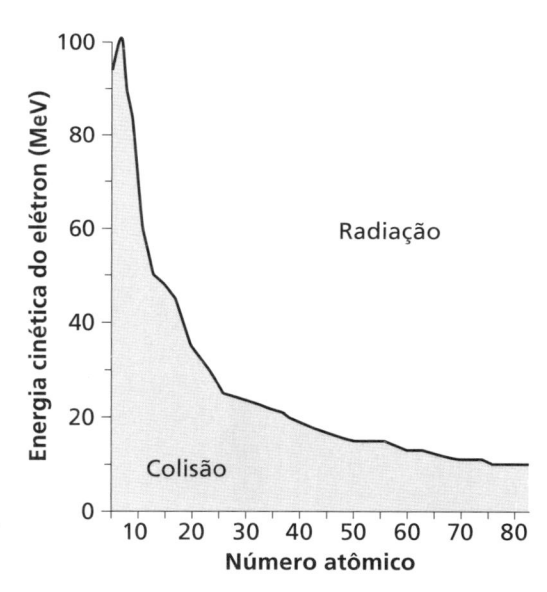

Fig. 7.11 Faixas de energia e número atômico com predominância de perda de energia do elétron por processos de colisão (região preenchida) e por radiação. A curva divisória entre as duas regiões representa $s_C = s_R$
Fonte: adaptado de Yoshimura (2009).

Outra maneira de analisar a proporção de perdas de energia por colisão e por radiação é pela quantificação da eficiência do processo de produção de radiação por elétrons rápidos. Ela é feita de duas maneiras: a primeira consiste na avaliação da razão entre o poder de freamento por radiação e o **poder de freamento total**, definindo a grandeza y :

$$y = \frac{S_R}{S_R + S_C} = \frac{s_R}{s_R + s_C} \qquad (7.6)$$

que representa a fração da energia perdida pelo elétron que resulta em radiação, *para cada energia de elétron*, ao longo do seu caminho.

A segunda maneira de avaliar a eficiência de radiação é fazê-lo ao longo de *toda a trajetória* do elétron no meio, obtendo o valor médio de y por integração em todo o intervalo de energias, desde a energia inicial até a parada ($K = 0$):

$$Y = \bar{y} = \frac{1}{-K_0} \int_{K_0}^{0} y(K)dK = \frac{1}{K_0} \int_{0}^{K_0} y(K)dK \qquad (7.7)$$

O valor de Y é positivo e a inversão dos limites de integração na Eq. (7.7) foi feita para que isso fique mais claro.

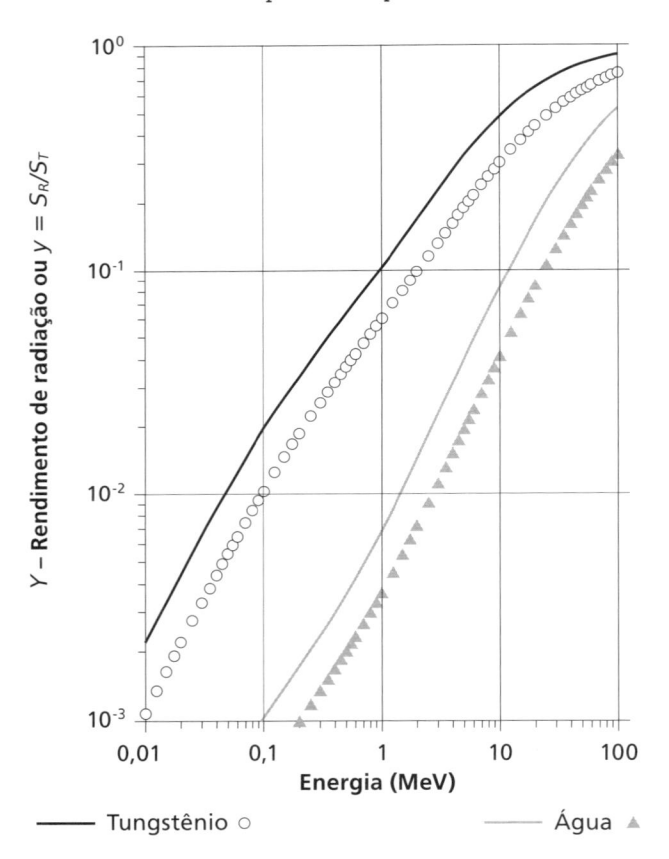

Se um feixe de elétrons incide em um material muito *fino* (espessura muito menor que o alcance dos elétrons), *y representa a fração da energia perdida que foi convertida em raios X de Bremsstrahlung*. Quando o feixe incide em material espesso (espessura igual ou superior ao alcance dos elétrons), Y *fornece a fração da energia inicial do elétron que foi convertida em energia dos fótons de raios X*. Y é chamado de **rendimento de radiação**.

Gráficos da variação de y e Y com a energia do elétron para a água e para o tungstênio (material empregado como alvo de produção de raios X em ampolas para diagnóstico e em **aceleradores lineares** para radioterapia) podem ser vistos na Fig. 7.12. Ampolas empregadas para gerar raios X em radiologia diagnóstica empregam potenciais aceleradores de até 150 kV e alvos de W. Para uma energia cinética inicial de elétrons de 150 keV, nota-se, pela figura, que o processo de geração de radiação é muito ineficiente: entre 1% e 2% da energia dos elétron são perdidos em processos de *Bremsstrahlung* (ver Exemplo 7.3). A parcela maior da energia é gasta em processos de colisão, produzindo ionizações e excitações que, em última análise, geram **calor** no anodo do tubo de raios X.

Fig. 7.12 Valores de y [linhas, Eq. (7.6)] e do rendimento de radiação Y [pontos, Eq. (7.7)] em função da energia do elétron incidente em água e em tungstênio. Dados da base de dados ESTAR (Berger et al., 2010a)

A variação do rendimento de radiação com a energia do elétron é praticamente linear, como é a variação do poder de freamento por radiação.

Exemplo 7.3 ───

Elétrons de 100 keV e de 10 MeV incidem perpendicularmente em uma placa de tungstênio nas situações descritas abaixo. Para todos os casos, calcule a energia dos elétrons que é perdida por colisão e por radiação.

a) A placa é muito fina, de modo que os elétrons que a atravessam perdem somente 5% de sua energia inicial.

b) A placa é espessa, de forma que nenhum elétron incidente consegue emergir do material.

c) A placa tem a espessura tal que os elétrons que saem dela têm metade da energia inicial.

Resolução

Com o uso da Fig. 7.12, preenchemos a Tab. 7.2 com os valores de y e de Y adequados.

Tab. 7.2

Energia do elétron (MeV)	y	Y
0,100	0,020	0,010
10,0	0,50	0,30
0,050	0,010	0,005
5,0	0,30	0,20

a) Para a placa muito fina: a perda de energia de cada elétron, em cada caso, vale 5 keV e 500 keV (5% de 100 keV e de 10 MeV). Desses valores, uma fração y foi irradiada e o restante foi perdido em colisões. Os resultados são (Tab. 7.3):

Tab. 7.3

Energia inicial do elétron (MeV)	Energia perdida (keV)	y	Energia irradiada (keV)	Energia perdida em colisões (keV)
0,100	5,0	0,020	0,10	4,9
10	500	0,50	250	250

b) Para a placa espessa, com espessura superior ao alcance, a energia perdida é a própria energia incidente, e Y dá a fração dela que foi irradiada (Tab. 7.4):

Tab. 7.4

Energia inicial do elétron (MeV)	Energia perdida	Y	Energia irradiada	Energia perdida em colisões
0,100	100 keV	0,010	1,0 keV	99 keV
10,0	10,0 MeV	0,30	3,0 MeV	7,0 MeV

c) Para a placa de espessura intermediária, não é possível usar nenhuma das aproximações, mas podemos calcular a energia irradiada com o seguinte artifício:

$$Y_{K_0 \to K_1} = \frac{1}{K_0} \int_0^{K_0} y(K)dK - \frac{1}{K_1} \int_0^{K_1} y(K)dK,$$

utilizando os valores de K_1 como $K_0/2$. Os resultados estão na Tab. 7.5:

Tab. 7.5

K_0 - Energia inicial do elétron	K_1 - Energia perdida	Y_0 e Y_1	Energia irradiada em cada trecho	Energia irradiada na placa	Energia perdida em colisões
100 keV	50 keV	0,010	$100 \times 0,010 = 1,0$ keV	0,75 keV	49,25 keV
		0,005	$50 \times 0,005 = 0,25$ keV		
10,0 MeV	5,0 MeV	0,30	$10 \times 0,30 = 3,0$ MeV	2,0 MeV	3,0 MeV
		0,20	$5,0 \times 0,20 = 1,0$ MeV		

Comentário

Apesar de o processo de *Bremsstrahlung* ser mais favorável às energias iniciais dos elétrons do que às finais, feixes de raios X são sempre gerados com alvos mais espessos do que o alcance. Isso ocorre porque, se o alvo é fino, há poucas interações, e a maior parte da energia permanece no feixe de elétrons, e o número de fótons produzido é muito pequeno.

7.4.3 Alcance de elétrons e pósitrons

As definições para alcance vistas na seção 7.3 são igualmente válidas para elétrons, sendo mais empregado o *alcance máximo*, com a diferença de que a curva de atenuação dificilmente alcança o eixo das abscissas. Isso se dá porque há radiação de freamento produzida nos absorvedores, que contribui com um valor constante para o número de contagens, que se soma às contagens de fundo obtidas sem feixe (ou sem fonte). Além disso, o alcance experimental é bem menor que o comprimento de trajetória, principalmente para números atômicos elevados e energias altas, porque ocorre com frequência o espalhamento elástico com núcleos, produzindo grandes desvios de trajetória. Esse fato é, inclusive, utilizado para aumentar a área de feixes de elétrons que são utilizados em radioterapia: uma folha metálica muito fina (chamada **folha espalhadora**) intercepta o feixe de elétrons na saída do acelerador linear (onde o feixe tem dimensões milimétricas) e produz um espalhamento tal que o feixe diverge o suficiente para cobrir uma área de muitos centímetros quadrados a 1 m de distância e pode ser usado para tratar o paciente. Para materiais de números atômicos baixos, o espalhamento é menos significativo e não há tanta diferença entre $L_{máx}$ e $\Re_{CSDA}$.

Encontram-se na literatura valores de $\Re_{CSDA}$ (Berger et al., 2010a, por exemplo) como os que são vistos na Fig. 7.13, onde se nota que o crescimento com a energia é mais rápido para baixas energias do que para altas, onde ocorre uma tendência à saturação.

7.4.4 Aniquilação de pósitrons

Como o pósitron é a antipartícula do elétron, sua aniquilação com um elétron do meio é inevitável. Na grande maioria dos casos, a aniquilação ocorre quando as energias cinéticas do pósitron e do elétron são praticamente nulas, e a massa das duas partículas é transformada na energia de dois fótons, cada qual com 511 keV. Como o momento inicial é nulo, os dois fótons são emitidos em direções opostas. Essa emissão simultânea de dois fótons (chamados também de raios gama ou de fótons de aniquilação) permite que a aniquilação seja detectada com o uso de dois detectores diametralmente opostos e com sistemas de análise de coincidência de eventos. Essa técnica é empregada na Medicina moderna para detectar a localização de tumores no corpo de um paciente a partir da administração de um composto químico ao qual se adiciona um radioisótopo emissor de pósitrons e que se localiza na região tumoral. A técnica é chamada de *tomografia por emissão de pósitrons*, com a sigla PET, do inglês *positron emission tomography* (Cap. 12).

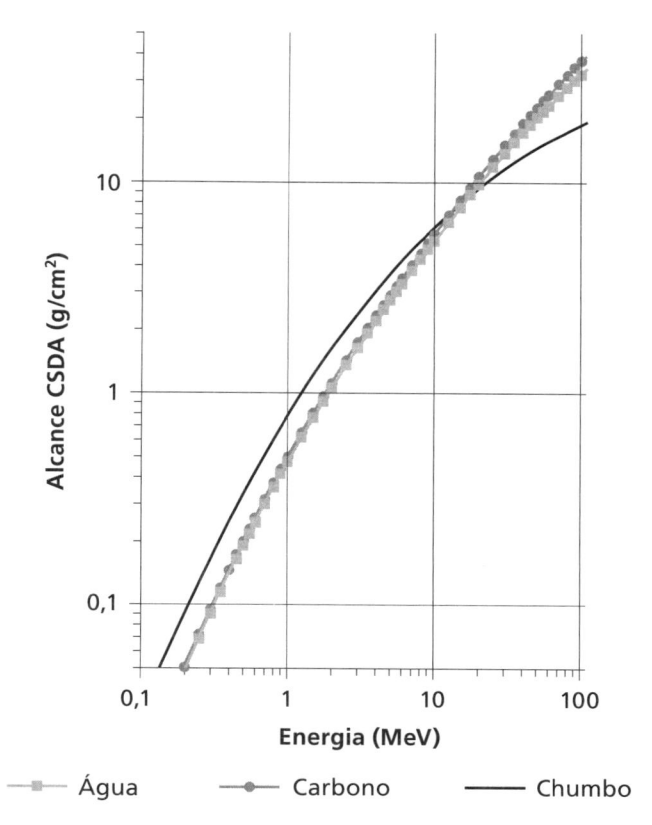

Fig. 7.13 Alcance de elétrons ($\Re_{CSDA}$) em função da energia cinética. Dados da base de dados ESTAR (Berger et al., 2010a)

Há evidências experimentais de que, antes de se aniquilarem, o elétron e o pósitron formam um átomo similar ao átomo de hidrogênio, mas de massa muito menor. É o átomo mais leve que se pode formar e recebeu o nome de **positrônio**. Sua meia-vida, até a aniquilação, é de aproximadamente 10^{-10} s, e seus níveis de energia são calculados como para outros átomos. A primeira observação experimental da existência do positrônio foi feita em 1951, por Deutsch (1951). Numa configuração em que elétron e pósitron no positrônio têm os *spins* paralelos (estado *tripleto*), a aniquilação do par ocorre por emissão de três fótons.

Cerca de 2% das aniquilações ocorrem quando o pósitron ainda tem energia cinética apreciável (**aniquilação do pósitron rápido**, também chamada de **aniquilação em voo**). Nesse caso, os fótons têm energia maior que 511 keV e são emitidos em ângulos em torno da direção do pósitron, situação em que a energia cinética do pósitron no momento da aniquilação deixa de ser depositada no meio em processos de colisão.

7.5 Deposição de energia na matéria por partículas carregadas

7.5.1 Densidade de ionizações e transferência linear de energia LET

Considera-se que toda a energia perdida por partículas carregadas em processos de colisão é absorvida pelo meio. Do ponto de vista da deposição de energia no meio, pode-se inverter a interpretação do poder de freamento por colisão: em vez de S_C avaliar a *perda de energia* da partícula carregada em colisões, passa-se a considerá-lo uma estimativa para a *energia transferida para o meio* na forma de energia cinética de elétrons. Com esse foco é definida a **transferência linear de energia** (L ou **LET**), que avalia a quantidade média de energia recebida pelo meio por unidade de caminho da partícula carregada no meio. Outra interpretação para L é que representa a **densidade de ionizações** no meio. L pode ser definida com uma restrição para a energia cinética do elétron liberado no meio, em termos de L_Δ, que representa a transferência linear de energia, subtraindo-se da energia depositada todas as energias cinéticas de elétrons maiores que o valor de restrição Δ, ou seja, subtrai-se de dE_C todas as energias $K > \Delta$:

$$L_\Delta = \frac{dE_\Delta}{dx} = \frac{dE_C - \sum(K > \Delta)}{dx}$$

Esse cálculo equivale a não considerar como energia absorvida aquela que é levada por raios delta cuja energia seja superior a Δ, obtendo-se a energia restrita à vizinhança próxima da trajetória da partícula carregada primária, o que tem aplicações em microdosimetria e radiobiologia. Para proteção radiológica e **dosimetria**, define-se a **transferência linear de energia não restrita**, ou L_∞, em que todas as energias cinéticas de elétrons são incluídas, coincidindo assim, numericamente, com o poder de freamento por colisão. O mais comum é que a LET seja obtida para a água, e sua unidade no SI ($J \cdot m^{-1}$) não costuma ser utilizada, optando-se por [$keV \cdot \mu m^{-1}$]. Outra distinção entre o poder de freamento e a LET é o fato de que essa grandeza é definida mesmo para radiação indiretamente ionizante. Para fótons, a LET refere-se aos elétrons liberados nos processos de interação (**fotoelétrico**, **Compton**, **produção de par**) e, para nêutrons, a LET é devida às partículas carregadas pesadas resultantes das colisões ou reações nucleares dos nêutrons no meio (para interações na água, por exemplo, o próton de recuo e os elétrons liberados pelos fótons são as partículas consideradas). Os efeitos biológicos produzidos pela radiação são dependentes da LET da radiação, como será visto no Cap. 10.

A Tab. 7.6 mostra alguns exemplos de valores considerados para a LET de alguns tipos de radiação e energias.

Tab. 7.6 VALORES DE LET PARA ALGUNS TIPOS DE RADIAÇÃO E ENERGIA, EM ÁGUA

Partícula	Energia (MeV)	L_∞ ($keV \cdot \mu m^{-1}$)
raios gama do Co-60	1,25	0,2
raios X produzidos com 250 kV	até 250 keV	2,0
prótons	10	4,7
prótons	150	0,5
alfa	2,5	166
íons de Fe	2.000	1.000

Fonte: Hall e Giaccia (2006).

7.5.2 Dose absorvida

Para a obtenção da dose absorvida em um meio irradiado por partículas carregadas, basta obter, em cada ponto do espaço, para a energia das partículas naquele ponto, o produto:

$$D = \left(\frac{dE}{\rho dx}\right)_C \cdot \frac{N}{S} \equiv \frac{dE}{dm} \tag{7.8}$$

onde N é o número de partículas que incide na área S (N/S é chamada de **fluência de partículas**) do volume de massa dm onde se quer obter a dose. Devem ser feitas as conversões necessárias para que a dose seja obtida no SI (*gray*).

Nas situações em que não há interesse em obter a dose absorvida em cada ponto do espaço, e sim a **dose absorvida média** ($\bar{D}$) em um volume maior, como é o caso da proteção radiológica, os cálculos de energia média perdida por colisão na espessura do material de interesse (ΔE_C), como os realizados nos Exemplos 7.1 e 7.3, são suficientes para obter

$$\bar{D} = N \frac{\Delta E_C}{\Delta m}$$

Exemplo 7.4

Elétrons de 10 MeV incidem perpendicularmente em uma placa de grafite (densidade 1,7 g/cm^3) nas situações descritas abaixo:

a) logo nas primeiras camadas do grafite atingidas pelo feixe;

b) a placa tem espessura igual ao alcance dos elétrons (3,4 cm);

c) a placa tem espessura de 2,0 cm.

Para todos os casos, calcule a dose absorvida no grafite, sabendo-se que o feixe de elétrons tem 1,0 cm^2, sua taxa de fluência equivale a uma corrente de 0,10 nA e a irradiação dura 1 minuto.

Resolução

a) Primeiro calcula-se o número de elétrons no feixe. Uma vez que a carga de cada elétron é $1,6 \times 10^{-19}$ C e a irradiação durou 60 s, temos:

$$N = (1,0 \times 10^{-10}/1,6 \times 10^{-19}) \times 60 \text{ elétrons}$$

Pela Eq. (7.8), com o valor do poder de freamento por colisão do grafite para essa energia (1,62 MeV·cm^2·g^{-1}), e já convertendo as unidades para o SI:

$$D = \frac{1 \times 10^{-10} \times 60}{1,0 \times 1,6 \times 10^{-19}} \times \frac{1,62 \times 10^6 \times 1,6 \times 10^{-19}}{10^{-3}} = 9,6 \text{ Gy}$$

b) Nesse caso, toda a energia é perdida (10 MeV), e a massa do volume irradiado é de 5,8 g. Como o rendimento de radiação para grafite nessa energia vale aproximadamente 0,4%, vamos considerar que toda a energia foi perdida por colisão.

$$\bar{D} = \frac{1 \times 10^{-10} \times 60}{1,0 \times 1,6 \times 10^{-19}} \times \frac{10 \times 10^6 \times 1,6 \times 10^{-19}}{5,8 \times 10^{-3}} = 10,3 \text{ Gy}$$

c) Usa-se o mesmo procedimento do Exemplo 7.2 para obter a energia perdida no grafite: do alcance inicial (3,4 cm) foram percorridos 2,0 cm, restando para os elétrons um percurso de 1,4 cm (ou 2,38 g/cm^2), que, segundo a Fig. 7.13, corresponde a elétrons de 4 MeV. Assim, cada elétron perdeu, em média, 6 MeV de energia, e vamos novamente supor que seja somente por colisão. Nesse caso, a massa de grafite irradiado vale 3,4 g, e o cálculo equivalente ao feito em (b) fornece 10,4 Gy para a dose absorvida média.

Comentário

Nos três casos está subentendida a hipótese de que *todos* os elétrons do feixe chegam ao final do material e que o feixe mantém a mesma área. Sem essas hipóteses, os valores de dose são obtidos com cálculos mais sofisticados, ou com simulação pelo método de Monte Carlo.

Exemplo 7.5

Repita o Exemplo 7.4, substituindo o feixe de elétrons por um de prótons de 100 MeV de energia e mesmo número de partículas. Obtenha as doses para as seguintes espessuras de grafite:

a) logo na primeira camada de grafite atingida pelo feixe;
b) a placa tem espessura igual ao alcance dos prótons (5,0 cm);
c) a placa tem espessura de 4,0 cm.

Resolução

a) Para essa energia de próton, o poder de freamento por colisão vale $6,5 \, \text{MeV·cm}^2 \cdot \text{g}^{-1}$. O valor da dose absorvida fica:

$$D = \frac{1 \times 10^{-10} \times 60}{1,0 \times 1,6 \times 10^{-19}} \times \frac{6,5 \times 10^6 \times 1,6 \times 10^{-19}}{10^{-3}} = 38 \, \text{Gy}$$

b) Nesse caso, toda a energia é perdida (100 MeV), e a massa do volume irradiado é de 8,5 g.

$$\bar{D} = \frac{1 \times 10^{-10} \times 60}{1,0 \times 1,6 \times 10^{-19}} \times \frac{100 \times 10^6 \times 1,6 \times 10^{-19}}{8,5 \times 10^{-3}} = 70,5 \, \text{Gy}$$

c) Usa-se o mesmo procedimento do Exemplo 7.2 para obter a energia perdida no grafite: do alcance inicial (5,0 cm) foram percorridos 4,0 cm, restando para os prótons um percurso de 1,0 cm (ou 1,7 g/cm²), que, segundo a Fig. 7.14, corresponde a prótons de 40 MeV. Assim, cada próton perdeu, em média, 60 MeV de energia. Nesse caso, a massa de grafite irradiado vale 6,8 g, e o cálculo equivalente ao feito em (b) fornece 52,9 Gy para a dose absorvida média.

Comentário

Neste exemplo, já se observa melhor o aumento da deposição de energia em final de trajetória. Podemos, por exemplo, concluir que os 40 MeV restantes de energia para os prótons no item (c) seriam gastos no último 1 cm de trajetória 1,7 g, produzindo ali uma dose absorvida de 340 Gy, e a cada menor espessura do final do grafite, maior a dose.

Os valores de dose absorvida devida a elétrons, obtidos nas três situações do Exemplo 7.4, não são muito distintos entre si, e isso merece alguns comentários. O principal motivo dessa constância está na pequena variação de *s* com a energia, exceto para energias muito baixas. De fato, só para uma espessura muito pequena do material seria possível observar o esperado aumento de dose em final de trajetória, como ilustrado na Fig. 7.14, em que o

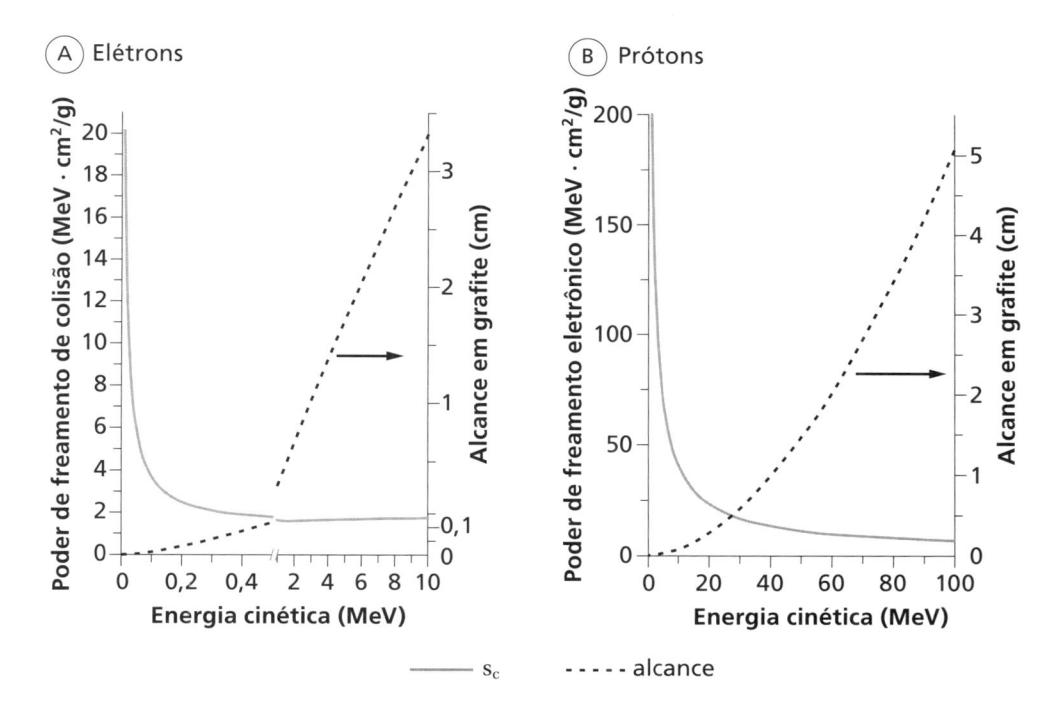

Fig. 7.14 (A) Poder de freamento de colisão e alcance de elétrons ($\mathcal{R}_{CSDA}$) em grafite, em função da energia cinética; (B) poder de freamento eletrônico e alcance projetado de prótons em grafite, em função da energia cinética. Dados das bases de dados ESTAR e PSTAR (Berger et al., 2010a)

poder de freamento e o alcance em grafite são colocados no mesmo gráfico. No entanto, não se deve esquecer que, para elétrons, a trajetória é tortuosa, e esse efeito não é notável no material. No Exemplo 7.5, por sua vez, a variação da dose com a profundidade no material pode ser observada mais facilmente, e isso corresponde à realidade da irradiação com partículas carregadas pesadas, pelo fato de suas trajetórias serem mais retilíneas.

Segundo relatou Pavel Alekseyevich Čerenkov (ou Cherenkov) em seu discurso de Prêmio Nobel (1958), as medições de intensidade da luz realizadas para distinguir o efeito Cherenkov da luminescência usual foram feitas com detecção pelo *olho humano* acomodado ao escuro, pois não havia detectores de luz suficientemente sensíveis para as mensurações.

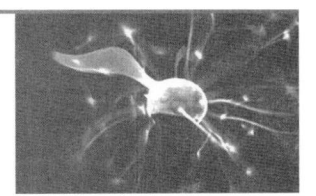

Um pouco de História

Biografia

FRANK HERBERT ATTIX (1925 – 1997)

F. H. Attix, mais conhecido como Herb Attix, teve uma carreira dedicada à dosimetria da radiação. Por 20 anos foi professor da Universidade de Wisconsin-Madison, onde recebeu o título de Professor Emérito de Física Médica. Foi graças a ele e a John R. Cameron que o Departamento de Física Médica foi criado naquela universidade, que tem formado profissionais do mais alto gabarito na área. Seus livros são usados em todo o mundo e considerados referência.

Um de seus colaboradores, Thomas R. Mackie, atualmente professor na mesma posição ocupada por Attix, conta que, quando estudante, ao apresentar sua tese de doutorado (Universidade de Alberta, Canadá), convidou o Prof. Attix para participar da banca examinadora, e ele respondeu que aceitaria, com muita honra, caso a universidade o aceitasse como examinador, pois ele mesmo não tinha um título de Doutor (Ph.D). Depois da Segunda Guerra, na qual serviu na marinha americana, trabalhou no então National Bureau of Standards (atual NIST), no qual desenvolveu a câmara de ionização de ar livre, empregada como instrumento padrão para quantificar ionização no ar, e, com Lewis V. Spencer, desenvolveu a teoria que relaciona a dose absorvida com a quantidade de íons produzidos em um pequeno volume de ar.

Ao lado de John R. Cameron, foi um dos responsáveis pela implementação da dosimetria termoluminescente como padrão para a dosimetria pessoal. Também nessa área, desenvolveu, em 1975, uma teoria para a deposição de energia no fluoreto de lítio, cujo artigo ainda é citado. De 1958 a 1976, trabalhou no Naval Research Laboratory, principalmente no desenvolvimento de dosimetria para radioterapia com nêutrons. Foi designado membro do National Council on Radiation Protection and Measurements (NCRP) em 1977. Esteve no Brasil em 1990 para participar do Congresso Brasileiro de Física Médica, que aconteceu em Ribeirão Preto (SP). Foi um grande financiador de jovens estudantes ingressantes na área de Física Médica e Dosimetria e, por isso, a Universidade de Wisconsin-Madison mantém o Fundo de Bolsas Frank Herbert Attix, que continua com a mesma finalidade.

Fonte:

DeLuca, Mackie e Zagzebski (1998).

LISTA DE EXERCÍCIOS

Para resolver boa parte dos exercícios, utilize os gráficos apresentados nas figuras deste capítulo ou recorra aos bancos de dados citados.

1. Um feixe monoenergético de elétrons (10 MeV, 10^6 elétrons) incide sobre uma placa de chumbo. Quer-se que a placa tenha a espessura suficiente para que o feixe de elétrons emergente possua uma energia média de 6 MeV. A densidade do chumbo vale 11,4 g/cm^3.

a. Estime a espessura de chumbo necessária para que isso ocorra.

b. Que fração da energia perdida pelos elétrons incidentes é convertida em raios X por essa placa?

c. Se a espessura da placa de chumbo for aumentada para 1,0 cm, quanto de energia será emitida como fótons de raios X de *Bremsstrahlung*?

2. Um feixe monoenergético de elétrons ($E = 40\,MeV$, com $2,0 \times 10^5$ elétrons/cm^2) incide perpendicularmente sobre um alvo fino de carbono (densidade do grafite $1,7\,g/cm^3$).

   a. Obtenha o alcance aproximado desse feixe de elétrons no carbono.

   b. Se a espessura do alvo de carbono for de 0,50 mm, avalie a energia perdida pelo feixe para ionizações no meio, por unidade de área do alvo de carbono descrito em b.

   c. Obtenha também a quantidade de energia irradiada por *Bremsstrahlung*, em razão da passagem do feixe de elétrons, por unidade de área do alvo de carbono.

   d. O alvo de carbono é trocado por uma placa, também de carbono, com espessura maior que o alcance obtido em (a). Avalie a energia que é convertida em radiação por processo de *Bremsstrahlung*, por unidade de área dessa placa, mantidas as condições do feixe de elétrons.

3. Qual a energia cinética de uma partícula alfa que possui o mesmo alcance que um próton de 1 MeV no ar? Quais as velocidades das duas partículas?

4. Obtenha a espessura de água necessária para diminuir a energia de um feixe de prótons de 10 para 5 MeV. Repita para partículas alfa. Calcule a dose absorvida em água, se o feixe de prótons dessa energia tem $2,0\,cm^2$ e possui 10^9 partículas.

5. Compare as frações da energia perdida por elétrons que são convertidas em radiação emitida por *Bremsstrahlung* quando feixes monoenergéticos incidem com energias de 100 keV ou 10 MeV em placas de carbono e de chumbo com espessuras muito finas.

6. Um feixe de elétrons com 10^{15} partículas incide perpendicularmente sobre uma placa de grafite com energia inicial de 10 MeV e emerge dela com energia média de 7 MeV. Calcule a quantidade de energia convertida em radiação de *Bremsstrahlung* pelas interações dos elétrons nesse meio. Repita o cálculo para uma situação em que a placa é de chumbo e a energia média do feixe emergente é também de 7 MeV. Avalie, aproximadamente, a espessura das duas placas.

7. Uma placa de grafite e outra de chumbo são igualmente atingidas por um feixe monoenergético de elétrons. Discuta *qualitativamente* para as duas situações descritas a seguir, que partículas, com que energias (ou faixas de energia), emergiriam da placa, em todas as direções. Explique a origem dessas radiações para fundamentar melhor sua resposta:

   a) os elétrons têm 200 keV de energia e as placas têm 1,0 cm de espessura;

   b) os elétrons têm 20 MeV de energia e as placas têm 0,0010 cm de espessura.

8. Considere um feixe de prótons, todos com energia 10 MeV, atravessando um meio homogêneo. Esboce gráficos do número de prótons e da energia média dos prótons em função da espessura do material, para espessuras de até o alcance projetado desses prótons. Discuta como espera que sejam os comprimentos de trajetória dessas partículas no meio.

9. Repita o exercício anterior para um feixe de elétrons de 10 MeV.

10. Um acelerador de dois estágios pode produzir simultaneamente dois feixes de elétrons, ambos com a mesma corrente ($I_2 = I_1 = 1,0\,\mu A$) e irradiando a mesma região do espaço, mas com duas energias distintas, sendo uma o dobro da outra ($E_1 = 10\,MeV$, $E_2 = 20\,MeV$). Queremos investigar o que ocorre com esse feixe misto quando incide em alguns materiais.
    a. Se o feixe passa por uma placa de *chumbo* com *espessura igual ao alcance CSDA dos elétrons de energia* E_1, o que você esperaria observar no feixe que emerge da placa, em termos de tipos de partícula e energia delas.
    b. Considere que o feixe irradia o chumbo por 20 s e calcule a energia transferida pelo feixe para o chumbo. Obtenha também a quantidade de energia emitida na forma de radiação de *Bremsstrahlung*.

11. Um experimento imaginário é realizado colocando uma "sonda" que avalia a energia transferida para a água em consequência da passagem de radiação ionizante por ela. Esboce o que essa sonda registra quando um feixe estreito de elétrons de energia 1,0 MeV incide na água, à medida que a sonda percorre um caminho: i) paralelo ao feixe de elétrons, a partir do ponto de incidência; ii) perpendicular à direção do feixe, a uma profundidade correspondente à metade do alcance dos elétrons na água.

12. A radioterapia moderna utiliza feixes de elétrons gerados em aceleradores lineares com potenciais aceleradores de algumas dezenas de MeV. Para o tratamento de lesões são usados tanto o feixe de elétrons como o de raios X, gerado pelos elétrons em um alvo de tungstênio, no qual incidem perpendicularmente e perdem toda a sua energia cinética. Considere uma dessas máquinas, que opera a 20 MeV, com corrente de elétrons de 5 μA.
    a. Obtenha a energia absorvida na água, se um feixe de elétrons desse acelerador incide em uma camada de água com 0,50 cm de espessura, área igual à do feixe, durante 10 s.
    b. Um alvo de W com espessura igual ao alcance de elétrons em tungstênio é usado para gerar os raios X. Obtenha a energia do feixe que é convertida em radiação eletromagnética (fótons de raios X de freamento) por unidade de tempo.

c. Sabemos que os elétrons irradiam com mais eficiência (produzem mais raios X de freamento) no início da sua trajetória. No entanto, os alvos para a produção de raios X são sempre espessos. Argumente por que não é razoável utilizar um alvo fino para gerar o feixe de fótons com o acelerador.

13. Um meio homogêneo é irradiado por um feixe monoenergético de elétrons (10 MeV).
    a. Esboce o espectro de energias dos elétrons nesse meio, a uma profundidade igual à metade do alcance desses elétrons no meio. Faça isso para dois meios distintos: água e chumbo.
    b. Além dos elétrons, que outros tipos de radiação seriam observados nesses meios, nessa posição?

RESPOSTAS

1. a) 1,66 mm; b) 44%; c) 3,16 MeV por elétron, $3,16 \times 10^6$ MeV todo o feixe
2. a) 11,2 cm; b) $3,2 \times 10^4$ MeV/cm^2; c) $1,27 \times 10^4$ MeV/cm^2; d) $12,2 \times 10^5$ MeV/cm^2
3. 4,0 MeV; $1,38 \times 10^4$ m/s para próton e alfa
4. 0,87 mm; $7,5 \times 10^{-2}$ mm; 4,6 Gy
5. carbono: $0,91 \times 10^{-3}$ e 0,079; chumbo: $2,2 \times 10^{-2}$ e 0,50
6. carbono: 0,20 MeV por elétron $0,20 \times 10^{15}$ MeV todo o feixe; 1,0 cm; chumbo: 1,38 MeV por elétron $1,38 \times 10^{15}$ MeV todo o feixe; 0,12 cm
10. b) energia transferida 282 J (137 J feixe 1 e 145 J feixe 2); energia irradiada 228 J
12. a) 10,3 J; b) 44 J/s

Leitura recomendada

ATTIX, F. H. *Introduction to radiological Physics and radiation dosimetry*. USA: John Wiley & Sons, 1986.

EVANS, R. D. *The atomic nucleus*. USA: McGraw-Hill, 1955.

JOHNS, H. E.; CUNNINGHAM, J. R. *The Physics of Radiology*. 4. ed. USA: Charles C. Thomas Publisher, 1983.

TURNER, J. E. Interaction of ionizing radiation with matter. *Health Phys.*, v. 86, p. 228-252, 2004.

TURNER, J. E. *Atoms, radiation, and radiation protection*. 3. ed. Federal Republic of Germany: Wiley-VCH, 2007.

Interação de raios X e gama com a matéria

8

8.1 ATENUAÇÃO DO FEIXE DE FÓTONS

O número de fótons em feixes monoenergéticos decresce exponencialmente com a espessura do material atravessado pelo feixe, como vimos no Cap. 2:

$$N = N_0 e^{-\mu x} \quad \text{ou} \quad I = I_0 e^{-\mu x} \qquad \text{(8.1)}$$

O **fator de atenuação** ($e^{-\mu x}$) dá a fração dos fótons do feixe que *não* interage na espessura x do material. Nessas expressões, o **coeficiente de atenuação linear** (μ) é o parâmetro que expressa o comportamento da atenuação com a constituição do meio e com a energia do fóton: o coeficiente de atenuação linear representa a **seção de choque** (ver o boxe sobre seção de choque) de interação do fóton com o meio, por unidade de volume, enquanto o **coeficiente mássico** (μ/ρ) é a seção de choque de interação por unidade de massa. Considera-se que a variação dN do número de fótons do feixe em uma espessura dx é dada por: $dN = -\mu N dx$, que, com o rearranjo de termos, dá origem à equação diferencial:

$$\frac{dN}{N} = -\mu dx \qquad \text{(8.2)}$$

cuja integração com a condição inicial de que o feixe incidente no material (em $x = 0$) tem N_0 fótons, leva à Eq. 8.1.

Essa seção de choque é representada pela soma das seções de choque das diversas interações, consideradas todas independentes entre si: $\mu = \sum_i \mu_i$. Embora outras interações entre fótons e átomos possam ocorrer, na área de Física Médica consideram-se cinco interações de fótons como importantes: as três já introduzidas no Cap. 6 (efeitos fotoelético, Compton e produção de par) acrescidas de **espalhamento coerente** entre o átomo e a onda eletromagnética associada ao fóton, e as **reações fotonucleares**, entre as quais destaca-se a fotodesintegração (o fóton é absorvido pelo núcleo e um núcleon é ejetado). Ambas têm probabilidade muito pequena de ocorrer na faixa de energias entre ~10 keV e algumas dezenas de MeV. O espalhamento coerente é, em geral, incluído de forma opcional nos coeficientes de atenuação, mas as reações fotonucleares não.

Seção de Choque

Seção de choque ou **seção eficaz** (*cross section*), normalmente representada por σ, é um conceito muito empregado em Física Nuclear e Física de Partículas para representar a probabilidade de uma determinada reação ou interação ocorrer. Ela tem dimensões de área, e, para colisões em que *um feixe de partículas* atinge um **alvo** (folha fina de material que contém átomos ou partículas com as quais o feixe interage), σ é interpretado como a *área de interação* que cada átomo (ou núcleo, ou elétron etc.) do alvo apresenta ao feixe. Se essa área for atingida, ocorre a reação. As probabilidades totais de interação *por átomo (a) do alvo* são então dadas pela razão:

$$\frac{_a\sigma}{\text{área total do alvo atingida pelo feixe}}$$

e $_a\sigma$ é chamada de **seção de choque total por átomo**. Experimentalmente, obtém-se o número total de interações ΔN observando o número de partículas emitidas ou espalhadas pelo alvo. Esse número relaciona-se com a seção de choque por:

$$\Delta N = {}_a\sigma \frac{N_{feixe}}{A_{feixe}} N_{alvo}$$

onde N_{feixe} e N_{alvo} representam, respectivamente, o número de partículas do feixe que incidiram na amostra e o número total de átomos do alvo cobertos pela área do feixe (A_{feixe}). Do ponto de vista físico, a seção de choque é o resultado do processo de interação entre partículas do feixe e átomos do alvo e pode ser obtida, em cada caso, pelo conhecimento das forças de interação. Normalmente se observam e se calculam **seções de choque diferenciais** em ângulo ou energia, definidas da seguinte forma:

$$\frac{d_a\sigma_\Omega}{d\Omega} = \frac{\left(\begin{array}{c}\text{número de partículas espalhadas}\\\text{ou emitidas no intervalo de ângulo sólido}\end{array}[\Omega, \Omega + d\Omega]\right)}{N_{feixe}N_{alvo}}$$

e

$$\frac{d_a\sigma_E}{dE} = \frac{\left(\begin{array}{c}\text{número de partículas espalhadas}\\\text{ou emitidas com energia no intervalo}\end{array}[E, E + dE]\right)}{N_{feixe}N_{alvo}}$$

Elas podem ser interpretadas como **distribuição angular** e **espectro de energia** das partículas emitidas. As seções de choque $_a\sigma$ são obtidas por integração em ângulo sólido ou em energia:

$$_a\sigma = \iint \frac{d_a\sigma_\Omega}{d\Omega} \operatorname{sen}\theta \, d\theta d\phi \quad \text{ou} \quad _a\sigma = \int \frac{d_a\sigma_E}{dE} dE$$

Como os valores de seções de choque são em geral muito baixos, costuma-se usar uma unidade de área específica para expressá-los. Trata-se do **barn**, dado por $1\,\text{barn} = 1\,\text{b} = 10^{-28}\,\text{m}^2$, que não faz parte do Sistema Internacional, mas tem seu uso admitido. Do ponto de vista macroscópico, muitas vezes é vantajoso obter seções de choque por unidade de volume ou de massa, multiplicando-se os valores de $_a\sigma$ pelo número de átomos por unidade de volume ou de massa, respectivamente.

8.2 ESPALHAMENTO COERENTE OU RAYLEIGH

O espalhamento coerente é uma interação do fóton com o átomo como um todo, em que não ocorre transferência de energia para o meio, exceto a pequena parcela necessária ao recuo do átomo, garantindo a conservação de momento no processo. A direção do fóton espalhado é, em geral, próxima da direção de incidência. A frequência do efeito e a direção do espalhamento dependem do número atômico do átomo (Z) e da energia do fóton: o espalhamento é mais frequente para baixa energia e alto Z, e os ângulos de espalhamento são maiores para $h\nu$ mais baixo. O fenômeno é entendido como absorção do fóton incidente pelo átomo e sua reemissão em outra direção. A modelagem atualmente aceita para o espalhamento coerente leva em conta as funções de onda dos átomos obtidas por método de Hartree-Fock, combinadas com expressões relativísticas para o comportamento dos elétrons envolvidos. Experimentalmente é muito difícil de observar, pois os ângulos de espalhamento são pequenos e a energia do fóton espalhado é praticamente a original. A Fig. 8.1 mostra a variação da **seção de choque para espalhamento coerente** ($_a\sigma_{coe}$) para alguns elementos químicos, e observa-se que:

$$_a\sigma_{coe} \propto \left(\frac{Z}{h\nu}\right)^2$$

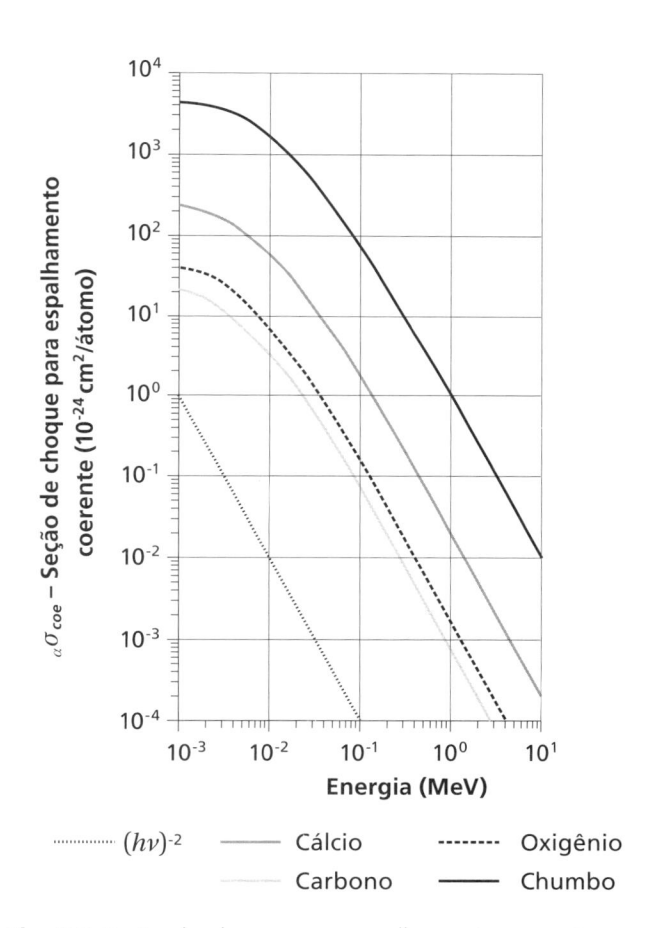

Fig. 8.1 Seção de choque para espalhamento coerente para alguns átomos. A reta em linha pontilhada indica variação com potência (-2) de $h\nu$. Valores obtidos a partir da base de dados XCOM (Berger et al., 2010b)

8.3 EFEITO COMPTON

Quando um feixe de fótons com energia $h\nu$ atinge qualquer meio, observam-se fótons de menor energia emergindo do material em diversas direções. O estudo sistemático desses fótons espalhados foi feito por A. H. Compton em 1922. Ele verificou que a mudança do comprimento de onda do fóton observada dependia unicamente do ângulo de espalhamento. Graças a esse trabalho, o **espalhamento inelástico** ou **incoerente** de fótons recebe o nome de **espalhamento Compton** ou **efeito Compton**.

O modelo básico proposto por Compton, e que explica o fenômeno, consiste em uma **colisão** entre o fóton e um elétron livre (um elétron da última camada eletrônica de um átomo, fracamente ligado, pode ser considerado livre se $h\nu \gg B_e$) que se encontra em repouso no material. O elétron ejetado que adquire energia cinética (K) no processo deve ser tratado relativisticamente, e o restante da energia disponível ($h\nu' = h\nu - K$) é a energia do **fóton espalhado**. O conjunto de equações de conservação de energia e momento leva à relação entre ângulos de espalhamento e energias do elétron e do fóton. É importante notar que essa expressão não fornece a probabilidade de o efeito Compton ocorrer.

As seções de choque total e diferencial para efeito Compton foram obtidas em 1928 por Oskar Benjamin Klein e Yoshio Nishina, aplicando a essa colisão a recente teoria quântica relativística (1927) de Dirac. O modelo existente até então, desenvolvido por J. J. Thomson, conhecido como **espalhamento clássico da radiação**, não reproduzia os achados experimentais e não previa a mudança de λ da onda eletromagnética, senão somente sua absorção pelo elétron e reemissão em outro ângulo. Os resultados obtidos quanticamente reproduziram muito bem os experimentos, mostrando que as hipóteses de **Klein-Nishina** (basicamente as mesmas de Compton: considerar o elétron inicialmente *livre* e *em repouso*) eram bastante adequadas. As seções de choque utilizadas atualmente para efeito Compton são basicamente obtidas por integração numérica das expressões de Klein-Nishina, com correções às restrições apontadas, que são mais importantes para baixas energias de fóton, ângulos frontais de espalhamento do fóton e alto número atômico do meio.

8.3.1 Cinemática do espalhamento Compton

A Fig. 8.2 mostra o plano da colisão entre as duas partículas: fóton incidente de energia $h\nu$ e elétron em repouso, com o detalhe dos ângulos de saída do fóton (θ) de energia $h\nu'$ e do elétron (ϕ) em relação à direção de incidência. O elétron é chamado de elétron de recuo.

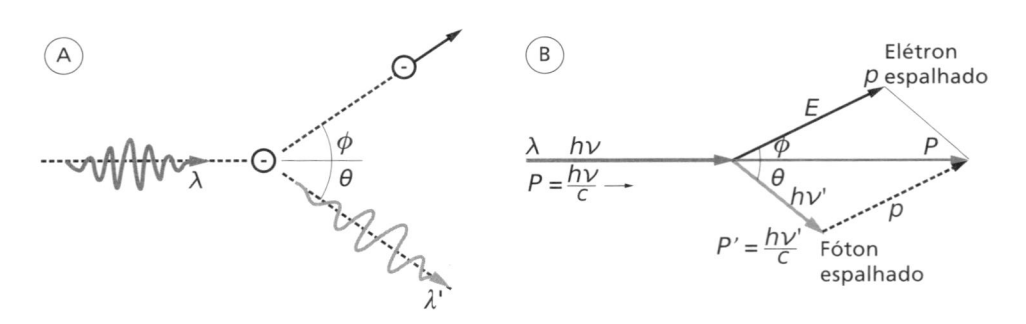

Fig. 8.2 (A) Representação pictórica do espalhamento Compton; (B) plano do espalhamento, com os momentos das partículas

As relações para a conservação de energia e de momento são dadas por:

$$h\nu + m_e c^2 = h\nu' + E \quad \text{ou} \quad h\nu = h\nu' + K \tag{8.3}$$

$$\frac{h\nu'}{c}\operatorname{sen}\theta = p\operatorname{sen}\phi \tag{8.4}$$

$$\frac{h\nu}{c} = p\cos\phi + \frac{h\nu'}{c}\cos\theta \tag{8.5}$$

onde E, K e p representam, respectivamente, a energia total, a energia cinética e o momento linear do elétron após a colisão. A essas expressões deve-se acrescentar a relação entre energia e momento para o elétron relativístico:

$$E^2 = p^2 c^2 + m_e^2 c^4 \quad \text{ou} \quad pc = \sqrt{K\left(K + 2m_e c^2\right)} \tag{8.6}$$

para que, eliminando-se o momento e um dos ângulos, obtenham-se as relações entre ângulo e energia representadas nas Eqs. (8.7) e (8.8), onde usamos $\alpha = \frac{h\nu}{m_e c^2}$:

$$h\nu' = \frac{h\nu}{1 + \alpha\left(1 - \cos\theta\right)} \quad \text{ou} \quad \lambda' - \lambda = \frac{h}{m_e c}\left(1 - \cos\theta\right) \tag{8.7}$$

$$\cot\phi = (1 + \alpha)\operatorname{tg}\left(\frac{\theta}{2}\right) \tag{8.8}$$

Como em qualquer espalhamento entre dois corpos, a partir dessas relações e do conhecimento de um par entre as variáveis do problema ($h\nu$, $h\nu'$, K ou p, θ, ϕ) é possível obter todo o conjunto de variáveis. A primeira decorrência da relação (8.7) é que a energia do fóton não pode ser inteiramente transferida ao elétron: mesmo para o **retroespalhamento** do fóton ($\theta = 180°$) ainda resta uma energia

$$h\nu'_{min} = \frac{h\nu}{1 + 2\alpha}$$

que não é transferida para o elétron. Esse fato é consequência da conservação de momento: ela seria violada se o fóton (partícula sem massa de repouso) transferisse toda a sua energia a um elétron (partícula com massa de repouso não nula) *livre*.

O gráfico da Fig. 8.3 mostra a razão entre a **energia do fóton espalhado** e a do fóton incidente, segundo a Eq. (8.7), em função de θ, para três valores de α. A escala à direita representa a fração da energia que é transferida ao elétron, sempre inferior a 1. Nota-se que, quanto maior a energia do fóton incidente, maior a parcela da sua energia que é entregue ao elétron, para um mesmo ângulo de espalhamento. Em particular, a energia do **fóton retroespalhado**, para

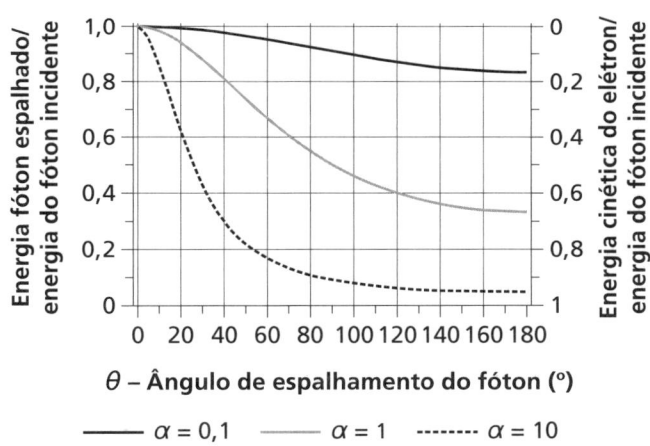

Fig. 8.3 Razão entre a energia do fóton espalhado por efeito Compton e a do fóton incidente, em função do ângulo de espalhamento, para três energias de fótons (51,1 keV, 511 keV e 5,11 MeV). Na escala à direita estão os valores da fração da energia do fóton que é transferida como energia cinética ao elétron

energias muito altas de fóton incidente ($\alpha \gg 1$, $\theta = 180°$), tende a um valor constante de 255 keV, independentemente da energia do fóton (veja o Exemplo 8.1).

Exemplo 8.1 ─────────────────────────────────────

a) Obtenha o valor da energia de um fóton retroespalhado por efeito Compton, quando a energia do fóton incidente vale: 0,662 MeV (emissão do ^{137}Cs) e 2,615 MeV (emissão do ^{208}Tl). Qual a energia recebida pelo elétron de recuo nos dois casos?

b) Mostre que, para fótons com energia muito elevada, o valor da energia do fóton retroespalhado por efeito Compton aproxima-se de $m_e c^2/2$.

Resolução

a) Basta substituir os valores de $h\nu$, com as unidades corretas, na Eq. (8.7) e resolver para $h\nu'$, usando $m_e c^2 = 0,511$ MeV e $\cos\theta = -1$.

Para ^{137}Cs: $\alpha = 0,662/0,511 = 1,295$; para Tl-208: $\alpha = 2,615/0,511 = 5,12$.

Portanto,

$$h\nu'_{Cs} = \frac{0,662}{1 + 1,295 \times (1-(-1))} = 0,184 \text{ MeV}$$

Similarmente, para o gama do ^{208}Tl, obtemos $h\nu'_{Tl} = 0,233$ MeV. As energias máximas que elétrons do meio receberiam no efeito Compton seriam de 0,478 e 2,38 MeV, respectivamente, que representam 72% e 91% da energia do fóton incidente.

b) Na Eq. (8.7), se $\alpha \gg 1$ e $\cos\theta = -1$, o denominador $1 + \alpha(1-\cos\theta) = (1+2\alpha) \rightarrow 2\alpha$ e

$$h\nu' = \frac{h\nu}{1+\alpha(1-\cos\theta)} \rightarrow \frac{h\nu}{2\alpha} \equiv \frac{h\nu}{2\frac{h\nu}{m_e c^2}} \equiv \frac{m_e c^2}{2}$$

como proposto.

───

8.3.2 Seções de Choque do espalhamento Compton

As expressões de Klein-Nishina para as seções de choque diferenciais do efeito Compton são calculadas *por elétron*, pois são independentes do número atômico do meio – o elétron é livre. O problema tem simetria por rotação em torno da direção do fóton incidente, e a **seção de choque diferencial em ângulo** pode ser escrita em função só de θ. Os resultados obtidos por Klein-Nishina representam, então, a probabilidade por elétron de que um fóton com energia inicial $h\nu = \alpha m_e c^2$ seja espalhado entre dois cones com ângulos de abertura θ e $\theta + d\theta$.

Uma maneira simples de avaliar a diferença entre o tratamento clássico e quântico do espalhamento de radiação é escrever a **seção de choque de Klein-Nishina** como função da seção de choque clássica, multiplicada por um fator (F_{K-N}), dependente da energia e do ângulo de espalhamento:

$$\begin{aligned}
\left(\frac{d_e\sigma}{d\Omega_\theta}\right)_{K-N} &= \left(\frac{d_e\sigma}{d\Omega_\theta}\right)_{Cl} F_{K-N} \\
&= \left(\frac{d_e\sigma}{d\Omega_\theta}\right)_{Cl} \left[\frac{1}{1+\alpha(1-\cos\theta)}\right]^2 \\
&\quad \left\{1 + \frac{\alpha^2(1-\cos\theta)^2}{[1+\alpha(1-\cos\theta)](1+\cos^2\theta)}\right\}
\end{aligned}$$

(8.9)

onde a seção de choque clássica é dada por:

$$\left(\frac{d_e\sigma}{d\Omega_\theta}\right)_{Cl} = \frac{r_0^2}{2}\left(1 + \cos^2\theta\right)$$ (8.10)

$r_0 = 2{,}818 \times 10^{-15}$ m é o chamando **raio clássico do elétron** ($r_0 = \frac{1}{4\pi\varepsilon_0}\frac{e^2}{m_e c^2}$). A Eq. (8.9) reduz-se à clássica se $\alpha = 0$. É difícil observar o comportamento da seção de choque a partir da expressão analítica, razão pela qual recorremos a gráficos. A Fig. 8.4A mostra a seção de choque de Klein-Nishina em função do ângulo de espalhamento para três valores de energia do fóton incidente. Como essas curvas representam a **distribuição angular dos fótons espalhados**, vemos que, para energias mais elevadas do fóton incidente, os ângulos de espalhamento do fóton são menores, sendo raros os casos de retroespalhamento. Para baixas energias de fóton incidente, por sua vez, o espalhamento para ângulos frontal e traseiro é igualmente provável, sendo menor a probabilidade de espalhamento a 90°, como no caso

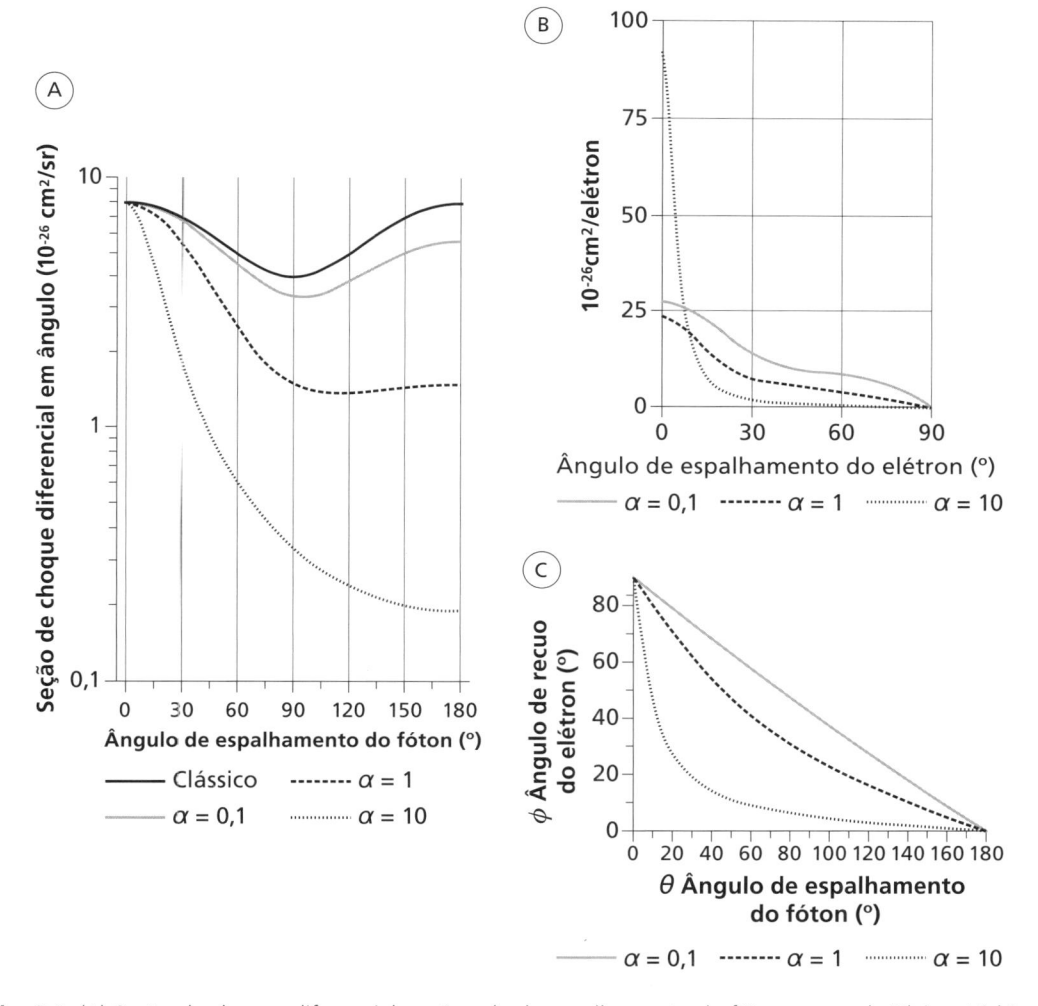

Fig. 8.4 (A) Seção de choque diferencial em ângulo de espalhamento do fóton, segundo Klein e Nishina; (B) distribuição angular dos elétrons de recuo; (C) gráfico da Eq. (8.8), relacionando θ e ϕ. Todos os gráficos são para fótons incidentes de energia 51 keV (linha cinza), 511 keV (linha tracejada) e 5,11 MeV (linha pontilhada)

clássico. A **distribuição angular dos elétrons de recuo** pode ser vista no gráfico da Fig. 8.4B. Quanto maior é a energia do fóton mais os elétrons são ejetados com ângulos menores.

Para altas energias de fóton, o fato de tanto o elétron quanto o fóton espalhado serem emitidos em ângulos próximos a 0° pode ser explicado pelo gráfico da Eq. (8.8), que se encontra na Fig. 8.4C: para valores altos de $h\nu$, há um grande intervalo de ângulos de espalhamento de fótons, que são associados a ângulos pequenos de emissão de elétrons, pois o momento inicial tem essa direção.

A integração das Eqs. (8.9) e (8.10) sobre todo o intervalo de ângulo sólido (com $d\Omega = 2\pi\,\mathrm{sen}\,\theta d\theta$, devido à simetria do espalhamento) pode ser feita analiticamente para o caso clássico e numericamente para o caso quântico. Esses resultados correspondem à **seção de choque total por elétron** (ou *eletrônica*) – $_e\sigma$. Na Fig. 8.5 são mostrados os resultados clássico e quântico (cálculo de Klein-Nishina) como função da energia do fóton incidente, além do resultado quântico corrigido para elétron ligado e com velocidade inicial não nula, que corresponde ao espalhamento incoerente considerado atualmente. Em todas as situações, a probabilidade de ocorrência do efeito Compton cai com a energia do fóton para energias a partir de algumas dezenas de keV. As diferenças entre seções de choque

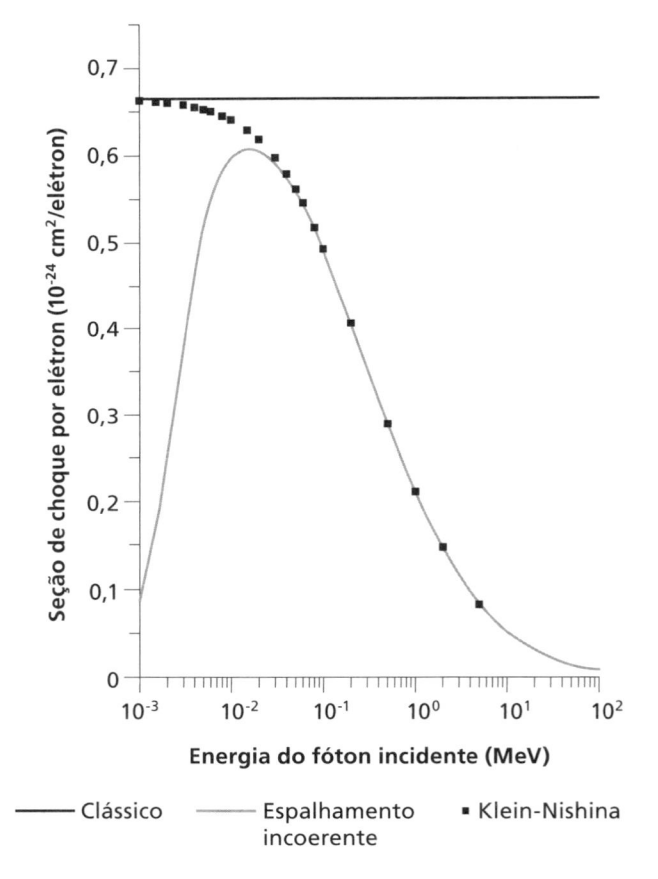

Fig. 8.5 Seção de choque total por elétron para espalhamento da radiação eletromagnética por um elétron, em função da energia do fóton incidente. A reta horizontal preta é o resultado clássico obtido por Thomson; os pontos são o resultado da integração da expressão de Klein-Nishina, e a curva cinza é o resultado aceito atualmente para o espalhamento incoerente ou inelástico de fótons, para Z=1
Fonte: NIST.

corrigidas (*espalhamento incoerente*) e não corrigidas (Klein-Nishina) concentram-se na região de baixas energias de fóton, como esperado.

Como os meios materiais são formados por átomos, é importante obter as **seções de choque atômicas** (ou *por átomo*) – $_a\sigma$. Para o efeito Compton, basta multiplicar as seções de choque por elétron pelo número atômico do material, Z (número de elétrons por átomo), $_a\sigma = Z \, _e\sigma$.

8.3.3 Distribuição de energia dos elétrons

Outra forma de observar as relações de Klein e Nishina é por meio da **seção de choque diferencial em energia transferida**, que indica a probabilidade, por elétron, em uma interação Compton, de um fóton fornecer ao elétron energia cinética no intervalo entre K e $K + dK$. Essa seção de choque é obtida com base na Eq. (8.9), pela relação

$$\frac{d_e\sigma}{dK} = \frac{d_e\sigma}{d\Omega_\theta} \frac{1}{\frac{dK}{d\theta}},$$

já que essas variáveis se relacionam pelas Eqs. (8.3) e (8.7). Seu comportamento, em função de K, pode ser visto na Fig. 8.6 para algumas energias de fóton. Tal seção de choque corresponde ao **espectro de energia de elétrons Compton**. Nota-se, principalmente para energias mais elevadas do fóton incidente, que uma fração considerável dos elétrons recebe energias próximas à energia máxima $K_{máx} = h\nu - h\nu'_{mín}$. Esse fato é consequência da distribuição de energias entre fóton espalhado e elétron de recuo, como observado na Fig. 8.3.

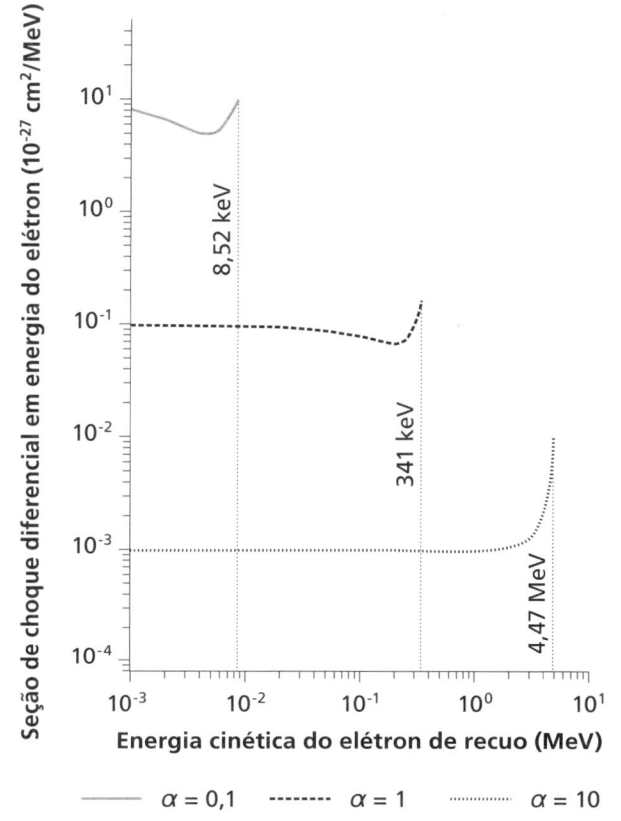

Fig. 8.6 Seção de choque diferencial em energia transferida, por elétron, calculada pela expressão de Klein-Nishina, para algumas energias de fóton incidente. As linhas pontilhadas verticais indicam as energias máximas dos elétrons, cujos valores numéricos estão marcados

8.4 EFEITO FOTOELÉTRICO

O efeito fotoelétrico é uma interação que ocorre *entre o fóton e o átomo*: o fóton é *absorvido* pelo meio, sendo toda ou quase toda a sua energia depositada no meio, pois até mesmo a energia de desexcitação pode ser absorvida localmente.

8.4.1 Cinemática do efeito fotoelétrico

Parte da energia do fóton é gasta para retirar um elétron do átomo (energia de ligação B), e o restante, transformado em energia cinética do elétron (K) e do átomo (K_{at}). O plano que contém as trajetórias envolvidas é visto na Fig. 8.7, e as leis de conservação podem ser escritas como:

$$h\nu = K + K_{at} + B \cong K + B \qquad (8.11)$$

$$\vec{p}_{fóton} = \vec{p} + \vec{p}_{at} \qquad (8.12)$$

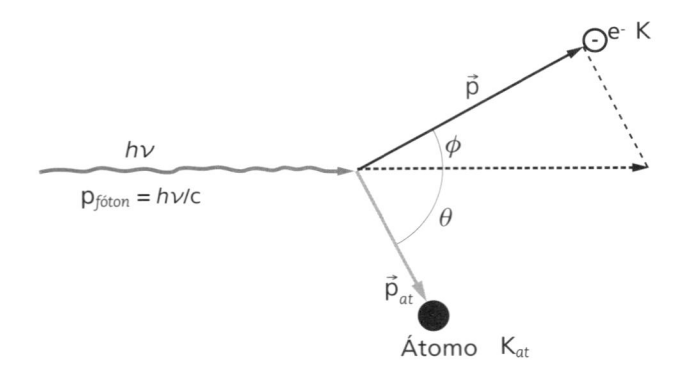

Fig. 8.7 Cinemática do efeito fotoelétrico, ilustrando os momentos das três partículas envolvidas: fóton, átomo (supõe-se que o íon formado é rapidamente neutralizado) e elétron

Em geral, como a massa dos átomos é muito maior que a do elétron, pode-se desprezar K_{at} na conservação de energia, mas o momento do átomo é essencial para o equacionamento do problema. Note-se, ainda, que o átomo, após a ejeção do elétron, torna-se um íon excitado. A desexcitação pode ocorrer por emissão de **fótons de raios X característicos** ou de **elétrons Auger**, como visto no Cap. 5.

8.4.2 Seções de choque para efeito fotoelétrico

Não há expressão analítica para a seção de choque do efeito fotoelétrico, exceto com o uso de aproximações muito restritivas para o potencial de interação e para a energia do fóton. A principal dificuldade na sua obtenção é a descrição correta do átomo com muitos elétrons, principalmente para as energias de fóton muito próximas das energias de ligação dos elétrons. Pratt, Ron e Tseng (1973) fazem uma boa revisão sobre a obtenção de valores numéricos para as seções de choque, e Heitler (1953) mostra os princípios quânticos do cálculo. As soluções numéricas obtidas por diversos autores, muitas vezes com o auxílio de resultados experimentais, são válidas em regiões restritas de energia. A partir delas são feitas extrapolações que consolidam os diversos resultados.

Obtêm-se seções de choque atômicas, representadas por $_a\tau$, que, ao contrário do que ocorre no efeito Compton, são fortemente dependentes do número atômico do material e da energia do fóton. Na Fig. 8.8, a dependência de $_a\tau$ com relação a Z pode ser observada para algumas energias de fóton. As retas auxiliares, ajudam a concluir que a seção de choque para efeito fotoelétrico varia com potência entre 4 e 5 do número atômico. Por sua vez, a variação com a energia é fortemente decrescente: $_a\tau$ decresce praticamente com o cubo da energia do fóton na região de menor energia, de acordo com o gráfico da Fig. 8.8B.

Para elementos de maior número atômico, observam-se descontinuidades na curva de seção de choque em função da energia, invertendo a tendência geral de decréscimo de $_a\tau$ com $h\nu$ – o que se nota nas curvas para cálcio e chumbo da Fig. 8.8B. Esses saltos correspondem a aumentos bruscos da seção de choque para valores de energia correspondentes a energias de ligação de elétrons nesses átomos. Um fóton com energia ligeiramente inferior à energia de ligação não faz efeito fotoelétrico com os elétrons desse nível de energia. O salto mais elevado, chamado de **borda K**, ocorre quando o fóton tem energia exatamente igual à energia de ligação de elétrons na camada K daquele átomo. Essa borda é a mais pronunciada, pois, de acordo com os resultados conhecidos, os dois elétrons da **camada K** dos átomos de alto número atômico respondem por aproximadamente 4/5 dos eventos de efeito fotoelétrico, o que confere a esse efeito um caráter quase ressonante entre a energia do fóton e a energia de ligação do elétron. As demais descontinuidades recebem, de maneira similar, os nomes de **borda L, borda M**, de acordo com a camada correspondente, e elas têm uma estrutura

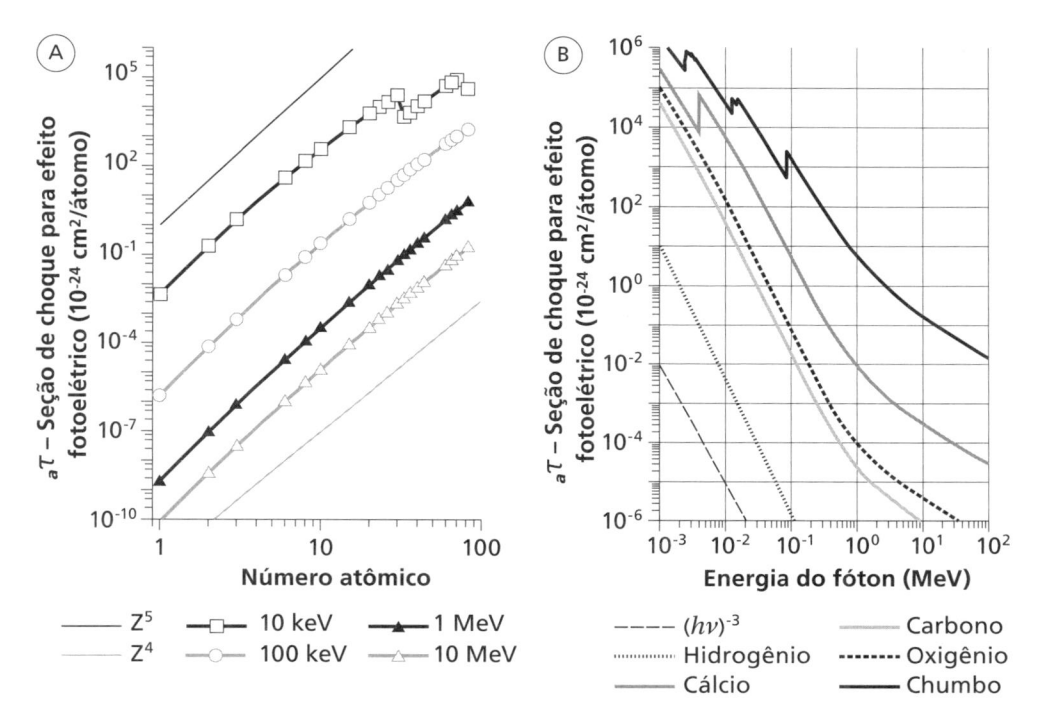

Fig. 8.8 Seções de choque para efeito fotoelétrico: (A) em função do número atômico, para quatro energias de fóton; (B) em função da energia de fóton, para alguns elementos químicos. As linhas unindo pontos (A) são para guiar os olhos. As retas auxiliares indicam comportamentos com potências de Z (A) ou de $h\nu$ (B). Valores obtidos a partir da base de dados XCOM (Berger et al., 2010b)

fina, que se relaciona com os respectivos subníveis (3 para a L, 5 para a M etc.). Para átomos com baixo número atômico (casos de H, C e O na Fig. 8.8B), as energias de ligação são muito baixas, não pertencendo à faixa de raios X e gama, por isso as bordas não aparecem.

8.4.3 Distribuição angular dos elétrons

Para energias de fóton muito baixas, os fotoelétrons são emitidos perpendicularmente à direção do fóton (esta é a direção do campo elétrico associado ao fóton). Para energias de fóton mais elevadas, os ângulos tornam-se cada vez mais frontais. A Fig. 8.9 ilustra esse fato com o gráfico das medianas dos **ângulos de emissão de fotoelétrons**: por exemplo, para fótons incidentes com 1,25 MeV, 50% dos elétrons são emitidos em ângulos de até 20°.

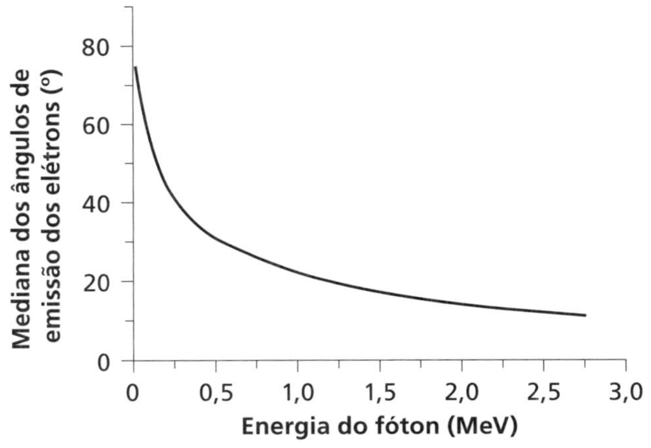

Fig. 8.9 Mediana dos ângulos de emissão de fotoelétrons, em função da energia do fóton. Dados obtidos de Davisson e Evans (1952)

8.5 Produção de par elétron-pósitron

A **produção de par elétron-pósitron** é o efeito que predomina quando a energia do fóton é alta, pois é o único dos processos de interação de fótons com o meio cuja seção de choque cresce continuamente com a energia do fóton. O fóton incidente é absorvido na interação e toda a sua energia é convertida em massa de repouso e energia cinética de um par **partícula-antipartícula**, ambas carregadas. Consideramos aqui somente o par elétron-pósitron, embora seja possível a criação de outros pares de partícula-antipartícula, desde que a energia do fóton seja superior à massa de repouso do par. A interação do fóton é com o campo coulombiano do núcleo, mas pode também ocorrer com o campo de outras partículas carregadas, inclusive de um elétron. Nesse caso, o elétron atômico que participa da interação também recebe energia cinética e momento, sendo ejetado do átomo. Essa interação é chamada de **produção de tripleto** (o elétron atômico e o par elétron-pósitron constituem o tripleto).

8.5.1 Cinemática da produção de par

A Fig. 8.10 ilustra o processo de produção do par, no qual o núcleo atômico participa da conservação de momento, embora a energia cinética por ele adquirida seja desprezível. Aplicando as leis de conservação de energia e de momento, temos as expressões:

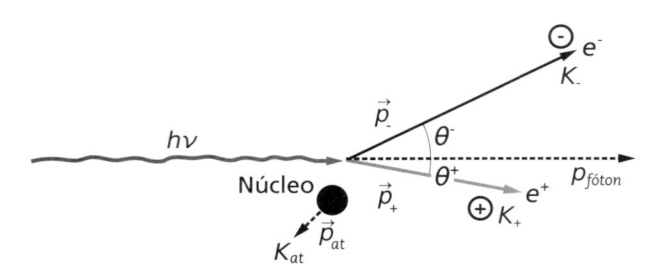

$$hv = K_- + K_+ + K_{at} + 2m_e c^2$$
$$\cong K_- + K_+ + 2m_e c^2 \tag{8.13}$$

$$\vec{p}_{f\acute{o}ton} = \vec{p}_- + \vec{p}_+ + \vec{p}_{at} \tag{8.14}$$

Fig. 8.10 Representação pictórica da cinemática do efeito produção de par, ilustrando os momentos

Relembramos que a produção do par elétron-pósitron só pode ocorrer se a energia do fóton for maior que $2m_e c^2$, que vale 1,022 MeV.

A energia cinética das duas partículas de cada par não é necessariamente a mesma, mas os valores médios são semelhantes:

$$\bar{K}_- = \bar{K}_+ = \frac{hv - 2m_e c^2}{2} \tag{8.15}$$

De fato, o valor médio de K_+ é ligeiramente superior ao de K_-, por causa da repulsão entre núcleo e pósitron.

8.5.2 Seções de choque da produção de par

Também para esse efeito não há expressões simples para a seção de choque. Além do uso da Eletrodinâmica Quântica para a interação com o campo nuclear e das expressões de Dirac para o par, há ainda a possibilidade de o par ser criado em regiões mais afastadas do núcleo, onde o campo nuclear é blindado por elétrons. Assim, utilizaremos algumas aproximações e representações gráficas para dar uma ideia aproximada da dependência de $_a\mathcal{K}$ (letra com que se designa a **seção de choque para produção de par**) em relação à energia e ao número atômico, e também da **distribuição angular do par**.

Na Fig. 8.11 estão os valores de $_a\mathcal{K}$ em função do número atômico, mostrando crescimento com potência próxima a Z^2, e de $_a\mathcal{K}$ em função de hv, evidenciando um crescimento relativamente lento com a energia do fóton, exceto para energias pouco superiores ao limiar hv = 1,022 MeV. Também nessa figura está a seção de choque para a *formação do*

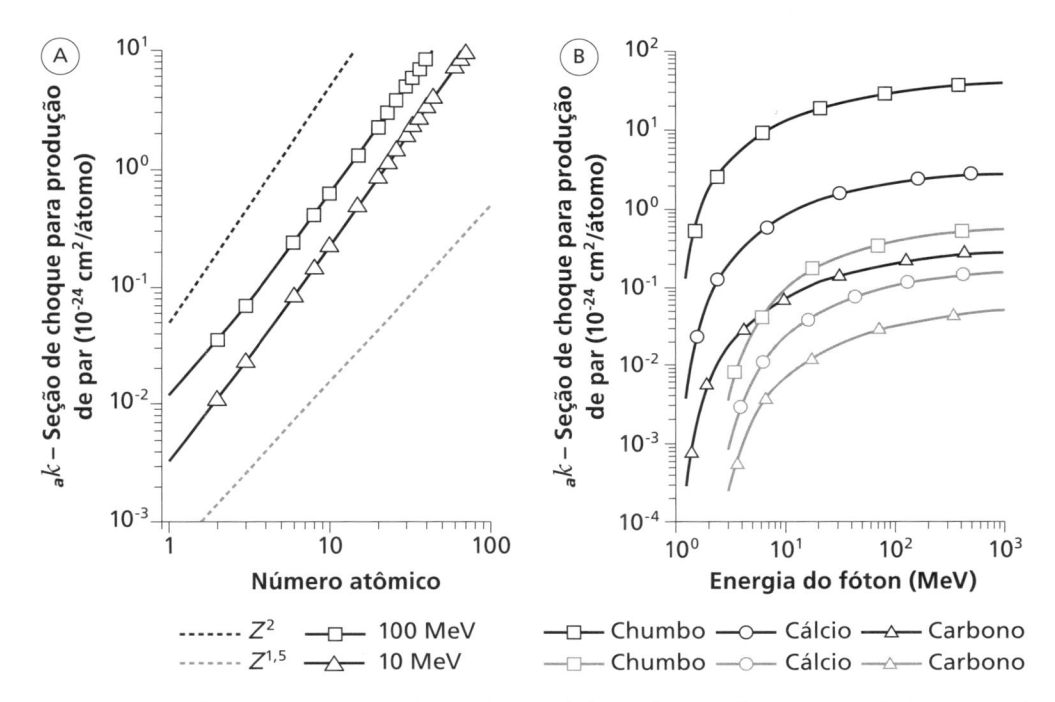

Fig. 8.11 Seções de choque para produção de par: (A) em função do número atômico, para duas energias de fóton; (B) em função da energia de fóton, para alguns elementos químicos. As linhas unindo pontos (A) são para guiar os olhos. As retas tracejadas indicam comportamentos com potências de Z. As curvas em cinza no gráfico (B) são para a produção de tripleto. Valores obtidos a partir da base de dados XCOM (Berger et al.,2010b)

tripleto (produção do par no campo de um elétron), que vale aproximadamente $1/Z$ da seção de choque para formação do par, pois essa é a razão das intensidades de campo elétrico produzidos pelo elétron e pelo núcleo.

A distribuição angular do par é predominantemente voltada para a direção do fóton incidente, sobretudo para altas energias. O ângulo médio de emissão do pósitron (e do elétron) tem um valor aproximado, segundo Heitler (1953), de:

$$\bar{\phi}_{\pm} \cong \frac{m_e c^2}{\bar{K}_{\pm}} = 2 \frac{m_e c^2}{h\nu - 2m_e c^2} \qquad \textbf{(8.16)}$$

onde $\bar{K}_{\pm}$ é a energia cinética média do elétron ou do pósitron, e $\bar{\phi}_{\pm}$ é dado em radianos.

A Fig. 8.12 traz um gráfico da Eq. (8.16) em função da energia do fóton, mostrando claramente que as partículas são emitidas em ângulos tanto mais próximos à direção do fóton incidente quanto maior a energia do fóton.

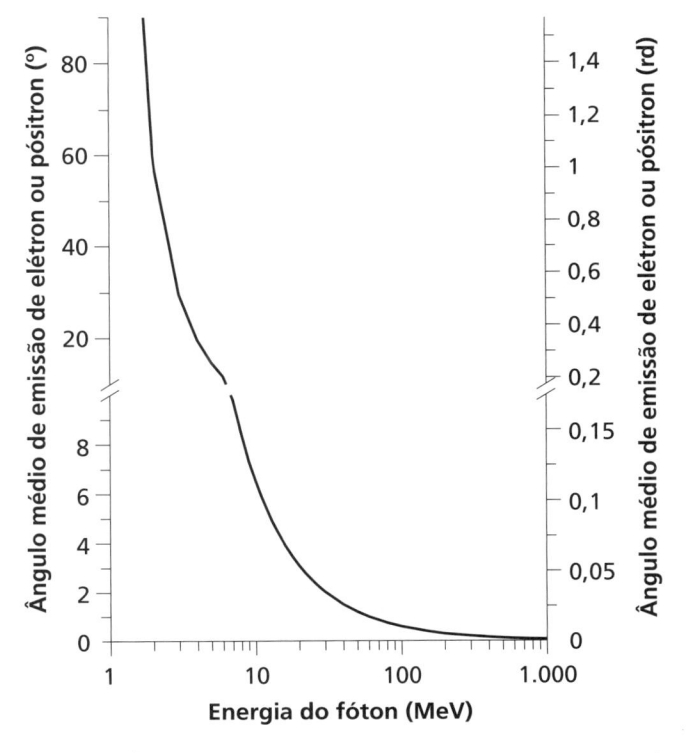

Fig. 8.12 Ângulo médio de emissão do elétron (ou do pósitron), em função da energia do fóton. O trecho de 0° a 10° (0 a 0,1745 rd) foi ampliado para melhor visualização

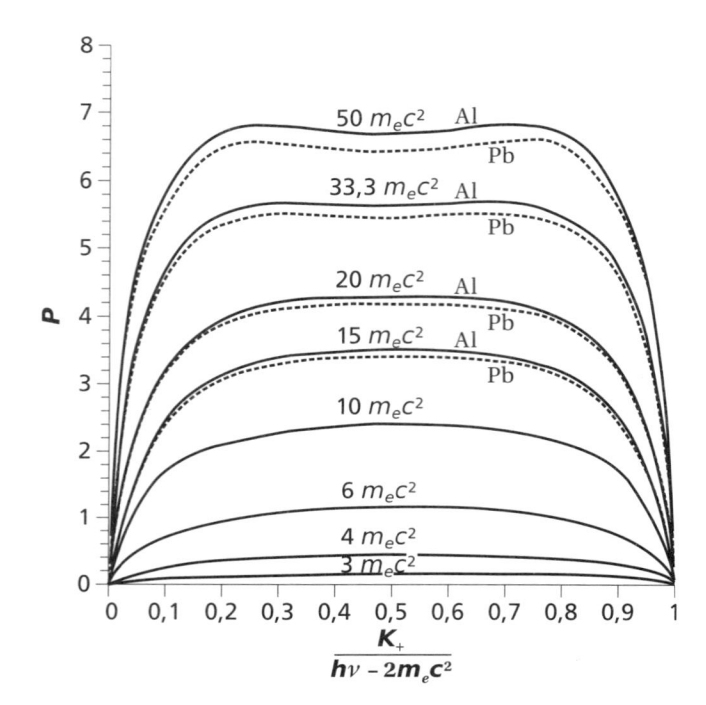

Fig. 8.13 Distribuição de energia cinética do pósitron criado por produção de par, para alumínio e chumbo, e energias de fóton entre 3 e 50 $m_e c^2$. O fator P está descrito no texto.

Fonte: adaptado de Davisson e Evans (1952).

8.5.3 Distribuição de energia cinética do par

Na produção de par, para situações simples (potencial do núcleo não é blindado por elétrons; o fóton tem energia muito maior que a massa de repouso do elétron) é possível obter uma expressão para a **seção de choque diferencial em energia** que pode ser analisada graficamente:

$$\frac{d_a\mathcal{K}}{dK_+} = P\frac{r_0^2 Z^2}{137(h\nu - 2m_e c^2)} \tag{8.17}$$

onde P é um parâmetro adimensional, fracamente dependente de Z e que varia com a energia cinética das partículas de uma maneira complicada, mas que pode ser vista na Fig. 8.13 para alumínio e chumbo, para algumas energias do fóton incidente.

Nota-se, com base na Fig. 8.13, que os valores extremos de energia cinética são pouco prováveis, e todos os outros valores são quase igualmente prováveis, com ligeira predominância do valor médio [Eq. (8.15)] para baixas energias de fóton. Nessa aproximação, a distribuição de energias para elétrons e pósitrons é a mesma.

8.6 O COEFICIENTE DE ATENUAÇÃO

O coeficiente de atenuação linear para fótons é dado pela soma das contribuições dos diversos efeitos que podem ocorrer para cada energia de fóton e cada meio. Assim,

$$\mu = \sigma_{coe} + \sigma + \tau + \mathcal{K} \tag{8.18}$$

onde cada um dos coeficientes lineares parciais é obtido das seções de choque atômicas multiplicadas pela densidade volumétrica de átomos:

$$\mu = (_a\sigma_{coe} + Z_e\sigma + {}_a\tau + {}_a\mathcal{K})\frac{\text{número de átomos}}{\text{volume}}$$

$$= (_a\sigma_{coe} + {}_a\sigma + {}_a\tau + {}_a\mathcal{K})\frac{\rho N_A}{A} \tag{8.19}$$

onde N_A é o número de Avogadro e A é a massa atômica do elemento químico com o qual o fóton interage. μ é expresso, em geral, em [cm^{-1}], e, como já vimos no Cap. 2, é comum utilizar o coeficiente mássico μ/ρ, expresso em [cm^2/g], que é independente da densidade do material e tem valores menos variáveis entre os elementos químicos:

$$\frac{\mu}{\rho} = (_a\sigma_{coe} + {}_a\sigma + {}_a\tau + {}_a\mathcal{K})\frac{N_A}{A}$$

$$\equiv (_a\sigma_{coe} + Z_e\sigma + {}_a\tau + {}_a\mathcal{K})\frac{\text{número de átomos}}{\text{massa}} \tag{8.20}$$

É possível obter, com base no conhecimento dos coeficientes parciais, a proporção em que cada um dos tipos de interação ocorre quando um feixe de fótons atravessa um material: σ_{coe}/μ, σ/μ, τ/μ e $\mathcal{K}/\mu$ representam as frações das interações que ocorrem, respectivamente, por espalhamento coerente, espalhamento Compton, efeito fotoelétrico e produção de par. O número total de interações que um determinado feixe de fótons sofre ao atravessar uma espessura de material pode ser calculado com a Eq. (8.1), pois é a diferença ($N_0 - N$). O número de interações correspondente a cada um dos efeitos é dado por:

$$N_{Compton} = \frac{\sigma}{\mu}(N_0 - N) = \frac{\sigma}{\mu}N_0\left(1 - e^{-\mu x}\right) \tag{8.21}$$

e similarmente para os outros efeitos. É importante observar que, na exponencial, é sempre o **coeficiente total** que é utilizado, pois esse termo representa a probabilidade de não interagir por *todos* os efeitos.

Exemplo 8.2

Para um feixe com 10^{10} fótons e energia de 2,0 MeV, que incide em uma placa com 1,0 mm de chumbo, calcule o número total de interações e o número de efeitos fotoelétrico, Compton e produção de par que ocorrem no material. Repita para um feixe com o mesmo número de fótons de 200 keV.

Resolução

Para a resolução do problema, são necessários os valores dos coeficientes de atenuação, parciais e totais, para as duas energias. Eles podem ser obtidos da literatura ou do gráfico da Fig. 8.14 e estão na Tab. 8.1:

Tab. 8.1

Energia do fóton	μ/ρ (cm²/g)	τ/ρ (cm²/g)	$\mathcal{K}/\rho$ (cm²/g)	σ/ρ (cm²/g)
2,0 MeV	0,046	0,0051	0,0049	0,035
200 keV	0,99	0,85	0	0,097

densidade do Pb: 11,3 g/cm³

Para 2,0 MeV, o número total de interações é dado pela Eq. (8.1):

$$N_{int} = 10^{10}[1 - \exp((-11,3 \times 0,1) \times 0,046)]$$

$(N_{int})_{2MeV} = 5,1 \times 10^8$ interações.

Os efeitos ocorreram nas seguintes proporções:

Fotoelétrico: 0,0051/0,046 = 10,9%;

Pares: 0,0049/0,046 = 10,6%;

Compton: 0,035/0,046 = 76,0%.

Analogamente para 200 keV, teremos: $(N_{int})_{0,2MeV} = 6,73 \times 10^9$ interações, sendo 86% de efeito fotoelétrico, 9,8% Compton e nenhuma interação por produção de par (a energia do fóton é inferior a 1,022 MeV).

Comentário

A soma dos coeficientes parciais apresentados na Tab. 8.1 não corresponde ao coeficiente mássico total, pois há também espalhamento coerente (0,046 e 0,00058 cm^2/g para energia do fóton de 200 keV e 2,0 MeV, respectivamente).

No caso de compostos e misturas, em que o meio de interação não é elementar, é possível obter os **coeficientes de atenuação do composto** com base em uma ponderação dos coeficientes elementares com as frações em massa (w_i) de cada elemento:

$$\left(\frac{\mu}{\rho}\right)_{mist} = w_1 \left(\frac{\mu}{\rho}\right)_1 + w_2 \left(\frac{\mu}{\rho}\right)_2 + \cdots w_i \left(\frac{\mu}{\rho}\right)_i + \cdots \qquad (8.22)$$

Na Eq. (8.22) não são levadas em conta mudanças nas distribuições eletrônicas dos átomos nos materiais compostos. Também é usual obter, para compostos e misturas, o **número atômico efetivo** (Z_{ef}): trata-se do número atômico de um elemento químico que exibisse os coeficientes de atenuação da mistura. Z_{ef} é calculado com a Eq. (8.23), que leva em conta, principalmente, a variação do coeficiente de atenuação a baixas energias, onde predomina o efeito fotoelétrico.

$$Z_{ef} = \sqrt[m]{a_1 Z_1^m + a_2 Z_2^m + \cdots} \quad \text{com} \quad a_i = w_i \frac{Z_i/A_i}{\sum w_i \frac{Z_i}{A_i}} \qquad (8.23)$$

onde cada a_i representa a fração de elétrons do elemento i no total de elétrons do material, e m é o expoente que representa a variação de μ com Z – em geral, usa-se $m = 3,5$.

Exemplo 8.3

Obtenha o valor do coeficiente de atenuação mássico da água a partir dos coeficientes para H e O, para a energia do fóton de 50 keV, e compare com o valor fornecido no Cap. 2, Tab. 2.4 (0,226 cm^2/g). Calcule também o Z_{ef} da água.

Resolução

Calculemos primeiramente a fração em massa de hidrogênio e oxigênio na água:

1 mol de moléculas de água tem massa de 18 g e contém $2 \times N_A$ átomos de hidrogênio (A_H=1,0 g), e $1 \times N_A$ átomos de oxigênio (A_O=16 g) ou seja, $w_H = 0,111$ e $w_O = 0,889$.

Na Tab. 8.2 estão os coeficientes de atenuação mássicos para os dois elementos. Substituindo todos os valores numéricos na Eq. (8.22), temos:

$$(\mu/\rho)_{água} = 0,111 \times 0,335 + 0,889 \times 0,211$$

ou seja, $(\mu/\rho)_{água} = 0,225$ cm^2/g, praticamente igual ao valor fornecido no Cap. 2.

Tab. 8.2

OXIGÊNIO	HIDROGÊNIO
$\mu/\rho = 0,211$ cm^2/g para 50 keV	$\mu/\rho = 0,335$ cm^2/g para 50 keV
$wZ/A = 0,889 \times 8/16 = 0,4445$	$wZ/A = 0,111 \times 1/1 = 0,111$
$a_O = 0,800$	$a_H = 0,200$

Para obter o número atômico efetivo da água, usamos a Eq. (8.23), com os valores de wZ/A e de a_i já calculados nas duas últimas linhas da Tab. 8.2:

$$Z_{água} = (0,200 \times 1^{3,5} + 0,800 \times 8^{3,5})^{1/3,5}$$

O resultado é de 7,505 para o número atômico efetivo da água.

A Fig. 8.14 mostra variações de μ/ρ com a energia do fóton para alguns materiais e a variação dos coeficientes parciais de interação com $h\nu$ para alguns elementos químicos. Os coeficientes para espalhamento coerente não foram incluídos nos gráficos, para não sobre-carregá-los. Uma observação atenta dos gráficos mostra que, nas regiões onde predomina o efeito Compton, os coeficientes totais praticamente independem do número atômico, exceto para o hidrogênio.

A dependência dos coeficientes mássicos em relação ao número atômico não é a mesma das respectivas seções de choque atômicas, ou dos coeficientes lineares, já que a divisão pela massa atômica A, que se vê na Eq. (8.20), equivale a uma divisão por Z (como já vimos, A cresce quase linearmente com Z ao longo da Tabela Periódica, mantendo uma razão $Z/A \cong 0,5$), o que diminui a dependência dos coeficientes em relação a Z. A Tab. 8.3 resume essas dependências aproximadas.

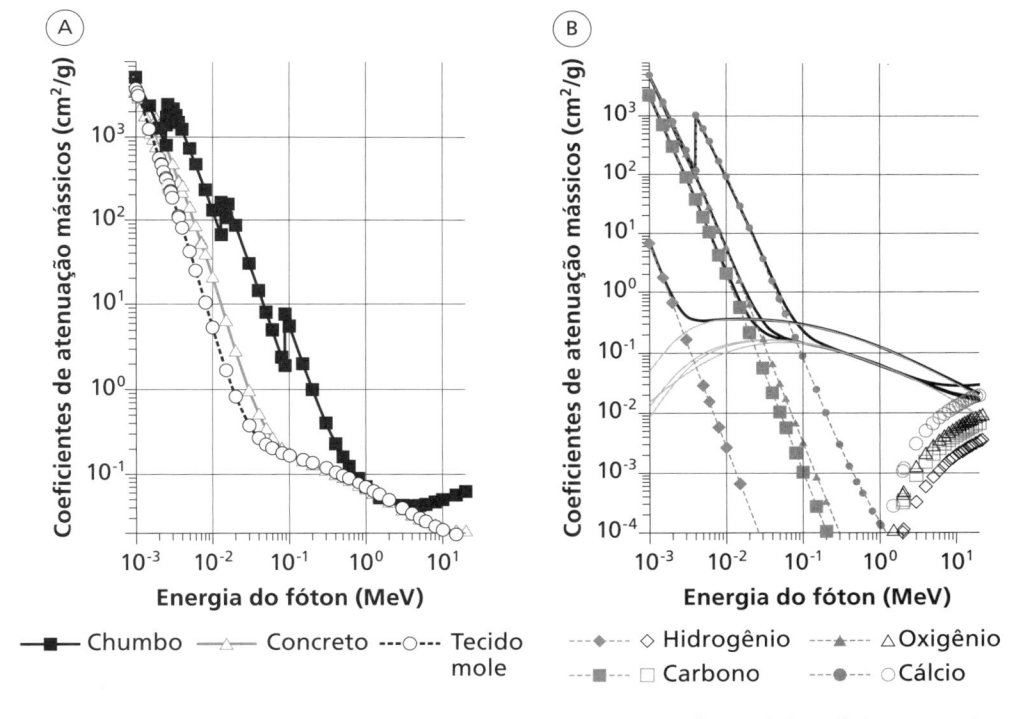

Fig. 8.14 Variação dos coeficientes de atenuação com a energia do fóton. (A) coeficientes totais para chumbo, concreto (composto de O - 57,5%, Si - 30,5%, Ca - 4,3%, H - 2,2%, Al - 2%, Na - 1,5%, K - 1,0%, Fe - 0,64, C - 0,25% e Mg - 0,13%) e tecido mole (O - 70,8%, C - 14,3%, H - 10,2%, N - 3,4%, P, S e K - 0,3%, Na e Cl - 0,2%); (B) coeficientes mássicos parciais para efeito fotoelétrico (símbolos cheios unidos por retas tracejadas), efeito Compton (linhas claras) e produção de par (símbolos vazios), e total (linha grossa) para H, C, O e Ca

Tab. 8.3 Dependência aproximada das seções de choque das interações de fótons com relação à energia do fóton e ao número atômico do meio

Efeito	Dependência de $h\nu$	Coeficiente	Dependência de Z
Espalhamento coerente	$(h\nu)^{-2}$	$_a\sigma_{coe}$ e σ_{coe} σ_{coe}/ρ	Z^2 Z^1
Espalhamento Compton	$h\nu$ baixo - cresce lento $h\nu$ alto - decresce lento	$_a\sigma$ e σ σ/ρ	Z^1 Z^0
Efeito fotoelétrico	$(h\nu)^{-3}$	$_a\tau$ e τ τ/ρ	$Z^{4,5}$ $Z^{3,5}$
Produção de par	$h\nu$ baixo - $\ln(h\nu)$ $h\nu$ alto - $h\nu^0$	$_a\mathcal{K}$ e $\mathcal{K}$ $\mathcal{K}/\rho$	Z^2 Z^1

8.7 Energia transferida ao meio nas interações de raios X e gama

Para cada uma das interações, pode-se obter a **energia transferida** (E_{tr}) ao meio, que poderá ser convertida em dose absorvida. A transferência de energia do fóton para o meio se dá pela aquisição de energia cinética por partículas carregadas nos processos Compton, fotoelétrico e produção de par (o espalhamento coerente praticamente não transfere energia ao meio). Assim, em média, temos em cada caso:

Efeito Compton: $(E_{tr})_{Compton} = \bar{K} = h\nu - h\bar{\nu}'$, valor possível de obter com base na distribuição de energias dos elétrons vista na Fig. 8.6.

Efeito fotoelétrico: $(E_{tr})_{fotoel} = \bar{K} = h\nu - \bar{B} + \sum K_{Auger}$, onde foi usada a hipótese de que todos os fótons de desexcitação escapam do local da interação. Estão incluídas as energias cinéticas adquiridas pelos elétrons ejetados por **efeito Auger**, processo que compete com a fluorescência na desexcitação do átomo.

Produção de par: $(E_{tr})_{par} = \bar{K}_+ + \bar{K}_- = h\nu - 2m_e c^2$.

A fração média da energia do fóton incidente que é transferida ao meio é obtida pela composição dessas três parcelas, ponderadas pelas probabilidades de cada interação:

$$\bar{E}_{tr} = \frac{1}{\mu/\rho}\left[\frac{\sigma}{\rho}(E_{tr})_{Compton} + \frac{\tau}{\rho}(E_{tr})_{fotoel} + \frac{\mathcal{K}}{\rho}(E_{tr})_{par}\right] \quad \text{e} \quad \frac{\mu_{tr}}{\rho} = \frac{\mu}{\rho}\frac{\bar{E}_{tr}}{h\nu} \qquad \text{(8.24)}$$

A Eq. (8.24) define μ_{tr}/ρ – o **coeficiente mássico de transferência de energia**. Ele se aproxima do coeficiente de atenuação se uma grande fração da energia do fóton é transferida ao meio. Como vimos no Cap. 7, nem toda a energia cinética de um elétron se converte em ionizações no meio, pois parte dela é irradiada em processos de *Bremsstrahlung* ou fluorescência, ou ainda, no caso do pósitron, na **aniquilação em voo**. Esses processos fazem a **energia média absorvida por interação** ($\bar{E}_{ab}$) no meio ser menor que a **energia média transferida por interação** ($\bar{E}_{tr}$). Define-se então outro coeficiente, que se relaciona com a energia média absorvida no meio irradiado por fótons e, portanto, com a dose absorvida no meio:

$$\bar{E}_{ab} = \frac{1}{\mu/\rho}\left[\frac{\sigma}{\rho}(E_{ab})_{Compton} + \frac{\tau}{\rho}(E_{ab})_{fotoel} + \frac{\mathcal{K}}{\rho}(E_{ab})_{par}\right] \quad \text{e} \quad \frac{\mu_{ab}}{\rho} = \frac{\mu}{\rho}\frac{\bar{E}_{ab}}{h\nu} \qquad \text{(8.25)}$$

Em uma forma mais concisa, o **coeficiente mássico de absorção de energia** (μ_{ab}/ρ) relaciona-se com o coeficiente de transferência de energia por:

$$\frac{\mu_{ab}}{\rho} = (1-g)\frac{\mu_{tr}}{\rho} \qquad \textbf{(8.26)}$$

O **fator g** que aparece na Eq. (8.26) representa a fração de energia transferida pelos fótons a elétrons e pósitrons que é *irradiada*, e não convertida em ionização do meio. Para energias de fótons muito baixas, o valor de g aproxima-se de zero, e os dois coeficientes igualam-se. Na Tab. 8.4 listamos alguns exemplos dos valores de g e de energias médias absorvida e transferida. O gráfico da Fig. 8.15 mostra como μ_{ab}/ρ se compara a μ/ρ em uma ampla faixa de energias, para alguns materiais, notando-se diferenças maiores entre esses coeficientes para números atômicos mais baixos e nas faixas de energia nas quais predomina o efeito Compton.

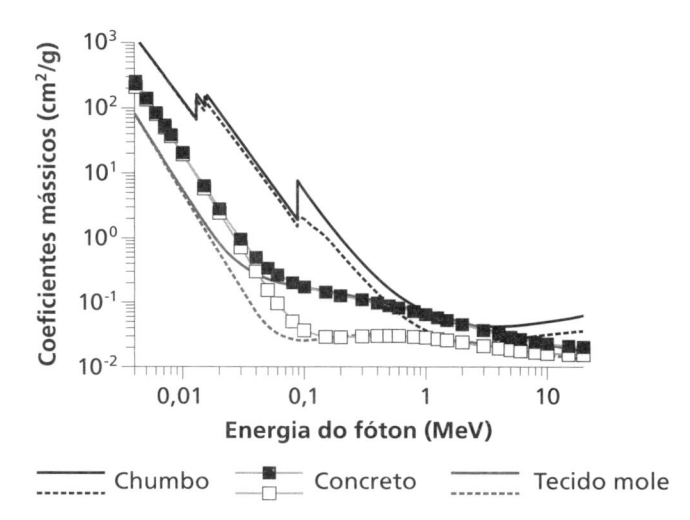

Fig. 8.15 Variação dos coeficientes mássicos de atenuação e de absorção de energia com $h\nu$ para alguns materiais. Linhas cheia (μ/ρ) e tracejada (μ_{ab}/ρ), para chumbo e tecido mole; pontos cheios (μ/ρ) e vazios (μ_{ab}/ρ) unidos por linhas claras, para concreto

Fonte: NIST.

Tab. 8.4 Valores de g (fração da energia cinética de elétrons não convertida em ionizações) e das energias médias transferida e absorvida por água, osso e chumbo

$h\nu$	Água			Osso (ICRU)			Chumbo		
(MeV)	g	$\bar{E}_{tr}$(keV)	$\bar{E}_{ab}$(keV)	g	$\bar{E}_{tr}$(keV)	$\bar{E}_{ab}$(keV)	g	$\bar{E}_{tr}$(keV)	$\bar{E}_{ab}$(keV)
0,01	0,000	8,69	8,69	0,000	9,46	9,46	0,002	9,59	9,57
0,10	0,000	15,0	15,0	0,000	21,4	21,4	0,000	39,4	39,4
1,00	0,006	441	438	0,007	440	437	0,048	559	532
10,0	0,031	7.297	7.072	0,054	7.434	7.035	0,260	8.448	6.250

Nas grandezas que serão definidas no Cap. 9 será possível observar que, enquanto μ_{ab}/ρ se relaciona com a grandeza *dose absorvida*, μ_{tr}/ρ é utilizada para calcular a grandeza **kerma**.

8.8 Aplicações

8.8.1 Uso de filtros em feixes de raios X

Feixes de raios X empregados em **radiologia** são gerados com potenciais aceleradores entre ~30 e 140 kV, como vimos no Cap. 2. Nessas faixas de energia, há uma grande variação dos coeficientes de atenuação com a energia e com o número atômico do meio (Fig. 8.14). Feixes de raios X utilizados em radiologia podem ter seus **espectros modificados** com a adição de filtros. Podemos agora entender a ação de filtros metálicos que interceptam o feixe logo ao sair da ampola e que interagem mais com os fótons de baixa que de alta energia do feixe, retirando *seletivamente* a parte menos energética do espectro – e por isso o nome **filtro** é adequado.

A Fig. 8.16 traz espectros de energia de um feixe gerado com potencial acelerador de 100 kV em um tubo com alvo de tungstênio, sem adição de filtros e filtrado por 1,0 mm de Cu ou 4,0 mm de Al. As energias médias para os feixes não filtrado, filtrado por 4,0 mm de Al e por 1,0 mm de Cu são, respectivamente, 38,1, 51,4 e 67,4 keV. Em razão do número atômico relativamente alto, o cobre elimina quase todos os fótons de até 40 keV do feixe inicial. Já o alumínio, apesar de mais espesso, só elimina completamente os fótons de até 20 keV. É claro que, para os feixes filtrados, a intensidade total do feixe diminui muito – o número inicial de fótons cai para 40% com o filtro de 4 mm de Al, e para 9% com o de 1,0 mm de Cu –, mas, como boa parte dos fótons de energia baixa não conseguiria atravessar as primeiras camadas de tecido do paciente, essa perda de fótons não prejudica a imagem. Isso é perceptível no gráfico da Fig. 8.16B, em que o mesmo feixe inicial é modificado por uma camada de 1,0 cm de água (que simula bem 1,0 cm de tecido mole): quase todos os fótons de até 15 keV não ultrapassam essa pequena espessura de água e não poderiam contribuir para a imagem de uma região espessa do corpo.

Outra forma de utilizar filtros em equipamentos de raios X de uso médico é com os chamados **filtros de borda K**: o uso de um material cuja borda K de atenuação está na região de energias do feixe que o atravessa *atenua mais a região de mais alta energia do feixe que a de baixa*, ao contrário do usual. Esse emprego é comum na **densitometria óssea** e na **mamografia**. Nesta, feixes gerados com alvo de molibdênio são filtrados com uma fina placa do mesmo material (borda K em 20,0 keV), o que faz que os picos de **radiação característica** (em 17,5 keV e 19,6 keV) fiquem evidenciados e a parte do espectro contínuo de *Bremsstrahlung*,

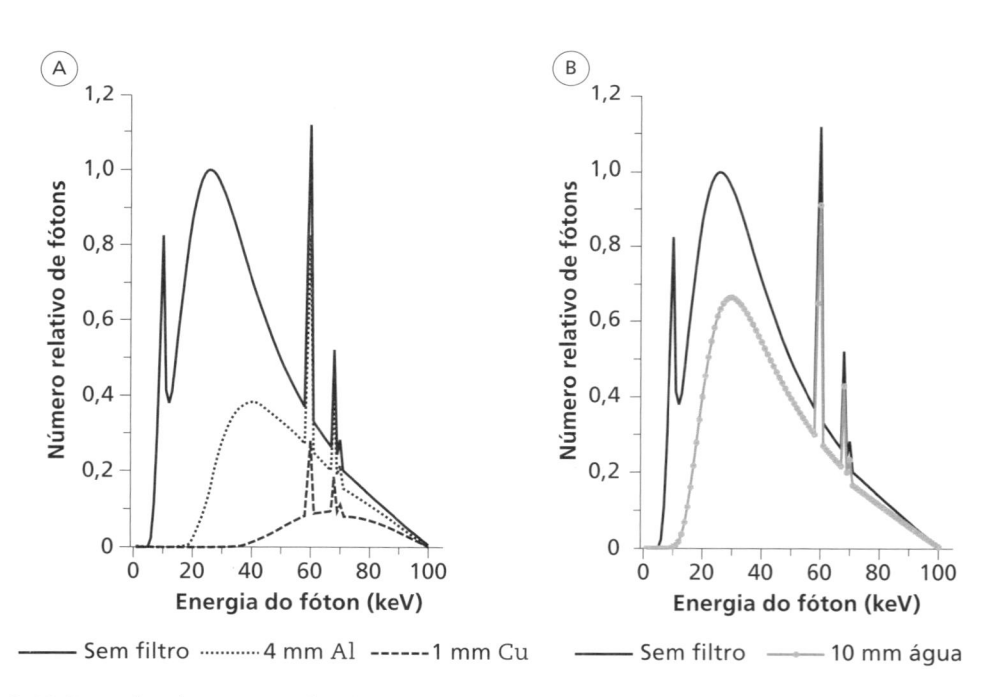

Fig. 8.16 Exemplos de espectros de raios X gerados com alvo de W e potencial acelerador de 100 kV. (A) o espectro do feixe sem filtros e com filtro de Al ou de Cu; (B) o mesmo espectro original e filtrado por 1,0 cm de água. Espectros gerados com o programa XCOMP5R

Fonte: Nowotny e Hofer (1985).

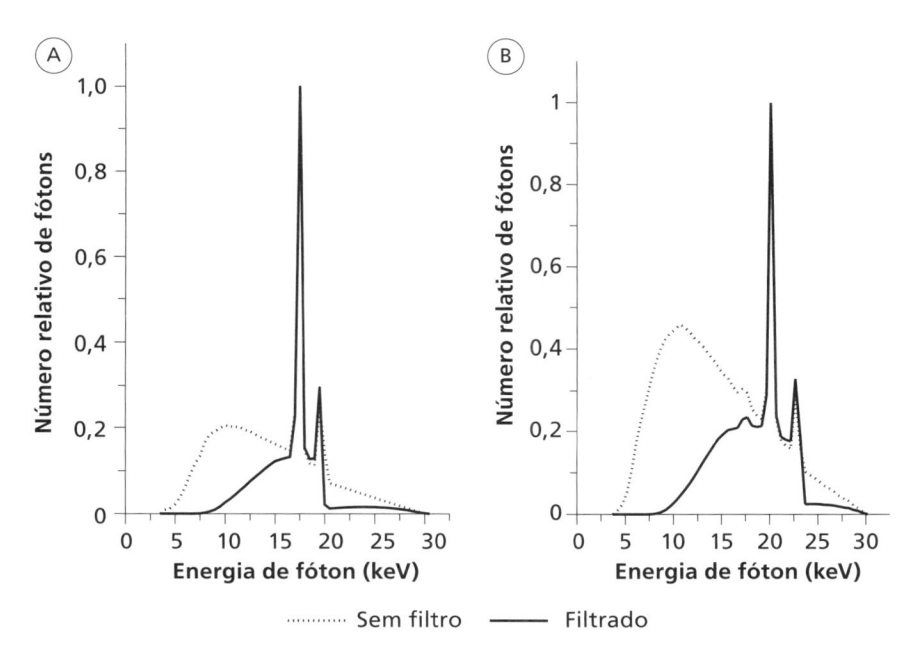

Sem filtro ——— Filtrado

Fig. 8.17 Espectros de tubos de raios X usados em mamografia, calculados com modelo TBC. (A) feixe gerado com alvo de Mo, sem filtro (pontilhado) e com filtro de 0,030 mm de Mo; (B) espectros com alvo de ródio (Z = 45), sem filtro (pontilhado) e com filtro de 0,025 mm de ródio. Para todos, o potencial acelerador é de 30 kV

Fonte: gentileza de Roseli Kunzel.

com energias acima deles fique diminuída. A Fig. 8.17 traz um exemplo desses espectros, cuja principal aplicação é distinguir, por radiografia do tecido mamário, pequenas regiões em que há calcificações e que podem auxiliar no diagnóstico preventivo para câncer de mama (mais detalhes no Cap. 12). Essa distinção é mais bem realizada se os fótons têm energia baixa, na região de predomínio de efeito fotoelétrico, cuja seção de choque é fortemente dependente do número atômico, possibilitando a distinção desejada entre a lesão e o tecido sadio, e entre os diferentes tecidos que constituem a mama. Na mesma figura estão dois espectros, também de uso em mamografia, gerados a partir de um tubo com alvo de ródio, usando-se também filtro de ródio (borda K em 23,2 keV e linhas características em 20,1 e 22,7 keV).

8.8.2 Contraste em imagens radiográficas

Após atravessar a região do corpo de interesse, o feixe de raios X é atenuado de maneiras distintas, de acordo com a *espessura*, a *densidade* e os *números atômicos* daquela região do corpo. Essa atenuação *diferenciada* é que constitui o chamado **contraste do objeto**, que será depois transferido para a imagem a ser visualizada pelo médico que analisa o exame. Para exemplificar, tomemos um objeto que simule simplificadamente uma região do tórax humano como a representada na Fig. 8.18, contendo regiões com tecido

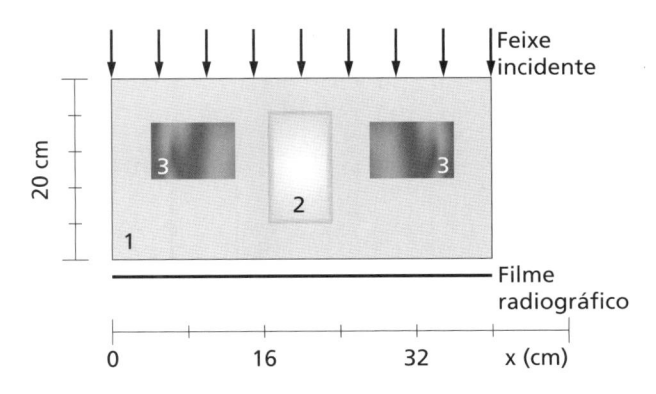

Fig. 8.18 Simulador simplificado de uma seção transversal do tórax constituída de (1) tecido mole, (2) osso e (3) pulmões. As setas indicam o feixe incidente usado para radiografar o tórax

mole (1), osso (2) e pulmões (3), descritos na Tab. 8.5. Esse objeto é radiografado por feixes monoenergéticos com energias de 20, 50, 100 e 1.000 keV, e as intensidades relativas, transmitidas ao longo de uma linha na direção x onde se encontra o receptor de imagem (o filme radiográfico, por exemplo) da Fig. 8.18, calculadas com a Eq. (8.1), são mostradas na Fig. 8.19.

Tab. 8.5 DIMENSÕES, MATERIAIS CONSTITUINTES E COEFICIENTES DE ATENUAÇÃO RELACIONADOS AO SIMULADOR SIMPLIFICADO DE TÓRAX, DESCRITO NO TEXTO E NA FIG. 8.18

	1. Tecido Mole	2. Osso	3. Pulmão
x (cm) e ρ (g/cm^3)	20 1,06	12 1,92	8,0 0,296
$h\nu$ (keV)	μ/ρ (cm^2/g)	μ/ρ (cm^2/g)	μ/ρ (cm^2/g)
20	0,823	4,00	0,832
50	0,226	0,424	0,227
100	0,169	0,185	0,169
1.000	0,0701	0,0657	0,0701

Na Fig. 8.19, as diferenças entre as transmissões de fótons em regiões distintas é que produzirão o **contraste da imagem**. É fácil descartar a imagem que seria obtida com 20 keV, pois há uma atenuação tão grande do feixe (note a escala vertical), que só haveria sinal na radiografia, e baixo, na região dos pulmões, com impossibilidade de distinguir tecido mole de osso. Nos outros três gráficos seria possível distinguir, com diferentes níveis de contraste (maior para 50 keV, menor para 1 MeV), as regiões descritas. É importante notar que, ao calcularmos a atenuação, não há diferença se a interação foi um espalhamento

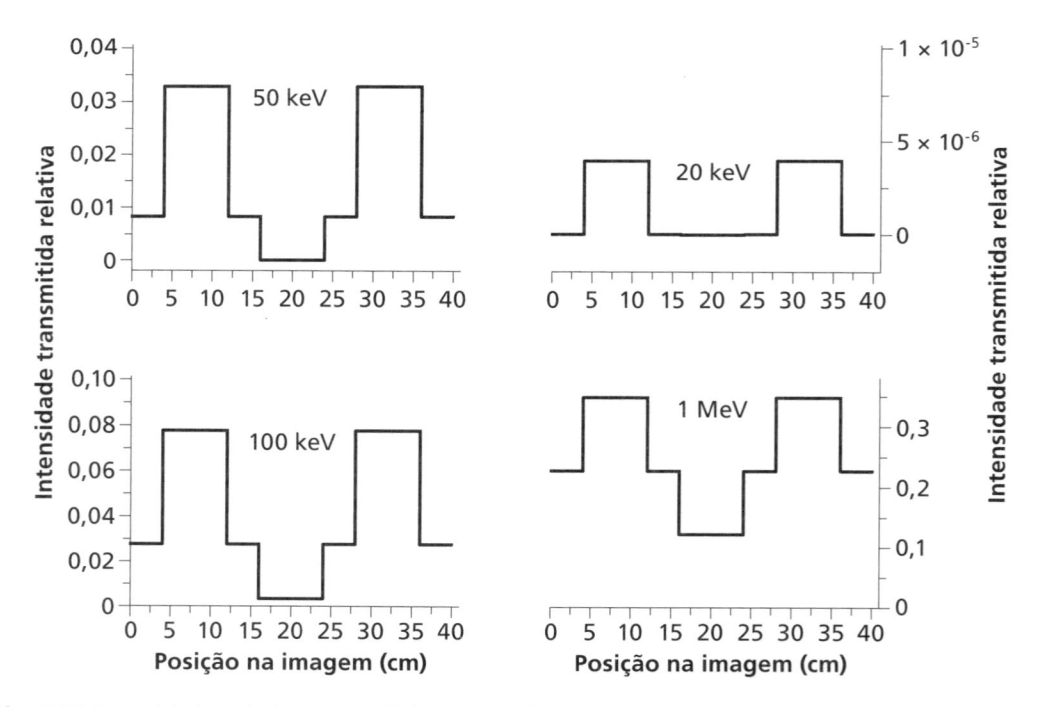

Fig. 8.19 Intensidades relativas transmitidas quando feixes monoenergéticos são usados para radiografar o simulador simplificado de tórax da Fig. 8.18

(coerente ou Compton) ou uma absorção (por efeito fotoelétrico ou produção de par). Todavia, para a formação de imagem, isso é importante, pois os espalhamentos produzem fótons em diversas direções, que "borram" a imagem por atingirem o detector em posição que não tem relação com o evento que produziu a atenuação. Essas considerações fazem que não se utilizem fótons de energia mais elevada em radiologia diagnóstica, optando-se pelo uso de fótons na faixa de 30 a 150 keV. Uma radiografia de tórax de adultos, na projeção póstero-anterior, é normalmente obtida com o uso de feixes com aproximadamente 80 kV de potencial acelerador do tubo, dependendo da espessura e constituição do paciente.

Para diminuir a contribuição de fótons espalhados na radiografia são usadas **grades antiespalhamento** colocadas entre o paciente e o filme, que servem como colimadores da radiação.

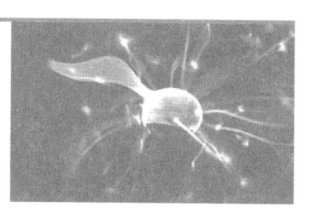

Um pouco de **História**

YOSHIO NISHINA

As seções de choque para efeito Compton foram obra da dupla Oskar Benjamin Klein (1894-1977) e Yoshio Nishina (1890-1951), baseados na teoria do elétron de Paul A. M. Dirac, no período de cinco anos em que o cientista japonês foi supervisionado por Niels Bohr em Copenhague, no auge do desenvolvimento da Mecânica Quântica. Antes de chegar a Copenhague, Nishina havia estado com E. Rutherford no Cavendish Laboratory e também na Universidade de Göttingen, na Alemanha. Oskar Klein foi um cientista sueco muito ativo, tendo sido supervisionado por Svante Arrhenius (Nobel de Química de 1903). Sua colaboração com Bohr foi intensa e prolongou-se por várias décadas.

Yoshio Nishina é considerado o pai da Física Moderna no Japão. Ele graduou-se em Engenharia Elétrica em 1918, pela Universidade Imperial de Tóquio, e foi aluno de Hantaro Nagaoka, introdutor do modelo saturnino do átomo, no Departamento de Física.

Em 1935, Nishina escreveu a seu grande amigo E. Lawrence, perguntando se aceitaria seu assistente Ryokichi Sagane, filho de Hantaro Nagaoka, para um estágio, uma vez que estava contemplando a possibilidade de construir um ciclotron no Japão. Em 1937, entrou em operação o primeiro ciclotron no RIKEN (Instituto de Pesquisas em Física e Química, Tóquio) e, nesse mesmo ano, Nishina iniciou a construção do segundo maior ciclotron do mundo, com a colaboração do Ryokichi Sagane.

Entre os trabalhos de Nishina, destaca-se também a descoberta experimental, em 1937, em trabalho paralelo ao de grupos americanos, da partícula múon (chamada méson na época) e a estimativa de sua massa, por meio do ciclotron, como sendo de 1/7 a 1/10 da massa do próton. A existência do múon havia sido prevista em 1935 por Hideki Yukawa, um ex-aluno de Nishina e Prêmio Nobel de Física de 1949. Além de Yukawa, Nishina formou diversos grupos teóricos e experimentais no RIKEN, dos quais participaram, por exemplo, Sin-Itiro Tomonaga, Prêmio Nobel de Física de 1965.

Em 10/8/1945, quatro dias após a explosão da bomba em Hiroshima, Nishina esteve nessa cidade para fazer medidas e imediatamente percebeu que os americanos haviam conseguido construir a bomba atômica e, ainda, que as bombas explodidas em Hiroshima e Nagasaki eram diferentes entre si.

O RIKEN, que foi sede do programa nuclear japonês durante a Segunda Guerra, foi bombardeado, e o laboratório de Nishina, totalmente destruído em abril de 1945. Terminada a guerra, os americanos desmantelaram os dois ciclotrons construídos por Nishina, além de três ciclotrons de outras universidades. Eles estão até hoje enterrados na baía de Tóquio. Vale lembrar que o Japão tinha cinco ciclotrons naquela época, o que só era ultrapassado em quantidade pelos Estados Unidos.

Nishina faleceu de câncer de fígado em 10/1/1951.

Fonte:

Foto: <http://www.nishina-mf.or.jp/english/NishinaMemorialFoundation2008.pdf>. Acesso em: jan. 2010.

Biografia

ROBLEY DUNGLISON EVANS (1907-1995)

Muito conhecido como autor do livro *The Atomic Nucleus* (1955), até hoje considerado a bíblia da Física Nuclear por muitos físicos nucleares que trabalham com baixas energias, Robley D. Evans deu muitas contribuições à Física Médica, iniciadas antes de essa área ser reconhecida como tal. Foi autor, em parceria com o médico Joseph Aub, de um estudo de longo prazo com pessoas que ingeriram rádio-226 em diversas circunstâncias (pintoras de mostradores de relógio, pessoas que receberam injeções ou soluções de rádio como medicamento etc.). Com esse estudo, Evans e Aub obtiveram a distribuição de rádio no corpo humano e correlações entre as atividades ingeridas desse radionuclídeo e os danos biológicos decorrentes dessa ingestão. Evans foi precursor também no uso de radioisótopos na Medicina, propondo a utilização de iodo radioativo como traçador para doenças de tireoide. Sua tese de doutorado – acerca da radiação terrestre de fundo, defendida em 1932 no California Institute of Technology (Caltech) – teve a orientação de Robert Millikan.

A partir de 1934, começou sua carreira de professor no Massachusetts Institute of Technology (MIT), onde se manteve até aposentar-se, em 1972, e onde recebeu o título de Professor Emérito. Orientou um grande número de estudantes em dissertações e teses e sempre foi considerado excelente professor, tendo até organizado, com uma equipe do MIT, um manual para auxiliar professores a serem bem-sucedidos em sua tarefa de ensinar ("You and Your Students", 1950, MIT Office of Publications). Foi o responsável pela construção, no MIT, em 1935, do primeiro ciclotron usado para aplicações médicas e biológicas e dirigiu por 37 anos o centro de radiações que criou naquela universidade. Durante a Segunda Guerra, montou em sua casa um laboratório para analisar o teor de urânio dos minérios trazidos do então Congo Belga e destinados ao projeto Manhattan. Seus escritos sobre interação da radiação com a matéria são profundos e detalhados, repletos de exemplos e aplicações. É dele a frase: "A little contemplation saves a lot of calculation" (em tradução livre: um pouco de estudo atento economiza muitos cálculos).

Recebeu, entre outras honrarias, o Prêmio Enrico Fermi, em 1990, "pelo trabalho pioneiro em Medicina Nuclear, em medições de concentrações de atividade e seu efeito na saúde humana, e no uso de isótopos radioativos para fins médicos".

Fonte:

CAMERON, J. R. *Medical Physics*, v. 23, n. 5, p. 779, 1996.

BROWNELL, G. L. *Medical Physics*, v. 23, n. 5, p. 613-615, 1996.

BROWNELL, G. L. *Physics Today*, p. 109-110, set. 1996.

GROER, P. G.; MALETSKOS, C. J. *Radiation Research*, v. 145, n. 4, p. 508-509, 1996.

JOHN HOWARD HUBBELL (1925 – 2007)

Biografia

John H. Hubbell é um cientista muito citado, principalmente pelas tabulações de coeficientes de atenuação, que publicou pela primeira vez em 1982 e que abastecem o banco de dados do National Institute of Standards and Technology (NIST) até hoje – e são utilizadas também neste livro. Hubbell trabalhou por 56 anos nesse instituto (antigo NBS - National Bureau of Standards), para o qual foi contratado logo depois de fazer seu mestrado em Física pela Universidade de Michigan, e para o qual trabalhou como consultor depois da aposentadoria.

Lutou na Segunda Guerra Mundial como fuzileiro, tendo servido no *front* na Europa, e só conseguiu fazer seus estudos universitários depois da guerra. Iniciou sua vida profissional trabalhando em cristalografia com raios X e trabalhou em problemas teóricos da área de radiações, tendo desenvolvido, inclusive, o método Epstein-Hubbell de solução de integrais elípticas generalizadas.

Em 1985, em parceria com o Prof. Ananda Ghose (Bose Institute, Kolkata), fundou a International Radiation Physics Society (IRPS), associação muito ativa na área de radiações, que congrega cientistas de todo o mundo, a qual também presidiu. Hubbell esteve no Brasil quando essa associação organizou o Fourth International Symposium on Radiation Physics, realizado de 3 a 8 de outubro de 1988, em São Paulo.

Foi membro de diversas sociedades científicas e editor de duas revistas da área (*Applied Radiation and Isotopes* e *Radiation Physics and Chemistry*). Recebeu diversos prêmios, foi membro e *chair* de comitês da International Commission on Radiological Protection (ICRP) e do National Council on Radiation Protection and Measurements (NCRP) e colaborou com instituições de vários países na área de proteção radiológica. Além de tudo isso, foi líder escoteiro e astrônomo amador, tendo viajado mundo afora para testemunhar eclipses solares. Foi casado com Jean Norfold, com quem viveu por 52 anos, e que o acompanhou nas excursões astronômicas e no trabalho voluntário. Faleceu de derrame.

Fonte:

Foto: cortesia de Paul Bergstrom e Ronald Tosn

LISTA DE EXERCÍCIOS

1. Fótons com energia de 51,1 keV incidem em um material. Obtenha a energia mínima dos fótons espalhados e a energia máxima do elétron de recuo por efeito Compton no material. Repita para fótons incidentes de energia 5,11 MeV e compare as duas situações.

2. A Fig. 8.20 apresenta o gráfico com os coeficientes de atenuação (μ/ρ) e de absorção (μ_{ab}/ρ) mássicos, para *alumínio* e *chumbo*, em função da energia de fótons.

a. Faça a legenda do gráfico: identifique, justificando, qual tipo de ponto (vazado ou cheio) e de linha (cheia ou pontilhada) representa (μ/ρ) e (μ_{ab}/ρ) para cada um dos elementos.

b. Explique o comportamento observado para os dois tipos de coeficiente (atenuação e absorção) como função da energia.

c. Qual a interpretação física dada a (μ/ρ) e a (μ_{ab}/ρ)?

d. Suponha que um feixe de fótons de 200 keV de energia incida em placas desses dois materiais, ambos com 1,0 g/cm² de espessura. Com base nesse gráfico, você poderia prever qual dos dois materiais espalharia mais fótons?

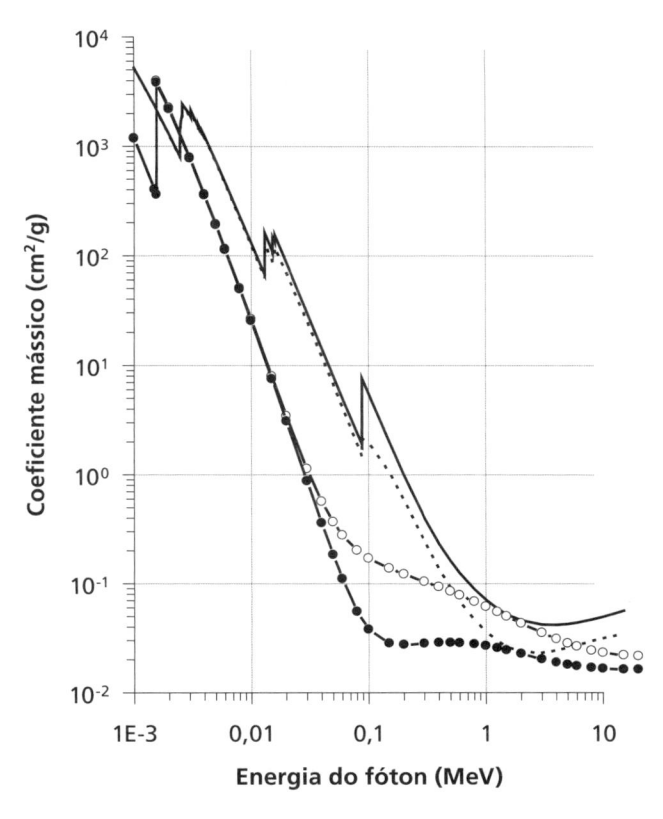

Fig. 8.20

3. Um feixe monoenergético de fótons (0,50 MeV), com 10^{10} fótons/cm², atinge homogeneamente toda a superfície de uma placa cilíndrica de chumbo (densidade 11,4 g/cm³) com 1,0 cm de espessura e 2,0 cm de diâmetro (Fig. 8.21).

a. Calcule o número de interações que ocorrem em todo o volume da placa.

b. Repita o cálculo anterior, para cilindros de 1,0 mm de espessura do chumbo da placa, localizados na superfície de entrada do feixe na placa, e no final, na saída dele da placa (representados pelas áreas hachuradas na Fig. 8.21).

c. Nas interações obtidas em (a), qual a proporção de interações Compton, fotoelétrico e produção de par?

d. Avalie a energia transferida pelo feixe ao bloco nos três volumes descritos em (a) e (b).

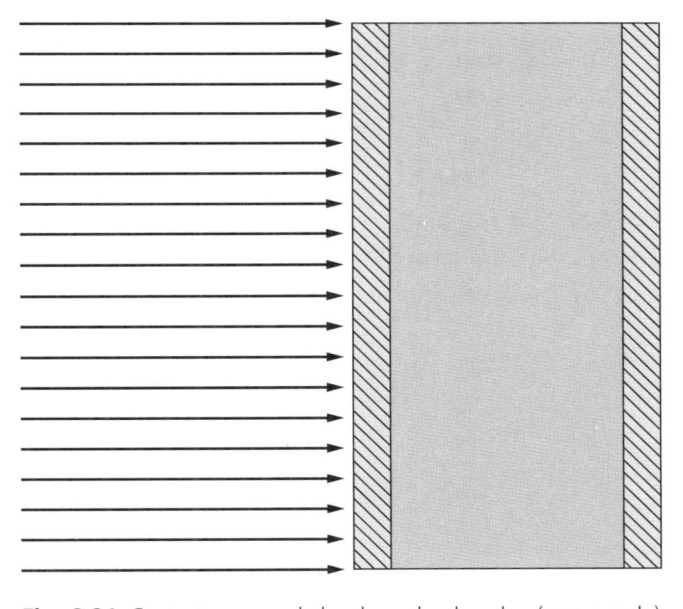

Fig. 8.21 Corte transversal da placa de chumbo (sem escala), mostrando esquematicamente a incidência do feixe e os volumes de interesse

4. A Fig. 8.22 mostra o gráfico que ilustra três espectros de feixes de raios X, gerados no mesmo tubo: um dos espectros mostra o número de fótons *na saída do tubo*; o

outro, após atravessar *1 mm de cobre* (Z = 29); e o outro, após atravessar *1 mm de chumbo* (Z = 82). Para que a visualização seja mais fácil, os espectros do gráfico estão *normalizados um mesmo número de fótons em cada um (10.000 fótons)*. O número real de fótons em cada espectro está colocado na terceira coluna da Tab. 8.6.

Tab. 8.6 CARACTERÍSTICAS DOS FEIXES CUJOS ESPECTROS SÃO MOSTRADOS NA FIG. 8.22

Feixe	CSR (mm Al)	Número de fótons	D_{ar}(mGy)
Feixe na saída do tubo	1,21	$3,21 \times 10^8$	42,4
Feixe filtrado por 1 mm de Cu	9,97	$2,93 \times 10^7$	0,912
Feixe filtrado por 1 mm de Pb	11	$1,99 \times 10^6$	0,0610

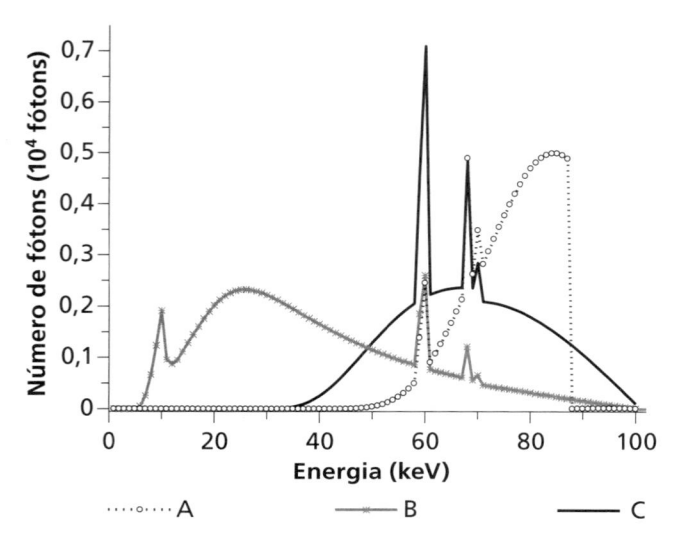

Fig. 8.22 Espectros normalizados para a mesma área (10.000 fótons) de feixes de raios X emitidos por um mesmo tubo, com e sem filtração, como descrito no enunciado

a. Identifique os feixes A, B e C da Fig. 8.22 com as características descritas no enunciado, justificando a associação feita. Especificamente para os feixes filtrados, justifique o formato de cada espectro mostrado com base na interação de fótons com a matéria.

Para os três espectros mostrados, foi medida a camada semirredutora (CSR) em alumínio e a dose absorvida no ar exposto a esse feixe (a 1,0 m de distância do tubo). Esses resultados, para cada feixe, estão na Tab. 8.6. Com base nesses resultados:

b. comente os valores de CSR e o que eles significam em termos de penetração do feixe;

c. verifique que a dose absorvida no ar não é diretamente proporcional ao número de fótons do feixe. Por que isso ocorre?

5. Um feixe é composto de fótons de duas energias, conforme detalhado na Tab. 8.7. O feixe é paralelo e estreito, e esse espectro de energias foi avaliado no ar, a 2 m de distância do tubo onde é produzido. Calcule:

Tab. 8.7 ESPECTRO DE ENERGIAS DO FEIXE DE FÓTONS

Energia de fóton (MeV)	Fluência de partículas (fótons/cm^2)
0,050	$5,0 \times 10^6$
0,500	$5,0 \times 10^6$

a. o espectro de energias esperado depois que o feixe atravessa 1,0 cm de carbono (grafite, densidade 1,7 g/cm^3), com 1,0 cm^2 de área;

b. o número de interações que esse feixe sofre no grafite e quantas são, por efeito fotoelétrico e por efeito Compton;

c. O feixe que você obteve em (a) incide em outra camada com mais 1,0 cm de grafite. Refaça os cálculos de (a) e (b) para esse novo espectro.

6. A Fig. 8.23 traz o gráfico que apresenta a razão entre o coeficiente de transferência de energia e o coeficiente de atenuação (μ_{tr}/μ) em função da energia de fóton, para dois elementos químicos.

   a. Explique esse comportamento com a energia, esclarecendo o significado da razão (μ_{tr}/μ).

   b. Qual dos dois elementos químicos (1 ou 2) possui maior número atômico? Explique.

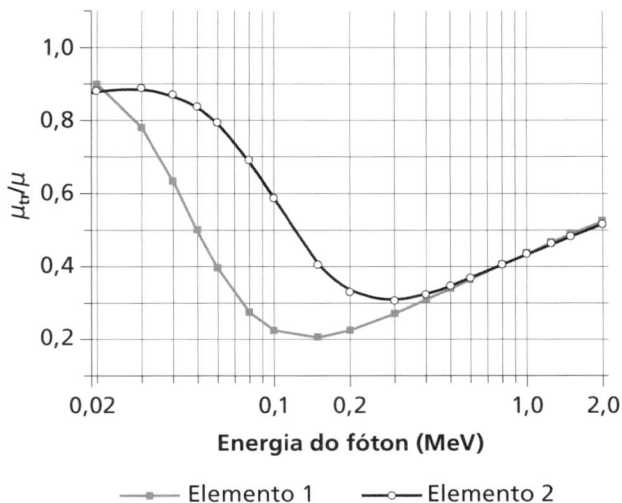

Fig. 8.23 Gráfico da razão entre os coeficientes de transferência de energia e de atenuação para fótons em dois elementos químicos

7. A maior parte das radiografias de tórax é realizada para diagnosticar problemas pulmonares. Explique por que sempre se solicita ao paciente que encha os pulmões de ar e os mantenha assim durante a realização desse tipo de exame. Use as informações: radiografia é uma técnica de transmissão; para uma boa radiografia de tórax empregam-se feixes de raios X com energia máxima em torno de 100 keV.

8. Calcule o número atômico efetivo (Z_{ef}) do acrílico ($C_5H_8O_2$ - polimetilmetacrilato) e do ar, utilizando a Eq. (8.23). Compare seus resultados com os fornecidos por Johns e Cunningham (1983): 6,56 e 7,78, respectivamente.

9. Um feixe colimado de fótons de 2,00 MeV passa através de um absorvedor muito fino de Pb. Os elétrons secundários ejetados num ângulo de 30° com a direção de incidência do feixe são observados.

   a. Qual a origem desses elétrons? Leve em conta todos os tipos de interação possíveis entre os fótons e os átomos de Pb.

   b. É possível, por meio da análise de energias desses elétrons, distinguir a sua "origem"? Explique.

   c. Esboce um espectro semiquantitativo das energias dos elétrons ejetados nesse ângulo.

   Obs.: Leve em conta que a energia de ligação dos elétrons na camada K do Pb é de 88 keV.

10. Um feixe monoenergético de fótons de 2,0 MeV incide perpendicularmente em uma placa de material homogêneo.

a. Se a espessura da placa é variada, descreva as características do feixe transmitido através dela, em função da espessura.

b. Descreva microscopicamente o que ocorre dentro da placa atingida pelo feixe, segundo os modelos de interação de fótons com a matéria.

c. O referido feixe de fótons é substituído por outro, gerado por *Bremsstrahlung* por elétrons de 2,0 MeV incidentes em alvo de tungstênio. Como ficam os itens (a) e (b) nessa nova situação?

11. Um feixe monoenergético de fótons incide perpendicularmente à superfície de uma placa fina de substância homogênea. Descreva os tipos de interação que ocorrem nas situações abaixo, comparando, nos três casos, a predominância de cada um deles, a quantidade de energia depositada no meio e a quantidade de fótons que atravessa o material. O problema é *qualitativo*. Você deve demonstrar que conhece os fundamentos da interação de fótons com a matéria, aplicando-os adequadamente.

a. Os fótons têm 50 keV e a substância é carbono ($Z = 6$, $\rho = 1,7\,g/cm^3$).

b. Os fótons têm 50 keV e a substância é chumbo ($Z = 82$, $\rho = 11,4\,g/cm^3$).

c. Os fótons têm 50 MeV e a substância é chumbo ($Z = 82$, $\rho = 11,4\,g/cm^3$).

Respostas

1. Para 51,1 keV: $h\nu_{mín} = 42,5\,keV$ e $T_{máx} = 8,5\,keV$;
   para 5,11 MeV: $h\nu_{mín} = 0,243\,MeV$ e $T_{máx} = 4,87\,MeV$

3. a) $2,66 \times 10^{10}$ interações; b) $5,35 \times 10^9$ e $9,9 \times 10^8$; c) 43% Compton, 53% fotoelétrico, 0% produção de par; d) $1,19 \times 10^{-3}$ J, $2,32 \times 10^{-4}$ J, $4,4 \times 10^{-5}$ J

5. a) $(0,050 - 3,65 \times 10^6$ fótons/cm^2; $0,500 - 4,31 \times 10^6$ fótons/cm^2); b) $2,00 \times 10^6$ interações, sendo $0,2560 \times 10^6$ Compton, $2,35 \times 10^6$ fotoelétrico e o restante, espalhamento coerente

Leitura recomendada ATTIX, F. H. *Introduction to radiological Physics and radiation dosimetry*. USA: John Wiley & Sons, 1986.

EVANS, R. D. *The atomic nucleus*. USA: McGraw-Hill, 1955.

TURNER, J. E. Interaction of ionizing radiation with matter. *Health Phys.*, v. 86, p. 228-252, 2004.

Grandezas e unidades

9

9.1 Introdução

Os raios X foram descobertos por W. C. Röntgen em fins de 1895, e a radioatividade, por H. Becquerel, no início de 1896. Iniciou-se, assim, o uso desenfreado das radiações ionizantes para tirar radiografias de tudo, muitas vezes por curiosidade e até para tirar pintas ou manchas de nascença. Haviam sido criadas fábricas de tubos de raios X sem nenhum controle, em garagens ou no fundo de quintais, conforme consta no livro *Something about X rays for everybody* (Trevert, 1896). Esse livro foi reimpresso em 1988, com os esforços do Prof. J. Cameron. Não demorou muito para os pesquisadores perceberem que estavam diante de um agente extremamente potente, com aplicações imensas, mas que também poderia causar danos à saúde. Entretanto, decorreram 30 anos desde a descoberta dos raios X até a tomada da decisão para criar uma comissão que tratasse das questões relativas às radiações ionizantes, principalmente no que concerne ao desenvolvimento de equipamentos, aos protocolos para medir níveis de radiação e aos cuidados ao se trabalhar com ela.

A primeira comissão internacional a ser criada foi a International Commission on Radiation Units and Measurements (ICRU), em 1925, no Primeiro Congresso Internacional de Radiologia, em Londres. A demanda para a criação dessa comissão partiu da comunidade médica da área de radiologia. Como o próprio nome diz, ela tinha por finalidade estabelecer grandezas e unidades de Física das Radiações, critérios de medida e efetuar sua divulgação. Isso possibilitaria a comparação entre medidas feitas em diferentes laboratórios, clínicas médicas e institutos de pesquisa, usando-se os mais variados equipamentos etc. A primeira tarefa dessa comissão era encontrar uma unidade de radiação a ser usada na terapia de câncer. Os radiologistas constituíam a grande maioria dos 41 participantes dessa comissão.

Três anos depois, em 1928, uma segunda comissão internacional, a International Commission on Radiological Protection (ICRP), foi criada no Segundo Congresso Internacional de Radiologia, em Estocolmo. Essa comissão nasceu com a incumbência de elaborar normas de proteção radiológica e estabelecer limites de exposição à radiação ionizante para **indivíduo ocupacionalmente exposto** (IOE), termo adotado pela Comissão Nacional de Energia Nuclear e para público em geral.

Ambas as comissões, ICRU e ICRP, reúnem-se regularmente ainda hoje e publicam normas novas e/ou atualizam outras já existentes.

9.2 GRANDEZAS E UNIDADES

Há não apenas grandezas específicas nessa área da Física, mas suas unidades também são especiais. Algumas unidades originalmente introduzidas não estavam no Sistema Internacional (SI); com o passar dos tempos, porém, este foi sendo adotado, facilitando em muito os cálculos.

Para estabelecer os princípios e os sistemas de proteção radiológica, são necessárias grandezas dosimétricas para quantificar tanto a **exposição externa** como a **exposição interna** de seres humanos à radiação. A exposição externa ocorre com fontes emissoras de radiação fora do corpo e a interna, com radionuclídeos dentro do corpo, que nele adentraram via inalação, ingestão ou injeção. Os campos de radiação externos podem ser descritos por grandezas físicas, mas os campos internos dependem de parâmetros biocinéticos, anatômicos e fisiológicos do corpo humano e são extremamente difíceis de estimar.

As grandezas de Física das Radiações estão separadas em três principais categorias: **grandezas físicas**, **grandezas de proteção** e **grandezas operacionais**. As duas últimas foram apresentadas mais detalhadamente pela ICRU e ICRP, a partir de 1985, especificamente para uso em proteção radiológica.

As *grandezas de proteção* são grandezas dosimétricas especificadas no corpo humano e foram introduzidas para o estabelecimento de limites de exposição à radiação, mas *não podem ser medidas* com nenhum equipamento. Como é possível, então, saber se um IOE que foi exposto à radiação está dentro dos limites de exposição, em cumprimento às normas?

Para resolver essa questão, foram introduzidas as *grandezas operacionais*, para monitoração de área e monitoração individual, que podem ser usadas para estimar o limite superior dos valores das grandezas de proteção nos tecidos ou órgão ou no corpo como um todo exposto à radiação *externamente*. As grandezas operacionais correlacionam-se com as respostas de instrumentos e de dosímetro usado na monitoração após calibração e cálculos. Entretanto, nenhuma grandeza operacional foi definida em caso de *dosimetria interna*, que se correlaciona com as grandezas de proteção. Assim, no caso de radionuclídeos dentro do corpo humano, outros métodos são empregados para verificar o cumprimento das normas.

Para correlacionar as grandezas operacionais com as de proteção, e ambas com as grandezas físicas, foram calculados coeficientes de conversão – utilizando-se os códigos de transporte de radiação e modelos matemáticos apropriados –, os quais estão tabelados. A

ICRU-57 de 1997, "Coeficientes de conversão para uso em Proteção Radiológica à *Radiação Externa*", apresenta uma série de tabelas e gráficos com fatores de conversão que correlacionam grandezas de proteção, grandezas operacionais e grandezas físicas que caracterizam o campo de radiação. Eles foram calculados para geometrias de irradiação idealizadas, para radiação monoenergética incidindo em modelos matemáticos antropomórficos.

A correlação entre os três tipos de grandezas está mostrada na Fig. 9.1, cujos detalhes serão discutidos ao longo deste capítulo.

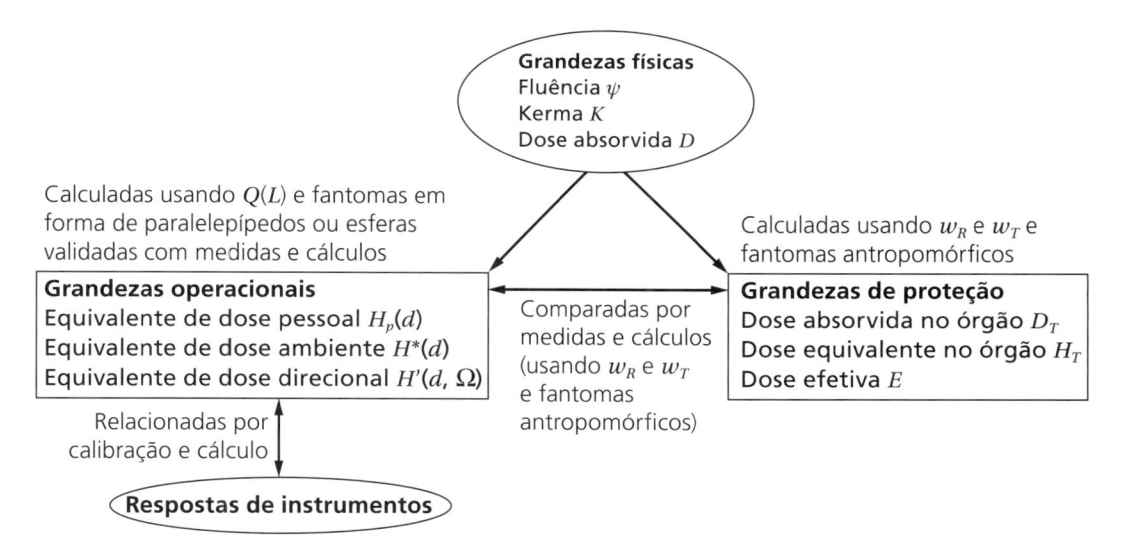

Fig. 9.1 Correlação entre grandezas físicas, grandezas de proteção e grandezas operacionais.
Fonte: ICRU (1997).

9.3 GRANDEZAS FÍSICAS

As principais grandezas físicas a serem discutidas são: exposição, dose absorvida e kerma.

9.3.1 Exposição

A primeira grandeza relacionada com a radiação foi introduzida em 1928, no Segundo Congresso Internacional de Radiologia: *exposição, simbolizada por X, que é definida só para fótons (raios X e gama) interagindo no ar.* Sua definição tinha muitos pontos obscuros até ser modificada e esclarecida em 1962. A grandeza exposição dá uma medida da capacidade de fótons ionizarem o ar. Basicamente, ela caracteriza um feixe de raios X ou gama e mede a quantidade de carga elétrica de mesmo sinal produzida no ar, por unidade de massa do ar. Essa carga elétrica resulta das ionizações efetuadas por partículas carregadas, como o elétron emitido nos efeitos fotoelétrico e Compton, e ambos, elétron e pósitron, emitidos em processo de produção de pares. A definição de exposição X é, então:

$$X = \frac{dQ}{dm} \tag{9.1}$$

onde dQ é o valor absoluto da carga total de íons de mesmo sinal, produzidos no ar, quando todos os elétrons e pósitrons liberados ou criados por fótons, num elemento de volume de ar cuja massa é d*m*, forem completamente freados no ar. Note que, eventualmente, os elétrons e pósitrons liberados no volume de interesse podem sair dele e depositar energia fora do volume. Mesmo nessa situação, os pares de íons produzidos devem ser contabilizados em dQ. Na época, a unidade de exposição foi definida como **röntgen** (com o símbolo r, mais tarde modificado para R), sendo a nova unidade no SI o C/(kg de ar), de modo que:

$$1R = 2{,}58 \times 10^{-4} \, C/kg_{ar} \,(\text{exatamente})$$

ou

$$1C/kg_{ar} = 3.876 \, R$$

Podemos calcular o número N_p de pares de íons formados em um volume de ar com massa de 1 kg quando exposto à radiação X ou gama no valor de 1 R. Sabemos que a carga de 1 íon é a carga de 1 elétron, que é igual a $1{,}6 \times 10^{-19}$ C. Então:

$$N_p = \text{carga total de íons de um mesmo sinal/carga do elétron}$$

$$N_p = (2{,}58 \times 10^{-4} \, C)/(1{,}6 \times 10^{-19} \, C) = 1{,}6125 \times 10^{15} \text{ pares de íons} \qquad \textbf{(9.2)}$$

A unidade röntgen (R) foi definida originalmente considerando que uma exposição de 1 R à radiação X ou gama produz 1 u.e.s. (1 unidade eletrostática de carga elétrica no sistema antigo de unidades, que equivale a $3{,}335 \times 10^{-10}$ C) em 1 cm^3 de ar nas condições NTP, cuja densidade vale 0,001293 g/cm^3. O meio ar foi escolhido como meio padrão porque:

a) é muito mais fácil coletar íons produzidos em gases do que em meio líquido ou sólido;

b) havia a conveniência de usar o ar como gás em uma câmara de ionização;

c) o ar pode ser considerado equivalente à água e ao tecido mole em termos de absorção de energia da radiação, porque os números atômicos efetivos do ar, da água, do tecido mole e do músculo estriado são, respectivamente, 7,64, 7,42, 7,22 e 7,46, e, de certo modo, resolvia a pressão dos médicos, que queriam correlacionar exposição à radiação com os efeitos biológicos.

A grandeza *exposição* só é definida para os raios X e gama e para o meio ar. Além disso, ela é indefinida para feixes de fótons com energia acima de 3 MeV, em razão de limitações técnicas de detecção de todas as cargas produzidas, uma vez que seriam necessários equipamentos grandes com garantia de uniformidade de campo elétrico entre os eletrodos que coletam as cargas. Vale lembrar que o alcance (distância percorrida por uma partícula carregada num dado meio até parar) de elétrons de 3 MeV no ar é de 1,26 m. Esse elétron pode ser produzido em um tipo de interação com um fóton de 3 MeV com um átomo do ar.

Boa parte dos medidores portáteis de radiação em uso, quase todos do tipo Geiger-Müller, ainda avaliam exposição em röntgen (R). Uma medida de radiação ambiental, também chamada radiação de fundo, realizada num local do campus da USP em São Paulo, deu uma taxa de exposição de 0,03 mR/h. Toda vez que usamos o termo *taxa de uma dada grandeza*, é a grandeza dividida por unidade de tempo. No caso, taxa de exposição é a exposição por unidade de tempo.

Relação entre a exposição X e a atividade A de uma fonte emissora de raios gama

A exposição devida a raios gama emitidos por uma fonte radioativa de atividade conhecida pode ser calculada por meio da relação:

$$X = \frac{\Gamma A t}{r^2} \qquad (9.3)$$

onde X é a exposição; Γ, a **constante de taxa de exposição** de um radionuclídeo que emite *fótons*; A, a atividade da fonte; t, o tempo de exposição e r, a distância até a fonte. Γ é característico de um radionuclídeo e é função da energia e da abundância dos fótons emitidos e do coeficiente mássico de absorção de energia do ar. O fato de X ser inversamente proporcional ao quadrado de r vale também para a intensidade relacionada a qualquer fonte puntiforme emissora de onda em um meio não absorvedor, seja luz ou mesmo som. Esse fato é conhecido como lei do inverso do quadrado da distância e é devido à área superficial $4\pi r^2$ do volume esférico de raio r, centrado na fonte, na qual a energia emitida pela fonte se distribui uniformemente. Os valores de Γ de alguns radionuclídeos com algumas características estão dados na Tab. 9.1.

Tab. 9.1 Características de alguns radionuclídeos

Radionuclídeo	Meia-vida	Energia do fóton	Γ (R $\cdot$ cm^2 $\cdot$ mCi^{-1} $\cdot$ h^{-1})*
Cs-137	30 anos	660 keV (1 fóton)	3,249
Co-60	5,26 anos	1,173; 1,322 MeV (2 fótons)	12,97
Ir-192	74,2 dias	0,1363-1,062 MeV (vários fótons)	3,970
Ra-226	1.602 anos	0,0465-2,44 MeV (vários fótons)	10,07

Fonte: Attix (1986).

*Note que a unidade de Γ da tabela é antiga e não pertence ao SI. Os valores de Γ foram calculados levando em conta que, para elétrons e fótons no ar seco, W = 33,97 eV/(par de íons).

Em princípio, a fórmula de exposição (Eq. 9.3) vale também para raios X emitidos por tubos de raios X. Nesse caso, deve-se substituir o produto ΓA por uma função que depende da corrente elétrica no catodo do tubo de raios X e da tensão aplicada entre os eletrodos. Assim, para diminuir a exposição, valem as mesmas regras básicas aplicadas ao caso de uma fonte de radionuclídeos: ficar o mínimo de tempo no campo de raios X e à máxima distância do tubo e, se possível, usar blindagem.

Exemplo 9.1

Um técnico entrou numa sala de irradiação e não percebeu que uma fonte de Cs-137 estava exposta. Essa fonte estava com atividade de 300 mCi, e foi estimado que o técnico permaneceu a 1 m da fonte durante 2 minutos. Avalie o valor da exposição na entrada da pele do corpo do técnico.

Resolução

$$X = \frac{\Gamma A t}{r^2} = \frac{3,249 \times 300 \times (2/60)}{100^2} = 0,003249\,R = 3,25\,mR$$

9.3.2 Dose absorvida

A grandeza física mais importante em radiobiologia, radiologia e proteção radiológica é a **dose absorvida** D, que se relaciona com a energia da radiação absorvida, intimamente ligada a danos biológicos. Ela é definida como:

$$D = \frac{dE_{ab}}{dm} \tag{9.4}$$

onde dE_{ab} é a energia média depositada pela radiação em um volume elementar de massa dm. Ela foi introduzida em 1950 para ser usada principalmente em radioterapia para tratamento de tumores. Precisava-se saber a quantidade de energia a ser fornecida ao tumor para matar células malignas. Originalmente, sua unidade foi o rad, abreviação de *radiation absorbed dose*, sendo:

$$1 \text{ rad} = 10^{-2} \text{ J/kg}$$

Essa grandeza vale para **qualquer meio**, para **qualquer tipo de radiação** e **qualquer geometria de irradiação**. A definição da unidade rad foi estabelecida levando em conta que uma exposição à radiação X de 1 R com energia na faixa dos raios X usados em diagnóstico resultasse em uma dose absorvida de 1 rad no tecido mole. Para o osso, resultava em uma dose absorvida de aproximadamente 6 rad. Esse é o motivo da obtenção de contraste entre músculo e osso em radiografias médicas. A partir de 1975, foi recomendada a substituição dessa unidade pelo gray (Gy) no Sistema Internacional, sendo:

$$1 \text{ Gy} = 100 \text{ rad} = 1 \text{ J/kg}$$

Como exemplo, podemos citar que, em uma sessão de radioterapia, o tumor é, em geral, irradiado com dose absorvida de radiação de 2 Gy = 200 rad, e a dose total prescrita para o tratamento está em torno de 50 a 70 Gy. A esterilização de alimentos, que basicamente é usada para eliminar micro-organismos indesejáveis que são extremamente resistentes, é feita com doses entre 10 kGy e 20 kGy. A **dose letal**, que mata 50% de seres humanos expostos no corpo todo à radiação em um intervalo de tempo de 30 dias, identificada como $^{50}_{30}D$, é 4 Gy.

Na área médica, especificamente radioterapia, costuma-se usar a unidade centigray (cGy), uma vez que 1 cGy = 1 rad. Assim, o valor numérico continua a ser o mesmo da época em que a dose de radioterapia era prescrita em rad.

Relação entre a dose absorvida no ar e exposição a raios X e gama

Lembramos que **dose absorvida no ar** é:

$$D_{ar} = (\text{energia média depositada pela radiação})/(1 \text{ kg}_{ar})$$

Em situações em que toda a energia cinética dos elétrons liberados pela radiação no ar seja gasta em colisões, sem emissão de radiação de freamento, podemos dizer que:

$$D_{ar} = WN_p/1 \text{ kg}_{ar} \tag{9.5}$$

onde W é a energia média necessária para formar um par de íons no ar seco – que, no caso de a radiação incidente ser constituída de elétrons ou fótons, vale $W = 33{,}97\,\text{eV} = 33{,}97 \times 1{,}6 \times 10^{-19}\,\text{J}$; e N_p é o número de pares de íons produzido no volume de ar com a massa de $1\,\text{kg}$. Se a irradiação é com fótons, que produzem uma exposição X de $1\,\text{R}$, N_p pode ser obtido como visto na Eq. (9.2):

$$X = 1\,\text{R} = 2{,}58 \times 10^{-4}\,\text{C/kg}_{ar}, \quad N_p = 1{,}6125 \times 10^{15} \text{ pares de íon}$$

Ao substituirmos esses valores na Eq. (9.5), obtemos para a dose absorvida no ar:

$$D_{ar}(\text{Gy}) = (33{,}97 \times 1{,}6 \times 10^{-19}\,\text{J})(1{,}6125 \times 10^{15} \text{ pares de íon})/(kg_{ar}) = 0{,}008764\,\text{J}/(\text{kg}_{ar})$$

$$D_{ar} = 0{,}008764\,\text{Gy} = 8{,}764\,\text{mGy}$$

Isto é, uma exposição de $1\,\text{R}$ no ar equivale a uma deposição de $8{,}764\,\text{mGy}$ de dose absorvida. Portanto, aproximando, podemos escrever que:

$$D_{ar} = 0{,}876\,\text{rad, para } X = 1\,\text{R}$$

ou

$$D_{ar} = 0{,}00876\,\text{Gy} = 8{,}76\,\text{mGy, para exposição de } X = 1\,\text{R}$$

Para qualquer outro valor de exposição em R é só aplicar a regra de três. Assim:

$$D_{ar}(\text{Gy}) = 0{,}00876X(\text{R}) \tag{9.6}$$

Essa relação só é válida quando houver o que se chama *equilíbrio de partículas carregadas* ou **equilíbrio eletrônico** no volume em questão. Essa situação é estabelecida quando, em um ponto de um dado meio exposto à radiação, para cada partícula carregada que deixa o elemento de volume que contém o ponto, outra partícula carregada de igual tipo e energia entra nele.

Exemplo 9.2

Estime a dose absorvida no ar na entrada da pele do corpo do técnico do Exemplo 9.1.

Resolução

$$D_{ar} = 0{,}00876X(R) = 0{,}00876 \times 0{,}003249\,R = 28{,}5\,\mu\text{Gy}$$

A dose no ar D_{ar} pode também ser calculada conhecendo-se o coeficiente mássico de absorção de energia no ar, que é o $\left(\frac{\mu_{ab}}{\rho}\right)_{ar}$, já definido no Cap. 8, e a **fluência de energia** ψ que caracteriza um dado campo de radiação. A fluência de energia ψ é a energia transportada por um feixe por unidade de área. Para feixe monoenergético de fótons, é definida como:

$$\psi = \frac{N}{S}h\nu$$

onde N é o número de fótons que atravessam a área S, e $h\nu$ é a energia de cada fóton do feixe. No caso de o feixe não ser monoenergético, deve-se considerar o espectro de energia.

A dose absorvida no ar será dada, em condições de equilíbrio eletrônico, por:

$$D_{ar} = \left(\frac{\mu_{ab}}{\rho} \right)_{ar} \psi \qquad (9.7)$$

Dose absorvida num meio

Para outros meios, como o tecido mole de um corpo, a dose absorvida pode ser obtida com base na dose absorvida no ar no mesmo local, por meio da razão dos coeficientes mássicos de absorção de energia no meio pelo de absorção de energia no ar. Esses coeficientes dependem do meio e da energia da radiação, e encontram-se tabelados no site <http://physics.nist.gov/PhysRefData/XrayMassCoef/tab4.html> ou no ICRU 44.

A dose absorvida no meio é dada por:

$$D_{meio} = \left(\frac{\mu_{ab}}{\rho} \right)_{meio} \psi \qquad (9.8)$$

Dividindo-se a Eq. (9.8) pela Eq. (9.7), se a fluência de energia é a mesma no ar e no meio, obtém-se:

$$D_{meio} = \frac{\left(\frac{\mu_{ab}}{\rho} \right)_{meio}}{\left(\frac{\mu_{ab}}{\rho} \right)_{ar}} D_{ar} \qquad (9.9)$$

$$D_{meio}(Gy) = 0{,}00876 \frac{\left(\frac{\mu_{ab}}{\rho} \right)_{meio}}{\left(\frac{\mu_{ab}}{\rho} \right)_{ar}} X(R) = 0{,}00876 f X(R) \qquad (9.10)$$

Assim, vê-se que a dose num dado meio pode ser calculada medindo-se a dose ou a exposição no ar, no mesmo local. A dose é medida em Gy, quando se usa o fator 0,00876, e a exposição é medida em R.

Chama-se **fator f** a razão dada pelos coeficientes mássicos:

$$f = \frac{\left(\frac{\mu_{ab}}{\rho} \right)_{meio}}{\left(\frac{\mu_{ab}}{\rho} \right)_{ar}}$$

Essas relações são importantes porque, muitas vezes, a determinação de dose no ar ou de exposição é efetuada com facilidade com uma câmara de ionização preenchida de ar, obtendo-se relações simples para a dose em outros meios. Como a validade da Eq. (9.10) exige fluências de energia iguais nos dois meios, ela só pode ser utilizada se as dimensões do meio forem pequenas. Por sua vez, a Eq. (9.9) vale inclusive no interior de um meio extenso irradiado, mas deve-se notar que a fluência de energia no local (espectro de energias dos fótons) deve ser conhecida, o que é muito difícil de ocorrer.

A Fig. 9.2 mostra o gráfico do fator f para água e meios que são tecidos do corpo humano, como osso, músculo e gordura, em relação ao ar em função da energia do fóton. A partir da energia do fóton de 200 keV, todos os fatores f são próximos a 1; com isso, pode-se dizer, em primeira aproximação, que a dose absorvida no osso, na gordura e no músculo é praticamente a mesma que na água e no ar.

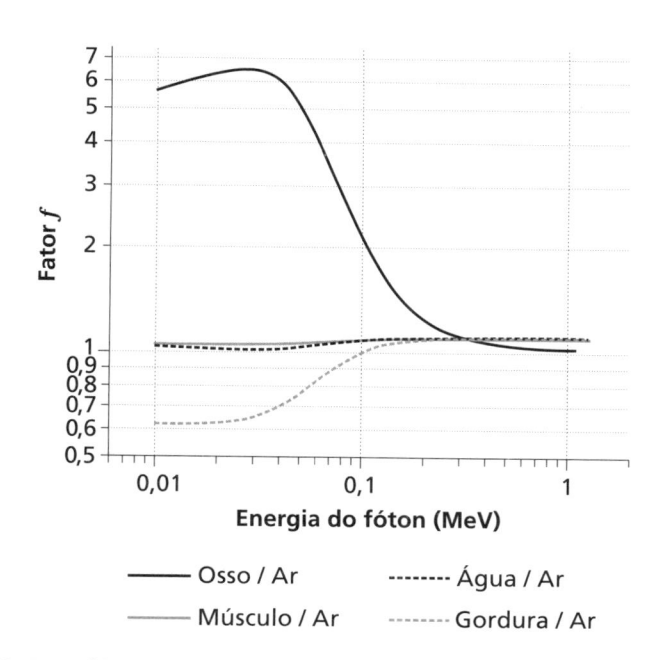

Fig. 9.2 Fator f de alguns meios relativo ao ar em função da energia do fóton

A Tab 9.2 lista os valores de f para esses meios, relativamente a algumas energias de fótons. Verifica-se que, para fótons com energia utilizada para tirar radiografias, o osso chega a absorver ao redor de seis vezes mais energia por unidade de massa do que o tecido mole, e a gordura absorve um pouco menos que o tecido mole.

Tab. 9.2 FATOR f PARA ALGUNS MEIOS EM FUNÇÃO DA ENERGIA DO FÓTON

Energia do fóton (MeV)	f (água/ar)	f (músculo/ar)	f (gordura/ar)	f (osso/ar)
0,010	1,04	1,05	0,62	5,65
0,030	1,01	1,05	0,62	6,96
0,050	1,03	1,06	0,75	5,70
0,100	1,10	1,09	1,05	1,97
0,200	1,11	1,10	1,11	1,12
0,600	1,11	1,10	1,11	1,03
1,250	1,11	1,10	1,11	1,03

Exemplo 9.3 _____

1) A radiação gama emitida por uma fonte de ^{60}Co com a atividade de 5,0 kCi é usada para irradiar um tumor na superfície do paciente durante 2 minutos, posicionando-o a 100 cm da fonte. A meia-vida física do ^{60}Co é de 5,26 anos. A constante da taxa de exposição para o ^{60}Co vale: 12,97 R·cm^2·h^{-1}·mCi^{-1}, e a energia do raio gama emitido pelo ^{60}Co é de 1,25 MeV. Considere o tumor como sendo músculo.

   a) Calcule a dose absorvida no tumor.

   b) Daqui a 7 anos, para irradiar o tumor com a mesma dose, qual procedimento deve ser adotado?

Resolução

a) Inicialmente, calcula-se a exposição, considerando que $5,0 \, kCi = 5,0 \times 10^6 \, mCi$ e $2 \, min = (2/60) \, h$:

$$X = (\Gamma At)/d^2 = (12,97 \times 5 \times 10^6 \times 2)/(60 \times 10^4) = 216,2 \, R$$

Usando para o fator f o valor 1,1: $D_{tumor} = 0,00876 \times 1,1 \times 216,2 = 2,08 \, Gy$

b) Pode-se manter a distância em 100 cm e aumentar o tempo de irradiação, uma vez que a atividade diminuiu:

$$A = 5,0 \, e^{-\lambda t} = 5,0 \times 0,398 = 1,99 \, kCi$$

$$t = (216,2 \times 100^2 \times 60)/(12,97 \times 1,99 \times 10^6) = 5 \, min$$

Em princípio, pode-se manter o tempo em 2 min e diminuir a distância, caso isso seja possível:

$$d^2 = 12,97 \times 1,99 \times 10^6 \times 2/(216,2 \times 60) = 3.979 \, cm^2$$

$$d = 63 \, cm$$

Dosimetria interna

Nos dois itens anteriores, foram tratados casos de exposição externa, isto é, fonte emissora de radiação externa ao corpo. Em se tratando de **dosimetria interna**, a fonte emissora está dentro do corpo, tendo sido incorporada via inalação de gás radioativo, sendo o mais comum o radônio; via ingestão de algum alimento ou líquido contendo radionuclídeo; e via injeção, entrando o material radioativo na corrente sanguínea. O material radioativo que entra no corpo via trato respiratório ou gastrintestinal move-se através dessas regiões e pode acumular-se em determinados órgãos, dependendo da forma química da substância radioativa (radiofármaco). O iodo, na forma de iodeto, tende a concentrar-se na tireoide; rádio e estrôncio, nos ossos e o césio, no corpo todo. Como não há forma de medir dose interna, ela tem de ser calculada por meio de modelos matemáticos. No caso de partícula beta ou alfa emitida dentro do corpo, pode-se considerar que suas energias são totalmente depositadas no corpo, mas no caso de fótons, parte deles pode escapar do corpo, sem depositar energia.

A **taxa de dose absorvida** $\dot{D}(Gy/s)$ em um órgão de massa $m(kg)$ pode ser calculada por meio de:

$$\dot{D} = \frac{A \sum_{i} y_i E_i \Phi_i}{m} \tag{9.11}$$

onde $A(Bq)$ é a atividade incorporada; y_i, o número de partículas emitidas, cada uma com energia $E_i(J)$ por desintegração; Φ_i, a fração de energia emitida que é absorvida pelo órgão de massa $m(kg)$.

A **dose absorvida acumulada** D em um certo intervalo de tempo também pode ser calculada, supondo a taxa de dose inicial como $\dot{D}_0$ e λ_{ef} é a constante de decaimento efetiva:

$$dD = \dot{D}_0 e^{-\lambda_{ef} t} dt; \quad D = \dot{D}_0 \int_0^{\tau} e^{-\lambda_{ef} t} dt = \frac{\dot{D}_0}{\lambda_{ef}} (1 - e^{-\lambda_{ef} \tau}) \tag{9.12}$$

Para um tempo longo, $t \rightarrow \infty$, quando todos os radionuclídeos que restaram no corpo se desintegrarem:

$$D = \frac{\dot{D}_0}{\lambda_{ef}} = \frac{A_0 \sum_i y_i E_i \Phi_i}{\lambda_{ef} m} \qquad (9.13)$$

onde A_0 é a **atividade incorporada** no instante $t = 0$. Se o radionuclídeo emitir somente um tipo de partícula e a energia emitida for totalmente absorvida pelo órgão:

$$D = \frac{A_0 E}{\lambda_{ef} m} \qquad (9.14)$$

Se considerarmos que há dois órgãos próximos, contendo substância radioativa distribuída uniformemente em cada um, temos que considerar, para cada órgão, a dose absorvida devida a radionuclídeos nele contidos e a dose absorvida devida a radionuclídeos contidos no outro órgão. Isso é uma suposição simplista porque, em geral, os radionuclídeos podem concentrar-se em algum órgão específico, mas uma parte dele pode distribuir-se por vários órgãos do corpo.

Existem muitas tabelas na literatura que dão valores de Φ_i, fração de energia emitida que é absorvida por órgão de forma e massa variável, calculados por simulação pelo Método de Monte Carlo.

Exemplo 9.4

Ocorreu a deposição do radionuclídeo ^{35}S com atividade de 6.660 Bq, que se distribuiu uniformemente no testículo com massa de 18 g. O enxofre-35 é um emissor beta puro (só emite partícula beta), cuja energia máxima é de 0,1674 MeV e a energia média é de 0,0488 MeV. A constante de decaimento efetiva do ^{35}S no testículo é de 0,009 d^{-1}.

Calcule:

a) a taxa inicial diária de dose absorvida;

b) a dose absorvida no testículo durante os primeiros 5 dias após a deposição;

c) a dose total quando todos os átomos de ^{35}S tiverem decaído.

Resolução

a) Pela Eq. (9.11), $\dot{D}_0$(Gy/dia) $= A_0 \times E/m$, uma vez que, se apenas um tipo de partícula é emitido, $y_i = 1$ e toda a energia emitida é absorvida pelo testículo ($\Phi_i = 1$). Para se obter a dose em Gy, a energia deve estar em J. Assim, $1\,\text{MeV} = 10^6 \times 1,6 \times 10^{-19}$ J e 1 dia $= 8,64 \times 10^4$ s.

Então, $\dot{D}_0 = (6.660 \times 0,0488 \times 10^6 \times 1,6 \times 10^{-19} \times 8,64 \times 10^4)/(18 \times 10^{-3}) = 2,50 \times 10^{-4}$ Gy/dia.

b) $D = \frac{\dot{D}_0}{\lambda_{ef}}(1 - e^{-\lambda_{ef}\tau}) = \frac{2,5 \times 10^{-4}}{0,009}(1 - e^{0,009 \times 5}) = 1,22 \times 10^{-3}$ Gy

c) Por meio da Eq. (9.13), obtém-se que: $D = 2,5 \times 10^{-4}/0,009 = 2,8 \times 10^{-2}$ Gy.

9.3.3 Kerma

Uma outra grandeza com a mesma unidade que a dose absorvida (gray) é o kerma K (Kinetic Energy Released per unit of MAss), dado pelo quociente:

$$K = \frac{dE_{tr}}{dm}$$

(9.15)

onde dE_{tr} é a energia transferida ao meio (conforme visto no Cap. 8), que equivale à soma das energias cinéticas iniciais de todas as partículas carregadas liberadas pelas partículas sem carga (fótons ou nêutrons), em um elemento de volume de massa dm. A energia de fótons, por exemplo, é cedida à matéria primeiramente ao elétron, nos efeitos fotoelétrico e Compton, e ao elétron e pósitron, na produção de pares. Em seguida, a partícula carregada transfere energia à matéria por meio de aquecimento, excitações e ionizações. O kerma refere-se à transferência inicial de energia e muitas vezes é usado como dose absorvida, por ser numericamente igual, principalmente para energia de fótons menor do que 1,0 MeV. O kerma ocorre no ponto de interação do fóton e a dose absorvida ocorre ao longo da trajetória do elétron. Da mesma forma como para a dose absorvida [Eq. (9.8)], pode-se definir o kerma para irradiações com fótons como:

$$K_{\text{meio}} = \left(\frac{\mu_{\text{tr}}}{\rho} \right)_{\text{meio}} \psi$$

(9.16)

onde $\frac{\mu_{\text{tr}}}{\rho}$ é o coeficiente mássico de transferência de energia, definido no Cap. 8, e não é necessário que haja equilíbrio eletrônico para a validade da Eq. (9.16).

Como parte da energia transferida ao meio pode ser gasta com colisões e parte com radiação, costuma-se separar o kerma em duas partes: kerma de colisão e kerma de radiação ($K = K_C + K_R$), de forma que a energia transferida ao meio e que se converte em radiação fica na parcela K_R.

Para fótons, o kerma de colisão e o kerma total podem ser escritos como:

$$K_{\text{Cmeio}} = \left(\frac{\mu_{\text{ab}}}{\rho} \right)_{\text{meio}} \psi = (1 - g_{\text{meio}}) \left(\frac{\mu_{\text{tr}}}{\rho} \right)_{\text{meio}} \psi = (1 - g_{\text{meio}}) K_{\text{meio}}$$

(9.17)

onde g, como visto no Cap.8 [Eq. (8.26)], representa a fração da energia cinética dos elétrons e pósitrons que é convertida em radiação. Em condições de equilíbrio eletrônico, o kerma de colisão coincide com a dose absorvida.

Kerma é definido para radiação indiretamente ionizante e para qualquer meio. Há uma tendência das comissões internacionais em substituir a grandeza exposição por kerma no ar, uma vez que há uma relação simples entre kerma de colisão no ar e exposição para irradiações com fótons, semelhante à Eq. (9.6):

$$K_{Car}(Gy) = 0,00876 X(R)$$

(9.18)

Essa relação vale mesmo que não haja equilíbrio eletrônico.

9.4 GRANDEZAS DE PROTEÇÃO

Nas grandezas de proteção estão incluídas a **dose equivalente no tecido ou no órgão** H_T e a **dose efetiva E**, que são usadas nas recomendações para *limitar a dose* no tecido ou órgão, no primeiro caso, e no corpo todo, no segundo caso. Essas grandezas não são práticas, por não serem mensuráveis, mas podem ser avaliadas por meio de cálculo se as condições de irradiação forem conhecidas. Os *fatores de ponderação da radiação e de tecido* para essas grandezas são, respectivamente, o w_R e ow_T. A unidade de ambas é o sievert.

9.4.1 Dose equivalente no tecido ou no órgão H_T

A dose equivalente no tecido ou no órgão (H_T) é definida para qualquer tipo de radiação, e o meio é o tecido ou órgão. É obtida a partir da dose absorvida *média* $D_{T,R}$ no tecido ou órgão T, exposto à radiação de tipo R multiplicado pelo w_R, que é o **fator de ponderação** (adimensional) da **radiação R**, listado na Tab. 9.3.

$$H_T = w_R D_{T,\,R} \tag{9.19}$$

Essa grandeza é usada para limitar a exposição do cristalino, da pele, das mãos e dos pés, e também para o cálculo da dose efetiva.

Note que a dose absorvida [Eq. (9.4)] foi definida para qualquer ponto da matéria. Entretanto, para aplicações práticas em proteção radiológica, a dose absorvida é frequentemente considerada como média em um volume grande de tecido. A dose absorvida *média* no órgão ou tecido T é definida como:

$$D_T = \left(\frac{1}{m_T}\right) \int_{m_T} D\,dm \quad \text{ou} \quad D_T = \varepsilon_T / m_T$$

onde D é a dose absorvida numa massa elementar dm do tecido ou órgão T; ε_T é a energia total cedida a esse tecido ou órgão T com massa m_T. Ou seja, para o cálculo de D_T, não se distingue se a energia da radiação foi uniformemente depositada no órgão ou não.

A unidade original de dose equivalente era o rem (de *röntgen equivalent man*), de modo que:

$$1\,\text{rem} = 10^{-2}\ \text{J/kg}$$

A partir de 1979, houve recomendação para se usar a unidade no Sistema Internacional, o **sievert** (Sv), de modo que:

$$1\,\text{Sv} = 1\ \text{J/kg} = 100\,\text{rem}$$

A unidade básica J/kg é a mesma da grandeza dose absorvida.

A ICRP escolheu os valores de w_R para cada tipo de partícula e energia como representativos dos valores de efetividade biológica relativa (RBE - *relative biological effectiveness*) da radiação em induzir efeitos estocásticos da radiação (indução de câncer e de efeitos hereditários, que serão abordados no Cap. 10).

Ao compararmos os valores de w_R da ICRP de 1990 com os de 2007, vemos que as alterações introduzidas foram para nêutrons, prótons e píons, como se pode ver na Tab. 9.3.

Tab. 9.3 Fatores de ponderação da radiação recomendados pela ICRP-60 (1990) e pela ICRP-103 (2007)

Tipos de radiação e intervalos de energia	w_R (1990)	w_R (2007)
fótons de todas as energias	1	1
elétrons e múons de todas as energias	1	1
nêutrons com energias		
< 10 keV	5	
10-100 keV	10	Uma função contínua
>100 keV a 2 MeV	20	da energia do nêutron
> 2 MeV a 20 MeV	10	
> 20 MeV	5	
prótons	5	2 (prótons e píons)
partículas alfa, elementos de fissão, núcleos pesados	20	20

Os valores da norma CNEN (Comissão Nacional de Energia Nuclear), em vigor no Brasil, correspondem aos do ICRP de 1990.

9.4.2 Dose efetiva

A grandeza de proteção *dose efetiva* E serve para estabelecer limites de exposição do corpo todo à radiação, a fim de limitar a ocorrência de efeitos cancerígenos e hereditários. É a soma de doses equivalentes nos tecidos ou órgãos H_T multiplicada pelo fator de ponderação de tecido ou órgão w_T, e sua unidade é o sievert:

$$E = \sum_T w_T H_T \tag{9.20}$$

Os **fatores de ponderação de tecido ou órgão** w_T são relacionados com a sensibilidade de um dado tecido ou órgão à radiação, no que concerne à indução de câncer e a efeitos hereditários. Os valores apresentados nas recomendações internacionais de 1977, 1990 e 2007 estão na Tab. 9.4, para mostrar a evolução delas e para efeito de comparação. Esses fatores são baseados em estudos epidemiológicos de indução de câncer e mortalidade por exposição à radiação, assim como de dados genéticos e em pesquisas em radiobiologia. São valores médios obtidos de muitos indivíduos de ambos os sexos. Os valores de w_T nas recomendações de 1977 eram baseados em risco de morte por câncer e sérias doenças hereditárias nas primeiras duas gerações. Nas recomendações de 1990, os valores de w_T foram obtidos considerando não só o risco de morte por câncer, mas por doenças hereditárias em todas as gerações futuras. Levou-se em conta, ainda, o *detrimento*, conceito complexo que considera a gravidade da doença, a qualidade de vida e os anos de vida perdidos por causa dos efeitos danosos da radiação. Os novos valores de ICRP 2007 resultaram de estudos epidemiológicos mais recentes de sobreviventes das bombas atômicas de Hiroshima e Nagasaki e de dosimetrias mais precisas.

Tab. 9.4 FATORES DE PONDERAÇÃO DE TECIDOS (ICRP-26 DE 1977, ICRP-60 DE 1990 E ICRP-103 DE 2007)

Tecido ou órgão	w_T (1977)	w_T (1990)	w_T (2007)
gônadas	0,25	0,20	0,08
medula óssea	0,12	0,12	0,12
cólon	–	0,12	0,12
pulmão	0,12	0,12	0,12
estômago	–	0,12	0,12
mama	0,15	0,05	0,12
bexiga	–	0,05	0,04
esôfago	–	0,05	0,04
fígado	–	0,05	0,04
tireoide	0,03	0,05	0,04
superfície do osso	0,03	0,01	0,01
cérebro	–	–	0,01
glândulas salivares	–	–	0,01
pele	–	0,01	0,01
restante	0,30*	0,05**	0,12***
Soma total	**1,00**	**1,00**	**1,00**

* Cinco órgãos ou tecidos mais altamente irradiados, cada um com peso de 0,06.

** Inclui glândula suprarrenal, intestino grosso superior, intestino delgado, rins, músculo, pâncreas, baço, timo e útero.

*** Inclui glândula suprarrenal, tecido extratorácico, vesícula biliar, paredes do coração, rins, linfonodos, músculo, mucosa oral, pâncreas, próstata (homens), intestino delgado, baço, timo, útero/colo do útero (mulheres).

9.4.3 Dose efetiva comprometida

Essa grandeza só vale quando ocorre a **incorporação de radionuclídeo** por ingestão ou inalação. Ela é expressa por:

$$E(\tau) = \sum_T w_T H_T(\tau) \tag{9.21}$$

onde $H_T(\tau)$ é a dose equivalente comprometida no tecido T; w_T é o fator de ponderação de órgão ou tecido; τ é o período de integração, em anos, após a incorporação por ingestão ou inalação de substâncias radioativas. O período de integração é de 50 anos para adultos e de 70 anos para crianças. A dose equivalente comprometida $H_T(\tau)$ é a integral no tempo da taxa de dose equivalente num dado tecido ou órgão após a incorporação de substâncias radioativas.

9.5 GRANDEZAS OPERACIONAIS

Existem as recomendações internacionais e nacionais de limitação de dose de radiação, e as pessoas ocupacionalmente expostas devem obedecer a essa limitação. As grandezas utilizadas na limitação, porém, não são mensuráveis. Como é possível, então, saber se uma pessoa exposta ocupacionalmente à radiação está obedecendo às recomendações? Para correlacionar essas grandezas não mensuráveis com o campo de radiação, a ICRU e a ICRP introduziram as grandezas operacionais para medidas de exposição à radiação externa.

As duas principais grandezas introduzidas são o **equivalente de dose pessoal**, $H_p(d)$, e o **equivalente de dose ambiente**, $H^*(d)$, à profundidade d, para os casos de irradiação com fontes externas ao corpo. Para radiação fortemente penetrante (a ICRU de 1992 recomenda que fótons com energia maior que 20 keV sejam considerados como radiação fortemente penetrante), adota-se a profundidade de 10 mm e o valor obtido pode ser usado como estimativa da dose efetiva. Para radiação fracamente penetrante, adota-se a profundidade de 0,07 mm e o valor obtido pode ser usado para estimar a dose equivalente na pele e extremidades.

$H^*(d)$ é usado, em última instância, para avaliar a exposição ocupacional quando as pessoas que estão num dado ambiente não utilizam monitores individuais, como é o caso, por exemplo, de pilotos e comissários.

Teoricamente, essas grandezas são correlacionadas com as grandezas de proteção. A unidade dessas grandezas também é o sievert. Várias grandezas com conceitos diferentes, mas com as mesmas unidades, criam imensas dificuldades no seu uso, mas, ainda assim, os comitês internacionais decidiram manter essas unidades nas normas novas.

As grandezas operacionais utilizam os **fatores de qualidade da radiação** Q como fator de peso, em lugar dos fatores de peso da radiação w_R. Os fatores de qualidade de radiação são dados em função da transferência linear de energia, **LET**, não restrita (também chamado de poder de freamento não restrito; ver Cap. 7). LET é uma medida de densidade de ionização ao longo da trajetória. Seu valor depende do tipo de partícula e fortemente de sua energia.

Os valores de fator de qualidade Q em função do valor de LET (L) da radiação na água (L é medido em keV/μm) foram introduzidos na ICRP-60 de 1990.

$Q(L) = 1 \ (L < 10 \text{ keV}/\mu\text{m})$

$Q(L) = 0,32L\text{-}2,2 \ (10 \leqslant L \leqslant 100 \text{ keV}/\mu\text{m})$

$Q(L) = 300/L^{1/2} \ (L > 100 \text{ keV}/\mu\text{m})$

Para feixes aos quais estamos potencialmente mais expostos, ou seja, raios X, gama e elétrons, como o fator de qualidade da radiação Q é 1, para uma dose absorvida D (Gy), o equivalente de dose H (Sv) tem o mesmo valor numérico. À dose absorvida de 1 mGy corresponde um equivalente de dose de 1 mSv, a 4 Gy correspondem 4 Sv e assim por diante. Na prática, para avaliar os potenciais efeitos biológicos, usam-se para Q os mesmos valores de w_R. Assim, para uma dose absorvida de 1 mGy, devida à partícula alfa, o equivalente de dose é 20 mSv.

9.5.1 Equivalente de dose pessoal

O **equivalente de dose pessoal** $H_p(d)$ é uma grandeza operacional para **monitoração individual externa** (radiação que incide num indivíduo de fora para dentro do corpo). A grandeza $H_p(d)$ é obtida pelo produto da dose absorvida em um ponto, na profundidade d do corpo humano, pelo fator de qualidade Q da radiação nesse ponto. O valor de $H_p(d)$ é obtido por meio do **monitor individual** que o IOE utiliza no local do corpo representativo à exposição, geralmente no tórax. Na rotina, a dose é acumulada durante um mês para posterior processamento do dosímetro. O valor obtido deve fornecer uma estimativa conservadora da **dose efetiva**. A unidade de $H_p(d)$ é também o sievert.

Para a verificação do cumprimento das recomendações no tocante ao limite de dose efetiva E, deve-se medir o $H_p(10\,mm)$ e, para a dose equivalente no cristalino, o $H_p(3\,mm)$, na pele e nas extremidades, o $H_p(0,07\,mm)$.

9.5.2 Equivalente de dose ambiente, $H*(d)$

Para **monitoração de área** em ambientes de trabalho, usa-se o equivalente de dose ambiente. A grandeza $H*(d)$ pode ser obtida pelo produto da dose absorvida em um ponto pelo fator de qualidade Q da radiação e corresponde ao que seria produzido em uma esfera de tecido equivalente de 30 cm de diâmetro, na profundidade d.

9.6 Resumo

A Tab. 9.5 mostra algumas grandezas de Física das Radiações, suas unidades no Sistema Internacional, as unidades originalmente introduzidas e suas respectivas relações.

Tab. 9.5 Algumas grandezas de Física das Radiações, suas unidades e respectivas correlações

Grandeza	Equação	Meio	Tipo	Unidade (SI)	Unidade original	Conversão
atividade	$A = \lambda N$			$Bq = s^{-1}$	Ci	$1\ Ci = 3,7 \times 10^{10}\ Bq$
dose absorvida	$D = \frac{dE}{dm}$	qualquer	qualquer	Gy (J/kg)	rad	$1\ Gy = 100\ rad$
kerma	$K = \frac{dE_{tr}}{dm}$	qualquer	X, γ, n	Gy (J/kg)	rad	$1\ Gy = 100\ rad$
exposição	$X = \frac{dQ}{dm}$	ar	X, γ	C/kg	R	$1\ R = 2,58 \times 10^{-4}\ C/(kg\ de\ ar)$
dose equivalente	$H_T = w_R D_{T,\,R}$	órgão ou tecido	qualquer	Sv	rem	$1\ Sv = 100\ rem$
dose efetiva	$E = \sum_T w_T H_T$	corpo todo	qualquer	Sv	rem	$1\ Sv = 100\ rem$
equivalente de dose pessoal	$H = QD$	corpo todo	qualquer	Sv	rem	$1\ Sv = 100\ rem$

Biografia

Louis Harold Gray (10/11/1905 – 9/7/1965)

Físico e radiologista inglês, cujo sobrenome foi dado à unidade de dose absorvida, gray (Gy), em sua homenagem. Fez importantes contribuições com respeito a aplicações da Física das Radiações na Medicina e na Biologia, principalmente quanto aos efeitos da radiação em sistemas biológicos e em radioterapia. De família pobre, ainda quando criança apresentou grande interesse em Ciências Naturais e Matemática.

Em 1923, então com 18 anos, ficou fascinado com a Física Nuclear e decidiu dedicar-se a essa área. De 1928 a 1933, trabalhou no Laboratório Cavendish. Em

1929, publicou seu primeiro artigo, intitulado *The absorption of penetrating radiation*. Obteve o doutorado em 1930, tendo como orientador oficial J. Chadwick, o descobridor do nêutron, e William Henry Bragg como orientador de fato, com quem desenvolveu a teoria de cavidade Bragg/Gray. Ela se refere a uma cavidade (detector) tão pequena que, quando inserida em um meio, não perturba a fluência de partículas carregadas existentes nesse meio. Por querer estudar os efeitos da radiação nos tecidos, deixou o Laboratório Cavendish e foi trabalhar no Hospital Mount Vernon, onde permaneceu de 1933 a 1946, quando se transferiu para o Hospital Hammersmith. Determinou a efetividade biológica relativa (RBE) para nêutrons e demonstrou que a RBE é inversamente proporcional à dose. No Hospital Hammersmith, foi responsável pelo desenvolvimento do ciclotron. Foi membro efetivo do ICRU durante muitos anos e vice-*chairman* de 1956 a 1962.

Fonte:

Foto: LH Gray Memorial Trust

Biografia

ROLF MAXIMILIAN SIEVERT (6/5/1896 – 3/10/1966)

Físico-médico sueco, cujo sobrenome foi dado à unidade de dose equivalente, equivalente de dose e dose efetiva, sievert (Sv), em sua homenagem. Trabalhou em dosimetria da radiação, principalmente na radiologia diagnóstica e em radioterapia. Fez contribuições importantes em pesquisa na área de efeitos biológicos das radiações. Foi um dos fundadores da International Radiation Protection Association (IRPA), em 1964, tendo sido *chairman* dessa associação, assim como, de 1958 a 1960, do United Nations Scientific Committee on the Effects of Atomic Radiation (UNSCEAR). Foi também membro fundador da International Commission on Radiation Units and Measurements (ICRU) e da International Commission on Radiological Protection (ICRP), da qual foi *chairman* de 1956 a 1962. Foi professor do Departamento de Física Médica, em Estocolmo, de 1941 a 1965. Seu doutorado foi obtido em 1932.

LISTA DE EXERCÍCIOS

1. Transforme as unidades da constante de taxa de exposição ($R \cdot cm^2 \cdot mCi^{-1} \cdot h^{-1}$) naquelas mais comumente utilizadas, ou seja, R, m, Bq e s. Apesar da recomendação em se usar C/kg_{ar}, o R continua sendo utilizado, principalmente em equipamentos de medida.

2. Em 1990, foi encontrada na cidade de São Paulo uma múmia com uma atividade de 2.000 Bq, devida ao ^{14}C. Estudos realizados levaram a crer que essa múmia era de uma pessoa que, ao morrer, pesava 70 kg. Considere que, quando vivo, existe no ser humano em equilíbrio 1 átomo de ^{14}C, que é radioativo, para cada $0,77 \times 10^{12}$ átomos de ^{12}C, que é estável, e que a massa de ^{12}C no ser humano é de 18,7% da massa corporal. O ^{14}C tem uma meia-vida física de 5.730 anos e emite, por desintegração, uma partícula beta com energia média de 50 keV. Calcule:
   a. o número de átomos de ^{14}C na pessoa ao morrer;
   b. a atividade do ^{14}C no corpo da pessoa ao morrer;
   c. a idade da múmia quando foi encontrada;
   d. a dose absorvida na múmia de 20 kg (ressecada com o tempo), quando todos os átomos do ^{14}C se desintegrarem.

3. Em um litro de leite de vaca há, em média, 1,4 g de potássio (K), do qual 0,0118% é ^{40}K, que é radioativo. A meia-vida física do ^{40}K é de $1,26 \times 10^9$ anos e sua meia-vida biológica é de 58 dias. Calcule:
   a. a atividade do ^{40}K em um litro de leite;
   b. a atividade do ^{40}K no corpo de uma pessoa, 100 dias após tomar 1 litro de leite.

4. No dia 11/3/1993, foi noticiado o roubo, em Ferraz de Vasconcelos (SP), de uma fonte metálica de irídio-192, usada em gamagrafia industrial. A atividade da fonte por ocasião do roubo era de 25,7 Ci e a meia-vida do Ir-192 é de 75 dias. Essa fonte possui o formato de uma meia caneta e, quando não está em uso, é guardada dentro de uma blindagem de chumbo de 7,0 cm de espessura. A constante da taxa de exposição para o Ir-192 é de 3,970 $R \cdot cm^2 \cdot h^{-1} \cdot mCi^{-1}$.
   a. Faça um gráfico da diminuição da atividade dessa fonte com o tempo (até um ano).
   b. Sabendo-se que para a radiação emitida por essa fonte a camada semirredutora é de 0,48 cm para o chumbo, calcule a porcentagem de radiação transmitida através de 7,0 cm de chumbo, usado para blindagem.

c. Determine a taxa de exposição na superfície da blindagem. Para isso, leve em conta os resultados do item (b).

d. Suponha que alguém tenha violado a blindagem, levado a fonte para casa e a colocado a 50 cm de um berço de um bebê durante 10 horas. Calcule a dose absorvida no bebê. Para isso, considere que o fator f seja igual a 1,00.

5. No dia 13/9/1987, aconteceu o acidente radiológico de Goiânia, com uma fonte de ^{137}Cs com atividade de 1.375 Ci, que havia sido usada em radioterapia. Roberto Alves de Souza, com 70 kg, com a ajuda de um amigo, levou essa fonte de um prédio em abandono para o quintal da sua casa, e ali quebraram a blindagem de chumbo e conseguiram arrancar a fonte selada propriamente dita. Roberto ficou a 100 cm da fonte durante meia hora, até rompê-la a marretada, e conseguiu tirar um pouco do pó de ClCs com atividade de ^{137}Cs de 10 mCi e lambê-lo para ver que gosto tinha. A meia-vida física do ^{137}Cs é de 30 anos e a biológica, de 70 dias. A constante Γ da taxa de exposição do ^{137}Cs vale 3,25 R·cm^2·mCi^{-1}·h^{-1}, e a energia do fóton emitido por desintegração é de 0,660 MeV.

   a. Calcule a dose absorvida no corpo todo de Roberto em razão da exposição externa durante meia hora, o qual ficou a 100 cm da fonte (considere pontual).

   b. Calcule a dose absorvida interna, devida somente ao fóton emitido, acumulada durante 30 dias. Considere que o ^{137}Cs se espalha pelos músculos do corpo e que toda a energia emitida foi absorvida pelo corpo.

6. Uma fonte de ^{60}Co que emite fótons de 1,25 MeV é usada para induzir cor em cristais, como em topázio incolor. Considere a atividade da fonte como sendo de $3,7 \times 10^{16}$ Bq, que é guardada no fundo de uma piscina com profundidade de 6 m, cheia de água. A constante da taxa de exposição Γ para o ^{60}Co vale 12,97 R·cm^2·h^{-1}·mCi^{-1}, e a meia-vida física é de 5,3 anos. Considere o fator f = 1,10 para o corpo de uma pessoa.

   a. Durante a irradiação, a fonte é retirada da água e fica a 1 m do material que se deseja irradiar. O tempo de irradiação é de 10 horas. Calcule a exposição na entrada do cristal de topázio.

   b. Ocorreu um acidente com um sistema desses na China. A piscina havia sido esvaziada, e um técnico, sem essa informação, enganou todos os sistemas de segurança, entrou na sala e ficou a 6 m da fonte (que estava no fundo da piscina). Em quanto tempo ele recebeu a dose letal?

7. Uma pesquisadora pipetou indevidamente com a boca uma solução contendo enxofre-35 e acabou ingerindo uma certa quantidade dessa solução. Ao fazer um levantamento imediatamente, verificou-se que ela havia ingerido certa quantidade de átomos de S-35, correspondendo a uma atividade de $1\,\mu$Ci $= 3,7 \times 10^4$ Bq. Cada átomo de S-35 emite uma partícula beta com energia média de 48,8 keV ao desintegrar-se; sua meia-vida física é de 87,1 dias e sua meia-vida efetiva, de 76,4 dias. Considere a massa da pesquisadora como sendo de 50 kg.

a. Determine a massa total de átomos de S-35 que ela ingeriu.

b. Determine a dose absorvida no corpo da pesquisadora, supondo que o S-35 se espalha pelo corpo todo.

c. Considere que, em vez de uma solução de S-35, ela tenha ingerido uma solução contendo Po-210, que emite partícula alfa com energia de 5,3 MeV, em quantidade tal que a dose absorvida seja igual ao calculado no item (b). Compare, justificando, os potenciais efeitos biológicos produzidos pelos dois elementos radioativos.

8. Sementes, por exemplo, de pimenta-do-reino são expostas, para fins de conservação, aos raios gama emitidos por uma fonte selada de ^{60}Co com atividade de 6×10^5 Ci, durante 5 horas. Sabendo-se que a meia-vida física do ^{60}Co é de 5,3 anos e que a constante da taxa de exposição para o ^{60}Co vale 12,97 R·cm^2·h^{-1}·mCi^{-1}:

a. calcule a distância de irradiação, se a exposição para a conservação de pimenta deve ser de 10^6R;

b. calcule a distância de irradiação daqui a 10,6 anos, se a exposição e o tempo de irradiação se mantiverem iguais ao item (a);

c. suponha que, para a irradiação, as pimentas sejam empacotadas em embalagens com 20 cm de largura, de modo que os grãos mais afastados ficam a 220 cm da fonte e os mais próximos, a 200 cm. Calcule a exposição dos grãos mais afastados, supondo que, para a pimenta-do-reino, a camada semirredutora para essa radiação seja de 5 cm. Considere o tempo de irradiação de 5 horas e atividade da fonte de 6×10^5 Ci.

d. As pimentas tornam-se radioativas? Justifique sua resposta.

RESPOSTAS

2. a) $8,5 \times 10^{14}$ átomos; b) 3.263 Bq; c) 4.047 anos; d) 0,34 Gy
3. a) 43,3 Bq; b) 13,1 Bq
4. b) $4,08 \times 10^{-3}$ %; c) 85 mR/h; d) 3,57 Gy
5. a) 2,15 Gy; b) 1,25 Gy
6. a) $1,297 \times 10^7$ R; b) 41,4 s
7. a) $2,35 \times 10^{-11}$ g; b) $5,56 \times 10^{-5}$ Gy; c) $H_p(\beta) = 5,56 \times 10^{-5}$ Sv e $H_p(\alpha) = 1,11 \times 10^{-3}$ Sv
8. a) 1,97 m; b) 0,986 m; c) $5,0 \times 10^4$ R

Leitura recomendada

GUIMARÃES, C. C. *Implementação de grandezas operacionais na monitoração individual e de área*. Dissertação (Mestrado) – Instituto de Física, Universidade de São Paulo, 2000.

CNEN NE - 3.01. Diretrizes básicas de radioproteção. *D.O.U.*, Rio de Janeiro, ago. 1988. 121 p.

ICRU Report 33. *Radiation quantities and units*. USA: ICRU Publications, 1980.

ICRU Report 44. *Tissue substitutes in radiation dosimetry and measurements*. USA: ICRU Publications, 1989.

ICRU Report 51. *Quantities and units in radiation protection*. USA: ICRU Publications, 1993.

ICRU Report 60. *Fundamental quantities and units for ionizing radiation*. USA: ICRU Publications, 1998.

Efeitos biológicos das radiações nos seres vivos

10

10.1 Introdução

Logo após a descoberta dos raios X e da radioatividade, teve início o uso desenfreado das radiações, que haviam se tornado solução para todos os males. Surgiram cremes de beleza, chocolates, cigarros, águas, cremes dentais e até supositórios contendo radionuclídeos. Os próprios médicos que queriam ver a forma de seu crânio por curiosidade tiraram suas radiografias e, mais tarde, viram seus cabelos caírem, uma vez que não havia nenhum controle nem da intensidade, nem da energia do feixe de raios X. A pele da mão esquerda de Emil H. Grubbé, estudante de Medicina e fabricante de tubos de raios catódicos, já apresentava dermatite aguda e dolorida quando procurou um médico no dia 27 de janeiro de 1896. Esse médico ficou impressionado com o dano causado pela radiação e propôs a Grubbé fazer um tratamento de câncer de mama avançado na paciente Rose Lee, utilizando seus tubos de raios X. Foi o primeiro *tratamento radioterápico*, conforme registros. O cientista Elihu Thomson foi um dos primeiros a fazer experimento em si próprio. Ele expôs deliberadamente seu dedo mínimo da mão esquerda aos raios X, de meia hora a uma hora por dia, durante vários dias, em 1896. Como consequência, o dedo mínimo apresentou queimadura severa com bolhas e muita dor. O próprio Becquerel detectou queimadura na sua pele, atrás do bolso da camisa onde ele levava um pequeno frasco contendo rádio, que havia recebido da Mme. Curie. Ele levava essa fonte para demonstração nas suas conferências. Alguns médicos chegaram a eliminar mancha ou pinta de nascença expondo-as aos raios X.

Aos poucos, tornou-se evidente que a exposição à radiação provocava efeitos deletérios imediatos e tardios nos tecidos humanos.

Os **efeitos biológicos** das radiações ionizantes podem ser classificados quanto ao seu mecanismo, se direto ou indireto, e quanto à sua natureza, se **reações teciduais** (nos *tecidos*) ou **efeitos estocásticos**.

Detalharemos adiante cada um dos processos, mas antes apresentaremos os estágios da ação e os intervalos de tempo de cada um dos estágios.

10.2 Os estágios da ação

A interação da radiação com a matéria segue uma sequência de eventos que chamaremos *estágios*. Esses estágios ocorrem em qualquer átomo ou molécula do corpo atingido pela radiação, desde as moléculas mais importantes, como as do DNA (**ácido desoxirribonucleico**), até moléculas da água, que são as mais abundantes no corpo humano.

A sequência dos estágios é a seguinte:

a) *Estágio físico*: dura cerca de 10^{-15} s, intervalo de tempo durante o qual ocorrem as **ionizações** e as **excitações** dos átomos que constituem as moléculas; as excitações causam pouco efeito, ao passo que as ionizações dos átomos causam desequilíbrio eletrostático das moléculas, que passam para o segundo estágio.

b) *Estágio físico-químico*: dura cerca de 10^{-6} s. Após o estágio físico, ocorrem as quebras das ligações químicas da molécula, em consequência da ionização de um dos seus átomos. Antes, os átomos de uma molécula permaneciam unidos por forças elétricas, mas esse equilíbrio pode ter sido rompido pela ionização de um único átomo.

c) *Estágio químico*: dura poucos segundos, quando os fragmentos da molécula se ligam a outras moléculas, algumas importantes, como as de proteína ou enzima.

d) *Estágio biológico*: dura dias, semanas ou anos, quando surgem efeitos bioquímicos ou fisiológicos que produzem alterações morfológicas e/ou funcionais dos órgãos.

10.3 Mecanismos de ação das radiações

Podem ser de dois tipos:

i. **Mecanismo direto**: quando a radiação age diretamente nas moléculas importantes, como as de ácido desoxirribonucleico (DNA), principal constituinte dos cromossomos do núcleo das células.

ii. **Mecanismo indireto**: quando a radiação age na molécula da água, quebrando-a – processo este chamado *radiólise* – e produzindo componentes reativos, como os **radicais livres**, que são moléculas ou átomos neutros com um elétron desemparelhado em sua última camada eletrônica (Pryor, 1970). Os radicais livres são produzidos por radiação ionizante e por outros vários agentes, como cigarro, álcool, resíduos de pesticidas etc. Resultam também de processos metabólicos que ocorrem nas células. São muito instáveis e reagem rapidamente com outros átomos ou moléculas, capturando elétron para ganhar estabilidade. Os átomos ou moléculas que perderam elétron, por sua vez, tornam-se radicais livres, iniciando uma reação em cadeia.

10.3.1 Mecanismo direto

Em 1927, o geneticista **Hermann Joseph Müller** descobriu, por meio de pesquisas realizadas com *Drosophila*, que os raios X produziam **mutação genética**. Por essa descoberta, ele recebeu o Prêmio Nobel de Fisiologia ou Medicina em 1946. Em fins de 1940, já havia uma classificação de diferentes tipos de danos genéticos.

Os danos nos DNAs resultam em anormalidades nos **cromossomos** que são chamadas **aberração cromossômica**. Esta deve-se à quebra nos cromossomos, que se não for reparada, resulta em fragmentos perdidos durante a divisão celular ou ligados incorretamente a outros cromossomos. As quebras nas duas fitas do DNA são apontadas como as lesões mais importantes na produção de aberração cromossômica. Elas podem ser visualizadas ao microscópio óptico durante as divisões celulares, e a quantidade de aberrações pode ser medida quantitativamente em função da dose de radiação ionizante. Quando ocorre algum acidente nuclear ou radiológico e dele resulta exposição à radiação ionizante de seres humanos que não usam monitores de radiação, a dosimetria pode ser feita estimando-se a frequência de aberrações cromossômicas, chamada de **dosimetria biológica**, a qual pode orientar o tratamento médico.

Com a técnica recentemente desenvolvida chamada FISH (*Fluorescence In-Situ Hybridization*), é possível identificar partes específicas de um cromossomo. Nesse processo, os cromossomos – ou partes dele – são pintados com moléculas fluorescentes e podem ser vistos em microscópios. Essa técnica é muito útil na identificação de aberrações cromossômicas.

Efeito da radiação na molécula de DNA

A molécula de DNA, portadora de **informação genética**, segundo o modelo desenvolvido por Francis Harry Compton Crick (1916-2004) e James Dewey Watson (1928), consta de duas hélices (fitas) antiparalelas, formadas por sequências de grupos de açúcar e fosfato. O açúcar chama-se desoxirribose. As duas hélices são interconectadas por pares de grupos de bases nitrogenadas – parecendo os degraus de uma escada –, que são, por sua vez, ligadas por pontes de hidrogênio, que são as ligações mais fracas entre os átomos da molécula de DNA. As bases nitrogenadas são as purinas (adenina A e guanina G) e as pirimidinas (timina T e citosina C). Os pares de base são sempre de uma purina com uma pirimidina, sendo possíveis os pares: T-A, com duas pontes de hidrogênio, e C-G, com três pontes de hidrogênio. Um diagrama esquemático de um pedaço de DNA pode ser visto na Fig. 10.1.

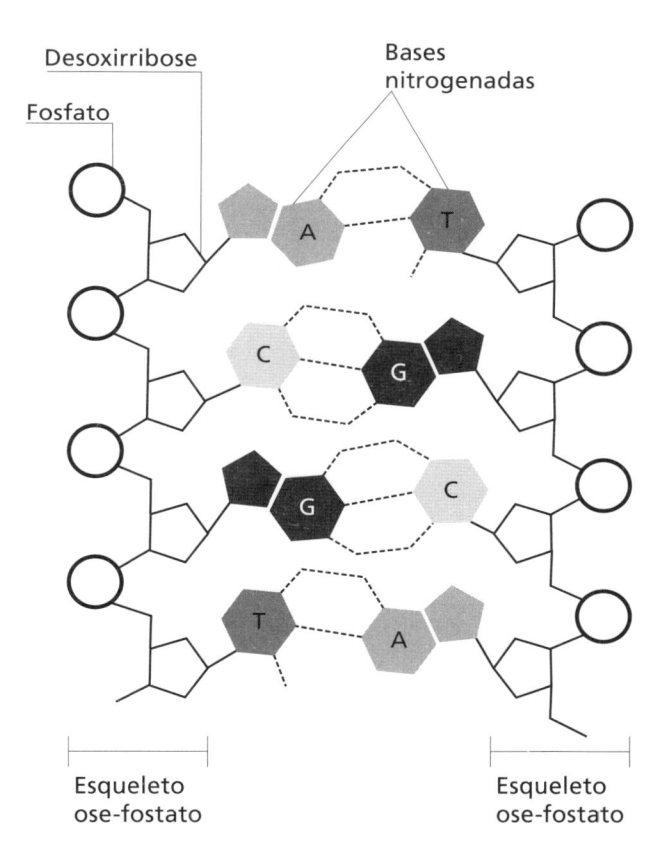

Fig. 10.1 Diagrama esquemático da estrutura do DNA. As ligações fracas entre as bases nitrogenadas, constituídas de pontes de hidrogênio, são mostradas pelas linhas tracejadas

Fonte: Umisedo (2007).

A figura de difração de raios X da molécula de DNA obtida por Rosalind Franklin e Raymond Gosling no dia 2/5/1952, que serviu de base para o desenvolvimento do modelo de DNA pela dupla Watson e Crick, está na Fig. 10.2. Essa figura foi mostrada a Watson por Maurice H. F. Wilkins, sem a permissão de Rosalind Franklin. Watson, Crick e Maurice ganharam, cada um, 1/3 do Prêmio Nobel de Fisiologia ou Medicina em 1962. Posteriormente, muitos, inclusive Watson, julgaram que Rosalind também merecia um Prêmio Nobel; todavia, como o Nobel só é conferido a pessoas vivas, Rosalind não o recebeu, porque morreu prematuramente aos 37 anos, de câncer de ovário, em 1958.

Há um forte consenso de que o alvo da radiação é o DNA, para efeitos radiobiológicos, e que as diferenças na qualidade da radiação influenciam a natureza dos danos. Entretanto, é importante lembrar que os organismos vivos possuem mecanismos de reparo dos danos causados pela radiação. Entre os danos, podemos citar: mudança de uma base, perda de uma base, quebra das pontes de H, quebra de uma fita, quebra de duas fitas, ligação cruzada dentro da hélice de uma molécula de DNA, entre duas moléculas de DNA ou entre uma molécula de DNA e uma proteína.

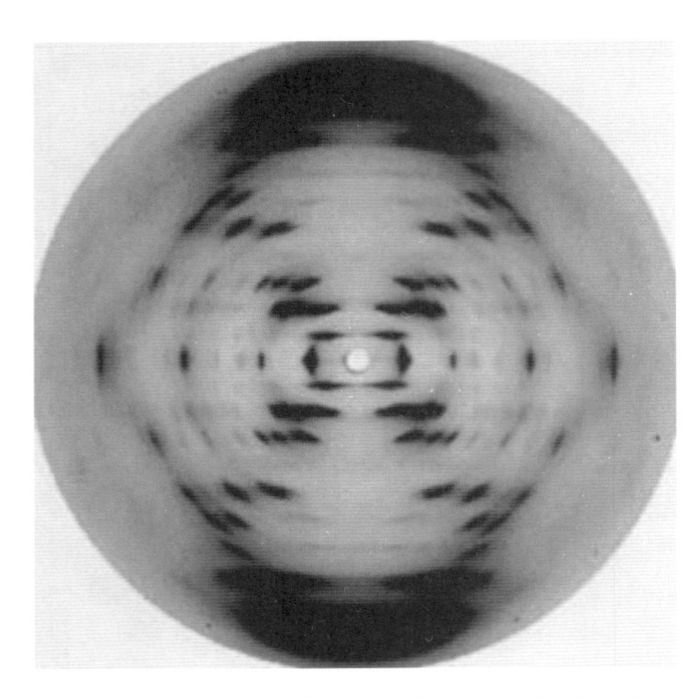

Fig. 10.2 Fotografia da difração de raios X da molécula de DNA obtida por Rosalind Franklin e Raymond Gosling
Fonte: <http://nobelprize.org/educational_games/medicine/dna_double_helix/readmore.html>. Acesso em: fev. 2010.

A Fig. 10.3 mostra uma quebra de ponte de H causada por um fóton de raio X e a quebra de duas fitas, com grandes danos, pela passagem de uma partícula alfa cuja LET é muito maior que a de um fóton de raios X (ver Cap. 7).

Há indicações de que a ruptura das pontes de hidrogênio que ligam as bases é reconstituída, em geral corretamente, em questão de dezenas de minutos, pelas enzimas que as células produzem. Danos irreversíveis surgem se um número muito grande de danos ocorrerem simultaneamente, ou ainda, se a quebra de uma das fitas não for reparada adequadamente e uma das pontas da fita ficar em estado reativo, pois pode ocorrer a **peroxidação** na presença de oxigênio: o O_2 liga-se a essa ponta e, assim, nunca mais será possível o reparo. A peroxidação é mostrada na Fig. 10.4, na qual a molécula de DNA está esquematizada e desespiralada.

Se as duas fitas forem quebradas em locais separados por menos de cinco nucleotídeos (nucleotídeo é uma molécula orgânica constituída de uma base, uma molécula de açúcar e uma de fosfato), pode haver a separação das partes quebradas, como se pode ver na Fig. 10.5. São necessários cerca de 50 eV para romper uma fita e 200 eV para quebrar as duas fitas. As quebras de uma ou duas fitas são funções lineares da dose de radiação. Aproximadamente 33% das quebras de fitas são produzidas pela ação diretamente no DNA, e o restante, pelo ataque de hidroxilas (radicais livres OH·), produzidas pela dissociação da molécula da água pela radiação. Cerca de 1 a 2 Gy de dose absorvida de raios X produzem ao redor de 500 a 1.000 quebras de uma fita, de 1.000 a 2.000 alterações de bases e 40 quebras de duas fitas em uma única célula de mamífero.

Se uma das fitas de cada uma de duas moléculas de DNA próximas se romper, pode ocorrer a formação de uma ligação cruzada, devido a locais reativos, como ilustra a Fig 10.6.

Acredita-se que o erro no reparo, principalmente de quebra de duas fitas da molécula de DNA, seja a principal causa de morte celular e indução de **efeitos mutagênicos** e cancerígenos.

Efeito da radiação nos cromossomos

Os cromossomos dos núcleos das células consistem principalmente de uma longa molécula de DNA e de proteínas associadas, chamadas histonas. A estrutura globular formada pelas histonas e DNA constitui o nucleossomo. Os cromossomos variam na forma e no comprimento, e são 46 nos seres humanos, dispostos em 23 pares. A Fig. 10.7 mostra os cromossomos dentro do núcleo das células, detalhe de cromossomo com seus braços, centrômero, telômero e a molécula de DNA com suas bases.

O **centrômero** é a região de constrição ou estrangulamento que divide o cromossomo em dois braços curtos e dois longos. Ele pode localizar-se em qualquer lugar do cromossomo. O **telômero** é uma estrutura existente na extremidade dos cromossomos. Os telômeros consistem de sequência genética de bases TTAGGG, repetida cerca de 2.000 vezes. A cada divisão celular, o telômero perde de 10 a 20 segmentos, sendo, portanto, mais curto em idosos do que em

Fig. 10.3 Quebra de uma ponte de hidrogênio por um fóton de raio X e quebra de duas fitas por uma partícula alfa
Fonte: adaptada da National Aeronautics and Space Administration (NASA)

recém-nascidos. À medida que os cromossomos vão perdendo telômeros, vão ficando desprotegidos, como o cadarço de tênis quando perde seu protetor na ponta. Quando chega a esse ponto, os cromossomos podem não replicar corretamente, e a célula perde a capacidade de divisão. Um fato interessante é que as células malignas não perdem telômeros na sua replicação e, assim, não morrem nunca.

Sabe-se, há muito tempo, que as radiações ionizantes induzem a formação de **aberrações estruturais** nos cromossomos, classificadas de acordo com a porção do cromossomo envolvida no dano.

Ao incidir em um cromossomo, a radiação ionizante pode quebrar cada um dos braços. Os

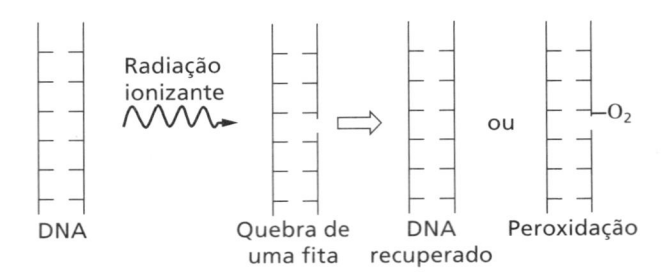

Fig. 10.4 Ilustração de peroxidação no caso de a molécula da DNA danificada não se recuperar adequadamente

Fonte: adaptada de Casarett (1968).

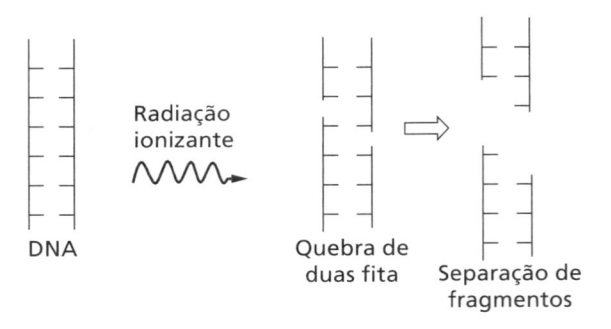

Fig. 10.5 Duas fitas de DNA quebradas pela radiação ionizante podem acarretar a separação dos fragmentos resultantes

Fonte: adaptada de Casarett (1968)

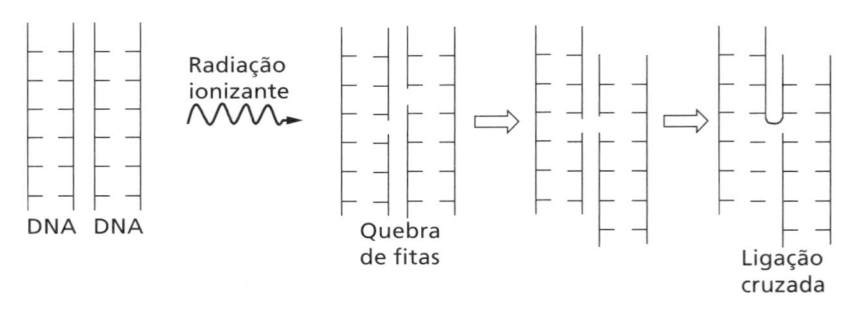

Fig. 10.6 Duas moléculas de DNA próximas, em que uma das fitas em ambas é danificada pela radiação ionizante e os danos não corrigidos resultam na ligação cruzada

Fonte: adaptada de Casarett (1968).

fragmentos podem unir-se de diferentes modos, constituindo os **acêntricos** (sem centrômeros) e os **anéis**, que são considerados mutações *instáveis*, e as **inversões**, que são as mutações *estáveis*. A Fig. 10.8 mostra o esquema de formação de aberrações cromossômicas dos tipos inversão, anel e acêntrico, quando a radiação causa rompimento de seus dois braços.

Se dois cromossomos estiverem próximos entre si, e a radiação causar quebra de um dos braços de cada um deles, a posterior recombinação dos fragmentos pode formar aberrações dos tipos **dicêntrico** (mutação instável, mas que pode durar alguns anos, com dois centrômeros que interferem na divisão celular), acêntrico e **translocação** (*mutação estável*), mostradas na Fig. 10.9.

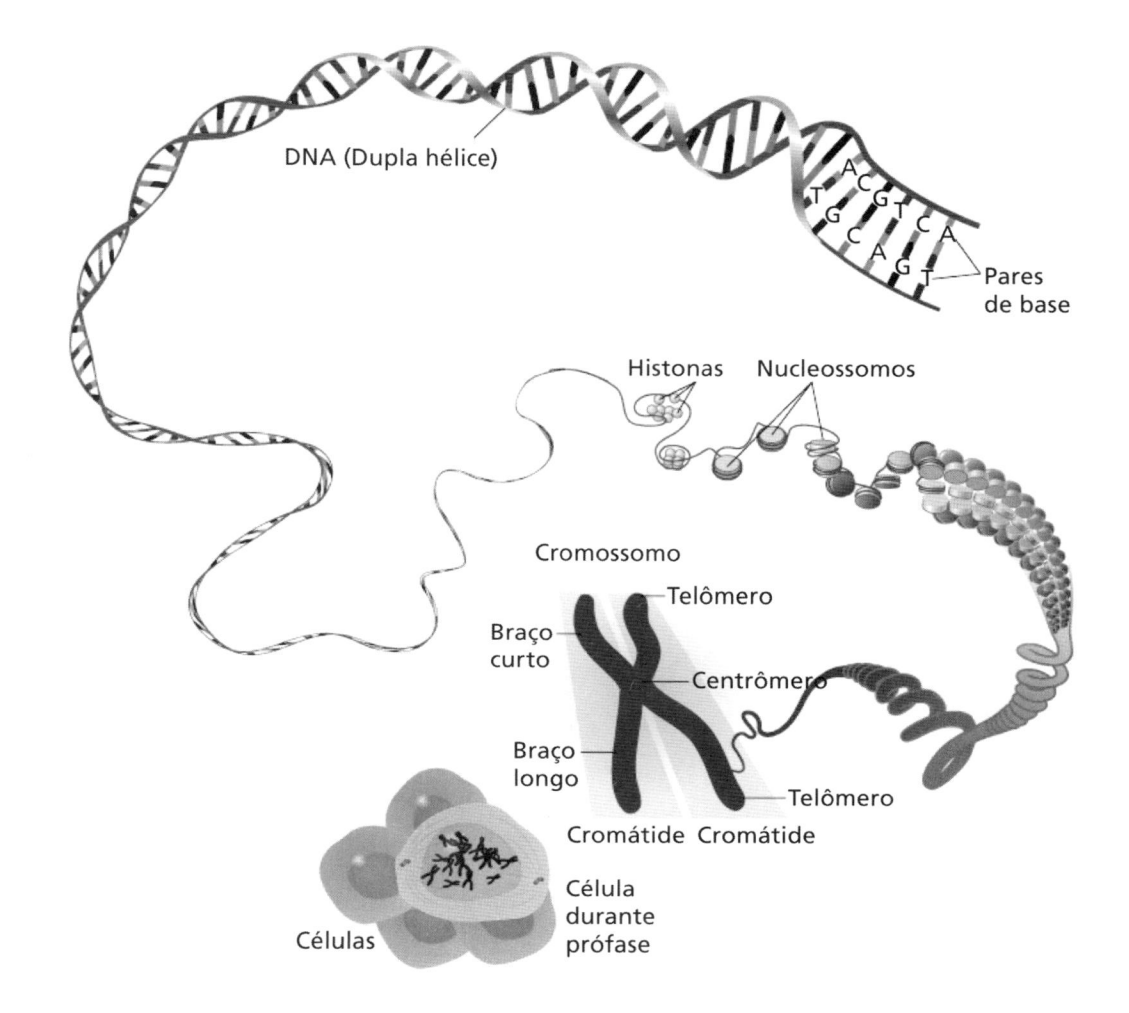

Fig. 10.7 Cromossomos dentro do núcleo da célula, cromossomo com braços, centrômero e molécula de DNA com pares de bases

Fonte: <http://www.genome.gov/Glossary/index.cfm?id=33&textonly=true>. Acesso em: fev. 2010.

Um dos tipos de **aberração cromossômica estrutural** é a **translocação recíproca**, que resulta da quebra de cromossomos não homólogos (com diferente morfologia e que carregam diferentes genes), com trocas recíprocas de segmentos soltos. As análises de cariótipos (conjunto de cromossomos) de células tumorais têm mostrado que certas translocações estão envolvidas em neoplasias, uma vez que elas são mutações estáveis e, portanto, transmissíveis na geração celular.

A dosimetria biológica com contagem de aberração cromossômica nas células vem sendo realizada desde 1960 nos sobreviventes das bombas atômicas, no Japão, com a finalidade de estimar as doses individuais. Análise de dados acumulados de dosimetrias biológicas de sobreviventes de Hiroshima mostrou que a fração das células com aberração do tipo translocação foi ao redor de 10% para indivíduos que receberam dose de 1 Gy na medula óssea, e de 20% para dose de 1,75 Gy (Fonte: <http://www.rerf.or.jp/shared/briefdescript/briefdescript.pdf>. Acesso em: jan. 2010).

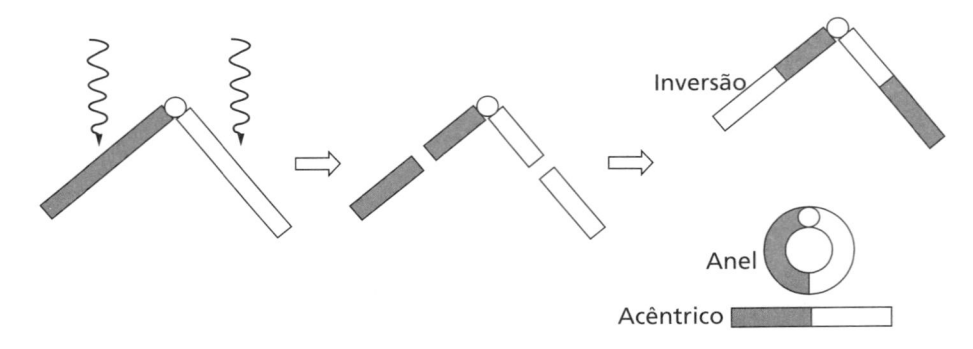

Fig. 10.8 Diagrama de formação de aberração cromossômica dos tipos inversão, anel e acêntrico

Fonte: adaptado de Travis (1975).

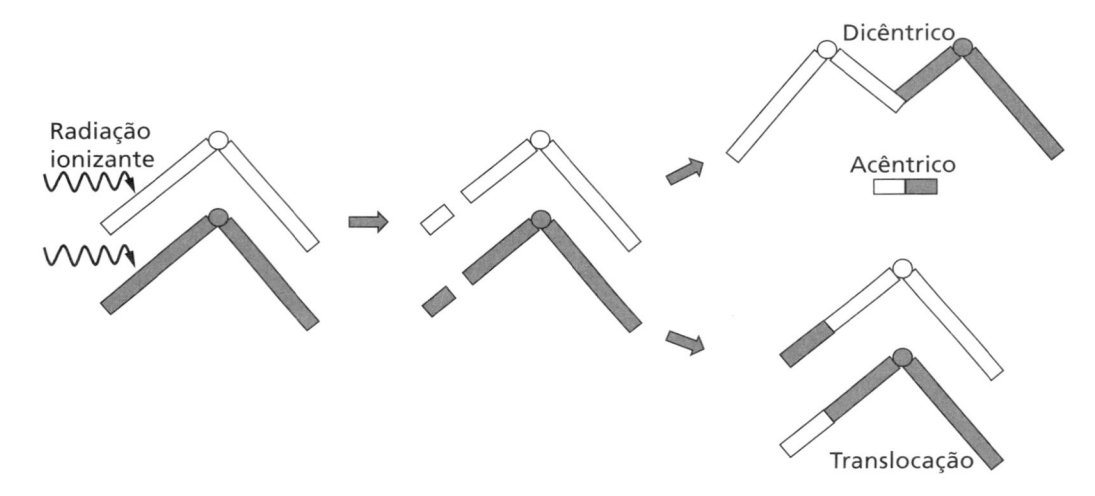

Fig. 10.9 Diagrama de produção de aberração cromossômica dos tipos dicêntrico, acêntrico e translocação

Fonte: adaptado de Travis (1975).

ABERRAÇÕES CROMOSSÔMICAS E RADIAÇÃO IONIZANTE

Estudos epidemiológicos relacionados a tipo e quantidade de aberrações cromossômicas induzidas por radiações ionizantes foram realizados com mulheres entre 50 e 65 anos e estudantes entre 15 e 16 anos, que, até a data dessa pesquisa (Chen; Wei, 1991), viviam em locais com alto nível de radiação natural na China. A população de controle tinha idades equivalentes e residia em locais com nível de radiação ambiental dita normal ou baixa. Foram analisadas aberrações cromossômicas dos tipos dicêntricos e anéis, translocações e inversões em linfócitos, que são altamente sensíveis à radiação. A Tab. 10.1 mostra os resultados obtidos.

Podemos concluir desse estudo, analisando os dados da tabela, que quanto maior a idade do ser humano, maior a quantidade de aberrações cromossômicas, o que se pode observar comparando a frequência de aberrações nos moradores da mesma localidade com idades diferentes. As mulheres entre 50 e 65 anos que moram em locais com alta radioatividade ambiental apresentam cerca de 2,6 vezes mais aberrações que o grupo de controle de mesma faixa etária. A frequência de dicêntricos e anéis é similar entre estudantes de ambas as regiões, o que não é verdade para translocações e inversões, cuja frequência é nove vezes maior nos moradores da região de alto nível de radiação natural.

Tab. 10.1 FREQUÊNCIA DE ABERRAÇÕES CROMOSSÔMICAS EM LINFÓCITOS DE MORADORES DE LOCAIS DE ALTA RADIAÇÃO DE FUNDO E DE CONTROLE NA CHINA

Pessoas (idade)	Área	N° de pessoas	N° de células	Frequência (por 10^3 células)	
				dicêntricos e anéis	translocações e inversões
mulheres	Alto nível de radiação	85	8 500	1,76 ± 0,46	2,35 ± 0,53
(50-65 anos)	controle	76	7 600	0,66 ± 0,29	0,92 ± 0,35
estudantes	Alto nível de radiação	122	24 400	0,21 ± 0,09	0,45 ± 0,14
(15-16 anos)	controle	99	19 800	0,20 ± 0,10	0,05 ± 0,05

Fonte: Chen e Wei (1991).

10.3.2 Mecanismo indireto

No mecanismo indireto de produção de dano biológico, a molécula da água irradiada com radiação ionizante é que sofre a radiólise (quebra por radiação). Os estágios da ação na molécula da água são:

a) **ionização** da molécula da água: H_2O + radiação ionizante $\Rightarrow H_2O^+ + e^-$

b) o íon positivo dissocia-se imediatamente: $H_2O^+ \Rightarrow H^+ + OH\cdot$

c) o e^- associa-se a uma molécula da água: $e^- + H_2O \Rightarrow H_2O^-$

d) o produto H_2O^- dissocia-se imediatamente: $H_2O^- \Rightarrow H\cdot + OH^-$

Os íons H^+ e OH^- não produzem nenhuma consequência, pois eles já existem em grande quantidade nos fluidos do corpo. Entretanto, os radicais livres $H\cdot$ e $OH\cdot$ continuam como tais ou reagem com outras moléculas em solução. O destino mais provável desses radicais livres é determinado principalmente pela LET (**transferência linear de energia**; ver Cap. 7) da radiação. No caso de partículas de alta LET, como a partícula alfa, os radicais livres $OH\cdot$ são formados muito próximos uns dos outros e, com isso, eles podem recombinar-se para produzir o **peróxido de hidrogênio**, popularmente conhecido como água oxigenada: $OH\cdot + OH\cdot \Rightarrow H_2O_2$, que é um **agente oxidante** poderoso, que *pode atacar moléculas importantes, como as de DNA.* O H_2O_2 é razoavelmente estável e pode difundir-se para longe do local de sua formação. A Fig. 10.10 mostra o que acontece quando a radiação quebra as moléculas de água que encontra em seu caminho, iniciando com a formação de pares de íons e posterior formação de radicais livres.

Os efeitos da radiação na água (quebra de molécula da água) já haviam sido notados em 1901, por Mme. Curie e seu colaborador, André-Louis Debierne. Eles observaram a evolução

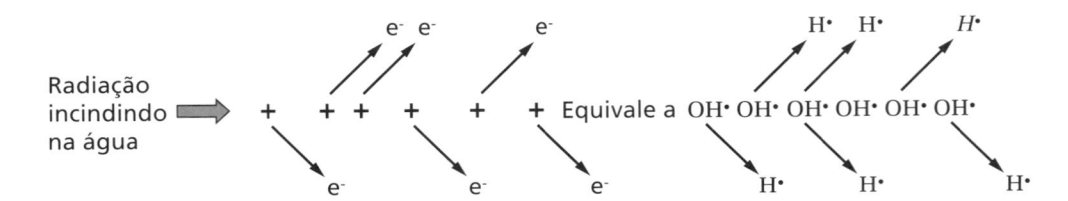

Fig. 10.10 Pares de íons produzidos por radiação diretamente ionizante enquanto atravessa uma camada de água, e as distribuições dos radicais livres ao longo do trajeto de partícula

Fonte: adaptada de Casarett (1968).

de gases de oxigênio e hidrogênio em soluções de sal de rádio. Investigações adicionais mostraram que havia também a formação de peróxido de hidrogênio. Mais tarde, com espectrômetro de massa, demonstraram a formação de HO_2^+, HO^+ e H_2O^+ e pequenas quantidades de H_2^+ e O^+. Como o corpo humano é composto de mais de 70% de água, a radiólise da água, mecanismo indireto da radiação, é importante, sendo responsável por cerca de 70% dos efeitos biológicos.

10.4 Natureza dos efeitos biológicos

Quanto à natureza, os efeitos biológicos podem ser classificados em *reações teciduais* e *efeitos estocásticos*. A deposição de energia da radiação ionizante é um processo aleatório.

Doses absorvidas que produzem efeitos fatais nos seres humanos correspondem a uma quantidade muito pequena de energia, comparável à energia fornecida ao corpo por pequena quantidade de alimentos, como se pode notar ao resolver o Exercício 1 (ver Lista de Exercícios). Isso se deve à deposição de energia em locais extremamente estratégicos e específicos do corpo, isto é, nas moléculas de DNA. Uma comparação grosseira pode ser feita com o caso de um indivíduo receber vários tiros e não morrer, mas, se o tiro atingir um órgão vital, é morte na certa. Dessa forma, mesmo para uma dose muito baixa, um único evento desse tipo pode causar um dano genético e, no futuro, se ocorrerem outros eventos, desenvolver ali um **câncer**, porque para este ser desencadeado são necessários pelo menos quatro danos em locais estratégicos, motivo pelo qual o efeito da radiação é considerado acumulativo. Esse tipo de dano em uma única célula que pode originar um câncer é chamado *efeito estocástico*. Outro tipo de efeito detectado, quando um número grande de células é danificado e as células são mortas, é chamado *reação tecidual*.

10.4.1 Reações teciduais

Os danos nos tecidos ou órgãos que resultam de **morte celular** em grande número são agora denominados *reações teciduais* (ICRP-2007, anexo A). Esses efeitos já foram chamados de *efeitos não estocásticos* (ICRP-26, 1977) e, posteriormente, de *efeitos determinísticos* (ICRP-60, 1991). Por meio de novos conhecimentos sobre efeitos biológicos obtidos a partir de 1990, a comissão chegou à conclusão de que o termo *efeito determinístico* não é adequado porque, quantitativamente, os efeitos não são predeterminados. Todavia, como o termo é ampla e firmemente estabelecido, não descartou ainda seu uso. Eles são observados quando uma dose alta de radiação causa a morte celular de um número muito grande de células de um dado tecido ou órgão, a ponto de ele perder sua função ou de seu funcionamento ficar prejudicado. Observe que, em geral, altas doses ocorrem em acidentes ou em casos de tecidos sadios, irradiados em radioterapia por estarem nas vizinhanças do órgão alvo em tratamento. Altas doses são também empregadas em radioterapia para matar células malignas.

Nesse tipo de efeito:

- ✪ a gravidade (severidade) do efeito é função da dose, ou seja, quanto maior a dose, mais grave, forte ou severo é o efeito; no caso de queimadura, passa de queimadura leve para queimadura com bolhas;
- ✪ há um **limiar de dose** para o surgimento de reação tecidual, isto é, abaixo de uma dada dose, o número de células danificadas é pequeno, de modo que o organismo não se ressente e é difícil até mesmo saber se foi exposto à radiação ionizante.

Assim, esse tipo de efeito surge em consequência de doses muito mais altas que os limites de dose recomendados pelo sistema de proteção radiológica. Os primeiros pesquisadores que trabalharam com radiação sem cuidado, como E. Grubbé, ou curiosos como E. Thomson, ou os primeiros radiologistas ou dentistas que não tinham conhecimento desses danos, foram acometidos por esse tipo de efeito. Até cerca de 1950, eram os dentistas que seguravam o filme de raios X para tirar radiografia de dente de pacientes; desde então, porém, são os próprios pacientes que o fazem. O valor mínimo de dose (limiar de dose) para o surgimento de reações teciduais, conforme a Tab. 10.2, estaria entre 0,15 e 0,5 Gy de radiação de **baixa LET**, isto é, raios X, gama ou elétrons, e depende da taxa de dose e do órgão. As reações teciduais que resultam de exposição à radiação de **alta LET** são similares às resultantes de radiação de baixa LET, mas a frequência e a gravidade são maiores para exposições à radiação de alta LET.

A extensão de dano e a severidade (gravidade) das reações teciduais aumentam com:

- ✪ o aumento da dose; e
- ✪ o aumento da taxa de dose, podendo levar à morte um indivíduo exposto.

Entre as reações teciduais mais importantes, podemos citar:

- ✪ perda da capacidade de reprodução das células;
- ✪ alterações fibróticas; e
- ✪ morte celular.

Morte celular

As causas de morte celular podem ser resultantes de: **falência reprodutiva**, **necrose** e **apoptose**.

A *falência reprodutiva* é a incapacidade de células se reproduzirem, em razão de danos irreparáveis induzidos pela radiação ionizante – por exemplo, a perda de instrução para se dividir em cromossomos –, o que as leva à morte. De início, ela se manifesta em células que se dividem rapidamente, como as células da pele, da medula óssea e da mucosa que forra o trato gastrintestinal. Nas células que se dividem muito lentamente, como as células do fígado, a morte pode ocorrer meses ou mesmo anos após a irradiação, quando chega a hora de sua divisão e não conseguem fazê-la. Esses conhecimentos são muito importantes quando a meta é destruir células malignas, como é o caso da radioterapia.

A *necrose* ocorre quando a célula sofre danos graves, em razão de agentes externos tóxicos ou trauma, calor muito intenso e falta de oxigênio, ou quando a célula é infeccionada por bactérias ou vírus ou exposta à radiação ionizante. Esse tipo de morte celular era o único conhecido até recentemente. Assim, na necrose, as mitocôndrias são danificadas, mas o núcleo da célula não sofre alterações significativas. A célula incha e acaba por romper a membrana celular, porque a lesão ocorrida não mais permite controlar seu fluido e manter o balanço dos íons, especialmente o sódio e o cálcio. O rompimento da membrana libera o conteúdo celular, que atrai os macrófagos do sistema imune, causando, com grande frequência, **inflamação** nessa região.

A *apoptose* – ou **morte celular programada**, ou ainda, **suicídio coletivo** – é um mecanismo completamente diverso da necrose. Ela ocorre espontaneamente e foi assim batizada em 1972, pelo cientista John Kerr e seus colaboradores, Andrew Wyllie e Alastair Currie. Em grego arcaico, apoptose significa ato de cair, como as folhas das árvores caem no outono para preservar energia para folhas novas renascerem com todo o vigor na primavera. Tem, assim, um significado de que a morte é benéfica e programada, porque é importante para o organismo sobreviver e continuar funcionando bem. A apoptose começou a ser estudada mais intensamente apenas nos últimos anos. Nela, a célula encolhe, o núcleo é danificado e, geralmente, não ocorre inflamação. O **gene p-53** comanda a apoptose, mas se ele próprio tiver sido danificado, não há como comandar a morte celular de uma célula danificada, o que faz surgir o câncer com o tempo.

O estudo do efeito da radiação ionizante relativo à necrose ou à apoptose é tema razoavelmente recente de pesquisa. Alguns cientistas afirmam que a necrose ocorre, com maior frequência, com doses altas e/ou altas taxas de dose, e a apoptose, com doses baixas, sem, no entanto, informar quanto seria a dose alta. Outros resultados de pesquisa mostram que a morte celular por necrose ou apoptose resultante de radiação varia de célula para célula.

As reações teciduais são, ainda, classificadas em imediatas ou tardias.

Reações teciduais imediatas

As **reações teciduais imediatas** surgem pouco tempo depois da exposição, isto é, após algumas horas ou mesmo algumas semanas, se o limiar de dose for ultrapassado. Em geral, são de tipo inflamatório, o que resulta de alteração na permeabilidade celular e liberação de histaminas. Como reações teciduais imediatas, podemos citar:

- **eritema** (queimadura) da pele;
- **mucosite**, que é a inflamação da mucosa de revestimento do trato gastrintestinal, principalmente da boca; e
- escamação da epiderme.

Reações teciduais tardias

As **reações teciduais tardias** surgem vários meses ou mesmo alguns anos – chegando a 10 anos – após a exposição à radiação ionizante. Em alguns tecidos, diferentes tipos de danos surgem com diferentes tempos de latência. A medula espinhal é desmielinizada após alguns meses; posteriormente, numa segunda fase, após 6 a 18 meses, surge a necrose da matéria branca; na última fase, após 1 a 4 anos, ocorre a **vasculopatia** (danos nos vasos sanguíneos). Esses efeitos são, em parte, devidos à lenta taxa de reposição das células. É o caso, por exemplo, da **catarata**, que é a opacificação do cristalino do olho. Eles dependem, em parte, de dano nos vasos sanguíneos ou em elementos de tecidos conectivos que sejam essenciais ao funcionamento de todos os órgãos e tecidos.

Procedimentos intervencionistas com técnicas guiadas por **fluoroscopia** vêm sendo usados cada dia mais por cardiologistas, urologistas, gastrenterologistas, cirurgiões ortopédicos, cirurgiões vasculares, traumatologistas etc. Existe um relato na ICRP-85 (2000) de um homem de 40 anos que se submeteu, no mesmo dia, a uma angiografia coronariana e a duas angioplastias. Cerca de 6 a 8 semanas após, surgiu uma vermelhidão nas suas costas, como queimadura, que desapareceu depois de 16 a 21 semanas. Entretanto, após 18 a 21 meses, o dano reapareceu, chegando à necrose, e foi curado somente com enxerto de pele. Esse tipo de relato tem se tornado mais comum com o aumento de procedimentos intervencionistas. É um tipo de reação tecidual que, em termos de latência, é razoavelmente tardio e não tem sido correlacionado com a radiação ionizante, na grande maioria de casos, porque os pacientes acabam por consultar dermatologistas sem mencionar a exposição à dose alta de radiação.

Limiar de dose

A Tab. 10.2 lista limiares de dose para o surgimento de reações teciduais em tecidos mais radiossensíveis, como testículos, ovários, cristalino e medula óssea de adultos humanos. Os dados foram obtidos de experiências em radioterapia.

A Tab. 10.3 apresenta um resumo da estimativa dos limiares de dose absorvida aguda para 1% de incidência de morbidade e mortalidade devidas a reações teciduais induzidas pela radiação ionizante, além do tempo para desenvolver tal efeito.

Uma pessoa, ao receber dose alta aguda no corpo todo, isto é, em uma única irradiação ou num intervalo de alguns dias, acaba apresentando a **síndrome aguda de radiação,** porque muitas células de muitos órgãos foram simultaneamente danificadas severamente, ou melhor, mortas. Se a dose recebida for entre 0,25 e 1 Gy, algumas pessoas podem ter náusea, diarreia e depressão no sistema hematopoético (sanguíneo), que levam à anemia e depressão no sistema imune. Já uma dose entre 1 e 3 Gy, além dos sintomas anteriores, pode resultar em infecção causada por agentes oportunistas. Para a dose letal $^{50}_{30}DL$, a *causa mortis* é, principalmente, o dano na medula óssea, como mostra a Tab. 10.4. Se a dose aguda for entre 3 e 6 Gy, pode ocorrer hemorragia, epilação e esterilidade temporária e permanente. Uma dose aguda de 10 Gy resulta em inflamação dos pulmões e, para doses ainda maiores, os efeitos passam para o sistema nervoso e cardiovascular, levando o indivíduo à morte

Tab. 10.2 ESTIMATIVA DOS LIMIARES DE DOSE PARA REAÇÕES TECIDUAIS EM TESTÍCULOS, OVÁRIOS, CRISTALINO E MEDULA ÓSSEA DE ADULTOS HUMANOS.

tecido e efeito	limiar de dose		
	Dose única aguda (Gy)	Dose alta total fracionada (Gy)	Taxa anual de dose fracionada (Gy/ano)
testículos			
esterilidade temporária	0,15	não aplicável	0,4
esterilidade permanente	3,5 – 6,0	não aplicável	2,0
ovários			
esterilidade	2,5 – 6,0	6,0	> 0,2
cristalino			
opacidade detectável	0,5 – 2,0	5,0	> 0,1
catarata	5,0	> 8	> 0,15
medula óssea			
depressão hematopoética	0,5	não aplicável	> 0,4

Fonte: ICRP-103 (2007).

Tab. 10.3 ESTIMATIVA DOS LIMIARES DE DOSE ABSORVIDA AGUDA NO CORPO TODO PARA 1% DE INCIDÊNCIA DE MORBIDADE E MORTALIDADE ENVOLVENDO ÓRGÃOS E TECIDOS DE ADULTOS HUMANOS APÓS EXPOSIÇÃO NO CORPO TODO COM RADIAÇÃO GAMA

Efeito (1% de incidência)	Órgão ou tecido	Tempo de latência	Dose absorvida (Gy)
Morbidade*			
Esterilidade temporária	Testículos	3 a 9 semanas	~ 0,1
Esterilidade permanente	Testículos	3 semanas	~ 6
Esterilidade permanente	Ovários	< 1 semana	~ 3
Depressão no processo de formação de sangue	Medula óssea	3 – 7 dias	~ 0,5
Fase de avermelhamento da pele	Pele (grandes áreas)	1 – 4 semanas	< 3 – 6
Queimaduras de pele	Pele (grandes áreas)	2 – 3 semanas	5 – 10
Perda temporária de pelos	Pele	2 – 3 semanas	~ 4
Catarata	Olho	Vários anos	~ 1,5
Mortalidade**			
Síndrome da medula óssea:			
– sem tratamento médico	Medula óssea	30 – 60 dias	~ 1
– com bom tratamento médico	Medula óssea	30 – 60 dias	2 – 3
Síndrome gastrintestinal:			
– sem tratamento médico	Intestino delgado	6 – 9 dias	~ 6
– com tratamento médico convencional	Intestino delgado	6 – 9 dias	> 6
Pneumonite	Pulmão	1 – 7 meses	6

*Morbidade: frequência de doença ou de doente numa dada população em um determinado período.

**Mortalidade: frequência de morte numa dada população em um determinado período.

Fonte: ICRP-103 (2007).

Tab. 10.4 INTERVALO DE DOSE ASSOCIADA COM SÍNDROMES E MORTES NOS SERES HUMANOS EXPOSTOS UNIFORMEMENTE, NO CORPO TODO, A UMA DOSE ALTA AGUDA DE RADIAÇÃO DE BAIXA LET

Dose absorvida no corpo todo (Gy)	Principal efeito que leva à morte	Tempo de vida até a morte (dias)
3 – 5	Dano na medula óssea ($^{50}_{30}DL$)	30 – 60
5 – 15	Dano no trato gastrintestinal	7 – 20
5 – 15	Dano nos pulmões e nos rins	60 – 150
> 15	Dano no sistema nervoso	< 5, depende da dose

Fonte: ICRP-103 (2007).

em poucos dias. A Tab. 10.4 mostra o intervalo de dose associado a síndromes que levam à morte nos seres humanos expostos uniformemente, no corpo todo, a uma dose alta de radiação de baixa LET (Cap. 7), dada num intervalo de poucos minutos.

Efeito da radiação em embriões (reações teciduais tardias)

Resultados recentes mostram que o limiar de dose para a indução de **severo retardo mental** é de, pelo menos, 300 mGy no caso de **embrião** irradiado no útero (de sobreviventes de Hiroshima e Nagasaki), no período gestacional mais sensível, de 8 a 15 semanas após a concepção. Por outro lado, resultados de pesquisa com animais indicam que o limiar de dose para a indução de **malformação** é mais baixo, ao redor de 100 mGy. Outra constatação em embriões de sobreviventes das bombas atômicas é a redução no quociente de inteligência (QI) com o aumento da dose, maior incidência de retardo mental naqueles expostos a dose muito alta e anormalidades no crescimento e desenvolvimento, preponderantes no mesmo período gestacional citado.

10.4.2 Efeitos estocásticos

Os efeitos estocásticos são alterações que surgem nas células normais, sendo os principais: o **efeito cancerígeno** e o **efeito hereditário**. O primeiro ocorre nas **células somáticas**, isto é, o câncer incide nas células da pessoa que recebeu a radiação, e o segundo, nas **células germinativas**, e pode ser repassado aos descendentes da pessoa irradiada. Diferentemente das reações teciduais, geralmente detectadas com doses, altas e acima de um limiar, os efeitos estocásticos podem ser causados por quaisquer doses tanto altas quanto baixas.

Os efeitos estocásticos são probabilísticos, e a probabilidade de sua ocorrência nas células é muito baixa para doses baixas. Sabe-se que a probabilidade é proporcional à dose para doses acima de aproximadamente 100 mGy, e considera-se que o seja também para as doses mais baixas. Esse fato é a base do **modelo linear sem limiar** LNT (ver Cap. 13), que correlaciona incidência de efeitos estocásticos com dose. Esses efeitos, por serem probabilísticos, não aparecem em todas as pessoas irradiadas.

Efeitos estocásticos cancerígenos

O modelo mais comum para a análise desse tipo de efeito considera que:

- não há limiar de dose para a indução de dano no DNA que resulte em câncer, o que significa que até a dose de radiação ambiental pode causar câncer;
- não há relação de gravidade entre a dose e o câncer, diferentemente de reações teciduais;
- quanto maior for a dose, maior será a probabilidade de ocorrência de efeitos estocásticos.

Os efeitos estocásticos cancerígenos são sempre tardios. O período entre exposição e detecção de câncer, chamado **tempo de latência**, pode ser de vários anos. O **tempo de latência médio** para leucemia é de 8 anos, sendo 2 ou 3 vezes maior para os tumores sólidos, como o de pulmão ou de mama. O **tempo de latência mínimo** para leucemia mieloide aguda é de 2 anos, sendo de 5 a 10 anos para outros cânceres. Também nesse caso, as principais **fontes de informação** vêm de estudos epidemiológicos dos sobreviventes de Hiroshima e Nagasaki, pacientes submetidos à radioterapia e expostos para fins diagnósticos, trabalhadores ocupacionalmente expostos e a população que morava nas vizinhanças de Chernobyl à época do acidente nesse reator.

Os tecidos mais sensíveis à indução de câncer são:

- tireoide infantil;
- mama feminina;
- medula óssea.

E os menos sensíveis são:

- tecido muscular;
- tecido conectivo.

A Fig. 10.11 mostra o excesso de mortes por ano em razão de câncer sólido, leucemia e outras doenças que não sejam câncer, entre os **sobreviventes de Hiroshima e Nagasaki**. Verifica-se que, após cerca de 40 anos, não há quase mais mortes por leucemia induzida pela radiação das bombas, mas prevê-se que o excesso de mortes por cânceres sólidos continuará aumentando até o ano de 2015 (70 anos após a explosão da bomba atômica), quando começará a diminuir, porque as pessoas expostas já terão morrido.

A publicação da Radiation Effects Research Foundation (RERF, 2007) relata conclusões mais recentes: o aumento na incidência de câncer está relacionado não só com a dose, mas também com a idade na época da explosão da bomba. O risco de ter câncer é tanto maior quanto menos idade tinha a criança na época da exposição à radiação. Além disso, a relação encontrada entre dose e câncer de todo tipo,

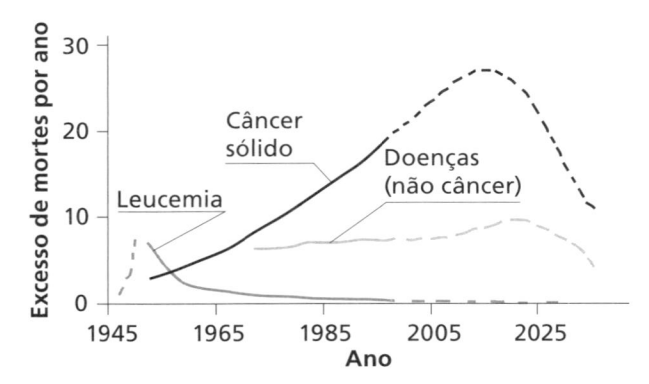

Fig. 10.11 Excesso de morte por leucemia, câncer sólido e outras doenças por ano, entre os expostos à radiação das bombas de Hiroshima e Nagasaki. As linhas tracejadas são previsões
Fonte: RERF (Radiation Effects Research Foundation), 2005.

exceto leucemia, é do tipo *linear*, e uma dose de 1,5 Gy aumenta a incidência de câncer de um fator 2 em relação a uma pessoa não exposta.

Efeitos estocásticos cancerígenos no embrião

Com relação ao risco de o embrião desenvolver câncer, um estudo epidemiológico do tipo caso/controle em irradiações médicas *in utero* forneceu evidência de aumento de câncer infantil de todos os tipos. A ICRP-103 reconhece que há muitas incertezas e considera prudente admitir que o risco de desenvolver câncer durante toda a vida, em razão de irradiação *in utero*, será similar ao caso de irradiação nos primeiros anos de vida, que é, no máximo, 3 vezes aquele da população como um todo.

Efeitos estocásticos hereditárioss

O efeito hereditário resulta de mutação nas células germinativas que, se usadas na concepção, carregam os danos hereditariamente. Os resultados de pesquisa entre os sobreviventes de Hiroshima e Nagasaki continuam a mostrar que não há evidências de que a exposição dos pais à radiação causa aumento de doenças hereditárias nos descendentes. Entretanto, a ICRP-103 julga que, por haver forte evidência de que a radiação causa efeitos hereditários em experimentos com animais, deve prudentemente continuar a incluir esses riscos no cálculo de fator de risco (ver Cap. 13). Com base nos sobreviventes das bombas atômicas e nos experimentos com animais, a ICRP-103 reconhece, entretanto, que o risco de indução de doenças hereditárias foi superestimado no passado.

10.5 INDUÇÃO DE OUTRAS DOENÇAS RESULTANTES DE EXPOSIÇÃO À RADIAÇÃO IONIZANTE

Desde 1990, passou-se a verificar uma incidência maior de outras doenças, que não o câncer, em pessoas expostas à radiação com dose ao redor de 1,0 Sv. Esses dados provêm principalmente do excesso de mortes dos sobreviventes da explosão das bombas atômicas em Hiroshima e Nagasaki, hoje com significado e associação estatisticamente confiáveis, como ilustra a Fig. 10.11. As doenças são principalmente cardíacas, respiratórias, digestivas e derrames cerebrais.

Relatórios recentes de pessoas que receberam dose alta (de 10 a 40 Gy, fracionadas) em radioterapia para tratamento de câncer de mama, úlcera péptica e doença de Hodgkin demonstram que elas acabam tendo complicações cardíacas, como pericardite, fibrose do miocárdio, disfunção muscular, problemas nas válvulas etc., e alteração nos vasos sanguíneos, cujas lesões são similares às induzidas por aterosclerose. Experimentos com animais mostraram que uma dose única de 5 Gy ou mais pode acelerar a formação de lesão aterosclerótica. Entretanto, o papel da radiação em doenças cardiovasculares continua não sendo muito bem entendido, principalmente com doses crônicas não muito altas.

Uma publicação mais recente da RERF (2007) informa que os efeitos estocásticos da radiação não se resumem somente ao câncer. Observa-se, entre os sobreviventes das bombas atômicas, uma clara associação entre exposição à radiação e o surgimento de outras doenças, como catarata, tumor benigno da tireoide, tumor benigno da paratireoide, mioma uterino e pólipo gástrico. Os estudos continuam. Outra observação interessante é a de que, até 2007, não havia sido detectado aumento de mortalidade de câncer entre os filhos dos sobreviventes das bombas. Espera-se confirmar essa observação nos próximos 10 ou 20 anos, que é uma das metas da RERF.

10.6 RESULTADOS RECENTES DOS EFEITOS BIOLÓGICOS

Resultados recentes, obtidos graças a novas tecnologias, têm fornecido informações inovadoras em radiobiologia. Uma importante tecnologia (Folkard; Prise; Voljnovic, 2007), introduzida principalmente no estudo de efeitos de doses baixas de radiação, foi a produção de microfeixes de partículas carregadas por aceleradores com precisão na colimação de ± 2 μm, e um sofisticado sistema automático de microposicionamento de amostras contendo células para irradiação. Esse sistema possibilita a localização e o alinhamento de células e sua irradiação individual. Um dos novos conhecimentos adquiridos com essa tecnologia foi o do **efeito bystander**, que se refere às modificações que ocorrem em uma célula quando somente sua vizinha é atingida por uma partícula de radiação diretamente ionizante. Até então, pensava-se que apenas células diretamente atingidas pela radiação eram danificadas. Pesquisadores chegaram a observar que, quando 1% das células de uma amostra são irradiadas *com partículas alfa*, de 30% a 50% delas apresentaram aberração cromossômica. A maior parte dos estudos sobre efeito *bystander* é feita com feixes de partículas alfa ou de prótons de alta LET, embora haja alguns estudos com partículas de baixa LET. O mecanismo desse fenômeno ainda não é conhecido, mas alguns cientistas acreditam que as células danificadas transmitem mensagens às células não expostas, que foram chamadas **células bystander**, as quais acabam sofrendo os efeitos deletérios da radiação. Essa mensagem seria química, e pode ser do tipo radical livre e pequenas proteínas chamadas citoquinas, produzidas pelas células atingidas (as citoquinas são proteínas produzidas pelo sistema imunológico que regulam as funções celulares e fazem a comunicação entre células). Esse tipo de conhecimento poderá elucidar como as doses baixas chegam a induzir câncer em uma célula viva.

A radiação induz também a **instabilidade genômica** que pode ser observada em células em cultura e caracteriza-se pelo aumento na taxa de acúmulo de aberrações cromossômicas, mutações gênicas e apoptose, que persistem durante muitos ciclos celulares após a irradiação, não só nos descendentes das células atingidas, mas também nos das células *bystander*. Danos convencionais nas moléculas de DNA são conhecidos por persistirem somente um ou dois ciclos celulares após a exposição. Os mecanismos envolvidos na indução e na persistência da instabilidade genômica, especialmente relevantes no desenvolvimento do tumor, são ainda pouco conhecidos.

Outro fenômeno descoberto, a **resposta adaptativa**, evidencia que uma dose baixa prévia, da ordem de vários miligrays, reduz os efeitos de dose alta aplicada horas depois das modificações já estabelecidas pela irradiação anterior. De certa forma, isso parece indicar que a dose prévia permite que certas células desenvolvam resistência contra uma segunda irradiação. Assim, uma exposição adaptativa à radiação pode diminuir a frequência de transformações neoplásicas que surgem espontaneamente ou são induzidas por uma subsequente dose mais elevada. Antes dessa descoberta, acreditava-se que os efeitos resultantes de múltiplas exposições eram aditivamente acumulativos.

10.7 RESUMO DA DIFERENÇA ENTRE OS EFEITOS DE DOSE ALTA E DOSE BAIXA

A diferença nos efeitos biológicos de dose alta e dose baixa está na quantidade de células danificadas.

a) Com doses baixas, poucas células podem morrer e os efeitos são, em geral, não observáveis em curto prazo.

b) Com doses altas, um grande número de células pode morrer, a ponto de causar modificação no funcionamento do órgão ou tecido afetado. Quanto maior for a dose, mais grave ou severo será o efeito, no caso de reações teciduais.

Tanto no caso de doses altas como de doses baixas, o corpo irradiado pode apresentar os efeitos estocásticos muitos anos depois, os quais são sempre tardios, e a probabilidade de o efeito ocorrer é tanto maior quanto maior for a dose.

Resumidamente, podemos dizer que, quando a radiação passa através da célula, ela pode:

1. não depositar nenhuma energia e sair dela;

2. depositar energia e causar danos, os quais podem ser:

  a. reparados corretamente, e tudo fica como antes;

  b. não reparados; nesse caso, as células podem ou não morrer:

   i) se poucas morrerem, o tecido ou o órgão pode nem se ressentir. O organismo encarrega-se de eliminar as células mortas. Se muitas células morrerem, o tecido ou o órgão pode funcionar mal, quando se detectam as reações teciduais;

   ii) as células danificadas, não reparadas ou mal-reparadas e que não morreram, continuam multiplicando-se e, futuramente, pode-se descobrir ali a origem de um efeito estocástico – câncer.

10.8 HORMESIS

A palavra **hormesis** (do grego *hormaein*, que significa estimular) começou a ser usada em 1943, para descrever o efeito estimulante de certos antibióticos naturais em fungos que, em concentrações altas, atrapalham seu crescimento. O grande médico e alquimista Paracelsus, cujo nome de nascimento foi Theophrastus Phillippus Aureolus Bombastus von Hohenheim (1493-1541), já dizia que "a dose faz o veneno".

A palavra hormesis caracteriza um processo em que um agente que provoca efeitos benéficos ou estimulantes em doses baixas ou muito baixas causa efeitos nocivos quando a dose for alta. Esse processo é bastante conhecido em farmacologia e toxicologia. Também há um dito popular que diz "demasiado é tão mau como de menos", pois algumas substâncias essenciais à vida em pequenas quantidades transformam-se em venenos quando em grandes quantidades.

Existem alguns exemplos de agentes com propriedades horméticas bem conhecidos. Um deles é a radiação UV, que promove a conversão dos precursores esteróis na pele, como o 7-desidrocolesterol, em **vitamina D**, que facilita a absorção do cálcio. A falta de exposição à radiação UV solar causa raquitismo, que produz alterações ou deformidades no esqueleto. No entanto, doses de radiação UV em excesso causam envelhecimento precoce da pele, queimaduras e câncer de pele.

Outro exemplo são as **vitaminas**. É sabido que a carência delas causa doença ou mau funcionamento do organismo. As vitaminas B e C são hidrossolúveis e seu excesso é eliminado. As vitaminas A, D e E são lipossolúveis e tendem a dissolver-se e armazenar-se principalmente no fígado (A e D) e nos tecidos gordurosos (E). Uma dose demasiado grande de vitaminas A e D pode sobrecarregar e perturbar o funcionamento do organismo, dando lugar à hipervitaminose.

Os **elementos-traço** presentes no organismo também estão nessa categoria. A matéria viva é constituída basicamente de H, C, N, O e S. Em menor quantidade, contribuem também: Na, Mg, P, Cl, K e Ca, que são essenciais ao funcionamento de todas as células. Os seres humanos necessitam também de 100 ng a 18 mg por dia de elementos-traço: I, Fe, Cr, Cu, Co, Mn, Zn, Mo, Se, Ni, V, Si e As. Todos os elementos-traço essenciais conhecidos são constituintes de grandes moléculas, como enzimas e hormônios. A falta de um elemento--traço essencial pode levar um organismo à morte. Cada elemento-traço é potencialmente danoso se o intervalo de segurança for ultrapassado. Um ser humano adulto necessita, por exemplo, de 100 a 150 ng diários de Co, que é um dos constituintes básicos da vitamina B-12, cuja deficiência causa anemia perniciosa.

10.8.1 Hormesis da radiação

Há alguns cientistas adeptos da teoria de que a radiação ionizante em doses baixas é benéfica à saúde, por ter efeito hormético, proporcionando:

- estímulo ao sistema imunológico;
- aumento do tempo de vida;
- aumento no crescimento de plantas e animais;
- aumento na fertilidade de plantas e animais;
- redução da frequência de câncer.

Há, entretanto, uma polêmica muito grande a esse respeito. Algumas pessoas perguntam: de quanto seria essa dose baixa? Seria uma dose resultante de radiação ambiental? Mas o nível da radiação ambiental varia muito de lugar a lugar. Os adeptos acreditam que os seres humanos são expostos à radiação ambiental (veja a seguir) no dia a dia desde que nascem, e o organismo acostumou-se a isso, chegando a necessitar dela em doses baixas.

A ICRP, por exemplo, não aceita essa teoria para o estabelecimeno da relação incidência de câncer por radiação *versus* dose, que acaba sendo usada no estabelecimento de **limites de exposição**. O modelo aceito pela ICRP é o modelo LNT (ver Cap. 13), que considera que qualquer dose, por menor que seja, pode provocar câncer.

Radiação ambiental

Desde que nascemos, todos estamos expostos à radiação ionizante proveniente de fontes naturais e artificiais. As fontes de radiação natural são os raios cósmicos, os radionuclídeos das séries do urânio e do tório que existem no solo – e, portanto, nos materiais usados na construção de prédios e casas – e os radionuclídeos presentes em alimentos que ingerimos e que existem no nosso corpo. Uma contribuição importante à dose natural provém do radônio, que é um gás nobre, descendente do urânio e do tório.

Para quantificar essa exposição ambiental, podemos dizer que:

- a atividade de radionuclídeos, principalmente potássio-40 e carbono-14, existentes num corpo humano de 70 kg é, em média, de 3.700 Bq. Esses radionuclídeos causam exposição interna continuamente;
- uma pessoa que viaja de avião de Nova York a Tóquio recebe, por viagem, 50 μSv de radiação cósmica;
- a dose efetiva anual devida à radiação gama terrestre é de 2,0 mSv na população da cidade de São Paulo, que está sobre uma imensa base de granito, que contém material radioativo natural das séries do U e do Th, além de K-40. Esse valor é quase o dobro da dose efetiva anual na população da cidade de Bauru, que é de 1,3 mSv (Umisedo et al., 2008);
- a contribuição da radiação cósmica na cidade de São Paulo, medida em 2002, é de 0,22 mSv/ano (Yoshimura; Umisedo; Okuno, 2002).

A dose efetiva anual (média mundial) resultante da radiação natural está na Tab. 10.5.

Tab. 10.5 DOSE EFETIVA ANUAL (MÉDIA MUNDIAL) DECORRENTE DA EXPOSIÇÃO EXTERNA E INTERNA A AGENTES RADIOATIVOS NATURAIS

Fonte	Dose efetiva (mSv/ano)	Intervalo típico de dose efetiva (mSv/ano)
Exposição externa		
raios cósmicos	0,4	0,3 – 1,0
raios gama terrestres	0,5	0,3 – 0,6
Exposição interna		
inalação (principalmente Rn)	1,2	0,2 – 10
ingestão	0,3	0,2 – 0,8
Total	2,4	1-10

Fonte: UNSCEAR (2000).

John Roderick Cameron (21/4/1922 –16/3/2005)

Foi professor emérito de Física Médica da Universidade de Wisconsin. Bacharelou-se em Matemática pela Universidade de Chicago, em 1947, e obteve Ph. D. em Física Nuclear pela Universidade de Wisconsin, em 1952. Durante os dois anos seguintes, veio a São Paulo, onde foi contratado como professor assistente do Departamento de Física da Faculdade de Filosofia, Ciências e Letras da Universidade de São Paulo, onde deixou inúmeros amigos. Veio ao Brasil com a missão de auxiliar o Prof. Oscar Sala na construção do acelerador Van de Graaff, para pesquisas em Física Nuclear. Depois disso, retornou ao Brasil com bastante regularidade.

Em 1958, foi contratado pelo Departamento de Radiologia da Universidade de Wisconsin, onde iniciou a carreira promissora de Físico Médico. Nos 30 anos

seguintes, 185 estudantes terminaram o Ph. D. e 156, o M. Sc. no programa de pós-graduação em Física Médica criado por Cameron.

Cameron é internacionalmente reconhecido pelas contribuições inovadoras em Física Médica, entre elas, o desenvolvimento da dosimetria termoluminescente, sendo um dos autores do primeiro livro sobre esse tema; a invenção da densitometria óssea; o desenvolvimento de equipamentos simples para a realização do controle de qualidade da emissão de raios X, para a medida de radiação e avaliação da qualidade de imagens radiográficas. Fundou a editora Medical Physics Publishing, sem fins lucrativos, e escreveu inúmeros artigos e dois livros: *Medical Physics* e *Physics of the Body*.

Ele auxiliou, até mesmo financeiramente, diversos estudantes latino-americanos, inclusive brasileiros, quando as bolsas de estudos de seus países atrasavam ou terminavam. Deu aulas de Física Médica pelo mundo todo, incentivando estudantes a ingressarem nessa área.

Foi membro fundador da American Association of Physicists in Medicine e um dos fundadores da Associação Brasileira de Física Médica, em 1969, à qual prestou imensos incentivos. Foi também um dos mais apaixonados adeptos da teoria de hormesis da radiação e dizia que a radiação em dose baixa poderia ser considerada elemento-traço essencial, benéfico à saúde humana. Ele chegou a incentivar uma das autoras deste livro, Emico Okuno, a convencer a população a dormir com um punhado de areia monazítica – que é levemente radioativa – debaixo da cama, para evitar o câncer e viver mais e melhor.

Fonte:

Foto: cortesia de Larry DeWerd, Medical Physics Dept, Radiation Calibration Laboratory, University of Wisconsin

PESQUISAS SOBRE EFEITOS BIOLÓGICOS DAS RADIAÇÕES IONIZANTES NA ÉPOCA DO PROJETO MANHATTAN

O Projeto Manhattan (1942-1946) tinha por missão produzir bombas atômicas. Para isso, usariam os elementos físseis urânio-235 ou plutônio-239. Esses elementos teriam que ser produzidos em quantidade suficiente, e os métodos de produção ainda não eram bem conhecidos. O primeiro seria obtido enriquecendo o urânio natural, ou seja, aumentando a concentração de U-235 em relação à de U-238, por meio, entre outros, do método da centrífuga. O plutônio, por outro lado, seria produzido em um reator nuclear, tendo por combustível o urânio natural, constituído de 99,3% de U-238 e 0,7% de U-235. Inicialmente, o U-238 captura um nêutron e transforma-se num átomo de U-239, o qual, por sua vez, sofre decaimento β^- e transforma-se em Np-239. Um segundo decaimento β^- transforma o Np-239 em Pu-239.

Das três bombas produzidas, duas foram à base de Pu-239, uma explodida no dia 16 de julho de 1945, na Jornada Del Muerto, para teste, porque os cientistas não estavam seguros se ela explodiria, e a outra lançada em Nagasaki no dia 9 de agosto de 1945. A terceira bomba, a de Hiroshima, explodida no dia 6 de agosto de 1945, era à base de U-235.

Em agosto de 1944, haviam finalmente conseguido produzir uma pequena quantidade de Pu-239 num reator do Projeto Manhattan. Um minúsculo tubo de vidro, do tamanho de uma agulha de costura, contendo 10 mg de Pu-239, havia sido dado a um jovem químico, Don Mastick, de 23 anos, que estava num laboratório em Los Alamos estudando as propriedades do Pu. Num dado momento, a pressão dentro do tubo aumentou e este explodiu na frente da face de Mastick, que acabou engolindo um tanto de Pu. Nessa época, já se sabia dos efeitos terríveis da ingestão de rádio radioativo usado para pintar mostradores de relógio e, baseados na ingestão máxima permitida de Ra e em resultados de estudos com animais, adotaram para o Pu o limite máximo permissível de incorporação de 5 μg. Quando Louis Hempelmann, o diretor da área de saúde, tomou conhecimento do acidente, procurou imediatamente o coronel Stafford Warren, médico do Projeto Manhattan.

Em março de 1945, Hempelmann recomendou que fizessem experimentos com seres humanos para determinar a taxa diária de excreção do Pu por meio de fezes e urina, e que deveriam retirar também amostras de sangue e de tecido ósseo para exames. Para isso, injetariam de 1 a 10 μg de Pu em pacientes terminais que comparecessem a hospitais. Quatro hospitais decidiram colaborar: o hospital de Oak Ridge escolheu um paciente; o da Universidade de Rochester, 11; o de Chicado, três, e o da Califórnia, três. Os pacientes escolhidos não eram terminais, mas aqueles que haviam ido a hospitais com algum problema de saúde, alguns com câncer. Eles receberam injeção contendo Pu sem seu consentimento ou conhecimento. Um dos pacientes foi um garoto australiano de 4 anos de idade, que estava com um raro câncer ósseo e em abril de 1946 fora trazido para a Universidade de Califórnia com todas as despesas pagas. Ele recebeu uma injeção contendo 0,169 μCi de plutônio-239, além de ítrio e cério, e durante as quatro semanas em que ficou lá, fez análise de tecido ósseo e exames de urina e fezes, para ver a quantidade eliminada de Pu. Ele retornou à Austrália um mês depois. Não se sabe o que aconteceu posteriormente, uma vez que o garoto não recebeu acompanhamento. Sabe-se, porém, que ele faleceu em janeiro de 1947. Alguns dos outros pacientes até tiveram vida longa, alguns com sérias complicações resultantes da injeção de Pu. Durante muitos anos, a urina de Don Mastick continha quantidade detectável de plutônio.

Vários outros experimentos foram realizados, inclusive com animais, durante e mesmo após o Projeto Manhattan.

Fonte:

<http://www.hss.energy.gov/healthsafety/ohre/roadmap/achre/chap5_2.html>. Acesso em: jan. 2010.

Lista de Exercícios

1. Sabe-se que uma dose de radiação no corpo todo de 4 Gy, chamada **dose letal** $^{50}_{30}DL$, mata 50% dos indivíduos expostos, num intervalo de tempo de 30 dias. Considere 1 cal = 4,186 J e calor específico da água = 1 cal/(g·°C). Calcule:

   a. a energia total da radiação absorvida pelo corpo de um indivíduo de 70 kg, quando ele for exposto a uma dose absorvida de 4 Gy;

   b. a massa de glicose que fornece igual quantidade de energia, sabendo-se que seu valor calórico é de 3,8 kcal/g;

   c. a massa da água que passa de 20°C para 40°C com essa quantidade de energia.

2. Muitos acidentes radiológicos e nucleares estão descritos na literatura desde a descoberta dos raios X por Röntgen, em 1895, e da radioatividade por Becquerel, em 1896. Em 1897, o próprio Becquerel notou eritema em seu peito e relacionou isso a um pequeno frasco contendo ^{226}Ra que ele havia deixado um certo tempo no bolso da camisa, após recebê-lo de Marie Curie. Depois de conversar sobre esse fato com Pierre Curie, Becquerel decidiu colocar o frasco no outro bolso da camisa para testar sua teoria. Posteriormente, o mesmo experimento foi feito por Pierre, confirmando a formação de eritema nas proximidades de onde foi colocado o

frasco. Dessa forma, Pierre concluiu que as lesões com escamações observadas nas mãos e nos antebraços de Marie deviam ser causadas por contato com material radioativo. A *causa mortis* de Mme. Curie é dada como leucemia.

Discuta os tipos de efeitos biológicos acima descritos e relacione com o fato de:

a. serem reações teciduais ou efeitos estocásticos (nota: não descrever o que é cada efeito);

b. terem limiar de dose;

c. apresentarem relação entre gravidade e dose;

d. terem tempo de latência.

e. Discuta o que é hormesis.

3. No dia 20/2/1999, na Central Hidrelétrica de Yanango, situada a 300 km de Lima, no Peru, o Sr. Concepción Cacya Cardenas, 37, soldador de uma empresa, encontrou no chão uma fonte selada de Irídio-192 com atividade de $1,36 \times 10^{12}$ Bq, usada em gamagrafia industrial. O Ir-192 é emissor beta com energia máxima de 672 keV, e gama com energia de 468 keV. Ele a colocou no bolso traseiro do lado direito do seu macacão (sem saber do que se tratava) e trabalhou durante aproximadamente seis horas com seu ajudante, que ficou a 1,5 m da fonte. Ao finalizar a jornada, o soldador foi para sua casa em um micro-ônibus com outras 15 pessoas. A viagem durou cerca de 30 minutos. O soldador chegou a sua casa mancando, pois sentia dores na perna direita. Ali se encontravam sua esposa e seus três filhos, de 1 ano, 7 anos e 10 anos, dormindo. Pensando que a dor era devido a uma picada de inseto, pediu a sua esposa para passar uma pomada no local, quando percebeu que estava com "aquilo"que havia pegado no chão e que poderia ser a causa da dor. Jogou então o macacão com a fonte para fora de casa. A constante da taxa de exposição do Ir-192 é de 0,397 $R \cdot m^2 \cdot h^{-1} \cdot Ci^{-1}$. A dose absorvida nas gônadas do soldador foi avaliada em 23 Gy e, no local de contato, em 10.000 Gy.

a. Calcule o equivalente de dose no ajudante. Considere que só a radiação gama o atingiu.

b. Descreva os efeitos biológicos que devem ter acometido ou acometerão o soldador, descrevendo se são efeitos agudos ou tardios, se têm limiar de dose ou não, se têm relação de gravidade com a dose.

c. As 15 pessoas que estavam no micro-ônibus foram contaminadas? Justifique.

d. Determine a taxa de exposição na superfície da blindagem de 7 cm de chumbo, onde é guardada a fonte quando não estiver em uso, sabendo que a camada semirredutora é de 0,48 cm para o chumbo.

e. Essa blindagem atenua totalmente ou não ambos os tipos de radiação emitida pelo Ir-192?

4. No dia 13/09/1987, aconteceu o acidente radiológico em Goiânia, com uma fonte de ^{137}Cs com atividade de 1.375 Ci, que havia sido usada em radioterapia. Roberto Alves de Souza, de 70 kg, com a ajuda de um amigo, levou essa fonte de um prédio

abandonado para o quintal da sua casa e ali quebraram a blindagem de chumbo, conseguindo arrancar a fonte selada propriamente dita. Roberto ficou a 100 cm da fonte durante meia hora, até rompê-la a marretadas, e tirou um pouco do pó de ClCs com atividade de ^{137}Cs de 10 mCi, lambendo-o para ver que gosto tinha. A meia-vida física do ^{137}Cs é de 30 anos e a biológica, de 70 dias. A constante Γ da taxa de exposição do ^{137}Cs vale 3,25 R·cm^2·mCi^{-1}·h^{-1}, e a energia do fóton emitido por desintegração é de 0,660 MeV.

Descreva os efeitos biológicos que apareceram em Roberto, que teve o antebraço direito amputado um mês após a exposição, e os efeitos que poderão surgir no futuro, quanto a serem reações teciduais ou efeitos estocásticos.

5. Os acidentados de Goiânia com a fonte de ^{137}Cs sofreram os efeitos biológicos em todos os níveis de gravidade, desde queimaduras com grandes bolhas, vômito, diarreia etc., culminando com a morte de quatro pessoas ao redor de um mês após a violação da fonte, até a não constatação de nenhum efeito imediato.

   a. Como são classificados esses efeitos?

   b. Quais são as principais diferenças entre efeitos de doses baixas e altas?

   c. Espera-se que outros efeitos ainda estão por surgir nas pessoas contaminadas e/ou irradiadas por ocasião do acidente? Quais seriam esses efeitos? Durante quantos anos poder-se-ia detectar aumento na incidência de câncer nessas pessoas e em seus descendentes?

   d. É possível estimar a dose recebida pelas quatro pessoas que morreram?

   e. A fonte de Cs-137 que causou o acidente de Goiânia era uma cápsula metálica dentro da qual estava uma pastilha de cloreto de césio. Houve contaminação ambiental e de pessoas? Como?

   f. Qual foi, em geral, o órgão mais afetado nas quatro pessoas que morreram? Quando apareceram os primeiros sintomas dos efeitos da radiação, as vítimas procuraram hospitais. Quais foram esses sintomas?

6. Os efeitos biológicos são classificados em reações teciduais (RT) e efeitos estocásticos (E). Para explicitar as diferenças entre eles, preencha a coluna da direita do Quadro 10.1 com **E**, **RT** ou **E/RT**, conforme a característica descrita à esquerda se relacione a cada um deles ou a ambos. Justifique suas respostas.

Quadro 10.1

São decorrentes de danos no DNA da célula.	
Decorrem de morte celular.	
Sua gravidade aumenta com o aumento da dose recebida pelo indivíduo.	
Depende da LET da radiação que o induziu.	
A radioterapia baseia-se nesse tipo de efeito para curar tumores.	
Não existe dose abaixo da qual esse efeito tenha chance zero de ocorrer.	
Os efeitos decorrem tanto de doses altas como de doses baixas.	
Os embriões de mães irradiadas, ao nascerem, apresentam QI baixo.	

BOWEN, D.; BOWEN, S. M.; JONES, A. H. *Mitosis and apoptosis - matters of life and death*. G. Britain: Chapman and Hall, 1998.

DUKE, R. C.; OJCIUS, D. M.; YOUNG, J. Ding-E. *Cell suicide in health and disease*. Scientific American, p. 48-54, Dec. 1996.

GREIDER, W.; BLACKBURN, E. H. *Telomeres, telomerase and cancer. Scientific American*, p. 80-85, Febr. 1996.

HORTA, M. F.; YOUNG, J. Ding-E. Apoptose: quando a célula programa a própria morte. *Ciência Hoje*, v. 25, n. 250, p. 38-45, 1999. Disponível em: <http://www.rerf.or.jp/index_e.html>. Acesso em: ago. 2009.

OKUNO, E. *Radiação: efeitos, riscos e benefícios*. São Paulo: Harbra, 1988.

OKAZAKI, K. *Efeitos da radiação ionizante em células*. Noções básicas. Publicação IPEN 399, Fev. 1995.

SEGRETO, H. R. C.; SILVA, M. R. R.; EGAMI, M. I.; SEGRETO, R. A. Apoptose e radiação - revisão. *Radiologia Brasileira*, v. 31, p. 1-8, 1998.

WATSON, J. D.; BERRY, A. DNA: *The secret of life*. New York: Alfred Knopf, 2003.

WATSON, D. J.; CRICK, F. H. C. A structure for Deoxyribose Nucleic Acid. Molecular Structure of Nucleic Acid. *Nature*, v. 171, p. 737-738, 25 abr. 1953.

Documentário *Radio Bikini* (56 min, 1987), produzido pelo diretor Robert Stone. Trata de 23 explosões nucleares feitas pelos americanos no Atol de Bikini, no oceano Pacífico. Mostra várias explosões, assistidas pelos Ministros de Defesa de inúmeros países ou seus representantes. No elenco, o chefe do atol, Kilon Bauno, e o veterano John Smitherman. Fala sobre as cobaias humanas que foram expostas às radiações sem nunca terem sido informadas a respeito dos seus efeitos biológicos.

Leitura recomendada

Detectores de radiação 11

11.1 INTRODUÇÃO

As aplicações da radiação ionizante quase sempre requerem o uso de um **detector de radiação**, ou seja, um equipamento que tenha sensibilidade para detectar a presença da radiação, ou mesmo para quantificá-la. Eles são importantes também em proteção radiológica, pois não temos sensores para a radiação ionizante em nosso corpo. Assim, uma área que se desenvolveu muito desde a descoberta dos raios X, em 1895, foi a de detecção da radiação. Das telas cintiladoras e placas radiográficas empregadas pelos pioneiros da Física Nuclear, caminhou-se para o uso de diversos materiais, orgânicos e inorgânicos, isolantes e semicondutores, que, de alguma forma, funcionam como detectores. Em geral, podemos dizer que detectores de radiação são **transdutores**, pois convertem a energia da radiação em um sinal que pode ser medido ou avaliado. Exemplos dessa transdução são a produção de um sinal elétrico pela passagem da radiação, o aumento de temperatura em decorrência da energia depositada pela radiação no material, a mudança de cor de uma substância e até mesmo o surgimento de danos nos cromossomos de células, em casos de acidentes. O importante é que o sinal medido tenha uma relação simples e unívoca com alguma grandeza relacionada à radiação que o produziu.

O estudo dos detectores está ligado ao entendimento das interações que ocorrem no material do detector. Este capítulo não pretende esgotar o assunto, que pode ser aprofundado com a leitura da bibliografia recomendada, e sim traçar um paralelo entre a interação da radiação e a sua detecção.

11.1.1 Tipos de detectores de radiação

A região do detector na qual a ocorrência de uma interação produz um sinal é chamada de **volume sensível** do detector. O sinal produzido no detector pode relacionar-se com a radiação de várias formas:

- o sinal traz informação da presença da radiação no local em que o detector se encontra. Nesse caso, o detector (que então é chamado de **contador**) simplesmente conta o número de interações produzidas pela radiação em seu volume sensível;
- o sinal representa a energia depositada pela radiação no volume sensível do detector, ou seja, o sinal produzido representa a dose absorvida no material do detector, o qual, nesse caso, é chamado de **dosímetro**;
- o sinal tem informação sobre a presença *e* a energia da radiação que incidiu no detector, que neste caso pode ser empregado como um **espectrômetro**, pois com ele se mede o espectro de energias da radiação.

Podemos ainda classificar os detectores quanto à possibilidade de fornecerem a resposta instantaneamente *durante a irradiação*, ou *a posteriori*, por necessitarem de um processamento depois de irradiados. No primeiro grupo está o **contador Geiger-Müller** e, no segundo, o **filme radiográfico** e outros detectores integradores, como os **dosímetros termoluminescentes**, por exemplo.

Detectores de radiação podem ser utilizados para a produção de *imagens*, principalmente na área médica. Para isso, deve ser possível relacionar a quantidade de radiação com a posição em que ela interagiu no detector. Essa capacidade pode ser intrínseca ao detector (o filme radiográfico, por exemplo) ou ao sistema de captura do sinal produzido no detector, como é o caso, por exemplo, das câmaras de cintilação utilizadas em Medicina Nuclear.

11.1.2 Características de detectores

Para todos os tipos de detectores há algumas características importantes que devem ser conhecidas para que suas respostas sejam adequadamente interpretadas e para que sejam empregados corretamente. A primeira delas é a **eficiência** (ε), que relaciona a resposta do detector com a quantidade de radiação que o atingiu (essa definição corresponde à **eficiência intrínseca**, que independe da geometria de irradiação). De uma maneira mais geral, ε é dada por:

$$\varepsilon = \frac{\text{resposta}}{\text{estímulo}} \tag{11.1}$$

que tem expressões mais específicas para cada tipo de detector. A eficiência é um reflexo da interação da radiação com o volume sensível do detector: mais interação implica maior eficiência. Dessa maneira, a eficiência depende da energia da radiação, e a representação de ε em função da energia é, muitas vezes, chamada de *dependência energética do detector*.

Não menos importante é a **exatidão** da resposta do detector. Exatidão (também conhecida como **acurácia**, um neologismo para o termo inglês *accuracy*) avalia quanto a resposta do detector se aproxima do valor correto ou verdadeiro da grandeza que mede: o resultado é tanto mais exato quanto mais próximo estiver do valor verdadeiro. A exatidão só pode ser avaliada por comparação com um *padrão*. Na metrologia das radiações ionizantes, há uma rede internacional (ligada à IAEA - Agência Internacional de Energia Atômica) de laboratórios padrão que têm como missão manter os padrões das grandezas relacionadas à área, seguindo as diretrizes do Bureau International des Poids et Mesures (BIPM). No Brasil, o

Laboratório Nacional de Metrologia das Radiações Ionizantes (LNMRI), vinculado ao Instituto de Radioproteção e Dosimetria (IRD), da Comissão Nacional de Energia Nuclear (CNEN), é responsável, por designação do Inmetro, pela guarda e disseminação dos padrões nacionais das unidades SI das grandezas físicas kerma, fluência, equivalente de dose, dose absorvida e atividade, para as várias aplicações das radiações ionizantes na indústria, na Medicina e em outros campos (Inmetro, 2010).

Outra característica de detectores é a **sensibilidade**, que pode ser dada pela *menor quantidade possível de detecção* (ou **limite mínimo de detecção**), ou pela razão entre a variação da resposta e a correspondente variação da quantidade que é medida: o detector é mais sensível quanto maior for a sua resposta a um dado estímulo. A sensibilidade, além de depender do material e do volume sensível do detector, varia com a precisão com a qual se obtém o sinal do detector: precisões pobres (relacionadas a incertezas muito elevadas) estão associadas a baixa sensibilidade, pois a variação do sinal só pode ser considerada se for significativamente maior que a flutuação do valor medido.

A **faixa dinâmica** do detector representa o intervalo de valores da grandeza medida no qual ele produz uma resposta. É comum existir uma **saturação** do sinal medido, que deixa de variar ou passa a variar muito pouco (baixando muito a sensibilidade) a partir de um valor máximo, por uma limitação do volume sensível ou da capacidade de coleta do sinal – a ocorrência de saturação indica o limite superior da faixa dinâmica, ao passo que a quantidade mínima detectável define o limite inferior dessa faixa.

Repetibilidade é outra característica importante de um detector e determina sua **precisão**, ou seja, em que grau os valores obtidos com o detector para a mesma quantidade de radiação concordam entre si: quanto mais estreito for o intervalo de valores obtido (em condições de repetibilidade), melhor é a precisão do detector. A repetibilidade avalia a variação obtida nos resultados quando todo o procedimento de medida é repetido em um intervalo de tempo curto, sem qualquer mudança. Relaciona-se com a precisão intrínseca do detector. Repetibilidade não deve ser confundida com **reprodutibilidade**, que se relaciona com a variação dos resultados obtidos quando o processo de repetição envolve uma mudança de *operador*, *detector*, *tempo* (época) ou *local* da medida, todos eles considerados equivalentes (operador com mesma habilidade, detector de mesma remessa de fabricação etc). Reprodutibilidade relaciona-se com a precisão de todo o processo de medida, não somente com as características do detector, como a repetibilidade.

Quanto à variação da resposta do detector com a taxa com que a radiação incide nele, os detectores de resposta imediata são avaliados quanto ao seu **tempo de resposta**, que determina a sua capacidade de processar como independentes dois sinais não simultâneos, mas separados por um intervalo curto de tempo. Em geral, o tempo de resposta depende também de todo o circuito eletrônico utilizado para capturar e, eventualmente, analisar o sinal do detector. Para os detectores com resposta *a posteriori*, não é possível definir um tempo de resposta, mas o sinal pode depender da taxa de irradiação, o que deve ser estudado e conhecido.

Para detectores sensíveis à posição, deve também ser considerada a **resolução espacial** e, para os detectores espectroscópicos, a **resolução energética**. Genericamente, **resolução** é a capacidade de distinguir dois sinais muito próximos (em energia, em posição, em tempo etc.).

Outra característica muitas vezes requerida de um detector é a sua **linearidade de resposta**, ou seja, que exista uma relação linear entre o sinal do detector e a grandeza medida. Embora seja desejável, essa característica não é uma condição *necessária* ao detector. O importante é que haja uma relação matemática conhecida e unívoca entre resposta e estímulo.

Nas próximas seções são descritos alguns dos tipos de detectores de radiação mais largamente empregados, destacando-se suas principais características, entre as listadas aqui.

11.1.3 Transdução do sinal

A forma mais direta de obter um sinal mensurável do material exposto à radiação ionizante é a **captura das cargas** produzidas, fazendo que o volume sensível esteja imerso em um campo elétrico que dirija as cargas para os eletrodos de sinal contrário. Funcionam assim os detectores a gás (ver adiante) e os detectores semicondutores, empregados tanto na contagem da presença de radiação como na determinação da energia depositada no detector.

Quando a radiação a quantificar é constituída de nêutrons, escolhem-se materiais que tenham uma seção de choque elevada para alguma **reação nuclear** em que sejam produzidas partículas secundárias detectáveis. Como exemplos, há duas reações mais comumente empregadas:

$$^{6}_{3}\text{Li} + \text{n} \rightarrow {^{3}_{1}\text{H}} + {^{4}_{2}\text{He}}, \quad Q = 4{,}78\,\text{MeV}$$

$$^{10}_{5}\text{B} + \text{n} \rightarrow {^{7}_{3}\text{Li}} + {^{4}_{2}\text{He}}, \quad Q = 2{,}79\,\text{MeV}$$

Em ambas as reações, as partículas carregadas pesadas produzidas (íons de isótopos de hidrogênio, hélio ou lítio) produzem uma grande quantidade de ionizações e podem ser detectadas se estiverem dentro do volume sensível.

Outra maneira de obter um sinal mensurável produzido pela radiação é por meio do enegrecimento de um filme radiográfico. Ele é constituído de uma gelatina na qual são dispersos pequenos grãos contendo sais de prata (em geral, brometo de prata), protegida por um suporte adequado – um plástico resistente, flexível e transparente à luz visível. Quando o filme é irradiado, há captura de elétrons livres pela prata, que se torna prata metálica. Na revelação e fixação químicas do filme exposto, toda a prata que continua na forma iônica é retirada e ficam os grãos com prata metálica escurecendo os locais irradiados. Esse tipo de filme pode ser usado para obter imagem (hoje em dia, cada vez menos, em razão do advento de técnicas digitais na radiologia diagnóstica) ou para avaliar doses de radiação. Por muitas décadas, os **monitores individuais de dose**, utilizados pelos IOEs para avaliar a dose a que foram expostos, utilizavam pequenos filmes radiográficos como meio sensível à radiação (ainda hoje, há laboratórios no Brasil e em outras partes do mundo que os empregam com essa finalidade).

A avaliação da dose é feita pelo enegrecimento do filme, quantificado por uma grandeza chamada **densidade óptica** (DO): um feixe de luz branca atravessa o filme revelado e a intensidade da luz transmitida (I) é medida em relação à da luz incidente (I_0): $DO = \log \frac{I_0}{I}$. Um exemplo de curva típica que relaciona dose e DO está na Fig. 11.1. Nota-se a limitação da faixa dinâmica pelo início da curva em que não há escurecimento do filme, até uma dose mínima, e no final, para doses elevadas, em que o grau de escurecimento não se modifica mais com a adição de mais dose de radiação.

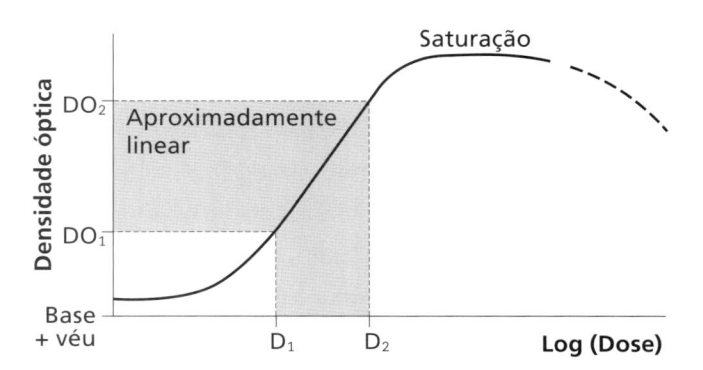

Fig. 11.1 Variação esquemática do sinal de densidade óptica em um filme radiográfico

11.2 DETECTORES A GÁS E O CONTADOR GEIGER-MÜLLER

Detectores a gás são basicamente constituídos de um **capacitor** preenchido com um gás (ou mistura de gases) isolante elétrico. Entre os eletrodos do capacitor é aplicada uma diferença de potencial que tem o papel de dirigir as cargas liberadas no gás aos eletrodos de sinal contrário. As paredes externas desses detectores podem ser seletivas para algum tipo de radiação. Por exemplo, para detectar partículas alfa ou beta de baixa energia, devem ter uma **"janela"** muito fina para que a partícula entre no volume sensível; para detectar raios gama, é interessante que a parede seja espessa, de modo que a probabilidade de o fóton interagir nela ou no volume sensível seja grande. A liberação de cargas no gás pode ocorrer pela interação dos átomos ou moléculas do gás com a radiação incidente ou com radiação secundária produzida por ela, como o elétron produzido por fóton na parede, ou partícula alfa resultante de uma reação nuclear entre um nêutron incidente e núcleos do gás ou das paredes.

A escolha da diferença de potencial é muito importante: ela deve ser suficiente para coletar todas as cargas produzidas antes de haver recombinação, mas não deve ser tão alta a ponto de romper a rigidez dielétrica do gás. Dentro desses limites, a diferença de potencial também define o regime de trabalho do detector, como pode ser visto esquematicamente na Fig. 11.2. As regiões de voltagem marcadas como I, IV e VI nessa figura não são empregadas para detecção, pois, ou há uma forte recombinação dos íons (em I), ou uma descarga descontrolada (em VI), ou, ainda, uma proporcionalidade limitada entre sinal e estímulo (IV). As regiões II, III e V definem o funcionamento de três tipos de detectores a gás empregados nas áreas de Física de Radiações, Nuclear e Partículas: câmara de ionização, detector proporcional e contador Geiger-Müller, detalhados a seguir.

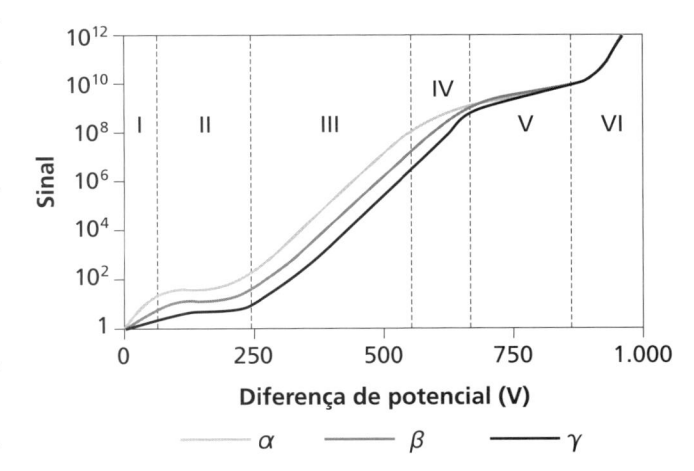

Fig. 11.2 Variação esquemática do sinal em um detector de radiação a gás, com a variação da diferença de potencial aplicada entre seus eletrodos

Câmara de ionização

Esse tipo de detector funciona na faixa II da Fig. 11.2, também conhecida como região de ionização. O patamar exibido, em que a variação da tensão não introduz aumento de sinal, relaciona-se com a coleta de praticamente toda a carga produzida no volume, sem multiplicação. O patamar é conveniente porque pequenas variações da diferença de potencial não causam mudanças na resposta. A resposta depende do tipo de radiação que a produziu, basicamente pelas diferentes densidades de ionização que produzem no gás. Na área de radioterapia, são muito empregadas as câmaras de ionização com volumes pequenos ($0,6\,cm^3$ é um valor comum), com paredes de material de baixo número atômico (plásticos ou grafite) e preenchidas com ar à pressão atmosférica do local. Com elas se faz a verificação dosimétrica dos feixes de fótons e elétrons que vão irradiar pacientes. Em radiologia diagnóstica, empregam-se câmaras de volumes maiores (centenas de cm^3) para avaliar taxas de dose no feixe e nas vizinhanças de instalações radiológicas. Exemplos de câmaras de ionização de diversos volumes estão na Fig. 11.3

Exemplo 11.1

Calcule a carga produzida no interior de uma câmara de ionização com volume de $0,6\,cm^3$, preenchida de ar. Ela é irradiada durante 2 minutos com um feixe de fótons em um local em que a taxa de dose no ar vale $60\,mGy/s$. Suponha que o ar da câmara tenha densidade $1,293\,kg/m^3$.

Resolução

A massa de ar contida no volume da câmara é obtida da densidade:

$\Delta m\,(kg) = 1,293 \times 0,6 \times 10^{-6}$; $\Delta m = 0,776 \times 10^{-6}\,kg$.

Com a taxa de dose, calculamos a dose absorvida em 2 min de irradiação:

$D = 2 \times 60 \times 60 \times 10^{-3}\,Gy$, ou seja, $D = 7,20\,Gy$ no ar.

Por meio de regra de três, obtemos a energia absorvida na massa de ar da câmara:

$\Delta E = 7,20 \times 0,776 \times 10^{-6}\,J = 5,59 \times 10^{-6}\,J$.

Como vimos no Cap. 1, para produzir um par de íons no ar irradiado por fótons, gasta-se uma quantidade de energia W, e podemos obter o número de pares de íons (N) produzidos no ar da câmara de ionização utilizando $N = \Delta E/W$.

Como cada íon produzido tem a carga elementar e, a carga produzida (de cada sinal) vale $Q = Ne$.

Ao substituirmos os valores (o valor de W aceito atualmente é $33,97\,eV$), temos:

$$Q = \frac{5,59 \times 10^{-6}\,J}{33,97\,eV} \times 1,6 \times 10^{-19}\,C \equiv \frac{5,59 \times 10^{-6}\,J}{33,97\,J}\,C = 164\,nC$$

onde usamos como fator de conversão de eV para J, $1,6 \times 10^{-19}\,eV/J$.

Comentário

Os valores baixos de carga obtidos mesmo em condições de radioterapia, como a do exemplo, só podem ser coletados com fidelidade se a câmara estiver acoplada a um eletrômetro de baixo ruído e boa precisão.

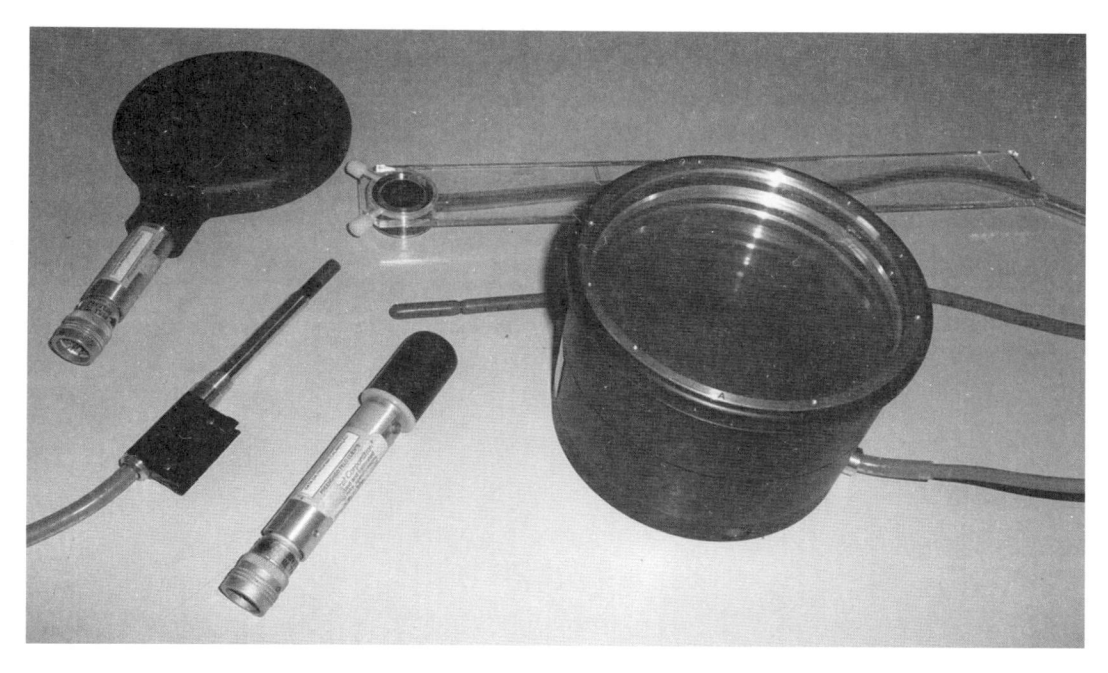

Fig. 11.3 Exemplos de câmaras de ionização empregadas em radioterapia e em radiodiagnóstico

Detector proporcional

Opera na faixa III da Fig. 11.2, também conhecida como região de multiplicação. Nessa configuração, a diferença de potencial aumenta a energia dos elétrons a ponto de multiplicar a carga produzida por eles no gás. A multiplicação é por um fator constante para cada diferença de potencial aplicada. Consegue-se, assim, uma sensibilidade maior que a das câmaras de ionização, embora haja maior variação do sinal para pequena variação do potencial de alimentação do detector.

Contador Geiger-Müller

Nesse tipo de detector, a tensão aplicada é tão elevada que uma única ionização no gás provoca uma **avalanche de ionizações**, obtendo-se um sinal único, independentemente da quantidade de energia que a radiação liberaria no meio. Na mistura de gases que preenche o contador, há, em geral, um gás nobre e, em pequena proporção, um gás que auxilia na extinção da **descarga** produzida pela avalanche de ionizações, evitando que ela continue por tempo muito longo ou se multiplique em descargas secundárias. Esse gás, chamado "**gás de *quenching***" (extinção), é, em geral, constituído de moléculas grandes que neutralizam os íons positivos produzidos do gás nobre e que se dirigem ao catodo lentamente. Enquanto dura a descarga, o detector fica cego a outros estímulos. A adição do gás de *quenching* reduz o tempo de resposta do detector. Detectores desse tipo foram desenvolvidos logo no início do século XX, por Johannes Wilhelm Geiger (ou Hans Geiger) e Ernest Marsden, e depois aperfeiçoados por Geiger e seu estudante de doutorado, Walther Müller. Trata-se do tipo de detector de radiação mais popular em uso, retratado inclusive no cinema, por sua praticidade e robustez, sendo amplamente utilizado para proteção radiológica em situações de uso de fontes radioativas. No entanto, devem ficar claras as suas principais limitações: o detector

Geiger-Müller tem tempo de resposta longo, que impede seu uso em radiologia diagnóstica em geral, e não distingue tipo ou energia de radiação, exceto por configuração das paredes que envolvem o detector. A robustez e facilidade de uso o tornam útil na detecção de áreas contaminadas, que podem depois ser analisadas, quanto ao tipo e à energia da radiação, por detectores mais sofisticados. A Fig. 11.4 traz alguns exemplos de detectores desse tipo empregados em proteção radiológica.

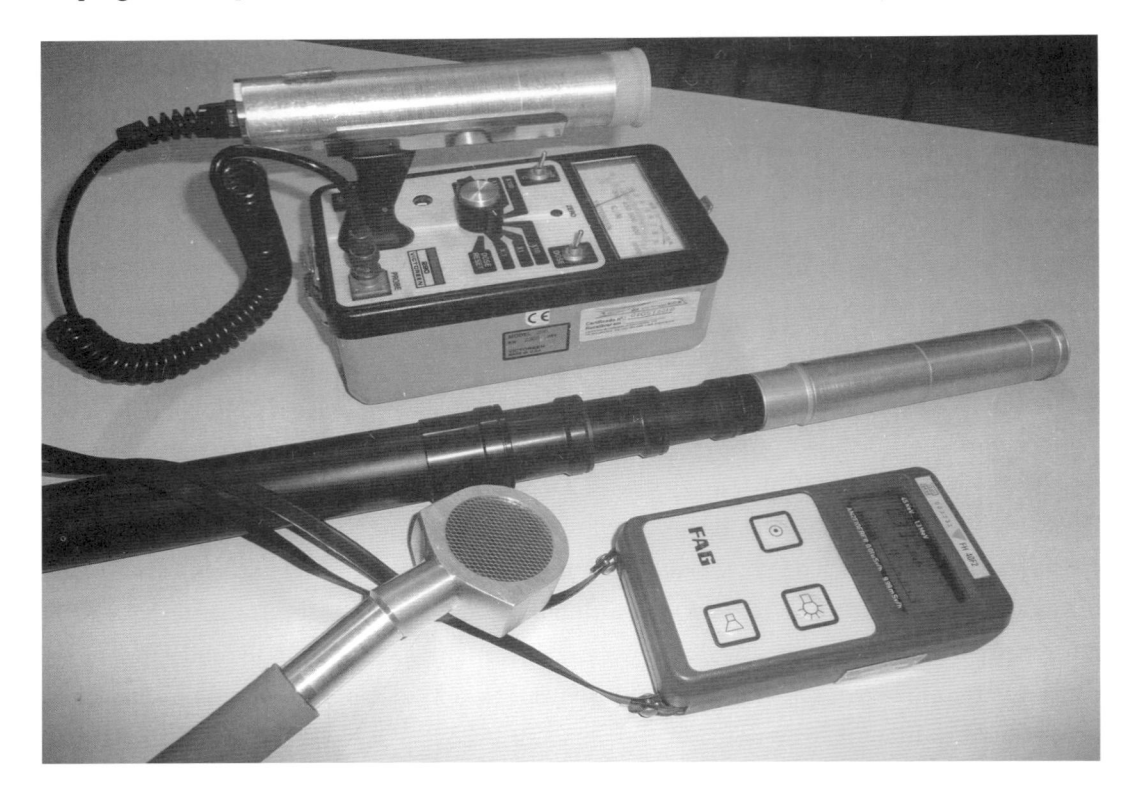

Fig. 11.4 Exemplos de detectores Geiger-Müller empregados em proteção radiológica

11.3 DETECTORES CINTILADORES

A grande deficiência do detector Geiger-Müller é a incapacidade de distinguir diferentes radiações e diferentes energias da radiação incidente. A possibilidade de discriminar a energia de raios gama, identificando radionuclídeos, só ocorreu depois da descoberta dos **detectores cintiladores** por Hartmut Kallmann, em 1948. Embora o princípio do detector seja o mesmo empregado nas placas de sulfeto de zinco utilizadas pelo grupo de Rutherford no início do século XX – emissão de luz por desexcitação do material irradiado –, o dispositivo de Kallmann utilizava cristais fluorescentes orgânicos espessos, que eram transparentes à luz emitida e estavam acoplados a um **tubo fotomultiplicador** para medir a pequeníssima intensidade de luz emitida na forma de lampejos ou *flashes* (ver boxe sobre o tubo fotomultiplicador). Em vez de simplesmente contar cintilações, era possível quantificar a luz emitida. O que Kallmann verificou ainda é que a intensidade da luz de cada *flash* (cintilação) emitido pelo cristal e registrada pelo tubo fotomultiplicador era proporcional à energia que a radiação beta ou gama depositava no cristal. Cada **cintilação** que ocorre no cristal corresponde a um conjunto de desexcitações por fluorescência, praticamente simultâneos, que correspondem à interação de uma partícula incidente com o detector.

O TUBO FOTOMULTIPLICADOR

Na década de 1920, já eram conhecidas e construídas as válvulas fotoelétricas: tubos de vidro a vácuo com um arranjo de **fotocatodo** e anodo coletor de cargas. Também se conhecia a propriedade que tinham vários metais de emitir mais elétrons quando irradiados por elétrons com energias cinéticas próximas a dezenas de eV (processo conhecido como **emissão secundária de elétrons**), que seria um meio de amplificar correntes eletrônicas muito baixas, pois o número de elétrons emitidos era, em geral, maior que 1. Alguns arranjos de eletrodos com essas características, em um *multiplicador de elétrons*, haviam sido tentados, mas o fator de multiplicação da corrente eletrônica era muito baixo. Um ganho bastante elevado do multiplicador de elétrons – de vários milhões de vezes – e o acoplamento com a válvula fotoelétrica foram obtidos na década de 1930, criando-se o *tubo fotomultiplicador*. Há controvérsias sobre o verdadeiro inventor desse **detector de luz** que imediatamente revolucionou a Física Nuclear e a Astronomia. Há relatos (Lubsandorzhiev, 2006) de que um jovem físico da então União Soviética, L. A. Kubetsky, seria o inventor, em agosto de 1930, embora o mundo ocidental credite a invenção a um grupo da RCA em New Jersey (V. K. Zworykin, G. A. Morton e E. L. Malter), em 1936. O sucesso da nova invenção foi resultante de um sistema de focalização muito eficiente dos elétrons por campos elétricos e magnéticos combinados, além da divisão da tensão aplicada em vários estágios de aproximadamente 50 V entre pares sucessivos de eletrodos. A Fig. 11.5 mostra o desenho esquemático da multiplicação eletrônica, como concebida pela equipe da RCA (Zworykin; Morton; Malter, 1936).

O princípio de funcionamento baseia-se na iluminação do catodo com a luz cuja intensidade se quer avaliar. Nele ocorre a emissão de elétrons por efeito fotoelétrico, em um número proporcional à intensidade luminosa. Os elétrons são focalizados e acelerados para o primeiro eletrodo do conjunto (A na Fig. 11.5), onde ocorre a emissão secundária de mais elétrons, novo direcionamento para o eletrodo B e assim sucessivamente, até que os elétrons são coletados no anodo, em um número que continua sendo proporcional à intensidade luminosa que incidiu no catodo, mas em número muito amplificado. Esses eletrodos intermediários são chamados de **dinodos**, e observam-se **fatores de multiplicação** (também chamados de *ganho*) no número de elétrons da ordem de R^n, onde R é o número médio de elétrons emitidos em cada dinodo e n é o número de pares de dinodos. Valores típicos de fatores de multiplicação são da ordem de 10^6. Hoje, há uma variedade muito grande de tubos fotomultiplicadores disponíveis para as mais diversas aplicações, sendo ainda considerados excelentes detectores de luz, com ampla faixa dinâmica, alta eficiência e boa repetibilidade.

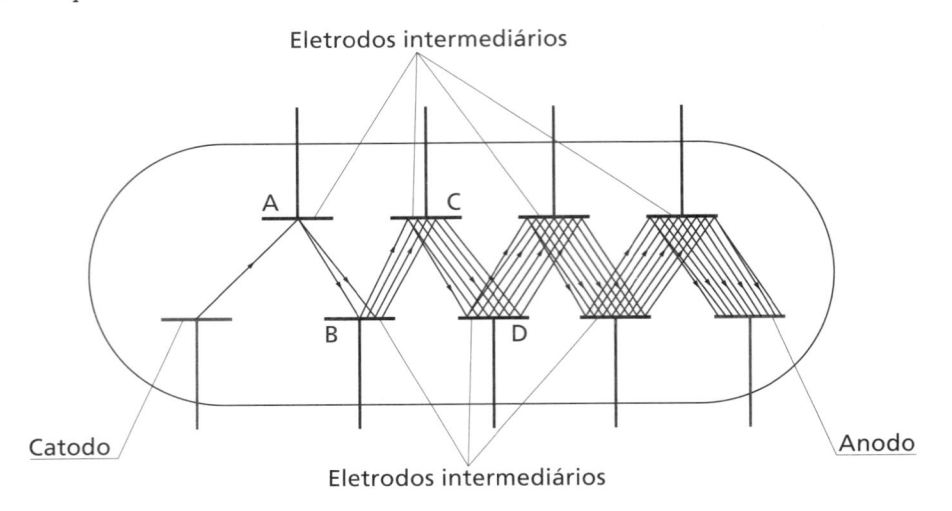

Fig. 11.5 Figura ilustrando a multiplicação eletrônica no tubo eletromultiplicador concebido em 1936

Fonte: Zworykin, Morton e Malter (1936).

11.3.1 Princípio de funcionamento dos cintiladores

Diferentemente dos detectores a gás, que medem diretamente a carga produzida no volume sensível, os detectores cintiladores avaliam a intensidade de luz emitida por átomos que estão no volume sensível e são excitados pela passagem da radiação ionizante. Nesse processo, há duas conversões de energia, como esquematizado na Fig. 11.6. Em ambos os processos de conversão, mantém-se a proporcionalidade de sinais de entrada e saída, e podemos dizer que o número de elétrons que sai do tubo fotomultiplicador é proporcional à energia que a radiação depositou no detector. Com circuitos elétricos adequados, é possível observar separadamente cada cintilação como um pulso elétrico no sinal de saída do tubo fotomultiplicador. A amplitude de cada pulso é proporcional à energia depositada pela radiação no detector, e o número de pulsos é proporcional ao número de interações que ocorreram no detector.

A grande revolução da detecção de fótons veio com o emprego de um novo cristal cintilador: **iodeto de sódio** com pequena quantidade de tálio (NaI:Tl), cujo primeiro uso na detecção

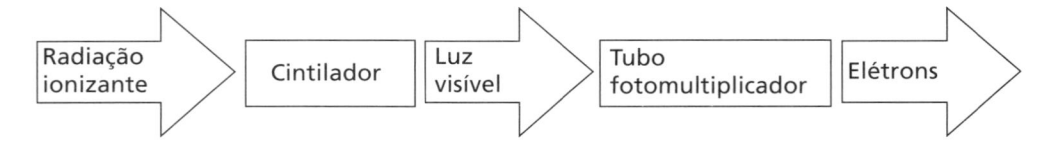

Fig. 11.6 Figura ilustrando as conversões de energia que ocorrem no processo de detecção da radiação por detectores cintiladores

de raios gama foi anunciado por Robert Hofstadter, em 1948 (Hofstadter, 1949). Em relação aos orgânicos, as principais vantagens desse cristal para a detecção de raios gama são:

- ✍ maior quantidade de luz emitida por raio gama detectado;
- ✍ maior densidade (3,7 g/cm³ bem maior que 1,14 para o naftaleno), que resulta em maior probabilidade de interação do fóton por cm de material;
- ✍ números atômicos mais elevados: 11 para Na e 53 para I, contra 1 e 6 para H e C, respectivamente. Como as probabilidades de interação por efeito fotoelétrico e por produção de pares crescem com o aumento do número atômico, a probabilidade de ocorrerem *interações com absorção do fóton* no NaI é mais elevada do que no naftaleno.

11.3.2 Obtenção de espectro de energia de fótons com cintiladores

Os pulsos de saída do tubo fotomultiplicador têm uma distribuição de alturas ou amplitudes que pode ser analisada (com um amplificador e um analisador de alturas de pulso,

monocanal ou multicanal) de maneira a produzir um histograma como o da Fig. 11.7, quando o detector é exposto a fótons de uma só energia (irradiado com uma fonte gama emissora, por exemplo). Esse histograma, que mostra a quantidade de pulsos observados em cada intervalo de **alturas de pulso** (chamado **canal**, no jargão da Física Nuclear), é chamado de **espectro de alturas de pulso** e representa a distribuição das energias depositadas no cristal pelos fótons incidentes. Numa análise simplificada desse espectro, o pico marcado como A na Fig. 11.7 corresponde a situações em que os fótons depositaram toda a sua energia no cristal (por uma interação com efeito fotoelétrico ou uma sucessão de interações), dando a elétrons do meio energias cinéticas correspondentes e produzindo, na

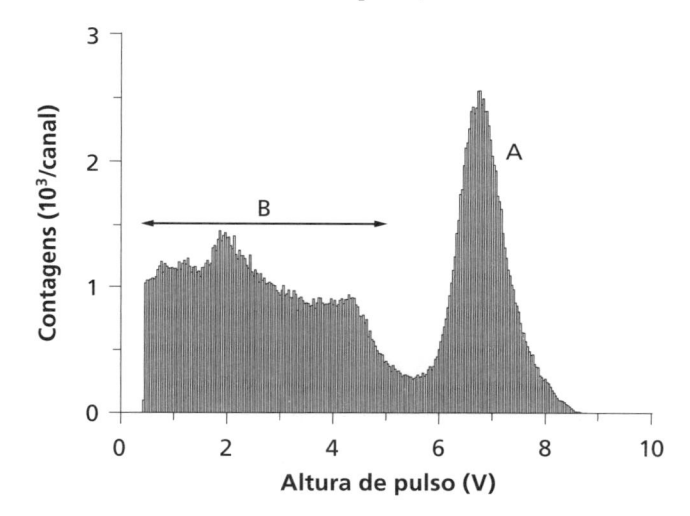

Fig. 11.7 Histograma de alturas de pulso obtidas com um detector de NaI(Tl) irradiado com uma fonte gama monoenergética

saída do tubo fotomultiplicador, os pulsos com as maiores alturas entre os pulsos observados. A região marcada como B na figura corresponde a situações em que somente parte da energia do fóton ficou no detector, enquanto o restante provavelmente ficou com um fóton Compton espalhado, que saiu do volume sensível. A identificação da energia da radiação gama que incidiu no detector é feita com a posição central do pico A, já que as alturas de pulso alocadas na região B podem ter sido originadas por qualquer fóton. Só as alturas de pulso da região A são perfeitamente identificadas com os raios gama da fonte. Em todo espectro pode haver contribuição de fótons espalhados por paredes, blindagens etc., que dificultam mais sua interpretação. Kantele (1995) e Knoll (2000) fazem um bom detalhamento de espectros de energia obtidos com diversos tipos de detectores.

Para determinar a energia dos raios gama, o cristal é irradiado com fótons de energia conhecida; obtêm-se os valores de altura de pulso correspondentes aos picos de absorção total e faz-se uma calibração, em geral linear, entre altura de pulso e energia do fóton. Fontes desconhecidas podem, então, ter sua energia determinada por essa calibração.

O detector de iodeto de sódio é muito empregado na Medicina Nuclear, no qual são utilizados monocristais desse material com dimensões muito grandes (áreas de $50 \times 50\,cm^2$ e espessuras de 2 a 3 cm), acoplados a inúmeros tubos fotomultiplicadores em câmaras de cintilação empregadas para obter imagens de distribuições de radionuclídeos no corpo. Recentemente, outros cintiladores foram introduzidos, como o **germanato de bismuto (BGO)** para PET, por sua maior probabilidade de produzir efeito fotoelétrico para os fótons de aniquilação do pósitron, por causa dos altos números atômicos: 83 para Bi, 32 para Ge, 8 para O. Van Eijk (2002) faz uma boa revisão da evolução de detectores cintiladores inorgânicos.

11.4 Detectores dosimétricos: detectores luminescentes e calorímetro

11.4.1 Calorímetro como dosímetro

A maneira mais direta de avaliar a dose absorvida em um meio qualquer é medir o aumento de sua temperatura resultante de irradiação. Se houver isolação térmica do material irradiado, considera-se que toda a energia absorvida pelo material foi utilizada para aumentar sua temperatura. Há pequenas perdas em razão de reações químicas que podem ocorrer no material, de forma que a variação de temperatura ΔT observada quando há irradiação com dose absorvida média $\bar{D}$ no material sensível do **calorímetro** é dada por:

$$\Delta T = \frac{E_{ab}\,(1-\delta)}{mc} = \frac{\bar{D}\,(1-\delta)}{c} \tag{11.2}$$

onde c é o calor específico do material de massa m utilizado como meio calorimétrico; E_{ab} é a energia média absorvida por esse material quando irradiado; δ é o chamado **defeito térmico**, que representa a fração da energia absorvida da radiação que não se transforma em calor. Esse valor é, em geral, muito baixo, menor do que 4%, e para o grafite como meio calorimétrico, observa-se que $\delta = 0$. A pureza da água é importantíssima em calorímetros baseados em água, para evitar valores significativos de δ. Para avaliar eventuais perdas de calor por imperfeições na isolação térmica, costuma-se determinar as perdas com o uso de circuitos elétricos, que fornecem ao meio uma quantidade de energia conhecida, e monitorar o aumento de temperatura.

Embora a radiação forneça energia que se converte em calor eficientemente, as variações de temperatura são muito pequenas (ver o Exemplo 11.2), exigindo sistemas bastante sofisticados de medida de temperatura. Conclui-se que sua sensibilidade é baixa, o que possibilita somente medidas de doses elevadas, como em radioterapia, por exemplo (IAEA, 2001).

Exemplo 11.2 ───

Deseja-se construir um calorímetro para avaliar doses absorvidas em radioterapia. Com base nos dados da Tab. 11.1, e supondo a situação ideal, em que não há perda de calor e o defeito térmico é desprezível, calcule o aumento de temperatura produzido em grafite e em água, quando irradiados com doses absorvidas de 10 Gy. Discuta qual dos materiais é mais adequado para servir como dosímetro calorimétrico em radioterapia.

Tab. 11.1

Material	calor específico (J/kg°C)	densidade (g/cm^3)	número atômico efetivo
grafite	710	1,7 – 2,3	6
água	4.181	1,00	7,51

Resolução

Utilizando a Eq. (11.2) com $\delta = 0$, temos $\Delta T = \frac{\bar{D}}{c}$.

Para grafite: $\Delta T_{gr} = 10/710 = 0,0141°C$;

e para água: $\Delta T_{ag} = 10/4.181 = 0,00239°C$.

Discussão

Ao compararmos os dois resultados, vemos que o calorímetro a grafite é mais sensível que o calorímetro a água, pois produz uma elevação de temperatura seis vezes maior que a da água para a mesma dose absorvida. Os números atômicos da água e do grafite não são muito distintos do Z_{ef} de tecido mole, mas o da água é mais próximo, simulando melhor o tecido do paciente de radioterapia. Essa vantagem da água seria mais bem aproveitada em energias baixas de fóton, pela maior variação dos coeficientes de atenuação e absorção de fótons com o número atômico para essas energias.

Observação

Há a intenção de utilizar calorímetros como padrão dosimétrico na radioterapia. A tendência da Agência Internacional de Energia Atômica (IAEA, 2001) é optar pelo **calorímetro a água**, pois a água é o material de referência para dosimetria em radioterapia.

11.4.2 Termoluminescência e luminescência opticamente estimulada

A **termoluminescência** é uma propriedade que alguns materiais têm de emitir luz visível quando são aquecidos, caso tenham sido irradiados anteriormente. Em geral, a quantidade de luz é proporcional à dose absorvida pelo material termoluminescente, o que torna possível o seu uso como dosímetro. A termoluminescência é um tipo de fosforescência com tempo de vida muito longo à temperatura ambiente, o que significa que uma pequena parte da energia absorvida da radiação pelo material ficou armazenada em estados excitados que não conseguem se desexcitar espontaneamente.

Um equipamento de medida de termoluminescência é constituído de um sistema de aquecimento controlado do dosímetro e um detector de luz – em geral, um tubo fotomultiplicador. Faz-se o registro de intensidade luminosa e de temperatura construindo-se a **curva de emissão**, como a vista na Fig. 11.8. Essa curva é específica de cada material termoluminescente, mas sempre é caracterizada por picos (um ou mais) de emissão de luz.

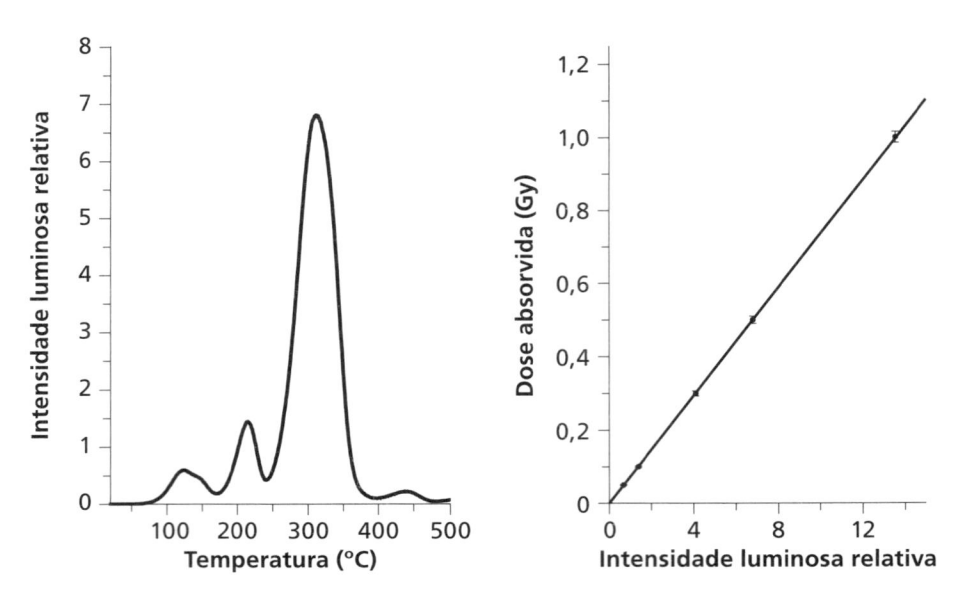

Fig. 11.8 (A) Curva de emissão de um dosímetro de *fluoreto de cálcio* natural irradiado com partículas beta (dose absorvida de 0,5 Gy); (B) curva de aferição que relaciona a dose absorvida com a altura de pico na curva de emissão

Cada pico corresponde à desexcitação de um estado excitado no material termoluminescente. A área sob a curva de emissão ou a altura de um dos picos da curva pode ser relacionada diretamente com a dose absorvida, como se vê na curva de aferição da mesma figura.

As vantagens dos dosímetros termoluminescentes são o seu pequeno tamanho (tipicamente alguns poucos mm), a ampla faixa dinâmica (dependendo do material, de μGy a kGy) e a boa repetibilidade. São empregados principalmente na monitoração individual de trabalhadores, na dosimetria de procedimentos médicos (radiologia e radioterapia), em dosimetria ambiental e dosimetria industrial.

Há muitos materiais empregados como dosímetros termoluminescentes, destacando-se, entre outros, o **fluoreto de lítio**, com várias possibilidades de impurezas (Mg, Ti, Cu, P); o **fluoreto de cálcio**, natural ou produzido artificialmente com impurezas de terras raras; o **sulfato de cálcio** com impureza de disprósio. As impurezas estão relacionadas com os níveis de energia que correspondem aos estados excitados de longa meia-vida, e também com a emissão de luz. McKeever (1985) traz um aprofundamento do tema.

Outra forma de obter valores de dose é com dosímetros baseados em **luminescência opticamente estimulada** (**LOE**, ou a sigla **OSL**, do inglês *optically stimulated luminescence*), muito semelhante à termoluminescência, mas com o uso de luz em vez do aquecimento para estimular a emissão de luminescência pelo material. A luz emitida nesse processo tem frequência maior que a luz usada para o estímulo (por exemplo, estimula-se com luz verde e observa-se o sinal emitido no azul ou ultravioleta próximo). Da mesma maneira que na termoluminescência, a intensidade de luz emitida é proporcional à dose absorvida.

Esse mesmo princípio da LOE vem sendo empregado nos sistemas de **radiologia computadorizada** (conhecidos como **CR**), para obtenção de imagens digitais em radiologia diagnóstica:

utilizam-se placas de materiais opticamente estimuláveis em vez dos tradicionais filmes radiográficos. A imagem é formada com os sinais de luz emitidos ponto a ponto da placa quando esta é iluminada com a luz de um feixe *laser*, que varre controladamente toda a sua superfície.

11.4.3 Dosimetria de acidentes

Nem sempre que se quer determinar uma dose absorvida, há um dosímetro ou detector disponível. Em casos de **acidentes** ou **emergências** em que pessoas que não trabalham com radiação são irradiadas (caso das explosões nucleares), acaba-se recorrendo ao que houver de material disponível que possa indicar, retrospectivamente, a dose recebida por pessoas acidentadas. Isso porque o tratamento e o prognóstico das vítimas dependem da dose recebida. Várias estratégias já foram utilizadas, desde o uso da termoluminescência de *quartzo*, presente em materiais de construção, e de *rubi*, presente em relógios – esta foi usada no Japão para avaliar a dose em um acidente com fonte de ^{192}Ir (Nakajima; Fujimoto; Hasizume, 1973) –, passando pelo emprego de **ressonância de spin eletrônico** de **açúcar** retirado dos açucareiros de locais onde estavam as vítimas no momento do acidente (Nakajima, 1994), até sinais relacionados com mudanças desencadeadas pela radiação no indivíduo irradiado (dosimetria biológica), como a ressonância de spin eletrônico em **dentes** e a presença de aberrações cromossômicas em células. Essa diversidade de possibilidades é também reflexo das inúmeras aplicações da radiação ionizante.

Biografia

HARTMUT KALLMANN (5/2/1896 – 11/6/1978)

Kallmann foi orientando de Max Plank e obteve seu doutorado em 1920. Passou a trabalhar no Instituto de Físico-Química e Eletroquímica Kaiser Wilhelm, de onde foi demitido em 1933 por ser não ariano. Foi acolhido por uma grande indústria química alemã de corantes, a I. G. Farben, que lhe destinou um laboratório num antigo estábulo. Nesse período e até o pós-guerra, foi impedido de publicar seus resultados científicos, mas também ocultou do governo resultados que interpretou que seriam úteis ao Reich. Ao retornar a Berlim Ocidental, em 1945, viu seu antigo laboratório em ruínas; mesmo assim, porém, conseguiu improvisar e montar um experimento em que mostrou que o naftaleno (sintetizado a partir de bolas de naftalina que recolheu pelo edifício), quando

irradiado com substância radioativa, produzia um sinal em um filme fotográfico mais intenso que o sinal direto do material radioativo no filme. Concluiu que o material era luminescente e conseguiu, com o auxílio de um tubo fotomultiplicador (comprado no mercado negro com o dinheiro da venda de 10.000 cigarros americanos recebidos de um oficial que visitou seu laboratório), provar que a luz emitida era proporcional à energia da radiação. Em 1948, emigrou para os Estados Unidos, onde tornou-se pesquisador na Universidade de Nova York, e orientou vários cientistas e professores na área de detecção de radiação. Trabalhou em diversas técnicas experimentais para redução de ruído em medições, em particular com técnicas de medição em coincidência temporal, investigou fotocondutividade, introduziu os cintiladores líquidos, muito empregados em Medicina Nuclear. Em 1968, voltou à Alemanha (Munique) e trabalhou até os 80 anos na Technical University.

Fonte:

Hine (1977); Spruch (1978); Niese (2001).

Foto: Hine (1977).

Biografia

ROBERT HOFSTADTER (5/2/1915 – 17/11/1990)

Em 1938, aos 23 anos, Robert Hofstadter já havia completado a graduação (College of the City of New York), o mestrado e o doutorado (Princeton), com vários prêmios de mérito. Foi professor da Universidade de Stanford por 35 anos.

Em 1948, descobriu que o cristal inorgânico de iodeto de sódio, ativado com tálio, era um ótimo cintilador, com grande eficiência, e, em seguida, fez sua aplicação para medida de espectros de energia de raios gama e de partículas. Seu maior mérito científico, pelo qual recebeu o Prêmio Nobel em Física de 1961, foi a contribuição para o estudo da distribuição interna de cargas no núcleo, usando feixes de elétrons de alta energia e estudando seu espalhamento inelástico. Desenvolveu toda a metodologia para isso, incluindo espectrômetros magnéticos de alta resolução. Nos últimos anos de vida, dedicou-se à Astrofísica, contribuindo para o projeto do Compton Gamma Ray Observatory, da Nasa.

Fonte:

<http://nobelprize.org/nobel_prizes/physics/laureates/1961/index.html>.

Foto: cortesia de Douglas Hofstadter

JOHANNES WILHELM GEIGER OU HANS GEIGER
(30/9/1882 – 24/9/1945)

Geiger começou seus estudos em Física e Matemática em 1902, na Universidade de Erlangen, Alemanha, onde seu pai era professor. Lá obteve o doutorado, em 1906, com pesquisas sobre descargas elétricas em gases, deslocando-se no ano seguinte para a Universidade de Manchester, Inglaterra, para trabalhar no laboratório de E. Rutherford. Ali foi o responsável, ao lado de Ernest Marsden, pelo experimento de espalhamento de partículas alfa por folhas de ouro, que resultou na conclusão de que a carga positiva do átomo acha-se concentrada em um pequeno núcleo. Ambos foram também os criadores, em 1909, de um detector que posteriormente foi aperfeiçoado na Alemanha, para onde Geiger retornou em 1912, e que recebeu o nome em homenagem a Geiger e seu aluno Walther Müller.

Na Primeira Guerra Mundial, Geiger lutou nas tropas alemãs e, em decorrência, passou a sofrer de reumatismo. Durante a Segunda Guerra, esteve em Berlim, trabalhando em seu laboratório, tendo antes encabeçado um manifesto a Hitler, com outros 75 cientistas, exigindo que o governo não interferisse na Ciência e que o Nazismo deixasse de atacar a Física, o que afastava os jovens de estudarem Ciência.

Fonte:

Krebs (1956).

Leitura recomendada

ATTIX, F. H.; TOCHILIN, E. *Radiation dosimetry*. New York: Academic Press, 1969. v. 3.

DEBERTIN, K.; HELMER, R. G. *Gamma- and x-ray spectrometry with semiconductor detectors*. Amsterdam: Elsevier Science Pub. Co., 1988.

MELISSINOS, A. C.; NAPOLITANO, J. *Experiments in modern Physics*. 2. ed. New York: Academic Press, 2003.

Aplicações da radiação ionizante 12

Como já citamos anteriormente, as aplicações da radiação ionizante são inúmeras. Destacamos aqui algumas delas na área industrial e na saúde, sem esgotar o assunto, mostrando que a radiação ionizante está muito próxima de nós, praticamente em nosso dia a dia.

12.1 APLICAÇÕES INDUSTRIAIS

Aqui estão elencadas algumas aplicações que fazem uso de fontes radioativas ou de aceleradores. Há muitas outras, e várias dessas técnicas são utilizadas no Brasil.

12.1.1 Esterilização por irradiação

Esterilizar um material tem aqui o significado de destruir os micro--organismos nocivos nele presentes. Isso é muito importante na área hospitalar, por exemplo, em que todos os materiais que entram em contato com o paciente devem ser esterilizados. A irradiação dos materiais cirúrgicos é uma das técnicas de esterilização disponíveis e aprovadas pelas vigilâncias sanitárias de vários países, inclusive o Brasil. Essa aplicação baseia-se no princípio de que as bactérias presentes nos materiais de uso médico morrem se uma dose suficiente foi aplicada. Em geral, os micro-organismos são muito mais resistentes à radiação do que os mamíferos. São necessárias doses muito elevadas para garantir que a quantidade de bactérias que resta no material esterilizado seja inócua para a saúde humana. Quando se irradia uma amostra de micro-organismos em cultura, observa--se que a curva de sobrevivência é do tipo mostrado na Fig. 12.1. Note que o eixo das ordenadas traz a fração das bactérias presentes inicialmente que sobreviveu a cada uma das doses empregadas, e o comportamento é de uma exponencial decrescente. Assim, é necessário conhecer a contaminação inicial e ter bem clara a meta final, ou seja, quantos micro-organismos podem restar na amostra.

Para a esterilização são empregadas, em geral, fontes emissoras de fóton com energia elevada (como Co-60) ou aceleradores lineares com feixes de fótons (raios X de *Bremsstrahlung* com $h\nu_{máx}$ entre 5 e 10 MeV). Isso porque as irradiações são feitas já com os produtos em embalagem final, prontas para distribuição, em grandes caixas de papelão contendo lotes de material, para evitar manipulação posterior à esterilização por irradiação. Somente raios gama e raios X de energia alta têm capacidade de penetrar nessas caixas e fornecer a dose o mais homogeneamente possível a todo o volume. Para que a uniformização de dose seja a melhor possível, as caixas com o material a irradiar são transportadas em esteiras rolantes que rodeiam fontes de altas atividades (em torno de 10^6 Ci ou 10^{16} Bq), em um ciclo comandado externamente, por um caminho em que as diversas faces da caixa fiquem voltadas para a fonte.

Com essa técnica são irradiados materiais cirúrgicos e hospitalares descartáveis (seringas, algodão, gaze, sutura etc.), cosméticos (talco, matérias-primas diversas, xampu, creme dental, maquiagem, cremes etc). Como as doses absorvidas necessárias são de vários kGy, é importante que todos os materiais sejam testados quanto a mudanças em sua estrutura química ou física pela irradiação. Os micro-organismos que se almeja exterminar são bactérias e fungos de várias espécies. Das curvas de sobrevivência como a mostrada na Fig. 12.1 obtém-se, por exemplo, a dose letal a 90% da população do germe ($D_{L90\%}$), que é a dose absorvida necessária para reduzir a população a 10% do valor inicial, específica para cada tipo de micro-organismo. Doses típicas necessárias para essa esterilização são de 25 kGy. A dosimetria rotineira desse processo em nível industrial é feita, em geral, com dosímetros plásticos (polimetilmetacrilato) que mudam de cor, passando de transparente a vermelho, quando uma dose mínima é atingida. Pedaços desses plásticos são colados nas paredes externas das caixas para evitar, inclusive, a repetição de irradiação, além de fazer a verificação da dose.

Irradiação desse tipo também é utilizada para evitar a contaminação de tecidos biológicos em enxertos e prevenir a **doença-do-enxerto-contra-hospedeiro (DECH)** – complicação que ocorre pela ativação das células imunes do tecido transplantado, os linfócitos T, que atacam células e tecidos do organismo do receptor do transplante, e que pode ser fatal –, quando o sangue ou seus componentes são utilizados em transfusões para indivíduos com sistema imunológico deprimido. Os tecidos (pele, cartilagem, osso etc.) são irradiados com doses de esterilização (25 a 40 kGy) para uso posterior, armazenados em bancos de tecidos. O sangue íntegro ou seus componentes são irradiados com doses entre 10 e 50 Gy para inativação dos linfócitos T.

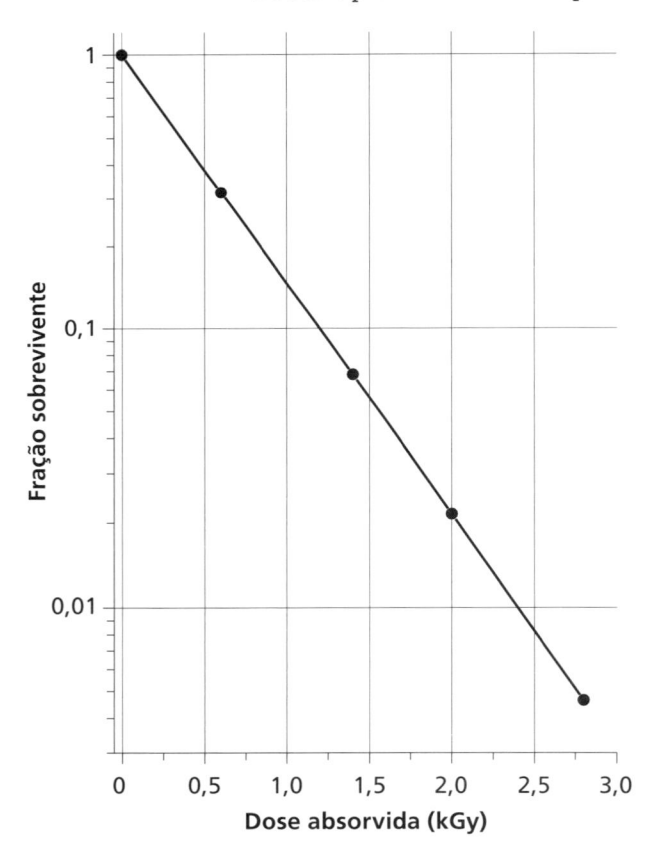

Fig. 12.1 Exemplo de variação de uma população de micro-organismos com a dose de radiação gama a que são submetidos

Com o mesmo tipo de equipamento e o mesmo sistema de irradiação é possível irradiar alimentos, com a finalidade de aumentar o tempo de prateleira, seja pela diminuição da contaminação por micro-organismos e da infestação por insetos ou pela inibição de brotamento, como detalhado na Tab. 12.1 (IAEA, 1999).

Ainda há controvérsias sobre os efeitos da irradiação na qualidade dos alimentos, mas a literatura mais recente tem indicado que é um método seguro para a conservação de alimentos se as doses não ultrapassam 20 kGy. É importante lembrar que não há contato dos alimentos com o material radioativo, e não há possibilidade de contaminação radioativa dos alimentos. Internacionalmente foi desenvolvido um símbolo (chamado de *Radura*), que deve ser colocado

Fig. 12.2 Radura: símbolo internacional indicativo de que o alimento foi tratado com radiação, para sua conservação. A cor pode variar de país para país, mas, em geral, é um tom de verde

nos alimentos irradiados, para esclarecimento da população, dependendo da legislação de cada país. O símbolo está na Fig. 12.2. No Brasil, a Anvisa permite a irradiação de alimentos e não limita valores de dose, desde que a dose utilizada seja inferior àquela que comprometeria as propriedades funcionais e/ou os atributos sensoriais do alimento (Anvisa, 2001), devendo constar na embalagem os dizeres: "ALIMENTO TRATADO POR PROCESSO DE IRRADIAÇÃO".

Tab. 12.1 EXEMPLOS DE USO DE RADIAÇÃO PARA CONSERVAÇÃO DE ALIMENTOS

Ação requerida	Exemplos de alimento	Dose absorvida necessária (kGy)
inibição de brotamento	batata, cebola etc.	0,1 a 1,0
retardamento do amadurecimento	frutas	
desinfestação de insetos	grãos e cereais	
inativação de parasitas	carne de porco	
redução do número de micro-organismos patogênicos	frutos do mar, peixes, frango, morangos	1 a 10
descontaminação em nível de esterilização	especiarias, dietas hospitalares	10 a 50

Existem, em menor escala, algumas outras aplicações de processos de esterilização ou desinfestação de insetos por radiação. Podemos citar, por exemplo, o tratamento de esgoto com o uso de pequenos aceleradores de elétrons que irradiam os efluentes orgânicos para diminuir a quantidade de bactérias patogênicas para as fases seguintes do tratamento. Outra aplicação para livrar plantações de insetos predadores é a introdução, no campo, de uma quantidade muito grande de insetos inférteis (tornados estéreis por irradiação de larvas ou pupas em laboratório, com doses na faixa de dezenas de Gy). O cruzamento desses insetos com os insetos nativos não produz descendentes, e como os insetos têm vida curta, a infestação é controlada sem grandes perdas da plantação.

12.1.2 Modificação de materiais por irradiação

Níveis de dose muito elevados podem causar mudanças permanentes ou temporárias em algumas propriedades de materiais: plásticos em geral ficam mais rígidos e quebradiços, vários deles mudam de cor, cristais mudam de cor etc. Em algumas situações, essas mudanças são desejáveis e agregam valor ao material irradiado.

É o caso da coloração artificial de gemas para uso em joias ou semijoias. Vários minerais são naturalmente coloridos e explorados com esse fim, como o berilo (água marinha, esmeralda) e o coríndon (rubi – óxido de alumínio e cromo). A coloração do mineral na natureza deve-se à presença de algumas impurezas específicas e à irradiação com uma dose absorvida bastante elevada pelos nuclídeos radioativos presentes na crosta terrestre, e também com raios cósmicos desde a formação do minério. Fazer a irradiação em um irradiador de grande porte de um minério sem cor equivaleria à aceleração desse processo natural para algumas horas. Nem sempre a cor obtida artificialmente é a mesma do processo natural e nem sempre ela é permanente, e pode ser necessário algum outro tratamento, como um aumento de temperatura para finalizar o processo. Para cada tipo de gema, deve ser feito um estudo específico, pois a constituição e a quantidade de impurezas podem variar de mina para mina onde o minério é obtido, tornando o protocolo de irradiação particular a cada caso. Em geral, usam-se raios gama, em processos semelhantes aos descritos na seção 12.1.1), mas é possível utilizar feixes de partículas, como elétrons, se os volumes não são muito grandes. A irradiação de gemas com nêutrons, embora ainda seja feita em alguns reatores, é polêmica, pois quase sempre o material irradiado fica radioativo, pois há reações nucleares dos nêutrons com átomos do mineral. Desse modo, após irradiação com nêutrons, seria necessário aguardar um tempo bem maior que as meias-vidas dos radionuclídeos produzidos, de forma a reduzir a radioatividade da gema a níveis seguros. Irradiações com fótons ou elétrons não têm esse problema, pois as energias utilizadas estão na faixa de MeV.

A irradiação com altas doses (dezenas de kGy), em geral com feixes de elétrons, também é empregada para modificar as propriedades de polímeros por reações de reticulação (*crosslinking*), em que cadeias poliméricas são unidas para modificar propriedades físicas dos materiais. Por exemplo, a isolação de cabos elétricos, que é melhorada por irradiação. Esse mesmo efeito da radiação (reticulação) é utilizado para a detecção de radiação com o uso de *gel polimérico*, cuja polimerização obtida por radiação gera mudanças estruturais que podem ser monitoradas com ressonância magnética e relacionadas à dose absorvida. Pelo mesmo processo de reticulação, há ainda a possibilidade de *curar materiais* com o uso de radiação ionizante: superfícies nas quais vernizes e tintas foram aplicados podem ser secas com muita rapidez e sem a evaporação de componentes (sem cheiro) com irradiação por feixes de elétrons. Isso é feito em indústrias de grande porte, com grandes vantagens para o meio ambiente.

12.1.3 Controle de processos com o uso de fontes radioativas

Em muitos processos industriais são utilizadas **fontes radioativas seladas** (fontes radioativas são chamadas de seladas se o material radioativo está totalmente encapsulado de uma forma rígida e inviolável, sem permitir o seu contato com o exterior), para medição e controle da espessura do filme ou para monitorar o nível de líquido em envasamentos. O processo é bastante simples: utilizam-se um detector e uma fonte, alinhados, entre os quais passa o material que é avaliado, muitas vezes na linha de produção, como mostra a Fig. 12.3. Um sistema de retroalimentação (*feedback*) é ligado à saída do detector, de forma a produzir uma ação adequada, como a parada no envasamento ou uma mudança no sistema de produção do filme. A escolha da fonte (alfa, beta ou gama) depende da espessura e das propriedades do material a ser monitorado: o controle de espessura de

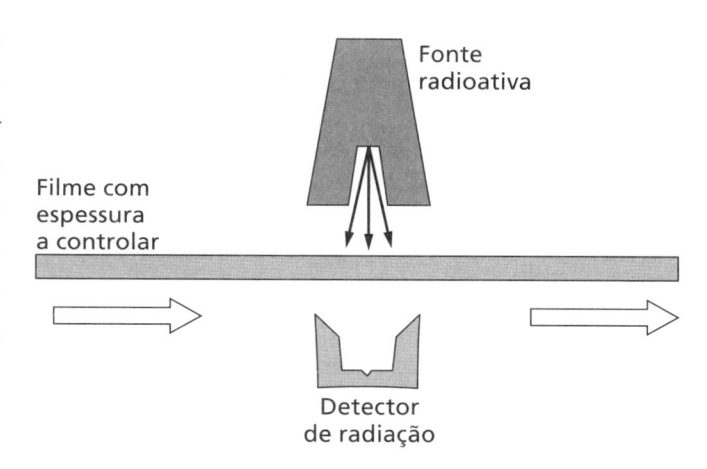

Fig. 12.3 Sistema de controle de espessura de filmes com uso de fonte radioativa

folhas de alumínio para uso doméstico utiliza fontes alfa; o controle de nível líquido em um tambor emprega fonte gama. Em todos os casos, são fontes de meia-vida longa e de baixa atividade protegidas por blindagens que minimizam a exposição de pessoal.

12.1.4 Radiografia com fontes gama

Em várias aplicações industriais é necessário verificar a integridade de materiais de uma forma não destrutiva, sendo a radiografia o teste mais adequado. Em muitos casos, porém, a peça a ser inspecionada não pode ser trazida a um laboratório para ser radiografada em um equipamento de raios X ou encontra-se em local sem alimentação elétrica que permita o uso de um equipamento de raios X móvel. São exemplos dessas situações:

- ☢ verificar a corrosão interna de tubos de um oleoduto;
- ☢ controlar em tubulações longas a qualidade das soldas feitas no local de uso;
- ☢ testar a integridade de isolantes em linhas de transmissão de energia elétrica;
- ☢ inspecionar válvulas de tubulações em uso;
- ☢ avaliar fissuras por fadiga dos metais de asas e turbinas de aviões.

Para todas essas situações e várias outras, em vez de equipamentos de raios X para obter as imagens necessárias a esse controle de qualidade, pode-se empregar uma técnica de radiografia industrial que utiliza fontes radioativas seladas, emissoras de raios gama (em geral, ^{192}Ir; ver na Tab. 12.2 as suas propriedades). Por esse motivo, essa técnica de obtenção de imagens é chamada de **radiografia gama** ou **gamagrafia industrial**. A fonte radioativa é transportada ao local onde se encontra a peça a inspecionar, dentro de uma blindagem para proteção radiológica, e é presa a um pequeno cabo de aço (rabicho). Para fazer a gamagrafia, a blindagem é destravada, um cabo de aço longo é atarraxado ao rabicho e um sistema mecânico ou pneumático conduz a fonte, presa ao cabo, para fora da blindagem e até o local da inspeção. Terminado o tempo de exposição, a fonte é recolhida à blindagem. Utilizam-se filmes radiográficos ou placas de material opticamente estimulável (ver Cap. 11) para produzir a imagem que é analisada, a fim de diagnosticar possíveis problemas.

As grandes vantagens da gamagrafia industrial, já listadas, são contrabalançadas por desvantagem: as fontes radioativas utilizadas são de atividades consideráveis (da ordem de 10 Ci ou 370 GBq), exigindo grandes cuidados com a proteção radiológica. Há vários relatos de acidentes em que a fonte radioativa se solta do cabo principal e fica no campo, sem que a equipe que realiza o trabalho perceba. Um desses casos está relatado em Nakajima, Fujimoto e Hasizume (1973) e outro no exercício 3 do Cap. 10.

12.2 APLICAÇÕES MÉDICAS

É nesse campo que encontramos uma quantidade imensa de aplicações, tanto na área de detecção de doenças como no tratamento delas. Em ambas as áreas podem ser utilizadas fontes radioativas (seladas ou não seladas) ou geradores de radiação (equipamentos de raios X ou aceleradores). O emprego de **fontes radioativas não seladas** (fontes em que o material radioativo está exposto sem um encapsulamento definitivo e que podem, portanto, contaminar pessoas ou ambientes), seja para terapia ou diagnóstico, é do âmbito da medicina nuclear. A radiologia diagnóstica emprega equipamentos de raios X para auxiliar nos exames de saúde, e a radioterapia usa fontes radioativas seladas, equipamentos de raios X e aceleradores de partículas para o tratamento de doenças.

12.2.1 Radioterapia

A radioterapia é uma especialidade médica que usa radiação ionizante para remover do corpo do paciente uma porção de tecido (uma lesão), por indução de morte celular nesse tecido. Isso pode ser feito externamente ao corpo do paciente, com a fonte de radiação longe dele, o que é chamado de **Teleterapia**, ou com o uso de fontes radioativas seladas colocadas muito próximas da lesão, mesmo dentro do corpo do paciente, na modalidade **Braquiterapia**. O princípio de todas as formas de radioterapia é que a dose seja a *máxima possível* na região da lesão (em geral, um tumor), com o *mínimo comprometimento* dos tecidos sadios ao redor. Normalmente, as células tumorais são mais sensíveis à radiação do que as células sadias, porque se dividem com muita frequência. No entanto, como as doses necessárias para erradicar o tumor são muito elevadas (da ordem de 50 a 100 Gy), nem sempre é possível poupar adequadamente os tecidos adjacentes, e pacientes de radioterapia têm, muitas vezes, reações teciduais como as detalhadas no Cap. 10 (eritema de pele, mucosite, queda de cabelos etc).

A Fig. 12.4 mostra uma distribuição de doses esperada em um paciente irradiado por um feixe externo de fótons de alta energia. No gráfico, percebe-se que a maior dose absorvida ($D_{máx}$) não está na pele do paciente ($z = 0$), e sim a uma distância $z_{máx}$. A posição de máxima dose é tão mais profunda quanto maior for a energia dos fótons, por um efeito conhecido em dosimetria como *buildup* (ou crescimento) da dose. Ele é resultado de três contribuições: a) os fótons caminham percursos longos antes de interagir e, portanto, o número de fótons no feixe não é muito atenuado por pequenas espessuras de tecido; b) o elétron liberado por fóton de alta energia recebe quase toda a energia do fóton e caminha na mesma direção do feixe original (predomina o efeito Compton, pois os números atômicos são baixos); c) os elétrons têm poder de freamento maior no final de sua trajetória, e não no início, depositando muita energia na região próxima do fim do seu alcance, e pouca no início da trajetória. Dessa forma, na região próxima da pele do paciente, há pouca deposição de energia; à medida que a profundidade aumenta, a dose aumenta. As doses passam a diminuir em profundidades maiores porque o número de fótons que atinge essa região já está diminuído pela atenuação, e os elétrons liberados em camadas anteriores de tecido já pararam.

Os valores de $z_{máx}$ variam de aproximadamente 5 mm para um feixe de fótons de ^{60}Co (energia média de fóton 1,25 MeV) a 5 cm para um feixe de raios X produzido por **acelerador linear** de elétrons de 25 MeV. Assim, é cada vez mais frequente o uso de aceleradores de elétrons (até energias de 20 ou 30 MeV), que são utilizados para produzir fótons de raios X por *Bremsstrahlung*, no tratamento de pacientes com tumores relativamente profundos. A radioterapia começou com o emprego de raios X gerados em tubos de até 100 kV de potencial acelerador, aumentados depois para até 300 kV. Passou a empregar fontes radioativas de ^{137}Cs e de ^{60}Co quando a produção de radionuclídeos artificiais se tornou viável em grande escala (décadas de 1950 e 1960). A partir da década de 1970, os aceleradores lineares de elétrons começaram a ter utilização em radioterapia e, hoje, já constituem a maioria das máquinas de tratamento em vários países, incluindo o Brasil.

Embora a distribuição de doses seja a vista na Fig. 12.4, ainda são necessárias outras estratégias empregadas na teleterapia para que a dose na região do tumor seja maximizada e a dos tecidos vizinhos, minimizada. Entre essas estratégias, citam-se: uso de vários feixes, sempre dirigidos ao alvo, mas com diferentes direções, irradiando mais regiões sadias com doses menores; técnicas de **planejamento computadorizado** aliadas a colimações muito precisas para **modular a intensidade do feixe** em cada região irradiada; adequação de blindagens específicas para cada paciente, que evitam a irradiação de regiões mais sensíveis.

A **teleterapia com elétrons** é mais aplicada a tumores mais superficiais, principalmente quando as estruturas posteriores ao tumor são muito radiossensíveis, como é o caso de

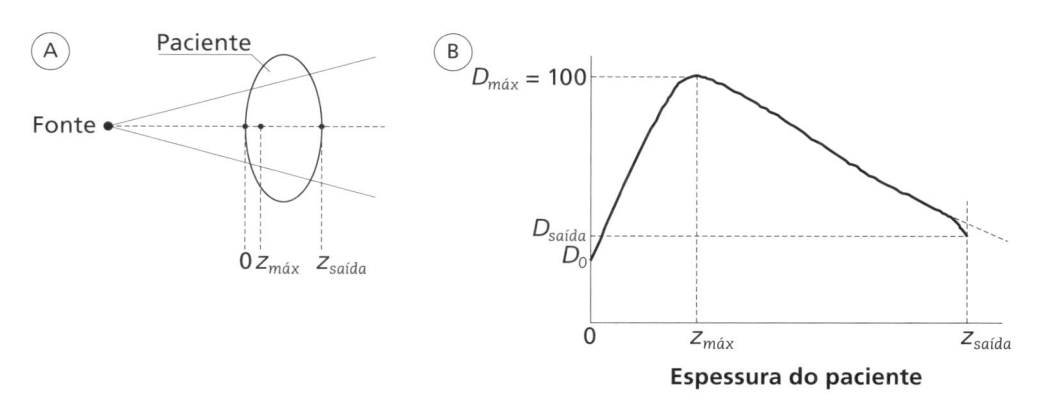

Fig. 12.4 Teleterapia com fótons de alta energia: (A) esquema de irradiação; (B) gráfico da deposição de dose em função da espessura

Fonte: adaptado de IAEA (2003).

tratamentos de tumores de mama, em que pulmões e coração devem ser poupados. Como se nota na curva de dose em função da profundidade na água para elétrons de 9 MeV (Fig. 7.8), a diminuição da dose logo após a posição de máximo é bastante brusca, o que faz que a dose em regiões profundas seja diminuída quando comparada à irradiação com fótons.

Mais recentemente, iniciou-se o emprego de partículas pesadas, como prótons e íons de carbono para radioterapia, utilizando a propriedade que têm essas partículas de depositar muita energia em uma região bem pequena, no final de sua trajetória (pico de Bragg). A **radioterapia com partículas carregadas pesadas** ainda está restrita a poucas unidades no mundo todo, mas tem sido muito bem aceita pela qualidade dos resultados obtidos.

A *braquiterapia* emprega diversas fontes gama e beta emissoras de **meias-vidas longas** para irradiações em que a fonte é introduzida e retirada da região da lesão, lá permanecendo por intervalos de tempo adequados, ou fontes de **meias-vidas curtas** nos implantes permanentes de fontes no paciente. Em alguns casos, a braquiterapia é recomendada como tratamento único e, em outros, é uma alternativa para complementar irradiação externa. Alguns exemplos de fontes utilizadas estão na Tab. 12.2.

Uma técnica relativamente recente, com fontes gama de Ir-192, é a chamada **braquiterapia com alta taxa de dose**, assim considerada se as taxas de dose são superiores a 12 Gy/h no ponto em que a dose é prescrita (em geral, as taxas de dose praticadas são bem superiores a esse valor, como 2 Gy/min). Fontes desse radionuclídeo, com pequenas dimensões ($\sim$2 mm), mas alta atividade (normalmente, 10 Ci ou 370 GBq), são empregadas em um sistema controlado por computador e planejado *a priori*, de forma que a fonte é introduzida em cateteres ou aplicadores especiais e chega muito próximo de várias partes do tumor. No Brasil, a principal aplicação dessa técnica é o tratamento de **tumores de colo de útero**, ainda muito frequentes nas mulheres brasileiras. Com essa modalidade, o tempo de irradiação para tratamento de tumor uterino diminuiu muito em relação ao que era

Tab. 12.2 ALGUNS RADIONUCLÍDEOS USADOS EM RADIOTERAPIA

Radionuclídeo	Energia γ média (MeV)	Energia β máxima (MeV)	$T_{1/2}$	Uso
^{60}Co*	1,25	—	5,26 a	Tele e braquiterapia de baixa taxa de dose
^{137}Cs*	0,662	—	30 a	Braquiterapia de baixa taxa de dose
^{198}Au	0,41	0,961	2,7 d	Implante permanente
^{192}Ir*	0,380	—	73,8 d	Braquiterapia de alta taxa de dose
^{125}I	0,028	—	60 d	Implante permanente
^{103}Pd	0,021	—	17 d	
^{90}Sr / ^{90}Y	—	2,27	28,2 a	Braquiterapia em pele e olhos
^{106}Ru / ^{106}Rh	0,55	3,4	373 d	

Embora esses nuclídeos sejam também betaemissores, suas energias não estão listadas, pois são fontes encapsuladas com paredes de espessuras superiores ao alcance dos betas.

utilizado anteriormente com a aplicação de tubos de Co-60: baixou de 72 horas para dezenas de minutos de aplicação.

Para a dosimetria em radioterapia são utilizadas câmaras de ionização de pequenas dimensões, preenchidas com ar, para a determinação de taxas de dose em feixes de teleterapia, e câmaras de ionização com formato que envolve a fonte para verificar a taxa de dose de fontes para braquiterapia.

Outra aplicação da radioterapia é a **irradiação da medula óssea** para indução de **depressão hematopoiética**. Esse tipo de tratamento é utilizado como preparatório para o receptor de um **transplante de medula**. Os objetivos são destruir a medula óssea doente (em geral, em casos de leucemia) e reduzir a resposta imunológica, para evitar uma rejeição à medula do doador. O paciente passa então por uma radioterapia com **irradiação de corpo inteiro** (sigla **TBI**, do inglês *Total Body Irradiation*) com aproximadamente 10 Gy de dose absorvida.

12.2.2 Radiologia – a mamografia

Como já mencionamos, os exames radiológicos são obtidos por meio da detecção de fótons que atravessam o paciente, produzindo uma imagem em um detector sensível à posição. O contraste na radiografia é obtido pela absorção diferenciada de fótons em diferentes tecidos, seja por possuírem diferentes densidades ou diferentes números atômicos. O destaque feito aqui para a mamografia envolve algumas razões:

- a mamografia é um exame com o uso de radiação ionizante efetuado em mulheres assintomáticas, como **exame preventivo de câncer de mama**;
- do ponto de vista de contraste na imagem, é um dos exames mais difíceis de serem feitos, pois os tecidos da região têm todos números atômicos e densidades semelhantes;
- do ponto de vista da dose absorvida, é um dos exames de radiodiagnóstico que mais deposita dose no paciente, porque são realizados com fótons de baixa energia (Fig. 8.17);
- o tecido mamário é bastante radiossensível para indução de câncer.

A Fig. 12.5 ilustra um pouco dessa dificuldade, mostrando os coeficientes de atenuação para os tecidos mamário, mole e adiposo e a profundidade de penetração de fótons em tecido mole, na região de energias de fóton abaixo de 200 keV. Só há algum afastamento entre as curvas dos coeficientes de atenuação para energias de fóton abaixo de 30 keV – mas a profundidade de penetração de fótons só é maior que 1 cm para energias acima de 20 keV. Baixas profundidades de penetração em um exame por transmissão, em que o detector só recebe o sinal que atravessa o meio, significam doses altas: os fótons não são transmitidos porque interagem muito nos tecidos. Acrescente-se ainda que, para os átomos constituintes dos tecidos, há uma distribuição equilibrada entre as interações por espalhamento Compton e por efeito fotoelétrico, produzindo-se fótons espalhados em direções diferentes da original, que borram a imagem. Outra dificuldade em realizar o exame é anatômica: o formato da mama corresponde a espessuras muito distintas entre a região do mamilo e do músculo peitoral. Assim, o exame de mamografia é realizado com um feixe em que há predominância

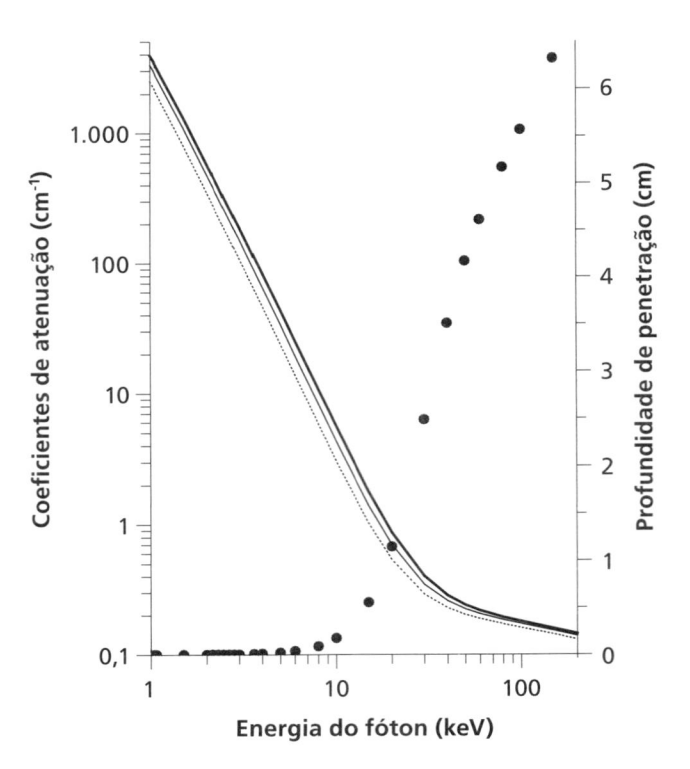

Fig. 12.5 Coeficientes de atenuação para tecido adiposo (pontilhado), tecido mole (linha grossa) e tecido mamário. Os pontos representam profundidade de penetração ($1/\mu$) para fótons em tecido mole, escala à direita

Fonte: Hubbell/Nist (2010).

de fótons na região de 16 a 20 keV (Fig. 8.17) e com a **compressão da mama**. Essa compressão é realizada para uniformizar a espessura do tecido radiografado, diminuir o espalhamento pela diminuição do volume irradiado, melhorar a visibilidade dos tecidos da mama próximos ao tórax e reduzir a dose, uma vez que mais fótons atingem o filme para um mesmo número inicial de fótons.

12.2.3 Medicina nuclear – a tomografia por emissão de pósitrons

A medicina nuclear diagnóstica é a modalidade médica em que fontes radioativas não seladas, associadas a substâncias químicas específicas, são introduzidas no corpo do paciente (por ingestão, inalação ou injeção) e rastreadas por um conjunto de detectores externos ao corpo do paciente. Essas fontes radioativas (são emissoras de raios gama ou de pósitrons) produzem fótons com energias suficientes para atravessar o corpo do paciente e chegar ao detector e têm meias-vidas física e biológica curtas para serem eliminadas do corpo pouco tempo depois do exame. A Tab. 12.3 apresenta alguns exemplos dos radionuclídeos mais empregados em medicina nuclear, com suas meias-vidas e energias emitidas. A substância química associada ao radionuclídeo (que, no jargão da área, é dita *marcada* com esse radionuclídeo) chama-se *radiofármaco* e é reconhecida pelo organismo como similar a alguma substância que será processada por algum órgão ou tecido específico cuja função está em investigação. Por exemplo, substâncias que simulam o iodo na forma química de iodeto serão processadas pela tireoide e lá podem ser localizadas por um detector externo quando marcadas com um radionuclídeo; o macroagregado de albumina injetado na corrente sanguínea fica retido na microcirculação pulmonar (em razão do tamanho das partículas, entre 10 e 40 μm) e pode ser localizado externamente se estiver associado ao radionuclídeo ^{99m}Tc, dando informações sobre a perfusão pulmonar. Os exames fornecem, assim, uma informação da *função do órgão*, e não especialmente de sua anatomia. Para a detecção dos fótons em exames cintilográficos, são usados grandes cristais cintiladores de NaI:Tl, dotados de colimadores que evitam que fótons espalhados de outras regiões do corpo, que não a que está sendo estudada, atinjam o detector.

Tab. 12.3 ALGUNS RADIONUCLÍDEOS UTILIZADOS EM MEDICINA NUCLEAR

	Radionuclídeo	Energia de fóton ou E$_{máx}$ do β^+ (keV)	T$_{1/2}$
Emissores de fótons	^{99m}Tc	140	6,0 h
	^{201}Tl$\star$	70-80; 135; 167	73 h
	^{67}Ga$\star$	93,5; 184,5; 296; 388	78 h
	^{123}I$\star$	159; 285	13,2 h
	^{111}In$\star$	171; 245	67 h
	^{131}I$\star\star$	284; 364...	8,0 dias
Emissores β^+	^{11}C	959	20,4 min
	^{13}N	1.197	9,96 min
	^{15}O	1.738	2,07 min
	^{18}F	650	109,8 min
	^{68}Ga	1.899	68 min
	^{82}Rb	3.378	1,3 min

$\star$ Esses radionuclídeos decaem por captura eletrônica e emitem raios X característicos

$\star\star$ Emissor β^- e γ

Existe também a modalidade **medicina nuclear terapêutica**, que também utiliza radio-fármacos, com atividades maiores, para tratar algum órgão específico. A mais importante aplicação terapêutica da medicina nuclear é o uso do radionuclídeo ^{131}I, na forma de iodeto de sódio, para tratar tumores de tireoide, por ser esse isótopo do iodo um beta emissor fortemente captado pela glândula tireoide. O efeito é similar a uma braquiterapia, mas o material radioativo está em contato com as células do paciente. O paciente de medicina nuclear terapêutica ou diagnóstica permanece radioativo por algum tempo – até que os radionuclídeos sejam eliminados física ou biologicamente.

Um tipo de exame de medicina nuclear que tem contribuído bastante para o diagnóstico precoce de diversos tumores é a *tomografia por emissão de pósitrons* (PET na abreviatura do termo em inglês – *Positron Emission Tomography*). O radiofármaco utilizado é marcado com um emissor de pósitron que, ao se aniquilar dentro do corpo do paciente, emite os dois fótons de aniquilação, que são detectados externamente com detectores que contornam o paciente. Como, na maioria das aniquilações, os fótons são emitidos aos pares e têm 511 keV de energia cada um e sentidos opostos, o sistema de detecção está preparado para detectar o par de fótons em **coincidência temporal**. Ou seja, são considerados sinais válidos aqueles em que dois detectores recebem os fótons de 511 keV simultaneamente.

Do ponto de vista instrumental, a grande vantagem desse exame é o fato de não ser necessário o uso de colimadores na frente dos detectores, pois a linha que une os dois detectores que receberam os fótons em coincidência contém o ponto onde o pósitron se aniquilou – o sistema de detecção seleciona esses eventos eletronicamente, sem necessidade de colimação física (ver Fig. 12.6). Além disso, existem isótopos dos átomos constituintes do corpo humano que são emissores de pósitrons (como os de carbono e oxigênio vistos na Tab. 12.3) e que, em princípio, poderiam *marcar* qualquer molécula biológica (proteínas, açúcares, aminoácidos etc.) sem necessidade de utilizar outras drogas exógenas como radiofármacos.

A maior parte dos exames PET realizados em todo o mundo utiliza um radionuclídeo que não é isótopo de nenhum dos elementos principais que constituem o corpo humano. Trata-se do ^{18}F, que é empregado associado ao fármaco deoxiglicose, formando o composto com sigla **FDG** (**deoxifluoroglicose** $C_6H_{11}{}^{18}FO_5$). A grande utilização desse radionuclídeo deve-se à sua meia-vida relativamente elevada, comparada à de outros emissores beta+ (ver Tab. 12.3). O uso de radionuclídeo com meia-vida de poucos minutos requer que a

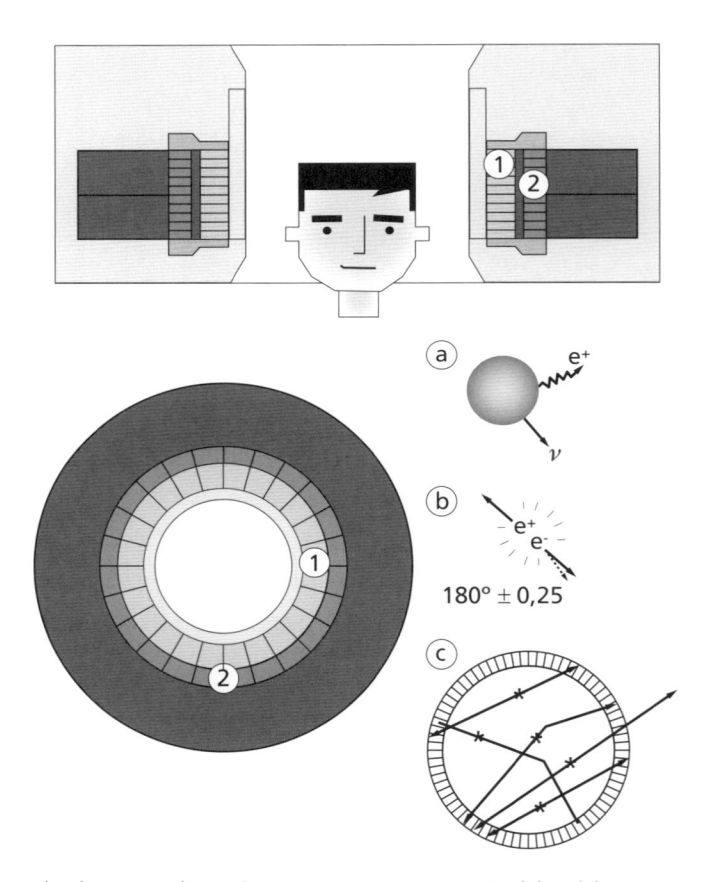

Fig. 12.6 Esquema de detecção de pósitrons em um exame PET. (1) e (2) representam os detectores cintiladores e os tubos fotomultiplicadores; (a) a emissão do póstron, (b) a aniquilação do par e (c) a detecção do evento

sua produção seja feita muito próximo da clínica onde será feito o exame, em ciclotrons hospitalares, o que tem sido uma dificuldade para o emprego da PET em muitos locais, mas que vem sendo superada.

O FDG segue o metabolismo da **glicose** no corpo humano, penetrando na célula via membrana. No interior da célula, essa molécula é convertida em fosfato-FDG-6 e lá fica retida por tempo suficiente para que o exame seja realizado. Assim, com esse método, mapeiam-se os tecidos que mais necessitam de glicose, que é avidamente consumida por células tumorais, as quais necessitam de muita energia, em razão da sua reprodução rápida e sem limite. Além disso, o cérebro também capta bastante o FDG, pois a glicose é a única fonte de energia que penetra pelas membranas que revestem esse órgão. Dessa forma, a PET tem sido extensamente usada para mapeamento cerebral e entendimento da função de regiões do cérebro. Hoje em dia, essa técnica é muito empregada no diagnóstico precoce de vários tipos de câncer, em centros avançados.

Leitura recomendada

IAEA.STI/PUB/1365. *Irradiation to Ensure the Safety and Quality of Prepared Meals.* Viena, 2009. Disponível em <www.iaea.org>

CARDOSO, E. M. *Aplicações da Energia Nuclear.* Apostila Educativa da Comissão Nacional de Energia Nuclear. Disponível em <www.cnen.org.br>

Proteção radiológica 13

13.1 INTRODUÇÃO

Com a missão de elaborar normas de **proteção radiológica** e estabelecer limites de exposição à radiação ionizante para as pessoas potencialmente expostas à radiação no cotidiano do seu trabalho e para o público em geral, foi criado o International X Ray and Radium Protection Committee, no Segundo Congresso Internacional de Radiologia, em Estocolmo, no ano de 1928. Seu nome foi mudado posteriormente para International Commission on Radiological Protection (ICRP), e continua sendo uma comissão da Sociedade Internacional de Radiologia. Trata-se de uma comissão sem fins lucrativos, que trabalha em parceria com a International Commission on Radiation Units and Measurements (ICRU) e tem relações oficiais com a Organização Mundial da Saúde (OMS) e com a Agência Internacional de Energia Atômica (IAEA). Também mantém relações com a Organização Internacional do Trabalho (OIT), com o Comitê Científico das Nações Unidas sobre os Efeitos das Radiações Atômicas (UNSCEAR) e com o Programa Ambiental das Nações Unidas (UNEP), entre outros.

A Física das Radiações é uma ciência relativamente nova, e os efeitos biológicos de doses baixas de radiação continuam sendo estudados e coletados para análises epidemiológicas, principalmente pelo fato de efeitos estocásticos (abordados no Cap. 10) aparecerem dezenas de anos após a exposição à radiação. Muito do que se sabe hoje provém de radiologistas ocupacionalmente expostos sem muito cuidado nas primeiras décadas do século XX, de dentistas que seguravam os filmes de raios X e de pessoas que foram irradiadas para tratamento das mais variadas doenças. Entre estas, incluem-se pessoas com câncer, 14 mil doentes com espondilite anquilosante (um tipo de inflamação dos tecidos conectivos que afeta as articulações da coluna e grandes articulações), 120 mil sobreviventes das bombas atômicas de Hiroshima e Nagasaki, acompanhados no projeto de Estudo de Tempo de Duração de Vida (Life Span Study – LSS) (há outros projetos entre sobreviventes com outra população que somam um total de 200 mil pessoas), e pessoas que sofreram as consequências do acidente do reator nuclear de Chernobyl em 1986.

A recomendação mais recente da ICRP é a publicação 103, de 2007, que substituiu a publicação 60, de 1990. Esta, por sua vez, substituiu a publicação 26, de 1977, que substituiu a 9, de 1966, e antes a 6, de 1964, e finalmente a de número 1, de 1959. As atualizações são feitas cada vez que um conjunto de novas informações científicas em Biologia e Física são conseguidas, pelo aumento de estatística ou pela introdução de novas tecnologias.

Cada país tem um órgão que faz adequações nas normas internacionais e as adota para regulamentar o uso das radiações. No Brasil, tal órgão é a **Comissão Nacional de Energia Nuclear** (CNEN), que elaborou, em setembro de 1973, as "Normas básicas de proteção radiológica". A atualização mais recente dessa norma foi apresentada com o título "Diretrizes básicas de proteção radiológica" – NN-3.01, em janeiro de 2005, e publicada no Diário Oficial da União em 18/1/2006. Essa norma é uma tradução com adaptações da ICRP-60, de 1990. Além disso, a utilização das radiações em radiodiagnóstico médico e odontológico é regulamentada por Portaria específica do **Ministério da Saúde**, que publicou, em 1998, a **Portaria N° 453** (que aprovou o regulamento técnico denominado "Diretrizes de Proteção Radiológica em Radiodiagnóstico Médico e Odontológico"). Essa publicação também leva em conta a ICRP-60.

Há incontáveis aplicações das radiações, principalmente na medicina, tanto em diagnóstico quanto em terapia, e que salvam muitas vidas. Enquanto os doentes recebem o benefício da radiação, há inúmeras pessoas relacionadas no processo que sofrem exposição, porque não é possível blindar totalmente todo tipo de radiação (Caps. 2, 6, 7 e 8). Então, os IOEs (sigla para Indivíduos Ocupacionalmente Expostos, denominação de pessoa exposta à radiação devido a seu trabalho) acabam sempre sendo irradiados, razão pela qual há a necessidade de regulamentação do uso da radiação.

O objetivo principal das recomendações da ICRP é proteger a saúde humana e o ambiente contra os efeitos deletérios que resultam de exposição à radiação ionizante. A proteção radiológica tem como meta:

- *evitar* os efeitos determinísticos (reações teciduais), em geral de natureza aguda, que aparecem somente quando a dose excede um valor limiar;
- *reduzir* a probabilidade de ocorrência de efeitos estocásticos, que aumentam com a dose e podem ser induzidos tanto por dose baixa como alta.

Neste capítulo, apresentaremos os princípios das recomendações da ICRP e da CNEN e discutiremos fatores que influenciam no estabelecimento de limites.

13.2 Evolução dos valores de limite de dose

As recomendações de **limites de dose** começaram a ser implementadas a partir de 1924 por comissões nacionais de alguns países ou pelas comissões internacionais (ICRP ou ICRU). Os valores foram diminuindo à medida que novos conhecimentos eram adquiridos, como mostra a Tab. 13.1, na qual não estão listadas todas as recomendações feitas ao longo dos anos pelas inúmeras comissões formadas em diversos países, mas somente as mais representativas. Nas primeiras recomendações, os limites eram estabelecidos considerando somente os **efeitos agudos** da radiação, como danos na pele, efeitos estes visíveis a olho nu. Para isso, foi inclusive introduzida a unidade *dose eritema* (queimadura).

Em 1927, Hermann Joseph Muller anunciou a descoberta da **indução de mutação genética** por raios X, tendo recebido o Prêmio Nobel de Fisiologia ou Medicina em 1946. Entretanto, somente a partir de meados de 1952 é que os danos invisíveis a olho nu nos cromossomos das células começaram a ser considerados na limitação de dose, com o comparecimento de geneticistas de sete países a uma reunião da ICRP.

A primeira recomendação da ICRP foi apresentada em 1934, quando seus sete membros propuseram o valor de nível permissível de *taxa de exposição* de 0,2 R/dia. A diminuição no valor do limite a partir de 1944 foi em razão dos conhecimentos adquiridos pelos cientistas por meio de experiências com animais e até com seres humanos durante o desenvolvimento do Projeto Manhattan (ver Cap. 10) e, posteriormente, ao efetuarem vários testes nucleares no Deserto de Nevada e no Atol de Bikini.

Para o estabelecimento do limite de dose em 1977, a ICRP introduziu um novo fator, que foi chamado *coeficiente de risco*. Considerou-se que o *risco de morte por câncer* de um trabalhador exposto à radiação deveria ser igual ao de um trabalhador em uma empresa altamente segura, na qual o número de mortes por ano era de 1 indivíduo em 10 mil trabalhadores. No caso da radiação, os estudos com sobreviventes das bombas atômicas indicavam que o

Tab. 13.1 RECOMENDAÇÕES SOBRE OS LIMITES DE DOSE DE RADIAÇÃO PARA IOEs (OU TRABALHADORES COM RADIAÇÃO, NA NOMENCLATURA DAS RECOMENDAÇÕES MAIS ANTIGAS). NA 1ª COLUNA ESTÁ O ANO; NA 2ª COLUNA, O PAÍS (COMISSÃO NACIONAL) OU A COMISSÃO INTERNACIONAL; NA 3ª COLUNA, A RECOMENDAÇÃO TAL QUAL FOI FEITA E, NA 4ª COLUNA, O VALOR CORRESPONDENTE NA GRANDEZA E UNIDADE ATUAL

Ano	País	Recomendação original	Recomendação em (mSv/ano)
1924	França	4.000 R/ano	40.000
1924	Grã-Bretanha	0,7 R/dia	2.520
1925	ICRU e Suécia	0,1 dose eritema/ano	500-1.000
1934	ICRP	0,2 R/dia	730
1934	Grã-Bretanha	1,0 R/semana	520
1935	NCRP	0,1 R/dia	360
1947	Grã-Bretanha	0,5 R/semana	260
1947	NCRP*	0,3 R/semana	150
1950	ICRP	0,3 R/semana	150
1956	ICRP	5 rem/ano	50
1973	CNEN	5 rem/ano	50
1977	ICRP	50 mSv/ano	50
1990	ICRP	20 mSv/ano	20
2005	CNEN	20 mSv/ano	20
2007	ICRP	20 mSv/ano	20

* National Council on Radiation Protection (EUA)

coeficiente de risco para indução de câncer mortal era de 1 indivíduo em 10 mil pessoas que receberam, cada uma, 10 mSv de equivalente de dose. A ICRP coletou as doses anuais registradas nos monitores individuais trazidos na lapela dos trabalhadores e descobriu que os equivalentes de doses eram, em média, menores que 10 mSv. Considerando esse fato, e com base nos coeficientes de risco obtidos com os sobreviventes das bombas atômicas, a ICRP decidiu estabelecer um *limite máximo permissível* de 50 mSv/ano. Para todos os efeitos, o valor de 5 rem/ano, recomendado na ICRP anterior, de 1956, era o mesmo, só que agora justificado em termos de filosofia baseada em risco e com unidade nova.

Essa filosofia foi, entretanto, descartada na recomendação de 1990, porque a consideração de empresa segura mudava de país para país. Além disso, os valores dos limites tiveram que sofrer uma *redução drástica* para 20 mSv/ano, por causa dos novos resultados de dosimetria (retrospectiva) nas cidades japonesas bombardeadas, que indicavam que as doses anteriormente estimadas nos sobreviventes estavam incorretas. Pelo sistema de dosimetria efetuado em 1986 (DS86), comparado ao de 1965 (T65D), os cientistas descobriram que houve em Hiroshima uma liberação pela bomba de uma quantidade muito menor de nêutrons no ambiente do que aquela então avaliada. Com isso, a dose devida a nêutrons (que tem um fator de peso alto, apresentado no Cap. 9) diminuiu de um fator 10, mas aquela devida à radiação gama aumentou entre 1,5 e 2,0 vezes. Além disso, o excesso de mortes causadas por todo tipo de câncer, exceto leucemia, havia dobrado em estatística de 1985 em relação à de 1975.

À medida que vários tipos de câncer começaram a apresentar curas ou um tempo de sobrevida alongado e com qualidade de vida, a ICRP passou a empregar o conceito de **detrimento** e a usá-lo no lugar de risco de morte ou de incidência de câncer, simplesmente. O termo *detrimento* expressa o dano total esperado em um grupo de pessoas, por **efeito estocástico**, e é determinado pela combinação de probabilidade de indução de câncer letal, câncer não letal, danos hereditários e redução da expectativa de vida.

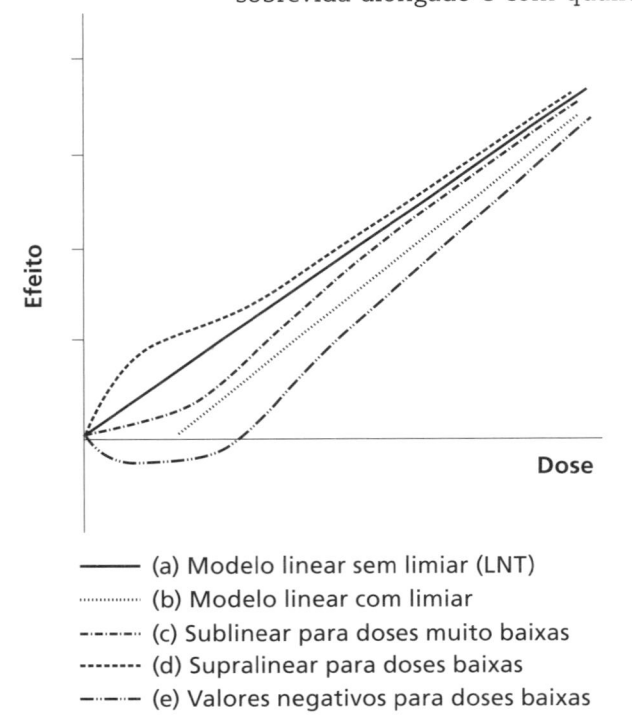

(a) Modelo linear sem limiar (LNT)
(b) Modelo linear com limiar
(c) Sublinear para doses muito baixas
(d) Supralinear para doses baixas
(e) Valores negativos para doses baixas

Fig. 13.1 Possíveis curvas da incidência de câncer induzido por radiação em função da dose absorvida. Observe que a unidade de ambos os eixos é arbitrária

13.3 MODELO DA RELAÇÃO ENTRE EFEITO E DOSE

Alguns cientistas acreditam que a curva de efeito biológico *E* – efeito que pode ser morte por câncer ou incidência de câncer, ou efeito estocástico, ou ainda, detrimento – *versus* dose *D* difere conforme o tipo de câncer induzido e depende das condições de exposição, da suscetibilidade individual e da LET da radiação.

As várias curvas obtidas de modelos de efeito biológico em função da dose na região de doses baixas são mostradas na Fig. 13.1. A curva *a* representa o modelo linear sem limiar (LNT); a *b*, o modelo linear com limiar; a *c*, sublinear para doses muito baixas, representando a redução no efeito para doses baixas; a *d*, supralinear para doses baixas; e a curva *e*, com valores negativos para doses baixas, que significam efeitos positivos, chamados *hormesis*. Para doses altas, todas as curvas convergem para uma única curva, não mostrada na figura, onde há dados experimentais conhecidos, principalmente de sobreviventes de Hiroshima e Nagasaki.

13.3.1 Modelo Linear sem Limiar (LNT – *Linear Non-Threshold Model*)

Para o estabelecimento do limite de exposição, a ICRP ainda usa o **modelo LNT** (Medical Physics, 1998), modelo linear sem limiar que correlaciona dose com efeito estocástico. Esse modelo foi proposto pelo UNSCEAR em 1958, e a ICRP passou a adotá-lo no mesmo ano. Segundo esse modelo, os efeitos de *baixas doses* de radiação poderiam ser extrapolados com base no conhecimento dos efeitos de *doses altas*, usando-se uma relação linear entre efeito e dose:

$$E = \alpha D \qquad\qquad (13.1)$$

onde α é um parâmetro do termo linear. Nessa relação está implícito que qualquer dose, por menor que seja, incluindo aquela devida à radiação natural, pode causar efeitos estocásticos.

Uma argumentação para o uso do modelo LNT é a de que tumores têm origem monoclonal (a partir de uma única célula original), e que dose baixa de radiação é uma pequena perturbação sobre outros carcinógenos que excederam muitos limiares – ou seja, é a gota d'água num copo já cheio. Estudos com sobreviventes das bombas mostram que o modelo LNT aplica-se bem no caso de tumores sólidos, com diferenças no coeficiente angular (α) da reta, dependendo do tipo de tumor.

Entretanto, há dados bem documentados, com respeito a seres humanos, de que *há limiar de dose* para alguns tipo de câncer, como câncer de osso por ingestão de solução contendo rádio radioativo, na população de moças que pintavam mostradores de relógio com essa solução e afinavam o pincel entre os lábios; câncer de fígado por ingestão de tório e, talvez, câncer de pulmão em mineiros não fumantes expostos ao radônio e seus filhos. A Fig. 13.2 mostra uma foto de moças que pintavam números e ponteiros de relógio que luminesciam e podiam ser vistos mesmo no escuro.

Há, assim, polêmica no uso do modelo LNT para correlacionar, por exemplo, morte ou incidência de câncer com dose de radiação ionizante. Aqueles que apoiam o modelo LNT argumentam que, se ele estiver incorreto, erra-se ao proteger pessoas pela adoção de medida de precaução – e, portanto, ele é politicamente aceitável. Por outro lado, há os que argumentam que esse modelo leva a gastos excessivos para adequação aos regulamentos feitos em cima de fatos não comprovados. Alguns cientistas acreditam que a base teórica do modelo LNT está completamente errada e que doses baixas de radiação podem até ter efeito protetor (hormesis), por ativarem o sistema imunológico, como foi discutido no Cap. 10. Há experimentos *in vivo* e *in vitro* mostrando que a pré-irradiação com dose baixa antes de irradiar com dose alta reduz o número de quebras cromossômicas e o número de mutações

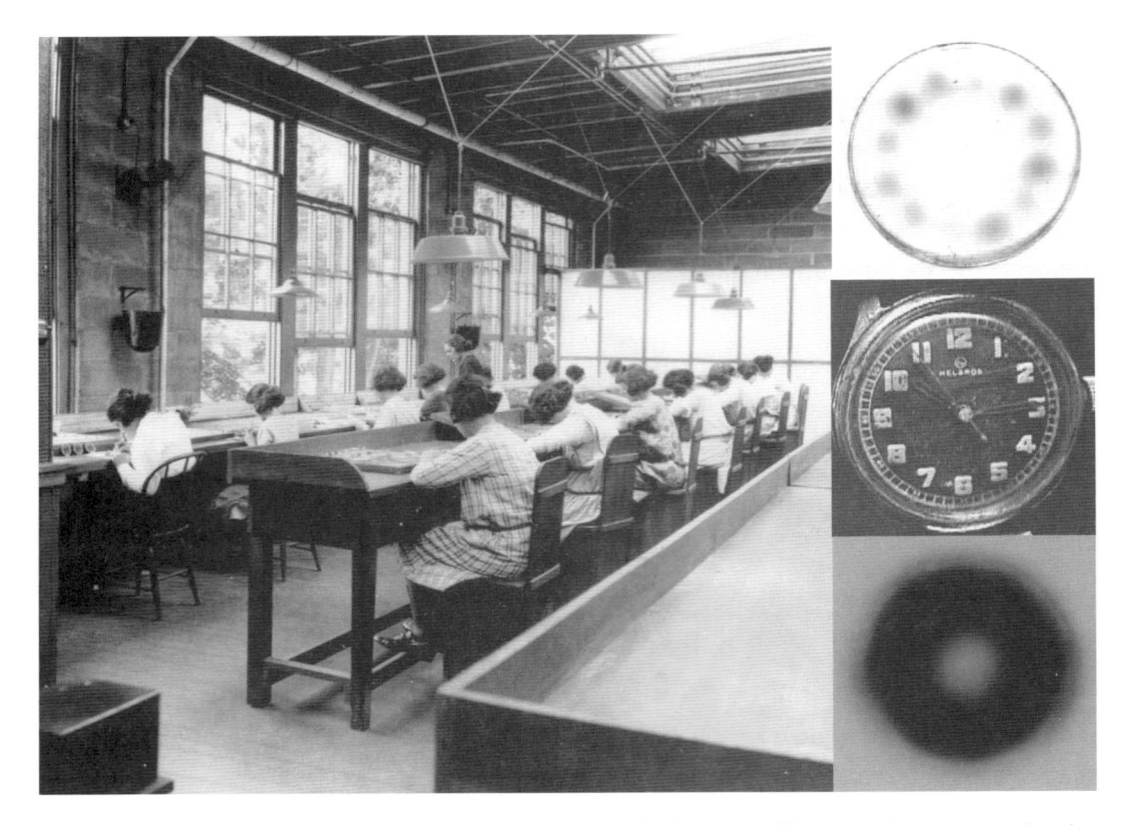

Fig. 13.2 Moças que pintavam ponteiros e números de relógio, numa fábrica em Nova Jersey, Estados Unidos. Ao lado, o relógio, o vidro do relógio queimado pela radiação e o filme de raios X após a colocação sobre o relógio, mostrando a região negra, local de incidência da radiação

Fonte: Figuras dos relógios gentilmente cedidas por Alan Nazerian.

genéticas induzidas pela dose alta. Medidas de concentração de radônio em casas de cerca de 90% da população americana demonstraram que há uma tendência, estatisticamente confiável, de que as taxas de incidência de câncer do pulmão com ou sem correção por fumo diminuem com o aumento do nível de radônio.

13.3.2 Modelo Linear Quadrático

Outro modelo que ajusta com bastante segurança os casos de leucemia entre os sobreviventes de bombas no Japão é o modelo linear quadrático, descrito pela Eq. (13.2):

$$E = \alpha D + \beta D^2 \tag{13.2}$$

onde α e β são parâmetros dos termos linear e quadrático, respectivamente. Para dose baixa, prevalece o termo linear e, para dose alta, o termo quadrático.

13.3.3 Resultados obtidos de estudos epidemiológicos

O conhecimento da relação incidência de câncer *versus* dose, obtida de estudos epidemiológicos (Okuno, 2009), é sempre relativo a doses altas recebidas com altas taxas de dose, como no caso de sobreviventes das bombas atômicas de Hiroshima e Nagasaki (RERF, 2005, 2009). Esse estudo epidemiológico é o mais importante do mundo, pelo tamanho da população considerada, duração da pesquisa e dados sobre cânceres minuciosamente registrados ano após ano, desde 1950, pelos médicos locais. Existem, porém, várias dificuldades na obtenção de dados sobre efeito *versus* dose, e uma delas é a determinação da dose recebida individualmente pela pessoa catalogada. À medida que novas técnicas de *avaliação retrospectiva de dose* foram aperfeiçoadas, uma nova série de estimativa de dose era feita. Desde 1957, foram realizadas quatro avaliações de dose, a saber: T57D, T65D, DS86 e DS02. O número do meio significa o ano; a letra T, *Tentative*; D, *Dosimetry* e S, *System*.

Nas primeiras tentativas de estimativa de dose nas pessoas, as cidades atingidas foram divididas em zonas, por meio de círculos concêntricos com raios de 500 m, 1.000 m, 1.500 m etc., tendo como centro o hipocentro, que é o ponto em que uma linha vertical traçada do local da explosão da bomba atinge o solo. Há indicações de que a dose individual foi inicialmente estimada coletivamente por zonas. Segundo estimativa mais recente feita pelo sistema de dosimetria DS02, a bomba explodiu a 600 m de altitude, e pelo sistema DS86, a 580 m (RERF, 2007). Uma pequena variação na altitude da explosão pode acarretar alteração na dose, embora pequena. Segundo a dosimetria efetuada pelo DS02, as **doses no ar** em Hiroshima foram de 0,5 Gy, 0,08 Gy e 0,01 Gy, a distâncias do hipocentro de 1.500 m, 2.000 m e 2.500 m, respectivamente. Esses valores são reduzidos de 50% para o caso de uma pessoa estar dentro de uma típica casa japonesa de madeira da época. A publicação *Introduction to the radiation effects research foundation*, da RERF (2007), diz claramente que o DS02 permitiu calcular não apenas *doses individuais*, mas doses em diferentes órgãos. Entretanto, essas doses ainda foram obtidas por meio de informações de cada sobrevivente, se estava dentro ou fora de casa e em que posição na hora da explosão, o que, em muitos casos, pode não ser muito confiável. Os dados de doses individuais são comparados com os valores obtidos por meio da dosimetria biológica, por contagem de aberração cromossômica, que vem sendo efetuada desde 1960.

A Fig. 13.3 foi desenhada com os eixos em unidades arbitrárias e as setas nos valores das doses representam incertezas. Em geral, essas doses são altas, assim como as taxas de dose. Todavia, para elaborar recomendações, é preciso conhecer os efeitos de doses baixas recebidas com taxas baixas de doses. Como não existem esses dados, a solução é extrapolar a curva para a região de dose baixa, partindo da dose alta, na qual existem dados. É aí onde reside a grande dificuldade. A curva A é a linear, descrita pela Eq. (13.1), passando pelos dados, e faz com a horizontal um ângulo α_A. A curva B passa por esses dados e pelos dados mais recentes (círculos vazios) de efeitos de doses mais baixas, $\geq$ 200 mGy, mas a taxa de dose ainda é alta. A curva B é do tipo linear quadrática, descrita pela Eq. (13.2), e a diminuição do efeito para

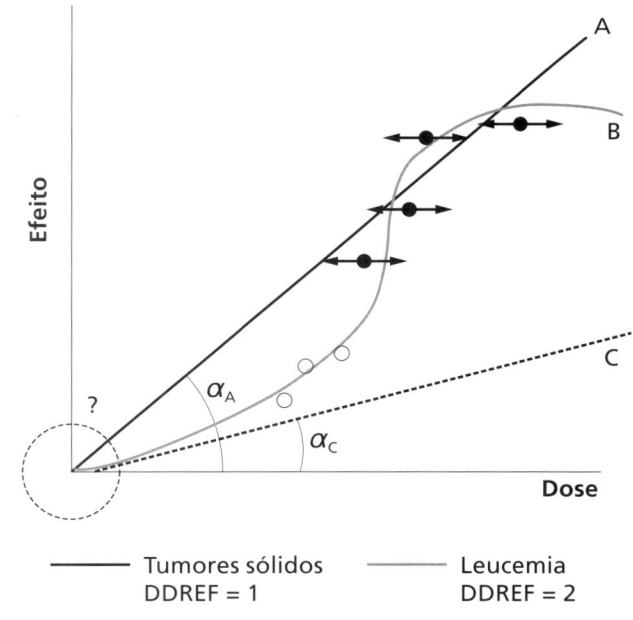

Fig. 13.3 Curva de efeito da radiação *versus* dose absorvida
Fonte: adaptado de ICRP-60 (1990).

dose muito alta é devida à morte e, assim, a incidência de câncer diminui. A curva C é a resposta linear, esperada para irradiação com taxa baixa de dose, que ajusta a curva B na região de dose baixa, fazendo um ângulo α_C com a horizontal.

13.3.4 O fator DREF e DDREF

Com a finalidade de encontrar uma forma para estimar os efeitos de doses baixas, a partir do conhecimento que se tem de doses altas, o NCRP definiu o **fator de efetividade da taxa de dose** (DREF - *Dose Rate Effectiveness Factor*) como sendo a razão $\text{tg}\alpha_A/\text{tg}\alpha_C$. O DREF = 3, por exemplo, significa que o risco observado de indução de câncer por unidade de dose para dose alta aguda deve ser dividido por 3 antes de se utilizar esse risco para situação de dose baixa e baixa taxa de dose. A ICRP decidiu adotar o mesmo fator, mas alterando o nome para *Dose and Dose Rate Effectiveness Factor* (DDREF), que continuou sendo a razão $\text{tg}\alpha_A/\text{tg}\alpha_C$.

O NCRP conclui que valores de DREF variam de 2 a 10 para tipos de tumores individuais e para encurtamento da vida de animais. O UNSCEAR também sugere o uso de valor entre 2 e 10, dependendo do tipo de tumor. A ICRP diz que, como os valores de DDREF que variam de 2 a 10 foram obtidos de experimentos com animais, esse intervalo pode ser até maior para seres humanos. A evolução dos valores de DDREF usados ou recomendados pelas várias comissões a partir de 1977 está na Tab. 13.2.

Tab. 13.2 VALORES DE DDREF USADOS E/OU RECOMENDADOS

Comissão	Ano	DDREF
UNSCEAR	1977	2-2,5
BEIR* III	1980	2,25
UNSCEAR	1986	valores até 5
UNSCEAR	1988	2 a 10
BEIR V	1990	2 para leucemia e 1 para outros cânceres
ICRP 60	1990	2, apesar de reconhecer que é arbitrário
EPA**	1994	de 1 a 3, mas pode ser maior para o pulmão
BEIR VII	2005	1,5
ICRP	2007	2, mas reconhece que há incertezas

* Committee on the Biological Effects of Ionizing Radiation

** Environmental Protection Agency

A ICRP-103 recomenda que se utilize o valor 2 para fator de redução DDREF, e assim o faz ao derivar os coeficientes nominais de risco para todo tipo de câncer.

13.4 CÁLCULO DE RISCO

O *risco de detrimento* ou *risco fatal* (de morte) R de indivíduos expostos à radiação que receberam dose efetiva E (Sv) pode ser calculado por meio da Eq. (13.3):

$$R = fE \tag{13.3}$$

onde f (Sv^{-1}) é o **fator de risco** ou **coeficiente de probabilidade de risco nominal**, expresso em número de casos ocorridos por unidade de dose.

Os coeficientes f para *efeitos estocásticos* ajustados ao detrimento e usados pela ICRP de 2007 e de 1990 estão na Tab. 13.3. Esses valores foram calculados dividindo por 2 – que foi o valor utilizado para DDREF – os riscos obtidos de estudos epidemiológicos para dose alta e taxa alta de dose.

Tab. 13.3 COEFICIENTES DE PROBABILIDADE DE RISCO NOMINAL PARA EFEITOS ESTOCÁSTICOS APÓS EXPOSIÇÃO À RADIAÇÃO COM TAXA BAIXA DE DOSE, AJUSTADOS AO DETRIMENTO E EXPRESSOS EM UNIDADE DE $10^{-2}\,\mathrm{Sv}^{-1}$

População exposta	Câncer fatal + não fatal		Efeitos hereditários		Total	Total
	ICRP 2007	ICRP 1990	ICRP 2007	ICRP 1990	ICRP 2007	ICRP 1990
População toda	5,5	5,0 + 1,0	0,2	1,3	5,7	7,3
Trabalhador adulto	4,1	4,0 + 0,8	0,1	0,8	4,2	5,6

Fonte: ICRP-60 (1990); ICRP-103 (2007).

É importante observar que quase não houve alteração nos *coeficientes f para câncer*. Vale salientar também que, nas recomendações da ICRP de 1990, para a estimativa dos coeficientes f, o detrimento foi baseado em risco de *morte por câncer* ponderado pelo câncer não fatal, pela perda de expectativa de vida por câncer fatal e pela perda de qualidade de vida por câncer não fatal. Nas de 2007, os coeficientes de probabilidade de risco nominal foram estimados considerando detrimento como *incidência de câncer* ponderada pela letalidade e pela perda de qualidade de vida.

Para **efeitos hereditários**, os novos coeficientes diminuíram muito nas novas recomendações, porque, por ora, não encontraram evidência de aumento de danos hereditários nos descendentes dos sobreviventes das bombas atômicas no Japão. Os valores baixos, mas não nulos, estão sendo prudentemente recomendados pela comissão no sistema de proteção radiológica, porque experimentos com animais demonstram haver efeitos hereditários.

Uma vez conhecidos os coeficientes de probabilidade de risco nominal e decidido um valor de risco R que seria considerado aceitável, pode-se calcular o valor de dose efetiva para limitar os efeitos estocásticos.

Fazendo o caminho inverso, isto é, usando o limite recomendado de dose efetiva anual de 20 mSv para trabalhador, podemos então calcular o risco adotado:

$$R = (4,1 \times 10^{-2}/\mathrm{Sv})(20\,\mathrm{mSv/ano})$$

$$= 82/100.000(\text{casos de incidência de câncer/ano})$$

Para uma comparação, a expectativa para novos casos de câncer na população brasileira, segundo o Instituto Nacional do Câncer (INCA), é de aproximadamente 250/100.000, no ano de 2010.

13.5 Base e estrutura do sistema de proteção radiológica

O sistema de proteção radiológica de seres humanos baseia-se no uso de:

- ☮ modelos de referência anatômica e fisiológica de seres humanos para a estimativa de dose absorvida, dose equivalente e dose efetiva;
- ☮ estudos em nível molecular e celular dos mecanismos da carcinogênese;
- ☮ resultados de experimentos com animais;
- ☮ estudos epidemiológicos.

Os dois últimos itens fornecem estimativas de risco associado à radiação.

A proteção radiológica obedece aos seguintes princípios:

1. Princípio da justificação

Qualquer decisão que altere a situação de exposição à radiação deve resultar em mais benefícios que malefícios para os indivíduos expostos ou para a sociedade. Segundo a norma NN-3.01 da CNEN, até as exposições médicas devem ser justificadas, ponderando-se os benefícios diagnósticos ou terapêuticos, levando em conta os riscos e os benefícios de técnicas alternativas disponíveis, que não envolvam exposição à radiação ionizante. Essa tendência de justificar as exposições médicas já havia sido expressa na Portaria Nº 453 (ANVISA, 1998), que preconiza que a exposição médica deve resultar em um benefício real para a saúde do indivíduo e/ou para a sociedade, levando em conta a eficácia, os benefícios e os riscos de técnicas alternativas disponíveis com o mesmo objetivo, mas que envolvam menos ou nenhuma exposição a radiações ionizantes. A justificação, segundo a ANVISA, envolve dois níveis: a justificação genérica daquela prática diagnóstica e a justificação individual para cada paciente.

2. Princípio da otimização da proteção

Em relação às exposições causadas por uma determinada fonte associada a uma prática, a proteção radiológica deve ser otimizada de forma que a magnitude das doses individuais, o número de pessoas expostas e a probabilidade de ocorrência de exposições mantenham-se tão baixos quanto possa ser razoavelmente exequível, tendo em conta os fatores econômicos e sociais. As exposições médicas de pacientes devem ser otimizadas ao valor mínimo necessário para obtenção do objetivo radiológico, compatível com os padrões aceitáveis de qualidade de imagem. Nas avaliações quantitativas de otimização, o valor do coeficiente monetário por unidade de dose coletiva (produto do número de indivíduos expostos pelo valor médio da distribuição de dose efetiva desses indivíduos, expresso em pessoa·Sv) não deve ser inferior ao valor equivalente a US\$10.000/(pessoa·Sv) no Brasil, conforme norma NN-3.01 da CNEN.

3. Princípio da aplicação do limite de dose individual

A limitação de dose deve obedecer aos valores da Tab. 13.4.

Os valores da dose efetiva aplicam-se à soma das doses que resultam das exposições externa e interna.

Tab. 13.4 LIMITES DE DOSE OCUPACIONAL E PARA O PÚBLICO RECOMENDADOS PELA ICRP-103 (2007) E PELA NN-3.01 CNEN (2005)

Grandeza	Limite de dose ocupacional	Limite de dose para o público**
dose efetiva (no corpo todo)	20 mSv/ano (média de 5 anos)*	1 mSv/ano
dose equivalente anual		
cristalino do olho	20 mSv	15 mSv
pele	500 mSv	50 mSv
mãos e pés	500 mSv	——

* Equivale à média ponderada de 100 mSv em 5 anos consecutivos, sem nunca ultrapassar 50 mSv/ano.

** No caso da CNEN, o público em geral é denominado *indivíduo do público* e é definido como qualquer membro da população quando não submetido à exposição ocupacional ou exposição médica.

Para *mulheres grávidas ocupacionalmente expostas*, suas tarefas devem ser controladas de maneira que seja improvável que, a partir da notificação da gravidez, o feto receba dose efetiva superior a 1 mSv durante o resto do período de gestação, segundo a ICRP-103 e a CNEN NN-3.01. É extremamente difícil saber se essa recomendação está sendo cumprida, dada a impossibilidade de medir dose efetiva no feto. A Portaria Nº 453 do Ministério da Saúde (1998), exclusiva para radiodiagnóstico, no item 2.13b assinala que as condições de trabalho (de mulheres grávidas) devem ser revistas para garantir que a dose na superfície do abdômen não exceda 2 mSv, que é equivalente a 2 mGy de kerma, durante todo o período restante de gravidez, tornando pouco provável que a dose adicional no embrião ou no feto exceda cerca de 1 mSv nesse período. Por outro lado, a Norma Regulamentadora NR-32 (2005), no item 32.4, discorre sobre radiações ionizantes e sobre o afastamento na gravidez. Em 32.4.4 é dito que toda trabalhadora com gravidez confirmada deve ser *afastada das atividades* com radiações ionizantes e remanejada para atividade compatível com seu nível de formação.

É importante lembrar que nos limites recomendados tanto para IOEs como para a população não estão incluídas as doses recebidas em exposições médicas e odontológicas, e nem aquelas recebidas da radiação ambiental no dia a dia.

A limitação de dose não se aplica a pacientes que serão expostos à radiação para fins diagnósticos ou terapêuticos, mas a Portaria Nº 453 do Ministério da Saúde apresenta os **níveis de referência de dose** em radiodiagnóstico por radiografia convencional e em tomografia computadorizada, para paciente adulto típico em alguns exames mais comuns. Esses níveis de referência não são encarados como limitações em valores de dose, e sim, um balizamento que não deve ser ultrapassado na maioria das radiografias.

13.6 EXPOSIÇÃO OCUPACIONAL

Para indivíduos ocupacionalmentes expostos, a dose pode resultar de exposição externa (fonte externa ao corpo) ou de exposição interna devida a radionuclídeos incorporados por ingestão e/ou inalação.

Para a monitoração individual de dose em caso de *exposição externa*, usa-se um monitor individual numa parte do corpo que melhor representa o local de incidência da radiação e faz-se a hipótese de irradiação homogênea do corpo todo, de modo que o fator de ponderação do tecido w_T é a soma total igual a 1,00. O monitor individual é constituído de detector de radiação embalado adequadamente. Os detectores mais comuns são os **filmes radiossensíveis** ou **cristais** com propriedade termoluminescente ou de emissão de luminescência opticamente estimulada, já abordados no Cap. 11. Os cristais armazenam a energia da radiação incidente, que é liberada durante o processamento, e com as devidas calibrações e o uso dos fatores de conversão tabelados, determina-se o valor de $H_p(10\,mm)$. O valor assim obtido é aceito como estimativa confiável e conservadora de dose efetiva E resultante de exposição externa.

A grandeza relacionada à exposição interna é a **dose efetiva comprometida** $E(50)$, que pode ser obtida efetuando-se as medidas de incorporação de substâncias radioativas, ou avaliando-as pela monitoração da contaminação do ar existente no ambiente de trabalho, ou utilizando-se modelos biocinéticos adequados e os coeficientes de conversão tabelados para cada radionuclídeo.

Para propósitos práticos, a dose efetiva para exposições ocupacionais, na maior parte dos casos, pode ser obtida de:

$$E = H_p(10) + E(50) \tag{13.4}$$

Esse valor pode ser usado para verificar a adequação aos limites de exposição recomendados. $H_p(10)$ é decorrente de exposição externa e $E(50)$, de exposição interna.

Nota

No Brasil, os laboratórios de monitoração individual estão credenciados pela CNEN somente para a medida de "**dose individual**" H_x, decorrente de *fótons*. Para monitoração individual externa, H_x é definida como o produto do valor determinado pelo dosímetro individual, usado na superfície do tronco, calibrado em termos de kerma no ar e corrigido pelo fator de conversão igual a 1,14 Sv/Gy. Dessa forma, H_x equivale ao $H_p(10)$. Assim, rotineiramente, para avaliar a dose efetiva no IOE, não são efetuadas a dosimetria externa beta ou alfa nem a dosimetria interna.

13.7 Regras básicas de proteção radiológica

Conforme abordamos no Cap. 12, há diversas aplicações que fazem uso das radiações ionizantes, em especial na Medicina. Em razão das diferenças quanto ao tipo de fonte e seu modo de utilização, cada área da Física Médica tem regras específicas de proteção radiológica. Aqui vamos discorrer rapidamente sobre regras gerais que se aplicam a várias práticas que envolvem radiações ionizantes.

O uso, o armazenamento e a aquisição de materiais radioativos em quantidades não isentas para as mais diversas aplicações, no território nacional, são controlados pela Agência Reguladora para a área nuclear, que atualmente é a CNEN. As aplicações em radiodiagnóstico médico e odontológico com aparelhos de raios X são supervisionadas pelas vigilâncias sanitárias nos âmbitos municipal e estadual, conforme as regras estipuladas pela Agência

Nacional de Vigilância Sanitária (Anvisa) e por legislações locais específicas. Além desses órgãos, algum controle também é realizado pelo Ministério do Trabalho e Emprego.

Qualquer instalação onde são utilizadas fontes de radiação deve requerer um registro na CNEN e/ou na vigilância sanitária local. O documento básico para o registro é o Plano de Proteção Radiológica (PPR), no qual deve estar descrito todo o sistema de proteção e de segurança adotado pela instalação. Também nesse documento, a instalação deve demonstrar ao órgão regulador sua capacidade para gerenciamento adequado do uso das fontes e dos controles que se originam pela presença delas. O mínimo de informações solicitado é estipulado nas normas de cada órgão. A elaboração e o detalhamento do PPR devem ser proporcionais aos riscos radiológicos envolvidos em cada instalação.

Um item muito importante para a proteção radiológica, embora muitas vezes esquecido, diz respeito ao treinamento e à capacitação dos IOEs. Um trabalhador deve ter conhecimento dos riscos envolvidos em suas atividades antes de operar qualquer fonte de radiação. Também deve ter noção clara dos procedimentos de segurança e dos motivos pelos quais eles são adotados.

Em todos os locais de trabalho em que há possibilidade de exposição a fontes de radiação ionizante deve ser colocado o símbolo internacional que indica presença de radiação ionizante, como mostra a Fig. 13.4. Naturalmente, as próprias fontes também devem estampar a sinalização. Esse símbolo não é tão popular como as comissões gostariam que fosse. Ele existia na fonte de césio-137 que causou o acidente em Goiânia, em 1987, mas as pessoas que a manipularam não sabiam do que se tratava, assim como muitos funcionários da Vigilância Sanitária, pois não notaram quando parte da fonte foi levada para lá por Maria Gabriela e um funcionário do seu ferro-velho (ambos vítimas do referido acidente).

Mais recentemente, em fevereiro de 2007, a Agência Internacional de Energia Atômica, juntamente com a Organização Internacional de Normalização (ISO 21482), introduziu um novo símbolo, com desenho mais óbvio, para ser colocado na fonte, como mostra a Fig. 13.5.

Quanto aos procedimentos que podem ser adotados para a redução de exposição, em qualquer área, conforme já apresentado no Cap. 9, baseiam-se no controle dos seguintes fatores de proteção: tempo, distância e blindagem. A exposição é sempre menor quando:

1. diminui-se o intervalo de tempo em que se permanece nas proximidades da fonte;
2. aumenta-se a distância à fonte;
3. faz-se uso de blindagem.

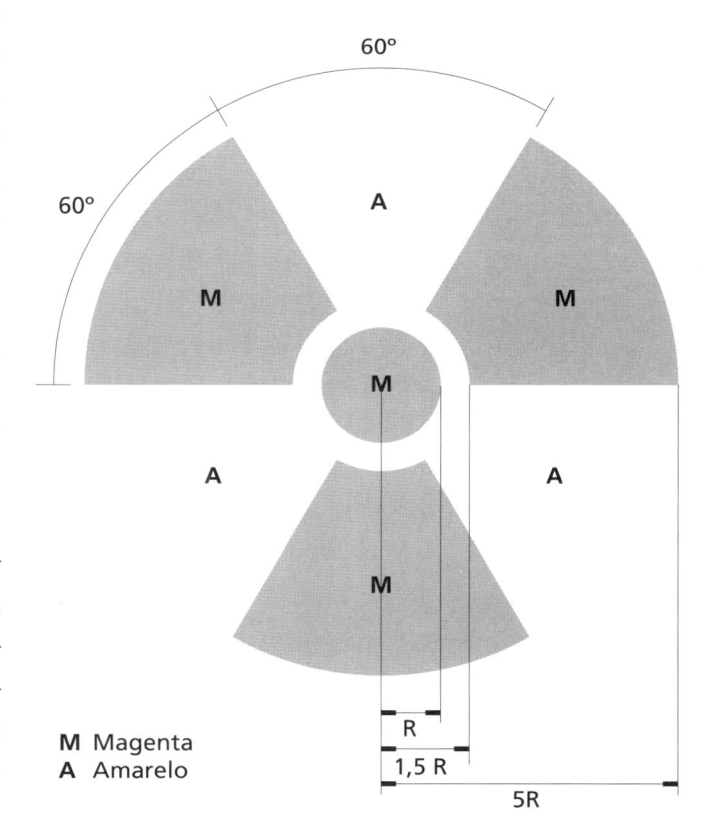

Fig. 13.4 Símbolo internacional de presença de radiação

Fig. 13.5 Símbolo de presença de radiação proposto pela Agência Internacional de Energia Atômica e pela Organização Internacional da Normalização (ISO 21482) em 2007. A cor do fundo do símbolo é vermelha, e das imagens preta, com contorno branco.

Vamos analisar, por exemplo, um laboratório de pesquisa em que se manipula *material radioativo do tipo não selado*. Esse laboratório deve separar uma área exclusiva para a manipulação e para o armazenamento das fontes radioativas. Todas as bancadas de trabalho e de manipulação devem ser planejadas para dificultar e conter contaminações com radionuclídeos e minimizar a produção de rejeitos. Blindagens de proteção específica também devem ser empregadas, além do planejamento de locais para disposição dos rejeitos.

Os procedimentos de trabalho devem ser adequadamente planejados, com a previsão do uso de equipamentos individuais de proteção (por exemplo, aventais, luvas e máscaras). A manipulação de material radioativo deve ser realizada com o máximo de atenção, para evitar a contaminação de objetos como telefone, torneiras, maçanetas etc. Se necessário, os procedimentos devem ser simulados com material não radioativo antes da manipulação. Os IOEs também devem ser capacitados para a atuação adequada em situações de emergência e/ou acidente. O gerenciamento de rejeitos e o registro atualizado de todo o material radioativo da instalação são imprescindíveis.

Outro exemplo é o caso de uma sala de raios X diagnóstico. A proteção radiológica inicia-se com a observância das normas e dos regulamentos, como a Portaria N° 453 do Ministério da Saúde. Toda a infraestrutura física, como disposição do aparelho, biombo e área de comando, deve ser planejada em função da ocupação nas vizinhanças. As paredes e portas devem ter espessuras calculadas para garantir a proteção de IOEs e indivíduos do público. A adequação das blindagens, tanto das paredes quanto do equipamento, deve ser verificada periodicamente por meio de levantamentos radiométricos. O equipamento deve ser mantido em condições técnicas adequadas e um programa de controle de qualidade da imagem deve ser implementado.

O técnico responsável pelas tomadas radiográficas deve ser treinado para usar técnica radiográfica adequada, a fim de obter imagem de qualidade com baixa dose para o paciente. Ele deve também adotar procedimentos de trabalho seguro: como posicionar-se dentro da cabine de comando ou atrás de biombo de proteção e deixar apenas o paciente dentro da sala de exames, com a porta da sala fechada. Caso seja necessário conter alguma criança ou animal, o acompanhante é quem deve participar do exame devidamente protegido com avental plumbífero.

Esses são alguns exemplos de recomendações simples, razoáveis e de bom senso a serem cumpridas, que tornam a proteção radiológica extremamente eficiente e, consequentemente, o trabalho com radiação ionizante seguro.

Biografia

LAURISTON SALE TAYLOR (1°/6/1902 – 26/11/2004)

Desde pequeno teve muito gosto pela Ciência, incentivado pelo pai, metalúrgico que tinha amplos interesses em Física, Química, Engenharia, Geologia e Botânica. Ao visitar o laboratório de Thomas Alva Edison quando ainda era aluno de escola elementar, este o presenteou com um tubo de raios catódicos, pelo imenso interesse demonstrado por Taylor. Entretanto, seu pai não permitiu que ele realizasse experimentos com o tubo, porque já tinha ouvido falar dos perigos de exposição a raios X.

Taylor começou a trabalhar em dosimetria da radiação e proteção radiológica aos 28 anos, no National Bureau of Standards (NBS), hoje National Institute of Standards and Technology (NIST). Ali tornou-se chefe da seção de raios X e comandou um programa de padronização de raios X, em 1941.

Em 1928, foi nomeado representante dos Estados Unidos na ICRU, bem como representante oficial do NBS na ICRP. No ano seguinte, foi criado nos Estados Unidos o National Council on Radiation Protection (NCRP), do qual Taylor foi o primeiro *chairman*. Ele continuou responsável pela padronização de raios X no NBS até 1943. Afastou-se de 1948 a 1949, para atuar como chefe do setor de Biofísica na Divisão de Biologia e Medicina, um dos braços da Divisão de Energia Atômica. Foi nesse período que Taylor organizou o *Projeto Gabriel*, para avaliar as implicações da poeira radioativa de estrôncio-90, liberada em testes nucleares. Em 1962, foi nomeado diretor do NBS, onde permaneceu até sua aposentadoria, em 1965.

Na ICRP, contribuiu como secretário de 1937 a 1950, e continuou como membro até 1969, sendo depois considerado membro emérito. Também atuou na ICRU como secretário, de 1934 a 1950; como *chairman*, de 1953 a 1969, e recebeu os títulos de *chairman* honorário e membro emérito.

Foi presidente da Health Physics Society (HPS) americana de 1958 a 1959. Deixou um legado importante na área de Dosimetria da Radiação e Proteção Radiológica.

Fonte:

<http://hps.org/aboutthesociety/people/inmemoriam/LauristonTaylor.html>.
Acesso em: jan. 2010.

Foto: National Council on Radiation Protection and Measurements

LISTA DE EXERCÍCIOS

1. Considere o caso de um técnico de uma clínica veterinária que opera um aparelho de raios X com alvo de W, com uma diferença de potencial de 40 kV entre os eletrodos. A energia de ionização do elétron da camada K do W vale 69,5 keV. Esse técnico tem o péssimo hábito de não usar avental de chumbo e, ainda por cima, de segurar o animal que é radiografado, não obedecendo às recomendações de proteção radiológica. Após um ano de trabalho nessa clínica, a dose efetiva anual no técnico, avaliada por meio de um monitor de radiação que ele utiliza na lapela, foi de 60 mSv.

   a. Discuta os tipos de interação de fótons que ocorrem no corpo do animal radiografado, envolvidos na formação de imagem no filme de raios X, explicitando o que cada um deles faz.

   b. Você acha correto o funcionário segurar o animal para a finalidade descrita? Que alternativas haveria, já que não se pode exigir do animal que não se mexa?

   c. Explique como o técnico acabou recebendo essa dose efetiva, se ele não ficou no campo do feixe direto de raios X emitidos pelo tubo.

   d. Discuta se o valor da dose efetiva está de acordo com as normas nacionais e internacionais.

   e. Calcule a probabilidade de esse técnico ser acometido de leucemia em consequência de exposição à radiação durante esse ano de trabalho, sabendo-se que o coeficiente nominal de risco para leucemia para trabalhador ajustado ao detrimento é de 20 casos/(10.000 pessoas·Sv), segundo as recomendações da ICRP-103 de 2007.

2. A norma CNEN NN-3.01 estabeleceu para o IOE o limite de dose efetiva de 20 mSv/ano, e a ICRP-103 (2007) também recomenda para o *worker* (trabalhador) o limite de dose efetiva de 20 mSv/ano. O limite para o público é de 1 mSv/ano.

   a. Essas grandezas referem-se a partes do corpo ou ao corpo todo?

   b. Essas grandezas são mensuráveis? Caso sua resposta seja positiva, como? Caso sua resposta seja negativa, o que deve, então, ser medido?

c. No dia a dia, estamos expostos à radiação ionizante proveniente de diversas fontes, quer naturais ou artificiais. As doses resultantes dessas exposições estão contabilizadas nos limites de dose?

3. Calcule a dose efetiva em um IOE que recebeu, em um ano, dose absorvida uniforme, no corpo todo, de 10 mGy de radiação gama e 2 mGy de nêutrons de 60 keV. Consulte a Tab. 9.3 e calcule a dose efetiva anual nesse trabalhador. Discuta a adequação desse valor aos limites recomendados.

4. Um IOE que trabalha numa empresa de processamento de urânio que parte da matéria bruta para chegar à produção de *yellow cake* recebeu, durante um ano, dose absorvida externa no corpo todo, decorrente dos raios gama, no valor de 20 mGy. Adicionalmente, ele recebeu dose absorvida interna de 30 mGy, decorrente de partículas alfa emitidas por Rn e seus filhos radioativos, que foram depositadas no pulmão, e mais 100 mGy de partículas beta depositadas nas gônadas. Calcule a dose efetiva anual nesse IOE, considerando os fatores de ponderação da radiação e os fatores de ponderação do tecido apresentados, respectivamente, nas Tabs. 9.3 e 9.4. Calcule o percentual de dose decorrente de partículas alfa no pulmão.

5. Calcule as doses equivalentes nas mãos e na região dos olhos de um trabalhador que, nas suas atividades profissionais, recebeu, nas duas regiões, respectivamente, as doses absorvidas de 0,20 e 0,30 mGy. Para isso, suponha que a radiação incidente no trabalhor seja constituída de:
   a. radiação gama.
   b. nêutrons com energia média de 1 MeV.

6. Trabalhadores de minas estão expostos a uma atmosfera em que a concentração de radônio e de seus filhos radioativos é muito maior do que nos locais de trabalho usuais. Como consequência, são irradiados externamente por raios gama e, internamente, pelos radionuclídeos que ficam incorporados nos pulmões, durante toda a sua vida de trabalho na mina. Estima-se que, por causa da inalação constante do ar da mina, uma quantidade praticamente fixa de filhos do radônio esteja depositada nos pulmões desses mineiros. A Tab. 13.5 traz as estimativas dessas concentrações médias nos pulmões dos trabalhadores de uma certa mina, para cada um dos radionuclídeos descendentes do radônio que contribuem para a dose nos pulmões. Nela também se encontram as características das emissões desses radionuclídeos, em que não se incluíram as emissões gama.
   a. A partir desses dados, e sob a hipótese de que toda a energia das partículas alfa e beta é inteiramente depositada nos pulmões, estime a taxa de dose absorvida média nesse órgão. Para isso, suponha que a massa dos pulmões seja de 1 kg.
   b. Para fins de proteção radiológica, deseja-se obter a dose equivalente anual nos pulmões. Calcule-a.

Tab. 13.5

Nuclídeo	Concentração nos pulmões (Bq/kg)	Meia-vida	Emissões (% por Bq)	Energias (MeV)
^{218}Po	50	3,05 min	alfa (100)	6,00
^{214}Pb	200	26,8 min	beta (100)	0,228 (média)
^{214}Bi	150	19,7 min	beta (100)	0,661 (média)
^{214}Po	100	164 μs	alfa (100)	7,69

c. Supondo que, além da irradiação interna dos pulmões, o corpo inteiro dos mineiros seja irradiado externamente por raios gama, resultando em uma taxa de dose absorvida média, no corpo inteiro, de 0,250 μGy/h, durante 45 horas por semana, obtenha a *dose efetiva* média recebida anualmente por esses trabalhadores. Compare o valor obtido com o limite da norma da CNEN.

d. Discuta a pertinência das hipóteses feitas para obtenção da dose absorvida em (a) e (b).

7. Um dos grandes problemas para os físicos que trabalham em radioproteção é enfrentar situações descritas por frases do tipo:

a. "Vocês físicos são muito apavorados. Eu trabalho com raios X há mais de 20 anos e nunca me aconteceu nada. Não é agora que vou mudar meus hábitos." De um médico que trabalha em radiologia intervencionista (como cateterismo, por exemplo) e recusa-se a usar equipamento de proteção.

b. "Toda vez que eu chego perto de uma fonte radioativa, minha boca fica seca, sinto tontura e enjoos. Depois, tem um primo de um amigo meu que era técnico de raios X e ficou impotente. Eu quero mudar de setor." De um técnico de laboratório de medicina nuclear diagnóstica.

Como você acha que devem agir nossos colegas nessas situações? Use o que você aprendeu sobre efeitos biológicos da radiação e sobre proteção radiológica para ajudá-los.

8. O texto a seguir é uma tradução livre de parte do artigo "Everyday risks", publicado em *Phys. Educ.* (v. 28, p. 22-25, 1993) por George Marx, um cientista húngaro. Trata-se do primeiro de três artigos de divulgação científica para introduzir a leigos os riscos do uso da radiação:

...Para simplificar a discussão, vamos introduzir o conceito de **microrrisco (μrisco)** como 1/milhão, ou seja, um risco que pode matar uma em um milhão de pessoas expostas. De acordo com estimativas internacionais, corre-se um μrisco ao:

viajar 2.500 km de trem,

voar 2.000 km de avião,

viajar 80 km de ônibus,

dirigir um carro por 65 km,

andar de bicicleta por 12 km,

andar de moto por 3 km,

fumar 1,5 cigarros,

morar por dois meses com um fumante,

beber meio litro de vinho,

morar em uma casa de tijolos por 10 dias,

respirar o ar poluído de uma cidade como Budapeste por três dias.

Olhando para esses números, pode-se concluir que as pessoas consideram aceitáveis **alguns microrriscos**: 1 μrisco é como fumar um cigarro, dirigir um carro até uma cidade próxima ou ir de moto pegar um amigo. De fato, em termos legais, o Congresso dos EUA considera 1 μrisco como desprezível.

De acordo com a prática legal da Califórnia, uma exposição superior a 10 μrisco não deve ser causada sem prévio aviso. É por isso que alertas devem ser impressos em cada maço de cigarros....

Com base nesse texto e levando em conta o coeficiente de probabilidade de risco nominal ajustado ao detrimento, segundo a ICRP 103 ($4,1 \times 10^{-2}$ Sv^{-1} – ou 41 μrisco/mSv – para trabalhadores com radiação; e $5,5 \times 10^{-2}$ Sv^{-1} – ou 55 μrisco/mSv – para a população), para a indução de câncer fatal e não fatal:

a. discuta os princípios básicos estabelecidos pelas recomendações da CNEN NN-3.01, *Diretrizes Básicas de Proteção Radiológica* (a saber: da *justificação*, da *otimização* e da *limitação da dose* aos valores anuais de dose efetiva para trabalhadores e para a população). Você deve dar sua opinião, pode exemplificar, se preferir. O que é importante na avaliação da questão é a argumentação fundamentada e coerente com o que você sabe (ou devia saber...) sobre efeitos biológicos da radiação e proteção radiológica;

b. discuta como e por que os chamados efeitos determinísticos causados pela radiação são (ou não são) considerados nos princípios da proteção radiológica e nos limites estabelecidos.

Respostas

3. $E = 30$ mSv
4. $E = 100$ mSv; 72%
6. a) 0,70 μGy/h; b) $H_{pulmões} = 109$ mSv ao ano; c) $E = 13,6$ mSv

Leitura recomendada

TAYLOR, L. S. History of the International Commission on Radiological Units and Measurements (ICRU). *Health Phys.*, v. 1, p. 306-314, 1958.

TAYLOR, L. S. History of the International Commission on Radiological Protection (ICRP). *Health Phys.*, v. 1, p. 97-104, 1958.

Bibliografia

ALLISY, A. Henri Becquerel: the discovery of radioactivity. *Radiation Protection Dosimetry*, v. 68, n. 1-2, p. 3-10, 1996.

ANVISA. *Regulamento técnico para irradiação de alimentos*. Resolução RDC 21, de 26 jan. 2001. Disponível em: <http://anvisa.gov.br/legis/resol/21_01rdc.htm>. Acesso em: fev. 2010.

ATTIX, F. H. *Introduction to radiological Physics and radiation dosimetry*. USA: John Wiley & Sons, 1986.

BERGER, M. J. et al. *Stopping-power and range tables for electrons, protons and helium ions*. Disponível em: <http://physics.nist.gov/PhysRefData/Star/Text/contents.html>. Acesso em: jan. 2010a.

BERGER, M. J. et al. *NIST Standard Reference Database 8 (XGAM)*. Disponível em: <http://www.nist.gov/physlab/data/xcom/index.cfm>. Acesso em: fev. 2010b.

BLACKETT, P. M. S. Cloud chamber researches in nuclear physics and cosmic radiation. *Nobel Lecture*, December 13, 1948. Disponível em: <http://nobelprize.org/nobel_prizes/physics/laureates/1948/blackett-lecture.html>.

BLACKETT, P. M. S.; OCCHIALINI, G. P. S. Some Photographs of the Tracks of Penetrating Radiation. *Proceedings of the Royal Society of London*, v. 139, p. 699-726, 1933.

BOHR, N. On the decrease of velocity of swiftly moving electrified particles in passing through matter. *Philosophical Magazine*, v. 30 p. 581-612, 1915.

BOHR, N. Velocity-range relation for fission fragments. *Physical Review*, v. 59, p. 270-275, 1941.

BOUTILLON, M.; PERROCHE-ROUX, A. M. Re-evaluation of the W value for electrons in dry air. *Physics in Medicine and Biology*, v. 32, n. 2, p. 213-219, 1987.

BRAGG, W. H. On the ionization of various gases by the α particles of radium. *Philosophical Magazine*, v. 11, n. 65, p. 617-632, 1906.

CASARETT, A. P. *Radiation Biology.* USA: Prentice Hall, 1968.

CAULLIRAUX, H. B. *Hiroshima* 45: o grande golpe: da concepção do átomo à tragédia de Hiroshima. Rio de Janeiro: Lucerna, 2005.

CHEN, D.; WEI, L. Chromosome aberration, cancer mortality and hormetic phenomena among inhabitants in areas of high background radiation in China. *Journal of Radiation Research*, v. 32, Supl. 2, p. 46-53, 1991.

CHERENKOV, P. A. *Nobel Lecture*, 11/12/1958. Disponível em: <http://nobelprize.org/nobel_prizes/physics/laureates/1958/cerenkov-lecture.pdf>. Acesso em: jan. 2010.

CNEN. Normas Básicas de Proteção Radiológica. *Diário Oficial da União*, Rio de Janeiro, set. 1973.

CNEN NE - 3.01. Diretrizes Básicas de Radioproteção. *Diário Oficial da União*, Rio de Janeiro, ago. 1988.

CNEN NN - 3.01. Diretrizes Básicas de Proteção Radiológica. *Diário Oficial da União*, Rio de Janeiro, jan. 2006.

COMPTON, A. H. A quantum theory of the Scattering of X-rays by light elements. *Physical Review*, v. 21, n. 5, p. 483-502, 1923.

COMPTON, A. H. X-rays as a branch of optics. *Nobel Lecture*, December 12th 1927. Disponível em: <http://nobelprize.org/nobel_prizes/physics/laureates/1927/compton-lecture.html>. Acesso em: jan. 2010.

CURIE, M.; DEBIERNE, A.; EVE, A. S.; GEIGER, H.; HAHN, O.; LIND, S. C.; MEYER, St.; RUTHERFORD, E.; SCHWEDLER, E. The Radioactive Constants as of 1930. Report of the International Radium-Standards Commission. *Reviews of Modern Physics*, v. 3, n. 3, p. 427-445, July, 1931.

DAVISSON, C. M.; EVANS, R. D. Gamma-ray absorption coefficients. *Reviews of Modern Physics*, v. 24, n. 2, p. 79-107, 1952.

DeLUCA, P. M.; MACKIE, T. R.; ZAGZEBSKI, J. A. *Memorial Resolution of the Faculty of the University of Wisconsin-Madison*, 4 maio 1998.

DEUTSCH, M. *Evidence for the formation of positronium in gases* - Physcal Review, v. 82, p. 455, 1951.

DIRAC, P. A. M. Theory of electrons and positrons. *Nobel Lecture*, December 12, 1933. Disponível em: <http://nobelprize.org/nobel_prizes/physics/laureates/1933/dirac-lecture.html>.

EVANS, R. D. *The atomic nucleus*. USA: McGraw-Hill, 1955.

FARMELO, G. Dirac's hidden geometry. *Nature*, v. 437, p. 323, 2005.

FARMELO, G. Paul Dirac, a man apart. *Physics Today*, v. 62, n. 11, p. 46-50, 2009.

FERNÁNDEZ-VAREA, J. M.; SALVAT, F.; DINGFELDER, M.; LILJEQUIST, D. A relativistic optical-data model for inelastic scattering of electrons and positrons in condensed matter. *Nucl. Instr. and Meth. in Phys. Res. B.*, v. 229, n. 2, p. 187-218, 2005.

FISK, D. J. Opening address on behalf of the secretary of State for the environment. *Radiation Protection Dosimetry*, v. 68, p. 1-2, 1996.

FOLKARD, M.; PRISE, K. M.; VOLJNOVIC, B. Status of charged particle microbeams for radiation biology. *Journal of Physics*: conference series, v. 58, p. 62-67, 2007.

GAMOW, G. *O incrível mundo da Física Moderna*. São Paulo: Ibrasa, 1980.

GELLETLY, W. Understanding radioactivity. *Radiation Protection Dosimetry*, v. 68, n. 1-2, p. 11-24, 1996.

GRAY, L. H. The absorption of penetrating radiation. *Proceedings of the Royal Society of London*, A. v. 122, p. 647-668, 1929.

GROSSWENDT, B.; WILLEMS, G.; BAEK, W. Y. W values of protons slowed down in molecular hydrogen. *Radiation Protection Dosimetry*, v. 70, n. 1-4, p. 37-46, 1997.

HALL, E. J.; GIACCIA, A. J. *Radiobiology for the radiologist*. 6. ed. Philadelphia: Lippincott, 2006.

HECHT, E. *Physics in Perspective*. Canada: Addison Wesley, 1980.

HEITLER, W. *The Quantum Theory of Radiation*. 3. ed. New York: Dover Publication, 1953.

HEYDE, K. L. G. *Basic ideas and concepts in nuclear Physics*. USA: Techno House, 1998.

HINE, G. J. The Inception of Photoelectric Scintillation Detection Commemorated after Three Decades. *Journal of Nuclear Medicine*, v. 18, p. 867-871, 1977.

HOFSTADTER, R. The detection of gamma-rays with thallium-activated sodium iodide crystals. *Physical Review*, v. 55, n. 5, p. 796-810, 1949.

HUBBELL, J. H. Photon mass attenuation and energy-absorption coefficients from 1 keV to 20 MeV. *International Journal of Applied Radiation And Isotopes*, v. 33, n. 11, p. 1269-1290, 1982. Disponível em: <http://www.nist.gov/physlab/data/xraycoef/index.cfm>. Acesso em: fev. 2010.

IAEA. *Facts about food irradiation*. International Consultative Group on Food Irradiation, Viena, 1999.

IAEA. *Review of Radiation Oncology Physics: A Handbook for Teachers and Students*. E. B. Podgorsak (ed.), 2003. Disponível em: <http://www-naweb.iaea.org/nahu/dmrp/syllabus.shtm>. Acesso em: fev. 2010.

IAEA. TSR 398. *The International Code of Practice for Dosimetry Based on Standards of Absorbed Dose to Water*. Viena, 2001.

ICRP-26. *Radiation Protection. Recommendations of the International Commission on Radiological Protection*. USA: Pergamon Press, 1977.

ICRP-60. Recommendations of the International Commission on Radiological Protection. Published for The International Commission on Radiological Protection by Pergamon Press. *Annals of the ICRP*, v. 21, n. 1-3, 1990.

ICRP-85. Avoidance of radiation injuries from medical interventional procedures. Published for The International Commission on Radiological Protection by Pergamon Press. *Annals of the ICRP*, v. 30, n. 2, 2000.

ICRP-99. *Low dose Extrapolation of Radiation-related Cancer Risk*. UK: Elsevier, v. 35, n. 4, 2005.

ICRP-103. *The 2007 recommendations of the International Commission on Radiological Protection*. UK: Elsevier, v. 37, n 2-4, 2007.

ICRP-2007, anexo A. Biological and epidemiological information on health risks attributable to ionizing radiation: a summary of judgements for the purposes of radiological protection of humans. Published for The International Commission on Radiological Protection by Elsevier. *Annals of the ICRP*, v. 37, n. 2-4, 2007.

ICRU Report 31. *Average energy required to produce an ion pair*. USA: ICRU Publications, 1979.

ICRU Report 57. *Conversion Coefficients for use in Radiological Protection against External Radiation*. USA: ICRU Publications, 1997.

ICRU Report 59. *Clinical Proton Dosimetry. Part 1— Beam Production, beam delivery and measurement of absorbed dose*. USA: ICRU Publications, 1998.

INMETRO. Disponível em: <http://www.inmetro.gov.br/metcientifica/ionizantes.asp>. Acesso em: fev. 2010.

JOHNS, H. E.; CUNNINGHAM, J. R. *The Physics of Radiology*. 4. ed. USA: Charles C. Thomas Publisher, 1983.

KANTELE, J. *Handbook of Nuclear Spectroscopy*. London: Academic Press, 1995.

KNOLL, G. *Radiation, detection and measurement*. 3. ed. New York: John Wiley & Sons, 2000.

KREBS, A. T. Hans Geiger – Fiftieth anniversary of the publication of his doctoral thesis, 23 July 1906. *Science*, v. 124, p. 166, 1956.

LAUGHLIN, J. S.; GOODWIN, P. N. History of the AAPM: 1958-1998. *Medical Physics*, v. 25, n. 7, p. 1244-1360, 1998.

LUBSANDORZHIEV, B. K. On the history of photomultiplier tube invention. *Nucl. Instr. Methods Phys. Res.*, v. A 567, p.236-238, 2006.

McKEEVER, S. W. S. *Thermoluminescence of solids*. Cambridge: Cambridge University Press, 1985.

Medical Physics, v. 25, n. 3, mar. 1998. Número especial com discussão sobre LNT.

MORALLES, M.; GUIMARÃES, C. C.; BONIFÁCIO, D. A. B.; OKUNO, E.; MURATA, H. M.; BOTTARO, M.; MENEZES, M. O.; GUIMARÃES, V. Applications of the Monte Carlo method in Nuclear Physics using the GEANT 4 toolkit. *Proceedings AIP Conference*, v. 1139, NUCLEAR PHYSICS 2008: XXXI Workshop on Nuclear Physics in Brazil, São Sebastião, São Paulo (Brazil), 8-12 September, 2008.

NAKAJIMA, T. Estimation of Absorbed Dose to Evacuees at Pripyat-City using ESR Measurements of Sugar and Exposure Rate Calculations. *Appl. Radiat. Isotop.*, v. 45, n. 1, p. 113-120, 1994.

NAKAJIMA, T.; FUJIMOTO, K.; HASIZUME, T. New gamma-ray exposure estimation method for radiation accidents. *Journal of Nuclear Science and Technology*, v. 10, n. 4, p. 202-206, 1973.

NIESE, S. Scintillation of organic compounds discovered by H. Kallmann, L. Herforth and I. Broser. *Journal of Radioanalytical and Nuclear Chemistry*, v. 250, n. 3, p. 581, 2001.

NOWOTNY, R.; HOFER, A. A computer code for the calculation of diagnostic-x-ray spectra. *Fortschritte Auf Dem Gebiete Der Rontgenstrahlen Und Der Nuklearmedizin*, v. 142, p. 6685-689, 1985.

NR-32. Segurança e saúde no trabalho em serviços de saúde. *Diário Oficial da União*, 16 nov. 2005. Publicada como Portaria GM n. 485 do Ministério do Trabalho e Emprego. Disponível em: <http://www.mte.gov.br/legislacao/normas_regulamentadoras/nr_32.pdf>.

OKUNO, E. *Radiação: efeitos, riscos e benefícios*. São Paulo: Harbra, 1988.

OKUNO, E. Epidemiologia do câncer devido a radiações e a elaboração de recomendações. *Revista Brasileira de Física Médica*, v. 3, n. 1, 2009.

OKUNO, E.; CALDAS, I. L.; CHOW, C. *Física para Ciências Biológicas e Biomédicas*. São Paulo: Harper & Row do Brasil, 1982.

PAUL, H. *Stopping power for light ions*. Disponível em: <http://www.exphys.uni-linz.ac.at/stopping/>. Acesso em: jan. 2010.

PAUL, H.; SCHINNER, A. Empirical stopping power tables for ions from ^{3}Li to ^{18}Ar and from 0.001 to 1000 MeV/nucleon in solids and gases. *Atomic Data and Nuclear Data Tables*, v. 85, p. 377-452, 2003.

PORTARIA n. 453 de 01/06/1998 do Ministério da Saúde, Secretaria de Vigilância Sanitária. Regulamento Técnico que estabelece as diretrizes básicas de proteção radiológica em radiodiagnóstico médico e odontológico. *Diário Oficial da União*, Brasília, 2 jun. 1998.

PRATT, R. H.; RON, A.; TSENG, H. K. Atomic photoelectric effect above 10 keV. *Reviews of Modern Physics*, v. 45, n. 2, p. 273-325, 1973.

PRYOR, W. A. *Introdução ao estudo dos radicais livres*. São Paulo: Edgard Blücher e Edusp, 1970.

RERF - Radiation Effects Research Foundation. *Reassessment of the Atomic Bomb Radiation Dosimetry for Hiroshima and Nagasaki*. Dosimetry System 2002, DS02, v. 1, 2005. Disponível em: <http://www.rerf.or.jp/shared/ds02/index.html>. Acesso em: jul. 2009.

RERF - Radiation Effects Research Foundation. *A brief description*. Disponível em: <http://www.rerf.or.jp/shared/briefdescript/briefdescript.pdf>. Acesso em: jul. 2009.

RERF - Radiation Effects Research Foundation. *Introduction to the radiation effects research foundation*. Fifth revision, July 1st 2007, published by the Radiation Effects Research Foundation. Disponível em: <http://www.rerf.or.jp/shared/introd/introRERFe.pdf>. Acesso em: fev. 2010.

RÖNTGEN, W. C. On a new kind of rays. *Nature*, v. 53, p. 274-276, 23 jan. 1896.

RUTHERFORD, E. Uranium radiation and the electrical conduction produced by it. *Philosophical Magazine*, ser. 5, xlvii, p. 109-163, Jan. 1899.

RUTHERFORD, E.; ANDRADE, E. The reflection of gamma rays from crystals. *Nature*, v. 92, p. 267, 1913.

SABIN, J. R.; ODDERSHEDE, J. Stopping power - What next? *Adv. Quantum Chem.*, v. 49, p. 299-319, 2005.

SMITH, A. R. Proton therapy. *Physics in Medicine and Biology*, v. 51, p. R491-R504, 2006.

SPRUCH, G. M. Hartmut Kallmann – Obituary. *Physics Today*, p. 76-78, out. 1978.

STANNARD, J. N. *Radioactivity and Health*: a History. Springfield, VA: National Technical Information Service, 1988.

TRAVIS, E. L. *Primer of medical radiobiology*. Chicago: Year Book Med. Pub., 1975.

TREVERT, E. *Something about X rays for everybody*. Lynn, Massachussetts: Bubier Publishing Co., 1896. Reprinted by Medical Physics Publishing Corporation, Madison, Winsconsin, 1988.

TRS 398: Technical Reports Series n. 398. *Absorbed dose determination in external radiotherapy.* IAEA, Viena 2000.

UMISEDO, N. K. *Dose de Radiação ionizante decorrente do uso de fertilizantes agrícolas.* 2007. Tese (Doutorado) – Universidade de São Paulo, Faculdade de Saúde Pública, 2007.

UMISEDO, N.; OKUNO, E.; CANCIO, F. S.; ALDRED, M.; YOSHIMURA, E. The natural radiation environment *AIP Conference Proceedings,* v. 1034, p. 376-379, 2008.

UNSCEAR - THE UNITED NATIONS SCIENTIFIC COMMITTEE ON THE EFFECTS OF ATOMIC RADIATION. Sources and effects of ionizing radiation. *Report to the General Assembly,* v. 1, 2000.

VAN EIJK, C. W. E. Inorganic scintillators in medical imaging. *Physics in Medicine and Biology,* v. 47, p. R85-R106, 2002.

YOSHIMURA, E. M. Física das Radiações: interação da radiação com a matéria. *Revista Brasileira de Física Médica,* v. 3, n. 1, p. 57-67, 2009.

YOSHIMURA, E. M.; UMISEDO, N.; OKUNO, E. *Nuclear Instruments and Methods in Physics Research.* A., v. 487, p. 457-464, 2002.

YUKAWA, H. Hundred Years of Science in Japan: from a physicist's point of view. *Bulletin of Association of Asia Pacific Physical Societies (AAPPS),* v. 17, Feb. 1st 2001.

ZIEGLER, J. F.; BIERSACK, J. P.; ZIEGLER, M. D. *SRIM, the stopping and range of ions in matter.* Morrisville: Lulu Press Co., 2008.

ZWORYKIN, V. K.; MORTON, G. A.; MALTER, L. The secondary emission multiplier - a new electronic device. *Proceedings of the Institute of Radio Engineers,* v. 24, n. 3, p. 351-375, 1936.

<http://en.wikipedia.org/wiki/Chemical_element>. Acesso em: dez. 2009.

Índice remissivo